普通高等教育"十一五"国家级规划教材

工业和信息化人才培养规划教材

Technical And Vocational Education

高职高专计算机系列

计算机网络基础（第3版）

The Basis of Computer Network

季福坤 ◎ 主编

荆淑霞 汤霖 ◎ 副主编

人 民 邮 电 出 版 社

北 京

图书在版编目（CIP）数据

计算机网络基础 / 季福坤主编. -- 3版. -- 北京 : 人民邮电出版社, 2013.9（2020.10重印）
工业和信息化人才培养规划教材. 高职高专计算机系列
ISBN 978-7-115-32257-9

Ⅰ. ①计… Ⅱ. ①季… Ⅲ. ①计算机网络－高等职业教育－教材 Ⅳ. ①TP393

中国版本图书馆CIP数据核字(2013)第128345号

内容提要

本书是作者根据多年执教计算机网络基础课程的经验，针对目前高职高专学生的认知特点以及高职高专的学制情况精心编写的。内容编排以必需、够用为原则，结合问题和应用来阐述基础理论知识，并将近年来TCP/IP的改进和变化融入了书中，描述了TCP/IP的新定义和新功能。

全书分为11章。第1章介绍计算机网络的基本概念，第2章介绍数据通信基础及物理层协议，第3章介绍数据链路层协议，第4章讲述网络层及IP协议，第5章介绍IPv6，第6章讲述传输层及TCP/UDP，第7章讲解应用层协议，第8章介绍局域网络技术，第9章介绍接入网技术，第10章介绍计算机网络管理，第11章介绍计算机网络安全。每章均附有习题，部分还附有实训项目。

本书可作为高职高专院校计算机专业及其他相关专业的计算机网络基础课程教材，也可作为对计算机网络技术感兴趣的相关专业技术人员的参考书。

◆ 主　　编　季福坤
　副 主 编　荆淑霞　汤　霖
　责任编辑　王　平
　责任印制　杨林杰

◆ 人民邮电出版社出版发行　　北京市丰台区成寿寺路11号
　邮编　100164　　电子邮件　315@ptpress.com.cn
　网址　http://www.ptpress.com.cn
　大厂回族自治县聚鑫印刷有限责任公司印刷

◆ 开本：787×1092　1/16
　印张：17　　　　　　2013年9月第3版
　字数：432千字　　　2020年10月河北第7次印刷

定价：36.00元

读者服务热线：(010)81055256　印装质量热线：(010)81055316

反盗版热线：(010)81055315

第3版前言

当今，网络技术快速发展，新的技术和标准不断涌现。结合一线教师提出的一些改进意见，对《计算机网络基础（第2版）》进行了修订，作为《计算机网络基础（第3版）》提供给大家。

《计算机网络基础（第3版）》全书做了较大改动，首先是在结构上做了调整。由原书的9章改为11章，并调整了先后顺序。从第2章起按照物理层、数据链路层直到应用层的顺序排列。其次是在内容上做了较大的改进。增加了IPv6一章，删掉了原书第9章 计算机网络新技术。其他各章也调整了内容，尽可能将最新的技术标准引入书中，使得教材能够紧紧地跟踪计算机网络技术前沿。第三是将各章的内容进行了重新整合重组，使得章节分割更加合理，知识的递进更加自然。

具体修改如下。

（1）改写了第1章计算机网络概述，保留了原有的主要内容，将数据通信基础内容部分调整到了第2章。

（2）重写了第2章物理层。将数据通信基础和物理层协议标准作为了这一章的核心内容。将原第2章的有关数据链路层的内容调整到了第3章。将原第2章中的有关网络层的内容调整到了第4章。

（3）重写了第3章数据链路层。将数据链路层的技术标准作为独立的内容予以介绍。同时将目前常用的PPP及PPPoE也纳入了这一章。将原书的第3章局域网技术调整到了第8章。在学习了所有层次的协议原理后再讲局域网络技术，使读者更容易理解。

（4）将网络层技术以及IPv4协议作为第4章网络层。原书的第4章是将TCP与IP放在同一章中的，本次改版将TCP独立出来作为单独一章。

（5）新增了第5章新一代网际协议IPv6。IPv6是目前变化最快，修改最多的协议标准，因此，目前市场上介绍IPv6的书籍很多内容不是废止了，就是修订了。本书参照最新的RFC标准文档，将IPv6的标准准确介绍，同时也教给读者如何关注协议标准变化的方法和途径，而不是读死书，学到的是过时的技术。

（6）将传输层技术及TCP单独作为第6章传输层。更加详细地讲解TCP协议、TCP拥塞控制、TCP连接管理等内容。

（7）将应用层涉及的主要协议如HTTP、FTP、DNS等作为第7章应用层，保留了原书第5章的一些内容。

（8）将原书第3章局域网络技术作为第8章，保留了大部分内容，修改了一些陈旧的描述，新增了10吉比特以太网、无线局域网络技术等新内容。

（9）原书中第6章接入网技术作为第9章，保留了原书的主要内容，做了一些修改、删除和新增。

（10）将原书网络管理一章作为第 10 章网络管理，删除了原来的有关具体产品的介绍，新增了一些新技术内容。

（11）将原书网络安全作为第 11 章网络安全，在原书内容的基础上做了一些修改。

去掉了原书第 9 章计算机网络新技术。这是因为，在计算机网络技术快速发展的今天，再新的技术几年以后也会陈旧或者修订。另外，在其他章节中也增补了一些所谓的新技术，这一章就没有存在的必要了。

本书是集体智慧的结晶，作者均是使用过本书第 1 版、第 2 版为学生授课多次的教师，对书中内容有较深的体会，很多修改思想来自于教学实践。本书由季福坤任主编，荆淑霞、汤霖任副主编。其中第 1 章、第 7 章由汤霖编写，第 2 章、第 8 章由荆淑霞编写，第 4 章、第 5 章由季福坤编写，第 6 章由魏艳娜编写，第 3 章、第 10 章由邹鹏涛编写，第 9 章由钱文光编写，第 11 章由金永涛编写。

一部分原书作者没有参加此次改版工作，但他们在前两版中的贡献不会由于第 3 版的出现而被磨灭，在此向第 1 版作者和第 2 版作者表达深深的谢意。

在第 3 版的编写过程中，编者参考了很多相关书籍和大量的资料，吸取了同仁们的宝贵经验，我们会在参考文献中一一列出，在此一并表示谢意。

由于编者水平所限，书中疏漏之处在所难免，敬请广大读者批评指正。

编者

2013 年 4 月

目 录

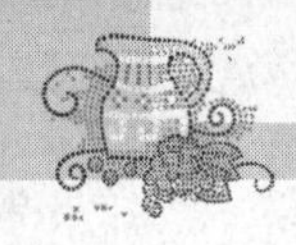

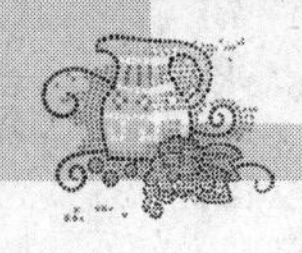

第1章 计算机网络概述

引例：什么是计算机网络？网络是以什么样的结构和机理进行工作的？

计算机网络大家并不陌生，几乎随时随地都在接触或使用。但从技术角度看，什么是计算机网络？它具有什么体系结构？如何协同工作实现了远距离资源共享？本章将从最基础的知识讲起，使大家对计算机网有一个概括的认识。在随后的章节中将层层剥离，详细分析计算机网络的机理，直至完全理解计算机网络技术。

1.1 计算机网络概述

1.1.1 计算机网络的产生与发展

计算机网络技术正以不可阻挡的势头迅猛地发展，将各领域的技术融合。它不单影响着各种相关技术的发展，也深深地在改变人们的思维方式，甚至社会结构的变革……自从 1981 年 IBM 公司的个人计算机进入市场以来，网络技术尤其是因特网的出现和发展是构成信息技术乃至一般技术发展史中最为重大的进步和拓展。作为全球信息高速公路，因特网在短短几年时间中就由学术交流工具演变为商业工具，进而成为人们工作和生活中不可或缺的基本通信工具和媒体。

20 世纪 60 年代初期，计算机越来越多地用于科学计算和信息处理。但当年的计算机为多用户、分时共享系统。一台计算机通过通信线路与若干本地终端及远程终端连接，或多个终端共享一条通信线路和一台主机连接，形成简单的“终端—通信线路—计算机”通信系统，所采用的“通信线路”除与计算机直接相连的线路外，均通过电话网络连接，又称拨号连接，如图 1-1 所示。

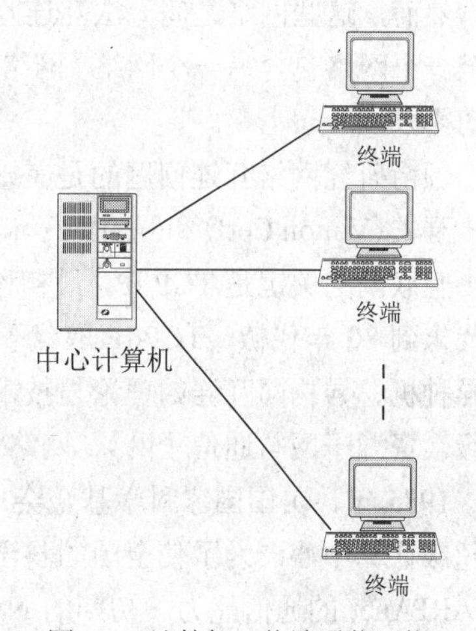

图 1-1　计算机—终端通信网络

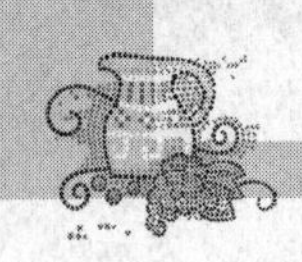

这种系统除中心计算机外，其余的终端设备都没有自主处理功能，只能在键盘上输入命令，通过通信线路传输给中心计算机，然后计算机将处理结果再传给终端。这是最初的“计算机与通信线路的协同工作网”。

此后世界上若干个互不相知的工作组开始研究开发一种称为“包交换（packet switching）”又译为“分组交换”的技术。作为可以替换电路交换的通信技术，包交换技术使得通信更加稳定与高效。首次发表研究结果的是莱昂纳多·克莱恩洛克（Leonard Kleinrock），他在麻省理工（MIT）读研究生期间便完成了该项研究。之后，他和工作组的另外两个同事李克林德（L.C.R. Lichlinder）、劳伦斯·罗伯茨（Lawrence Roberts）作为计算机科学与程序设计的领导组加入了美国高级研究计划局（ARPA-Research Projects Agency）。罗伯茨发布了 ARPANet 设计规划，ARPANet 作为当今 Internet 的鼻祖，是第一次使用了包交换技术的计算机网络。早期的包交换机是人们熟悉的“接口信息处理机”（IMP-Interface Message Processors），所有的联网计算机（称作“主机”Host）及其他设施通过 IMP 访问或提供网络资源。1969 年 5 月，在克莱恩洛克的领导下，第一个 IMP 安装在了加州大学洛杉矶分校（UCLA）。紧接着，另外 3 台 IMP 安装在了史坦福研究院（SRI）、加州大学圣巴巴拉分校和犹他州大学。最早的 Internet 雏形就是这 4 个结点的网络。

到了 1972 年，ARPAnet 扩展到了 15 个节点。跨过 ARPAnet，一端到达另一端所使用的主机到主机协议也趋于完善，这就是人们所了解的网络控制协议（NCP-Network Control Protocol）。第一个在这个协议上的应用程序——电子邮件处理系统也于 1972 年诞生。

1.1.2 Internet 简介

最初的 ARPAnet 是一个独立的网络，只有连接在其中的一个 IMP 上才有可能与其中的主机通信。20 世纪 70 年代中期，包括美国在内的全世界很多组织机构先后建立了基于 ARPAnet 包交换技术的计算机网络：

（1）ALOHAnet：一个采用无线电链路连接夏威夷岛内各大学的包交换网络。

（2）Telenet：美国 BBN 公司的包交换网络。

（3）Cyclades：法国包交换网络。

（4）SNA：IBM 的一个包交换网络。

然而，这些网络之间无法互连互通。世界需要相互沟通，需要将一个网络连接另一个网络，甚至一个网络包含另一个网络（网络的网络）。网络的互联尤其是异构网络的互连互通成了当时的迫切需求。

领衔研究网络互连问题的是美国国防部高级研究计划局（DARPA）。而这一领域的先驱是文滕·瑟夫(Vinton Cerf) 和罗伯特·卡恩（Robert Kahn）。

互联网的关键是 TCP/IP，最初称作 TCP，后来 IP 从中分化出来并且开发了 UDP。20 世纪 70 年代末到 80 年代初，TCP/IP 取代了 NCP 成为了 Internet 的通用标准协议。它较好地解决了一系列异种机、异构网互连的理论与技术问题，所产生的关于资源共享、分散控制、分组交换、网络分级（资源子网与通信子网）、网络协议分层等思想，成为当代计算机网络建设的关键标准。

1985 年，美国国家科学基金会（National Science Foundation，NSF）提供巨资建造了全美 5 大超级计算中心。为了使全国的科学家、工程师能共享这类超级计算设施，NSF 首先想到可否利用 ARPAnet 的通信能力。初期的 NSFnet 比当时的 ARPAnet 小得多，传输速率只有 56kbit/s，所以无法实现连接美国 100 所高等院校的计算机与网络的目标。从 1987 年起，NSF 决定建立自己

的基于 IP 的主干网。NSF 首先在全国建立按地区划分的计算机广域网，然后将这些广域网与超级计算中心相连，最后再将各超级计算中心互连起来。

1988 年 9 月，新主干网 NSFnet 如期投入正式运行，速度升至 T1 级，即 1.544Mbit/s。它除了实现建网目标外，还连接了其他 13 个国家的一些超级计算中心，并逐步向全社会开放。1990 年，它全面取代 ARPAnet，成为 Internet 的主干网。

然而随着网上通信量的剧增，NSFnet 很快就面临着不堪重负的局面。NSF 不得不考虑采用新的网络技术来适应发展的需要，实施了一个旨在进一步提高网络性能的 5 年研究计划。该计划导致了由 Merit、IBM 和 MCI 公司合作创办的 ANS 公司（Advanced Network & Service Inc）的诞生。由 IBM 公司提供计算机设备和软件，电话公司 MCI 提供光纤长途通信线路，网络公司 Merit 经营网络，ANS 提供能以 44.746Mbit/s 传送的 T3 级主干网，传输线路容量是 NSFnet 的 30 倍。到 1991 年底，NSFnet 的全部主干网点都已同 ANS 提供的 3 级主干网连通。然而由于历史的原因，人们并不常提起 ANSnet，仍习惯于继续称之为 NSFnet。

NSFnet 对推广 Internet 的重大贡献是使 Internet 对全社会开放，使其具有全球范围的社会性。NSFnet 从建网（1986 年）到让位于 ANSnet（1992 年），前后经过 6 年。1992—1995 年是它与 ANSnet 并行交叉发展的阶段。

20 世纪 90 年代，Internet 的重大事件之一是开发出了 Web 服务（World Wide Web），它使得 Internet 走进了家庭，用于商业，应用于各行各业，成百上千的应用在此平台上开发出来。例如，在线证券、在线银行、多媒体应用、信息检索、在线教育等。WWW 的提出基于了 40 年代到 60 年代布什（Bush）等人的“超文本（hypertext）”概念。1991 年前后，欧洲粒子物理研究中心（CERN）的蒂姆·伯纳斯-李（Tim Berners-Lee）和他的团队开发了 Web 的最初版本。它包含 4 大关键部件：超文本标签语言（HTML）、超文本传输协议（HTTP）、Web 服务器和浏览器。虽然经过了多年的演进，但核心概念仍然沿用至今。早期的浏览器只有文字界面，在文字中嵌入连接点。随后人们开始开发基于 GUI 的浏览器，早期最知名的浏览器是 Mosaic。它由 Mosaic 通信公司的安德森（Marc Andreesen）领导开发，后来该公司成为 Netscape 通信公司。一段时间，Netscape 成为浏览器的最好开发商和提供者，它的浏览器名称为 Netscape Navigator。1996 年，微软公司开始研制浏览器 IE，并且与 Windows 捆绑，从此拉开了长达数年的 Netscape 与微软的商业战。最终微软公司赢得了战争。尽管 Netscape Navigator 非常优秀，人们也十分喜爱，但不得不慢慢地退出了历史舞台。

Internet 上的许多应用也随之诞生。例如，电子邮件、电子商务、点对点通信等。许多公司在 Internet 上从事商务活动并获得巨大收益。20 世纪 90 年代至今，在网络技术方面也取得了长足的进展。例如，高速路由器的出现和多种更有效的路由算法的采用、局域网交换技术的应用、实时在线多媒体应用、网络安全的实施等。

如今，人们已离不开网络。在生活、医疗、银行、采购、出行、学习中，甚至脑海里一点小小的问题，第一个想到的是到网上寻求答案。网络技术和各种应用还在高速发展，网络将深度改变人类的生活。

1.1.3 计算机局域网

进入 20 世纪 80 年代后，以 IBM PC 为代表的个人计算机（PC）得到了蓬勃发展和普及。随着 PC 性能的提高、价格的下降，其数量急剧增加，应用范围迅速扩展到社会的各个方面。基于信息交换、资源共享的需求，一些部门开始建立连接本部门有限区域内 PC 的计算机网络，由于网络的覆盖范围有限，一般是一个办公室或一栋办公楼，因此将其称为局域网。由于局域网数据传输速度快、结构简单灵活、安装使用方便、工程造价低廉，随着个人计算机的普及，计算机局域网得到了迅速的发展和广泛的应用。这个时期最有影响力的是以太网（Ethernet），这也是计算机网络发展史上的一个里程碑。在 DARPA 致力于从事 Internet 的研究的同时，夏威夷的一个团队在诺曼・艾布拉姆森（Norman Abramson）的带领下建立了 ALOHAnet。这是一个通过无线电链路链接岛上的各大学和研究机构的网络。首次采用了多路访问协议（Multiple-access Protocol）共享传输媒体。后来 Metcalfe 和 Boggs 在开发以太网协议（Ethernet Protocol）的时候，采用了多路访问协议的工作机制。以太网通过一条线路连接若干计算机，采用广播式通信，运用“具有冲突检测的载波监听与多路访问”协议，使得网络上的计算机共享一条线路。以太网成为计算机局域网建设中采用的主要协议标准。经过近 40 年的发展，计算机局域网大多从共享传输媒体变为交换式网络，但以太网协议的核心概念仍然在使用。对计算机网络技术而言，以太网的发明与建设，几乎和 Internet 的出现具有同样重大的意义。

20 世纪 80 年代是局域网大发展时期，也是局域网的成熟的年代，其主要特点是局域网的商品化和标准化。国际上大的计算机网络公司都发布了自己的局域网产品，著名产品有美国 Xerox 公司的以太网（Ethernet），CORVUS 公司的 Omni-NET，ZILOG 公司的 Z-NET，IBM 公司的 PC-NET，NETSTAR 公司的 PLAN 和 DATAPOINT 公司的 ARCNET 等。在这一时期，不但计算机网络的硬件和软件技术得到了充分的发展，而且计算机网络的各种国际标准也基本形成。当今，经过大浪淘沙，很多网络已经销声匿迹了，只有 Ethernet 仍在部署与运行。随着光通信技术的发展，Ethernet 也不断改进，其概念已远不是当年在一栋大楼内和一个园区内的小范围网络。在一座城市乃至更大的范围，网络构建依然可以采用 Ethernet 标准。

人们在自己的组织内部建设局域网，又将局域网连接到 Internet。因此，局域网已经和 Internet 不可分割，局域网是 Internet 的组成部分。

1.1.4　计算机网络的定义

如果用一句话给出计算机网络的定义，在计算机网络形成的初期，尤其是小规模的局域网络是有可能的。我们可以说：利用通信线路将地理上分散的、具有独立功能的计算机系统和通信设备按不同的形式连接起来，以功能完善的网络软件实现资源共享和信息传递的系统就是计算机网络。然而，今天的 Internet 是网络之间互连的产物，是“网络的网络”，计算机网络就是 Internet，很难用上面的定义来囊括。

如今，网络已无处不在，办公设备在网络上，汽车在网络上，家里的电器设施在网络上，摄像监控设备在网络上，探测地质资源与环境的传感器在网络上，探测敌军动向的传感器也在网络上。还能说出不在网络上的设施吗？手机不在网络上吗？放在身体里的医疗设备不在网络上吗？

没有哪一句话能够准确定义当今的计算机网络。Internet 非常复杂，无论从其硬件构成还是其软件构成以及所提供的功能，从一开始直到今天，变化从未终止。

本书不急于给出计算机网络的定义，接下来会用全书的内容阐述什么是计算机网络。这也正是本书的目的所在。

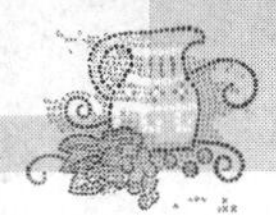

1.2 计算机网络的组成

对于计算机网络的组成，大致有两种分法：一种是按照计算机技术的标准，将计算机网络分成硬件和软件两个组成部分；另一种是按照网络中各部分的功能，将网络分成通信子网和资源子网两部分。

1. 计算机网络的硬件和软件

网络硬件是计算机网络系统的物质基础。要构成一个计算机网络系统，首先要将计算机及其附属硬件设备与网络中的其他计算机系统连接起来。不同的计算机网络系统，在硬件方面是有差别的。随着计算机技术和网络技术的发展，网络硬件日趋多样化，功能更加强大，更加复杂。

（1）服务器。服务器是指在网络中提供服务的设备，它是整个网络的中心。因此，服务器的工作负荷是很重的，这就要求它具有高性能、高可靠性、高吞吐能力、大存储容量等特点。应选那些 CPU、存储器等多方面性能都很好，系统配置较高，并在设计时充分考虑散热等因素的专业服务器来担当，以保证网络的效率和可靠性。

服务器要为网络提供服务，根据服务器所提供的服务的不同，可划分为文件服务器、数据库服务器、邮件服务器等。

（2）工作站。当一台计算机连接到网络上，它就成为网络上的一个结点，称为工作站。它是网络上的一个客户，使用网络所提供的服务。

工作站只为它的操作者服务，不像服务器要为网上众多的客户服务。因此，相对来说它对性能的要求不是很高，一般可用普通的 PC 担当。

（3）连接设备。网络中的连接设备，种类非常多，但是它们完成的工作大都相似，主要是完成信号的转换和恢复，如网卡、调制解调器、交换机、路由器等。网络连接设备直接影响网络的传输效率。

（4）传输介质。传输介质是网络中的通信线路。在一个网络中，网络连接的器件与设备是实现计算机之间数据传输的必不可少的组成部件，通信介质是其中重要的组成部分。

在计算机网络中，要使不同的计算机能够相互访问对方的资源，必须有一条通路使它们能够互相通信。这条通路就是人们常说的物理通道。物理通道由传输介质组成，按其特征可分为有形介质和无形介质两大类，有形介质包括双绞线、同轴电缆、光缆等，无形介质包括无线电、微波、卫星通信等。它们具有不同的传输速率和传输距离，分别支持不同的网络类型。

网络软件是实现网络功能所不可缺少的软环境。网络软件通常包括网络操作系统和网络协议软件。

（1）网络操作系统。网络操作系统是运行在网络硬件基础之上的，为网络用户提供共享资源管理服务、基本通信服务、网络系统安全服务及其他网络服务的软件系统。网络操作系统是网络的核心，其他应用软件系统需要网络操作系统的支持才能运行。

在网络系统中，每个用户都可享用系统中的各种资源，所以，网络操作系统必须对用户进行控制，否则，就会造成系统混乱、信息数据的破坏和丢失。为了协调系统资源，网络操作系统需要通过软件工具对网络资源进行全面的管理，进行合理的调度和分配。

（2）网络协议软件。连入网络的计算机依靠网络协议实现互相通信，而网络协议依靠具体的

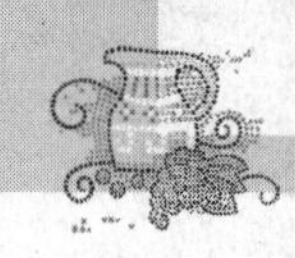

网络协议软件的运行支持才能工作。凡是连入计算机网络的服务器和工作站上都运行着相应的网络协议软件。

2. 通信子网和资源子网

计算机网络首先是一个通信网络，各计算机之间通过通信介质、通信设备进行通信，在此基础上各计算机可以通过网络软件共享其他计算机上的硬件资源、软件资源和数据资源。从计算机网络各组成部件的功能来看，各部件主要完成两种功能，即网络通信和资源共享。把计算机网络中实现网络通信功能的设备及其软件的集合称为网络的通信子网，而把网络中实现资源共享的设备和软件的集合称为资源子网，如图 1-2 所示。

（1）资源子网。资源子网是由各计算机系统、终端控制器和终端设备、软件和可供共享的数据库等组成。资源子网的功能是负责全网面向应用的数据处理工作，向用户提供数据处理能力、数据存储能力、数据管理能力、数据输入/输出能力以及其他数据资源。这些资源原则上可被所有用户共享。换句话说，在网络中任何一台计算机的终端用户都能够访问网中的任何可共享的磁盘文件；使用网中的任何打印和绘图设备；要求网中任何一台计算机为其进行处理和计算等。但对于一个具体的计算机网络来说，并不一定所有的网络资源都能为网中的所有用户所共享，这取决于设计和应用要求。资源子网中的软件资源包括本地系统软件、应用软件以及用于实现和管理共享资源的网络软件。

如图 1-2 所示，虚线内的部分为通信子网，虚线外的部分为资源子网。资源子网主要包括：主机（H）和终端（T）。主机是指主计算机系统，可以是大型机、中型机或小型机以及 PC，主机在计算机网络中负责数据处理和网络控制，它和其他的主机连成网后构成网络的主要资源。终端是用户进行网络操作时使用的设备。

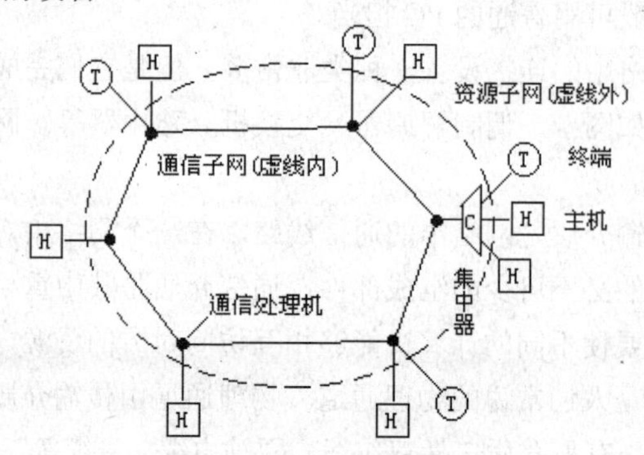

图 1-2　资源子网与通信子网

（2）通信子网。通信子网的主要任务是将各种计算机互连起来，完成数据之间的交换和通信处理。它主要包括通信线路（即传输介质）、网络连接设备（如网络接口设备、通信处理机、网桥、路由器、网关、调制解调器、多路复用器、卫星地面站等）、网络通信协议、通信控制软件等。通信处理机是专用计算机，用于与主机连接，负责网络通信。

将计算机网络分为通信子网和资源子网两级，简化了网络的设计。通信子网可以被独立设计和建设，它可以是专用的，专门为某个机构拥有和使用，称为专用数据通信网；也可以是公用的，由政府部门（例如邮电部门）或某个电信公司拥有和经营，向社会公众提供数据通信服务，称为公用数据通信网。

① 专用数据通信系统。邮电部门提供的普通通信线路的通信质量一般很有限，不太适合数据通信，为提高传输质量，各大机构采用租用专用线路的方法或建立私有的专用数据通信网以实现

计算机之间的通信。这种方法的优点是通信线路专用、传输质量好；缺点是费用较高、需要担负维护管理的工作，不是一般机构所能承担的。

② 公用数据通信网。专用数据通信系统的造价很高，而且不能满足跨行业、跨部门数据通信的需要，同时许多其他小型机构也需要与外界进行数据通信，他们没有条件也没有必要建立自己的专用网络。为此，许多国家的邮电部门建立起电路交换公用数据通信网和分组交换公用数据通信网，为需要进行计算机互连的用户提供服务。

1.3 计算机网络的功能

计算机网络的建设大大地扩大了计算机的应用范围，打破了空间和时间的限制，解决了大量信息和数据的传输、转接存储与高速处理的问题，使计算机的能力大大加强，提高了可靠性和可用性，使软硬件资源由于可以进行共享而得到充分利用。计算机网络的应用必将大大促进社会各行各业的发展，为人类的美好生活提供更加有效的手段，同时，利用计算机网络，也可以使整个社会获得巨大的经济效益和社会效益。

分析计算机网络的功能，主要有以下几点。

1．资源共享

在计算机网络中，资源包括计算机软件和硬件以及要传输和处理的数据。资源共享是计算机网络的最基本的功能之一，也是早期建网的初衷。由于网络中某些计算机及其外围设备价格昂贵，采用计算机网络达到资源共享，可以减少硬件设备的重复购置，从而提高设备的利用率；软件共享避免了软件的重复购置或重复开发，通过实现分布式的计算和存储方法，使某一软件可供全网共享；用户数据也是一种非常有价值的资源，由于信息本身具有共享性，所以通过网络可以达到全网用户的共享，以提高信息的利用率。

2．数据通信

利用计算机网络可以实现计算机用户相互间的通信。通过网络上的文件服务器交换信息和报文、收发电子邮件、相互协同工作等，这些对办公自动化、提高生产率起着十分重要的作用。随着 Internet 在世界各地的普及，传统的电话、电报、邮递等通信方式受到很大冲击，电子邮件、BBS 已为世人广泛接受，IP 电话、视频会议等各种通信方式正在迅速发展。此外，利用计算机网络的数据传输功能，还可以对分散的对象进行实时的、集中的跟踪管理与监控。无论是企业办公自动化中的管理信息系统、工厂自动化中的计算机集成制造系统、企业资源规划，还是银行、商业的管理信息系统和政府部门的办公自动化系统，都是典型的对分散信息与对象进行集中控制与管理的实例。

3．分布式处理

在计算机网络中，可以将某些大型处理任务转化成小型任务而由网中的各计算机分担处理。例如，用户可以根据任务的性质与要求选择网络中既合适而又最经济的资源来处理。此外，利用网络技术还能够把许多小型机或微型机连接成具有高性能的计算机系统，使其具有解决复杂问题的能力，从而降低费用。

4．负载均衡

当网络中某一台机器的处理负担过重时，可以将其作业转移到其他空闲的机器上去执行，这样，就可以减少用户信息在系统中的处理时间，均衡了网络中各个机器的负担，提高了系统的利用率。

5．提高了系统的可靠性和可用性

与为了提高计算机系统的可靠性而采用的双工结构比较，计算机网络更经济。当网中的某一处理机发生故障时，可由别的路径传送信息或转到别的系统中代为处理，以保证该用户的正常操作，不因局部故障而导致系统的瘫痪。又如某一个数据库中的数据因处理机发生故障而丢失或遭到破坏时，可从另一台计算机的备份数据库中调用进行处理，并恢复遭破坏的数据库，从而提高了系统的可靠性与可用性。

1.4 计算机网络的分类和拓扑结构

1.4.1 计算机网络的分类

计算机网络的分类方法很多，但其中两点是最重要和使用最广泛的：网络的传输技术和大小规模。

1．按传输技术分类

按照传输技术可以将网络分为两类：广播式网络和点到点网络

（1）广播式网络。广播式网络的通信信道是共享介质，仅有一条通信信道，由网络上所有的机器共享。短的消息（分组或包 Packet）可以被任何机器发送并被其他所有机器接收。分组的地址字段指明此分组应被哪台机器接收。一旦接收到分组，各机器将检查它的地址字段，如果是发送给自己的，则处理该分组，否则将它丢弃。例如，在公共场所呼叫某人，所有的人都能听到该消息，但只有被呼叫的人会响应。

广播式网络通常也允许在地址字段中使用一段特殊代码，以便将消息发送到所有的目标，这种方式称为广播。某些广播式网络还支持向机器的一个子集发送消息的功能，这种方式称为多点播送，又叫组播。

（2）点到点式网络。与广播式网络相反，在点—点式网络中，每条物理线路连接一对计算机。假如两台计算机之间没有直接连接的线路，那么它们之间的分组传输就要通过中间结点的接收、存储与转发，直至目的结点。由于连接多台计算机之间的线路结构可能是复杂的，因此从源结点到目的结点可能存在多条路由。决定分组从通信子网的源结点到达目的结点的路由需要有路由选择算法。采用分组存储转发与路由选择机制是点—点式网络与广播式网络的重要区别之一。

一般来讲，小的、地理位置上处于本地的网络采用广播方式，而大的网络，则采用点到点的方式。

2．按连接距离和规模分类

网络按所连接距离和规模分类的情况如表 1-1 所示。

表 1–1 网络按规模分类

距离	应用场所	网络技术类型
10km 以内	室内、建筑物、校园等	局域网
10～100km	城市	城域网
100km 以上	地区、国家	广域网
1000km 以上	全球范围	因特网

（1）局域网（Local Area Network，LAN）。局域网常用于构建实验室、办公室、建筑物或校园网络。主要连接个人计算机或工作站来共享网络资源和信息交换，它的覆盖范围一般在几千米以内。局域网的 3 个特征可以让它区别于其他网络。

① 覆盖范围小，可以预知网络的传输时间。这样一来可以大大简化网络的管理。

② 采用广播式和交换式技术。

③ 典型的结构有总线型（以太网，IEEE802.3）、星型（交换式，仍采用 ETHERNET 传输规则）和环型（IBM 令牌环，IEEE802.5）。

（2）城域网（Metropolitan Area Network，MAN）。城域网也称为都市网，是一种大型的局域网，通常使用与局域网相似的技术，它的覆盖范围可以是整个城市，可以是公用的也可以是私有的。它可以支持数据和声音、视频等。早期使用 IEEE802.6 标准，即分布式队列双总线（Distributed Queue Dual Bus，DQDB）来设计 MAN。随着 ATM 技术的成熟和广泛应用，大量使用 ATM 作为 MAN 的主要设计技术，如上海信息港的建设等。近几年来随着光通信技术的进步和通信设备成本的降低，城域网发展出了多种解决方案，如基于以太网的解决方案、基于 DWDM（密集波分复用）光通信解决方案等。

（3）广域网（Wide Area Network，WAN）。广域网是一种跨地区一体化的网络，通常包含一个省或一个国家。它由通信子网和资源子网组成，如图 1-3 所示。

通信子网采用点到点的传输技术，采用存储—转发技术。

在广域网中，设计时重要的问题是如何实现路由选择。

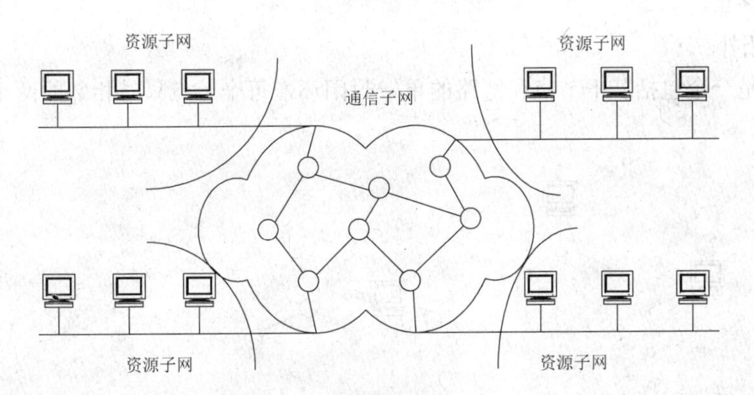

图 1-3 广域网中的主机和子网

（4）无线网（Wireless Network）。无线网络是一种应用极为广泛的网络，如移动式办公、车载通信、飞机导航、军事作战等。它的显著特点是可移动性，但是它的带宽有限，有更高的误码率和时延并且容易引起计算机之间的串扰等。

（5）因特网（Internet）。在全球范围内使用 IP 地址唯一定位每一台主机，按照 TCP/IP 协议进

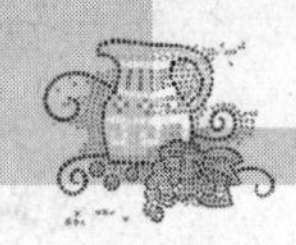

行通信的系统，被广泛地用于连接大学、政府机关、公司和个人用户。因特网正以不可阻挡的势头迅猛发展，将各领域的技术融合。它不但影响着技术发展，也在深深地改变人们的思维方式，甚至社会结构的变革。

1.4.2 计算机网络的拓扑结构

计算机网络拓扑是指网络中通信线路和计算机以及其他组件的物理连接方法和形式。主要有总线拓扑、星型拓扑、环型拓扑和树型拓扑以及网状拓扑。网络拓扑结构关系到网络设备的类型、设备的能力、网络的扩张潜力、网络的管理模式等。

1. 总线拓扑

总线拓扑采用单一信道作为传输介质，所有主机（或站点）通过专门的连接器接到这条称为总线的公共信道上。如图 1-4 所示。

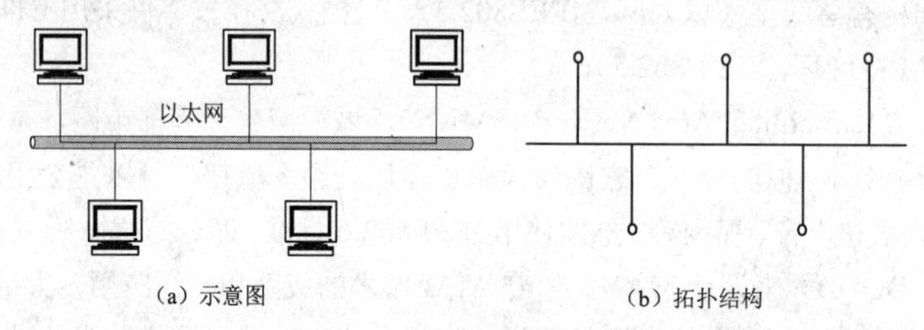

图 1-4 总线网络结构

任何一台主机发送的信息都沿着总线向两个方向扩散，并且总能被总线上的每一台主机所接收。由于其信息是向四周传播的，类似于广播，所以总线网络也被称为广播网。这种拓扑结构的所有的主机都彼此进行了连接，从而可以直接通信。

总线拓扑结构的优点是：结构简单，布线容易，站点扩展灵活方便。缺点是：故障检测和隔离较困难，总线负载能力较低。另外，一旦电缆中出现一处断路，就会使主机之间造成分离，使整个网段通信终止。

2. 环型拓扑

环型拓扑是一个包括若干节点和链路的单一封闭环，每个节点只与相邻的两个结点相连，如图 1-5 所示。

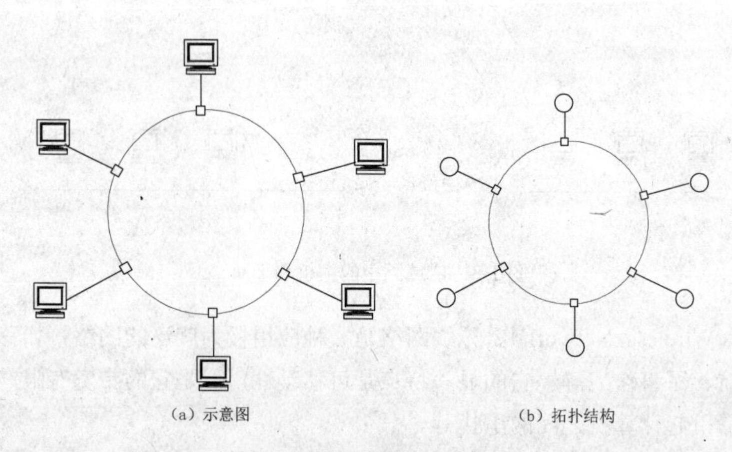

图 1-5 环型网络拓扑结构

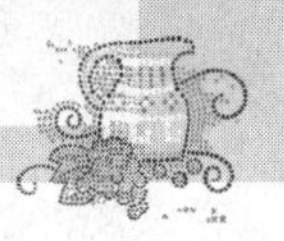

信息沿着环路按同一个方向传输，依次通过每一台主机。各主机识别信息中的目的地址，如与本机地址相符，信息被接收下来。信息环绕一周后由发送主机将其从环上删除。

环型结构的优点：容易安装和监控，传输最大延迟时间是固定的，传输控制机制简单，实时性强。缺点：网络传输线路故障会使整个网络停止工作，故障检测比较困难，结点增、删不方便。

3．星型拓扑

星型拓扑是由各个结点通过专用链路连接到中央结点上而形成的网络结构，如图 1-6 所示。

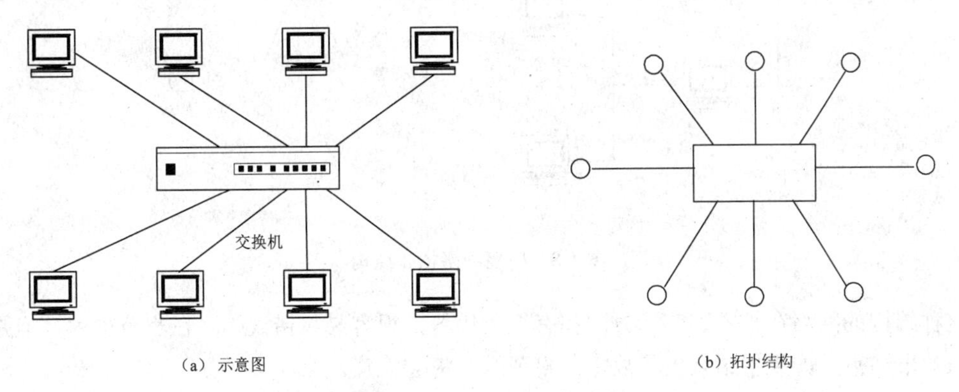

图 1-6　星型网络拓扑结构

在星型拓扑中各站点计算机通过传输线路与中心站点相连，信息从计算机通过中央结点传送到网上所有的计算机。星型网络的特点是很容易在网络中增加新站点，数据的安全性和优先级容易控制。网络中的某一台计算机或者一条线路的故障，将不会影响到整个网络的运行。

星型结构的优点：传输速度快，误差小，扩容比较方便；易于管理和维护，故障的检测和隔离也很方便。缺点：中央结点是整个网络的瓶颈，必须具有很高的可靠性。中央结点一旦发生故障，整个网络就会瘫痪。另外每个站都要和中央结点相连，需要耗费大量的电缆。

目前大都是采用交换机来构建多级结构的星型网络，形成扩展星型结构，如图 1-7 所示。

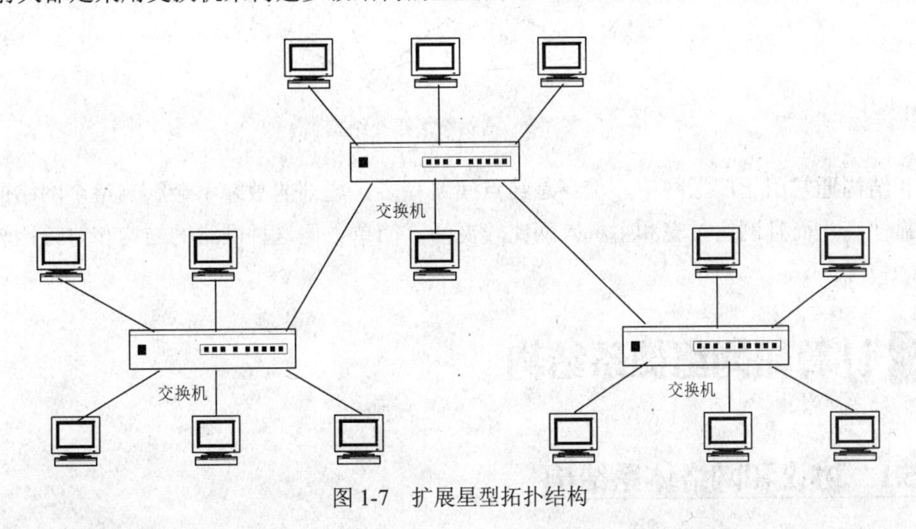

图 1-7　扩展星型拓扑结构

4．树型拓扑

树型拓扑是从总线拓扑演变而来的，在树型拓扑中，任何一个结点发送信息后都要传送到根结点，然后从根结点返回到整个网络。如图 1-8 所示。

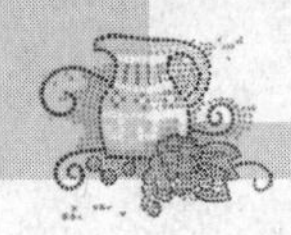

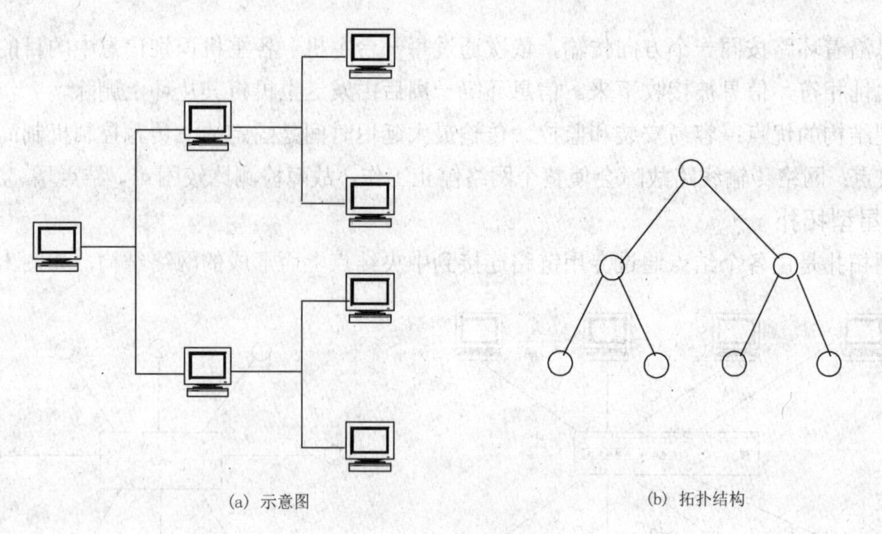

图 1-8　树型网络拓扑结构

这种结构的网络在扩容和容错方面都有很大优势，很容易将错误隔离在小范围内，但是这种网络依赖根结点，如果根结点出了故障，整个网络将会瘫痪。

5．网状拓扑

网状结构由结点和连接结点的点到点链路组成，每个结点都有一条或几条链路同其他结点相连，如图 1-9 所示。

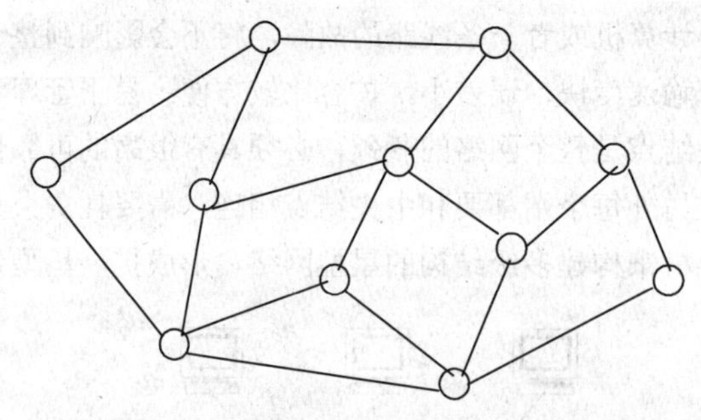

图 1-9　网状网络拓扑结构

网状结构通常用于广域网中，优点是结点间路径多，局部的故障不会影响整个网络的正常工作，可靠性高，而且网络扩充和主机入网比较灵活、简单。但这种网络的结构和协议比较复杂，建网成本较高。

1.5 计算机网络体系结构

1.5.1　协议和网络体系结构

1．协议

计算机网络最基本的功能就是资源共享、信息交换。为了实现这些功能，网络中各实体之间经常要进行各种通信和对话。这些通信实体的情况千差万别，如果没有统一的约定，就好比一个

城市的交通系统没有任何交通规则，大家为所欲为，各行其是，其结果肯定是乱作一团。人们常把国际互联网络叫做信息高速公路，要想在上面实现共享资源、交换信息，必须遵循一些规则标准，这就是协议。

其实，协议在现实生活中无处不在，只是我们习以为常而感觉不到了。我们先看一个生活中的场景来理解什么是协议。设想，当你要询问另一个人当前的时间，一个典型的对话过程如图 1-10（a）所示。

先由对话的发起方用问候的方式建立双方的通信联系，比如他说："你好"，正常情况下，对方也会回答 "你好" 作为对会话发起方的回应。紧接着他问："请问现在几点了"，对方回答："9 点半"，询问时间成功。也可能收到其他的回答，比如："不要打扰我" 或者 "我不会说汉语"，或者其他的拒绝表示，或者干脆就不做任何回答。表明对方不愿意会话或者无法和你说话。这种情形下，人们会理解（协议）不能再去问时间了。人们发出信息然后得到信息的反馈（收到信息），再根据反馈的信息判断如何继续会话，这就是人与人之间的协议。如果人们之间执行着不同的协议，比如，对于一个人的行为方式，另一个人无法理解，或者对于一个人所说的时间概念（几点了？），另一个人根本不懂这是在询问时间，这个协议就根本无法工作。计算机网络所运行的协议和人与人之间的协议方式大体相同。无非是将人换成了程序实体。两个或者多个实体之间运行相同的协议进行数据交换。

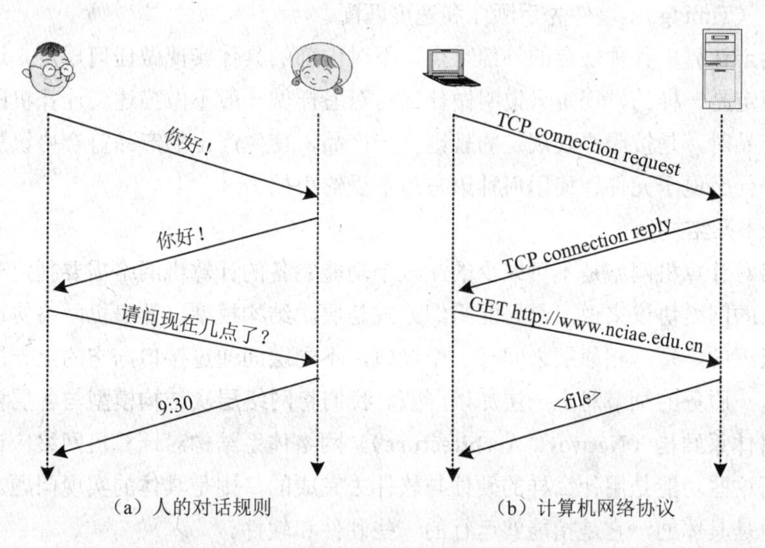

图 1-10　人的对话规则与计算机网络协议

再看另外一个情形。在计算机网络的课堂上，老师在讲计算机网络协议。学生们出现了理解困难。老师停下来然后问："大家有什么问题吗？"（一个信息传输出去，将会被课堂内的学生所接收），你举起了手（向你的老师传递了一个指示信息），老师以微笑响应了你的信息并说："请说"（传递了一个让你发问的信息给你），之后你开始问问题（向老师传递你的信息），老师听到了你的问题（接收到了问题信息）并开始回答（向你传输回应信息）。循环往复，直到问题讨论明白。这个例子中我们看到了信息的发送与接收，响应与证实。事实上就是我们心里执行的"问与答协议"。在这个协议中有一些约定大家都要遵守，比如：你要发问必须先举手，获得老师的允许你才能提问问题。如果你明白了老师的解答，要予以确认。最后用感谢老师来结束这次协议过程。

计算机网络协议和人的协议非常类似，无非是执行协议的对象换成了某些硬件或软件实体（计算机、路由器以及网卡等）。两个或者多个软硬件实体按照协议进行信息交换。比如：两个物理上相连的计算机由网卡执行协议控制连接线路上的位流信号的传输；端系统之间的拥塞控制协议管理着发送者和接收者之间的数据包传输；路由器中运行的协议决定着数据包从源点到目的点传输过程中的路径选择。互联网无处不是协议在控制着信息传输。

以一个常用的例子说明计算机网络协议。让我们设想，当向浏览器中输入一个网址（URL）去请求一个网页时，会发生什么。其交互过程见图 1-10（b）。第一步：浏览器会发送给 Web 服务器一个连接请求并等待回应；第二步：正常情况下 Web 服务器会收到这个连接请求并返回一个连接响应；第三步：你的浏览器知道了服务器已经准备好了便发送 GET 信息向服务器发送所请求的 Web 页面的名字；第四步：Web 服务器便将所请求的网页（可能是一个文件）发回到你计算机的浏览器。

通过前面的例子我们给出计算机网络协议的定义：协议定义了计算机网络中两个或多个通信实体之间交换信息的格式和顺序以及信息传输过程中所应产生的各项行为的规则约定。

协议有 3 个要素，即语法、语义和时序。

（1）语法（Syntax）：数据与控制信息的格式、数据编码等。

（2）语义（Semantics）：控制信息的内容，需要做出的动作及响应。

（3）时序（Timing）：事件先后顺序和速度匹配。

协议只确定计算机各种规定的外部特点，不对内部的具体实现做任何规定，这同人们日常生活中的一些规定是一样的，规定只说明做什么，对怎样做一般不做描述。计算机网络软硬件厂商在生产网络产品时，是按照协议规定的规则生产产品，使生产出的产品符合协议规定的标准，但生产厂商选择什么电子元件、使用何种语言是不受约束的。

2．网络体系结构

网络协议对计算机网络是不可缺少的，一个功能完备的计算机网络需要制定一整套协议集。对于结构复杂的网络协议来说，最好的组织方式是层次结构模型。计算机网络协议就是按照层次结构模型来组织的。每一相邻层之间有一个接口，不同层间通过接口向它的上一层提供服务，并把如何实现这一服务的细节对上一层加以屏蔽。我们将**网络层次结构模型与各层协议的集合定义为计算机网络体系结构（Network Architecture）**。网络体系结构对计算机网络应该实现的功能进行了定义，而这些功能是用什么样的硬件与软件去完成的，则是具体的实现问题。体系结构是抽象的，而实现是具体的，它是指能够运行的一些硬件和软件。

计算机网络中采用层次结构，具有以下优点。

（1）各层之间相互独立。高层并不需要知道低层是如何实现的，而仅需要知道该层通过层间的接口所提供的服务。

（2）灵活性好。当任何一层发生变化时，只要接口保持不变，则此层以上或以下各层均不受影响。另外，当某层提供的服务不再需要时，甚至可将这层取消。

（3）各层都可以用最合适的技术来实现，各层实现技术的改变不影响其他层。

（4）易于实现和维护。由于整个系统被分解为若干个易于处理的部分，这种结构使得一个庞大而又复杂系统的实现和维护变得容易控制。

（5）有利于促进标准化。这主要是因为每一层的功能及其提供的服务都已有了精确的说明。

1974 年，IBM 公司提出了世界上第一个网络体系结构，这就是系统网络体系结构（System

Network Architecture，SNA）。此后，许多公司纷纷提出各自的网络体系结构。这些网络体系结构共同之处在于它们都采用了分层技术，但层次的划分、功能的分配与采用的技术术语均不相同。随着信息技术的发展，各种计算机系统联网和各种计算机网络的互连成为人们迫切需要解决的课题。OSI 参考模型就是在这个背景下提出的。

3．接口和服务

每一层的功能是为它的上层提供服务的，该层就称为服务提供者（Service Provider）。而它的上层使用它所提供的服务，称之为服务用户（Service User）。

服务是在服务接入点（Service Access Point，SAP）提供给上一层使用的。每一个 SAP 都有一个唯一的地址码。

相邻层之间要交换信息，对接口必须有一致的规则。*N*+1 层实体把一个接口数据单元（Interface Data Unit，IDU）传递给 *N* 层实体。IDU 由服务数据单元（Service Data Unit，SDU）和一些控制信息组成。SDU 是将要跨过网络传递给对等实体，然后上交给 *N*+1 层的信息。为了传递 SDU，*N* 层实体可能将 SDU 分成几段，每一段加上一个报头后作为独立的协议数据单元（Protocol Data Unit，PDU）送出，如图 1-11 所示。

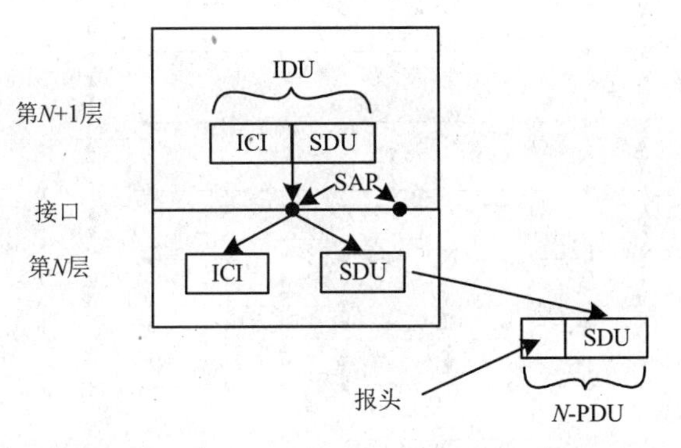

图 1-11　层和接口的关系

1.5.2　ISO/OSI 参考模型

国际标准化组织（ISO）于 1983 年推出了开放系统互连参考模型（Open System Interconnection / Reference Model，OSI/RM），该模型是为了解决异种机互连而制定的开放式计算机网络层次结构模型。OSI 模型有七层，其分层原则如下。

（1）根据不同功能抽象分层，每个层应该实现一个定义明确的功能。

（2）不能太少，不能太多。分层如果太少，使每层的功能太多，从而无法实现将问题简化的目的，另外，无法将各层独立出来；如果层次太多，相反又会使问题变得复杂。

（3）每层功能的选择应有助于制定网络协议的国际标准，各层边界的选择应尽量减少跨过接口的通信量。

（4）保留以前的好的相关分层方法。通信技术有一百多年的历史，已经成熟和完善。因此，我们完全可以利用它来服务于网络。

（5）允许每层分子层。

（6）允许某层旁路。

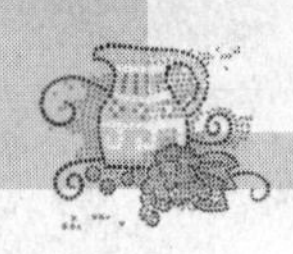

OSI 参考模型如图 1-12 所示。

下面我们依次讨论 OSI 参考模型的各层。

1．物理层

物理层（Physical Layer）与物理传输媒体直接相关，它提供在某一物理传输媒体上透明的比特流传送。该层协议定义了设备间的物理接口以及数字比特的传送规则。

物理层协议有 4 个主要特性：机械特性、电气特性、功能特性和规程特性。

（1）机械特性定义了连接器的几何尺寸，插针和插孔的数量和排列方式。

（2）电气特性定义了信号电压幅度、比特宽度、噪声容限、负载阻抗等电气参数。

（3）功能特性定义了信号交换线路的数据、控制、定时和地线。

（4）规程特性定义了信号交换的时序和规则。这里的典型问题是用多少伏特电压表示“1”，用多少伏特电压表示“0”；一个比特持续多少微秒；传输是否在两个方向上同时进行；最初的连接如何建立和完成通信后连接如何终止；网络接插件有多少针以及各针的用途等。

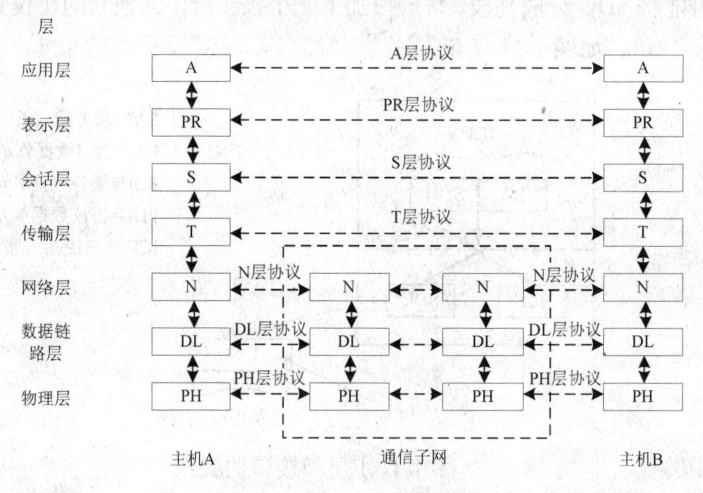

图 1-12　OSI 参考模型

2．数据链路层

数据链路层（Data Link Layer）的主要任务是加强物理层传输原始比特的功能，使之对网络层显现为一条无错线路。实际信道总是不可靠的，传输的过程中由于噪声的干扰常常会出现比特丢失、增加或畸变，然而物理层只负载透明传输原始比特流，不进行任何差错控制。因此，数据链路层必须要有某种机制来保证数据传输的正确性。通常发送方将输入的数据封装成数据帧（Data Frame）来进行传输，并处理接收方发回的确认信息。而接收方以帧为单位接收，并对帧进行校验，检测有无传输差错。数据链路层要提供差错控制功能，同时还要解决一系列传输问题，如帧的格式、差错编码方法、重传策略、流量控制等。

3．网络层

网络层（Network Layer）是 OSI 参考模型的第三层。网络的目的是将数据以分组的形式，从源端通过通信子网送至目的端。因此，如何为分组选择一条合适的路径，即路由选择就成为网络层要解决的主要问题。所谓合适的路径是指该路由能够较好地满足特定数据传输的要求，如最小延时，最短路径，最大吞吐率等。另外，当太多的分组涌入时，有可能引起网络阻塞，使网络性能急剧下降，网络层必须进行拥塞控制，以防止因拥塞而引起网络性能的下降。当分组要穿越多

个网络才能到达目的地时，还要解决不同网络数据速率、分组长度、编址方法、控制协议等不同所带来的一系列问题。

以上三层是属于网络的低层，主要实现的是点到点的通信，而下面要介绍的层次是属于网络的高层，是真正的端到端通信。

4. 传输层

传输层（Transport Layer）是第一个端到端的层，它利用低三层所提供的服务向高层提供独立于具体网络的、经济有效的和可靠的端到端的透明数据传输。传输层主要解决高层的服务要求与低层提供的服务之间的匹配的问题，对高层屏蔽了网络的类型。传输层必须实现流量控制和差错控制，还要提供多路复用和分流的功能，即将发往同一目的地的传输连接复用到同一条连接上，或者一条传输连接建立多条网络连接，实现并行传送数据。传输层是以报文段作为传送单位，当报文段较长时，先把它们分成若干个分组，然后交给下一层进行传输。

5. 会话层

会话层（Session Layer）允许不同机器上的用户建立会话关系，主要解决会话管理、活动管理等。会话层允许在数据流中插入若干同步点，一旦数据传输因故中断，可以从最近的一个同步点继续进行，用以解决长时间大量数据传送时网络中断的情况。

6. 表示层

表示层（Presentation Layer）负责定义信息的表示方法，并向上层提供一系列的信息转换，确保在应用程序之间交换的数据格式的一致性。表示层的主要功能有：信息压缩和解压、数据转换、数据加密和解密等。

7. 应用层

应用层（Application Layer）是 OSI 模型的最高层，直接向应用程序提供服务。应用层可以包含各种应用程序，形成了应用层上的各种应用协议，如电子邮件、文件传输、远程登录等，并提供网络管理功能。

从应用方面来看 OSI 七层模型，可归纳为应用层、协议层和硬件层 3 个层次。

应用层：包括应用层、表示层和会话层 3 个层次，这 3 层最接近用户，常用的协议有 POP3、SNMP、FTP 等。

协议层：包括传输层和网络层。

硬件层：包括数据链路层和物理层，主要指网络设备和传输介质等。

1.5.3 TCP/IP 参考模型

虽然 OSI/RM 得到全世界的认同，但是因特网历史上和技术上的开发标准都是 TCP/IP 模型，TCP/IP 模型及其协议簇使得几乎世界上任意两台计算机间的通信成为可能。

1. TCP/IP 模型

TCP/IP 模型是由美国国防部出于战争的考虑而创建的，它要求在任何情况下都要能保证网络的畅通。也就是说，不管当时网络上任何结点或网络的情况（就算受到战争的破坏），它的分组总能够从任何一个位置到达任何其他的位置。从那时开始，TCP/IP 模型就成为如今因特网的实际标准。在这里我们还需要记住，因特网最初设计的目的是为了实现异种网络的互联。TCP/IP 模型分为四层：应用层、传输层、网际层和网络接口层。TCP/IP 模型如图 1-13 所示。

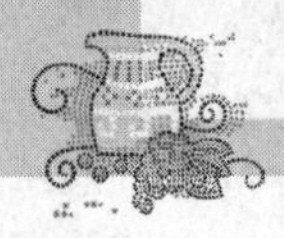

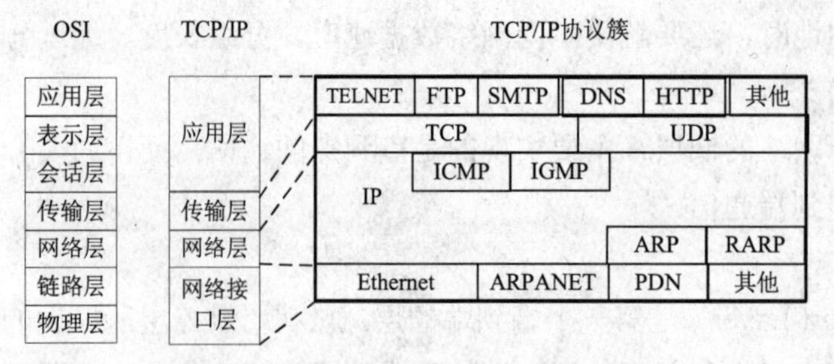

图1-13　TCP/IP参考模型

（1）应用层。TCP/IP的设计者认为高层协议应该包括会话和表示层的细节，他们简单地创建了一个应用层来处理高层协议、有关表达、编码和对话控制。TCP/IP将所有与应用相关的内容都归为一层，并保证为下一层适当地将数据分组。应用层常见的协议有：

- FTP——文件传输协议；
- HTTP——超文本传输协议；
- SMTP——简单邮件传输协议；
- DNS——域名系统；
- TFTP——简单文件传输协议；
- TELNET——远程终端访问协议。

（2）传输层。传输层在源主机和目的主机对等实体之间提供端对端可靠的数据传输服务，这一层相当于OSI参考模型中的传输层。主要处理可靠性、流量控制和重传等典型问题。在这一层提供了两个主要协议：传输控制协议（TCP）和用户数据报协议（UDP）。TCP提供一种面向连接的可靠的数据流服务，而UDP提供的是无连接的不可靠服务，让用户根据应用的需求有更多的选择余地。

（3）网际层。网际层实现各种网络的互连，它的功能是把分组独立地从源主机传送到目的主机。该层定义了正式的分组格式和协议，主要涉及的问题是分组路由和拥塞控制。该层有5个重要协议：

- IP——网际协议；
- ICMP——网际控制报文协议；
- ARP——地址解析协议；
- RARP——反向地址解析协议；
- IGMP——Internet组管理协议。

（4）网络接口层。网络接口层是TCP/IP参考模型的最底层。TCP/IP标准并没有定义具体的网络接口协议，只是指出主机必须使用某种协议与网络连接，以便能在其上传递IP分组。这个协议未被定义，并且随主机和网络的不同而不同。

2．OSI参考模型与TCP/IP参考模型的比较

OSI参考模型最大的贡献是将服务、接口和协议这3个概念明确地区分开来。服务说明某一层提供什么功能，接口说明上一层如何调用下一层的服务，而协议涉及如何实现该层的服务。各层采用什么样的协议是没有限制的，只要向上一层提供相同的服务并且不改变相邻的接口即可，因此各层之间具有很强的独立性。然而，OSI参考模型出现在其协议之前，致使其协议和模型不能统一，且OSI参考模型过于复杂，以至于无法真正地加以实现。

而 TCP/IP 却正好相反。首先出现的是协议，模型实际上是对已有协议的描述。因此不会出现协议不能匹配模型的情况，它们匹配得相当好。唯一问题是该模型不适合描述除 TCP/IP 模型之外的任何其他协议。

尽管 TCP/IP 非常流行，但也存在许多的缺点。首先该模型没有明确地区分服务、接口和协议的概念；第二，TCP/IP 模型完全不是通用的，不适合描述除 TCP/IP 模型之外的任何协议；第三，网络接口层在分层协议中根本不是通常意义下的层，它只是一个接口处于网络层和数据链路层之间，根本没有提及物理层和数据链路层。

1.6 国际标准化组织

随着计算机通信、计算机网络和分布式处理系统的激增，协议和接口的不断进化，迫切要求在不同公司制造的计算机之间以及计算机与通信设备之间方便地互连和相互通信。由此，接口、协议、计算机网络体系结构都应有共同遵循的标准。国际标准化组织（ISO）以及国际上一些著名标准制定机构都从事这方面标准的研究和制定。

1.6.1 网络协议标准化组织

1. 国际标准化组织

国际标准化组织（International Organization for Standardization，ISO）成立于 1947 年，是世界上最大的国际标准化专门机构，是联合国甲级咨询机构。到 2011 年有 160 个成员国。ISO 的官方定义是：“International Organization for Standardization”。美国在 ISO 中的代表是 ANSI，大家所熟悉的 ASCII 和 C 语言的工业界标准，就是由 ANSI 所制定的。ISO 在网络领域的最突出贡献就是提出 OSI 参考模型。

ISO 是一个自发的不缔约组织，其成员是参加国选派的标准化组织以及无投票权的观察组织。ISO 由各技术委员会（TC）组成，其中 TC97 技术委员会专门负责“信息处理”有关标准的制定。1977 年，ISO 决定在 TC97 下成立一个新的分技术委员会 SC16，以“开放系统互连”为目标，进行有关标准的研究和制定。现在 SC16 改为 SC21，负责七层模型的研究。另一个与计算机网络有关的分技术委员会为 SC6，它负责低三层及数据通信有关标准的制定。中国是 1980 年开始参加 OSI 标准工作的。

2. 国际电信联盟

国际电信联盟（International Telecommunications Union，ITU）成立于 1865 年，最早称为国际电报联盟（International Telegraph Union）。莫尔斯发明电报技术大约十年后，电报成为了一项公众通信服务项目。但是各国标准不一，国与国之间的电报通信不得不依靠多次翻译得以实现。在经过了大量的协商沟通与谈判后，1865 年 5 月 17 日，由 20 个成员国签署了协定成立了 ITU，从事标准化国际电信工作。随着通信技术的不断发展，电话、无线电通信、卫星通信等逐渐进入了通信领域，为了方便研究与制定相关标准，ITU 于 1924 年成立了国际电话咨询委员会（International Telephone Consultative Committee，CCIF），1925 年组建了国际电报咨询委员会（International Telegraph Consultative Committee，CCIT），1927 年又成了国际无线电资讯委员会（International Radio Consultative Committee，CCIR）。1932 年马德里会议将 ITU 更名为国际电信联盟（International

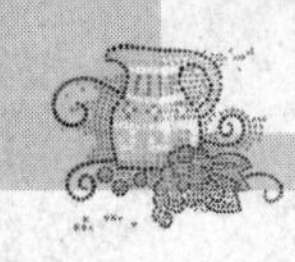

Telecommunications Union）。1947年，ITU成为了联合国的一个官方技术咨询机构。

1956年，CCIT和CCIF合并成立了（International Telephone and Telegraph Consultative Committee，CCITT），就是我们熟知的国际电话电报咨询委员会。我国的电信业起步于CCITT组建后的年代，因此，许多通信标准遵从CCITT标准，我国的技术资料提及CCITT远比提及ITU多得多。

1992年，ITU改组和简化了内部机构，成了3个专业部门取代了之前的众多的委员会：无线电通信部ITU-R（Radiocommunication）、电信标准化部ITU-T（Telecommunication Standardization）和电信技术开发部ITU-D（Telecommunication Development）。

到2011年，ITU已经走过了146年的历程，为全球电信业的标准化和技术进步作出了巨大贡献。计算机网络是计算机技术和通信技术的融合体，研究计算机网络技术离不开通信技术，更离不开通信标准化。更多关于ITU的资料请见http://www.itu.int/en/Pages/default.aspx。

3．电气和电子工程师协会

电气和电子工程师协会（Institute of Electrical and Electronic Engineers，IEEE）是世界上最大的专业技术团体，由计算机和工程学专业人士组成。它创办了许多刊物，定期举行研讨会，还有一个专门负责制定标准的下属机构。IEEE在计算机网络界的最大贡献就是制定了802标准系列，802标准将局域网的各种技术进行了标准化。现在很多局域网产品都符合IEEE 802标准。

4．美国国家标准学会（ANSI）

ANSI 是由制造商、用户通信公司组成的非政府组织，是美国的自发标准情报交换机构，也是由美国指定的ISO投票成员。它的研究范围与ISO相对应，例如电子工业协会（EIA）是电子工业的商界协会，也是ANSI成员，主要涉及OSI的物理层标准制定。又如电气和电子工程师学会（IEEE）也是ANSI成员，主要研究低两层和局域网的有关标准。

1.6.2 Internet管理机构

实际上没有任何组织、企业或政府能够拥有Internet，但它也是由一些独立的管理机构管理的，每个机构都有自己特定的职责。

1．Internet协会

Internet协会（Internet Society，ISOC）创建于1992年，是一个最权威的“Internet全球协调与合作的国际化组织”。ISOC（http://www.isoc.org）是由Internet专业人员和专家组成的协会，致力于调整Internet的生存能力和它的规模。ISOC的重要任务是与其他组织合作，共同完成Internet标准与协议的制定。

2．Internet体系结构委员会

Internet体系结构委员会（Internet Architecture Board，IAB）创建于1996年6月，是Internet协会ISOC的技术咨询机构。IAB（http://www.iab.org）的权力在RFC1601（IAB章程）中作了规定。该文档详细描述了IAB的成员资格、任务和组织。IAB监督Internet协议体系结构的发展，提供创建Internet标准的步骤，管理Internet标准（草案）RFC文档系列，管理各种已分配的Internet地址号码。IAB下属两个机构：Internet工程任务组IETF和Internet研究任务组IRTF。

3．Internet工程任务组

Internet工程任务组（Internet Engineering Task Force，IETF）是一个国际性团体。它主要的任务是为Internet工程和发展提供技术及其他支持。其任务之一是简化现存的标准并开发一些新的

标准，并向 Internet 工程指导组（Internet Engineering Steering Group，IESG）推荐标准。

IETF 的主要工作领域：应用程序、Internet 服务、网络管理、运行要求、路由、安全性、传输、用户服务与服务应用程序。工作组的目标可以是创建信息文档、创建协议细则，解决 Internet 与工程和标准制订有关的各种问题。

4．Internet 研究任务组

Internet 研究任务组（Internet Research Task Force，IRTF）是 Internet 协会 ISOC 的执行机构。根据 RFC 2014《IRTF 研究任务组指导方针和程序》的规定，Internet 研究任务组致力于与 Internet 有关的长期项目的研究（http://www.irtf.org），主要在 Internet 协议、体系结构、应用程序及相关技术领域开展工作。

5．IANA 与 ICANN

Internet 赋号管理局（Internet Assigned Numbers Authority，IANA）的工作是按照 IP 协议、组织监督 IP 地址的分配，确保每一个域都是唯一的。除了 IP 地址外，IANA 也是 Internet 有关的编号和数据的注册中心。IANA 坐落于南加利福尼亚大学的"信息科学学会"。我们熟悉的 Internet 网络信息中心（InterNIC）也是其加盟组织，现归 ICANN 授权。

1998 年 10 月成立了一个民间性的非赢利公司，即 ICANN（The Internet Corporation for Assigned Names and Numbers，Internet 网络名称与号码分配机构），ICANN 将相关机构进行了大合并，并取代 IANA 开始参与管理 Internet 域名及地址资源。目前，国际上主要由 ICANN 管理域名、IP 地址、端口号码等公共资源的分配。

6．WWW 联盟

WWW 联盟（http://www.w3c.org）独立于其他 Internet 组织而存在，是一个国际性的工业联盟。它和其他组织一起，致力于与 Web 有关的协议（如 HTTP、HTML、URL 等）的制定。

1.6.3　RFC 文档与 Internet 草案

1．RFC 文档

请求评价（Request for Comments，RFC）文档从 1969 年 ARPAnet 出现时就开始存在。它们是用于 Internet 开发团体的最初的技术文档系列。任何人都可以提交 RFC 文档，但它并不是立即成为标准。事实上，很多的 RFC 文档都没有实现。RFC 文档草案对于从事 Internet 技术研究与开发的技术人员是获得技术发展状况与动态的重要信息来源之一。

RFC 系列文档是用数字命名的。例如，RFC 2000 是 IAB 的"Internet Official Protocol Standards"文档。更新的文档号不使用曾经的数字，而会得到一个新的名称，例如，RFC 2000 替代了 RFC1920、而 RFC 2200 又替代了 RFC 2000 等。目前该文档经历了十几个文档的修改变化，到 2004 年由 RFC 3300 取代了 RFC 2200，而 2008 年 5 月 RFC 3300 又被 RFC 5000 所取代。因此读 RFC 文档时，需要注意两个问题：一是需要确定它是最新的文档，二是需要注意 RFC 文档的类别。

所有的 RFC 文档都要经历评论和反馈过程，并且在这一段时间内它们会被划分为不同的类别。RFC 文档一旦被提交，IETF 和 IAB 组织将审查 RFC 文档，通过后可以成为一项标准。RFC 文档按照它发展与成熟的过程可以分为 4 个阶段：因特网草案（Internet Draft）、提议标准（proposed standard）、草案标准（draft standard）、因特网标准（Internet standard）。更多文档信息请见

http://www.rfc-editor.org/index.html。

2．因特网草案

因特网草案是工作性文档，这些草案文档的有效期为 6 个月，6 个月后它们会被更新、替代或作废。因特网草案的编号方式与 RFC 文档不同。更确切地说，每个因特网草案有唯一的文件名，通常情况下的格式为：草案-<作者>-<工作组>-<主题>-<版本>.txt。

除了因特网草案和 RFC 文档，有些公司有它们自己的因特网协议和接口，它们会在自己的 Web 站点或通过其他信息渠道发布这类信息。

一、选择题

1．下列设备中不属于通信子网的是（　　）。

A．交换机　　B．路由器　　C．主机　　D．调制解调器

2．计算机网络的主要功能或目标是（　　）。

A．数据通信　　B．电子邮件

C．资源共享　　D．Internet

3．计算机网络拓扑是通过网中结点与通信线路之间的几何关系表示网络中各实体间的（　　）。

A．联机关系　　B．结构关系

C．主次关系　　D．层次关系

4．下列有关网络拓扑结构的叙述中，正确的是（　　）。

A．网络拓扑结构是指网络结点间的分布形式

B．目前局域网中最普遍采用的拓扑结构是总线结构

C．树型结构的线路复杂，网络管理也较困难

D．树型结构的缺点是，当需要增加新的工作站时成本较高

5．一个功能完备的计算机网络需要制定一套复杂的协议集。对于复杂的计算机网络协议来说，最好的组织方式是（　　）。

A．连续地址编码模型　　B．层次结构模型

C．分布式进程通信模型　　D．混合结构模型

6．网络协议的 3 个要素是：语法、语义与（　　）。

A．工作原理　　B．时序

C．进程　　D．传输服务

7．TCP/IP 协议栈不包括以下（　　）层次。

A．表示层　　B．网络互连层　　C．传输层

D．应用层　　E．网络接口层

8．OSI 参考模型将整个通信功能划分为 7 个层次，处于同等层的若干个实体称为（　　）。

A．通信实体　　　　B．对等实体

C．相邻实体　　　　D．传输实体

9．因特网是目前世界上第一大网络，它起源于美国。其雏形是（　　）。

A．NCFC 网　　　　B．CERNET 网

C．GBNET 网　　　　D．ARPANET 网

二、简答题

1．一个有 n 层协议的系统，应用层生成长度为 m 字节的报文，在每层都加上 n 字节报头。那么网络带宽中有多大百分比是在传输各层报头？

2．什么是协议？什么是服务？服务和协议有什么区别？

3．将 TCP/IP 和 OSI 的体系结构进行比较，讨论其异同之处。

第2章 物理层

引例：计算机网络是如何连接在一起的？数字信号和电信号的关系是什么？

通过上一章的学习，大家了解了ISO定义的网络7层结构：OSI参考模型。其中物理层是最底层，是计算机网络通信传输的基础。本章将介绍数据通信的技术基础，物理层的基本原理、功能以及一些典型的标准和协议。

2.1 数据通信基础

2.1.1 数据通信基本概念

数据通信指通过数据通信系统将数据以某种信号方式从一个地方安全可靠地传送到另一个地方。

1．数据

数据是指携带含义的实体，它涉及事物的形式。信息是数据的内容及其解释。数据可分为模拟数据和数字数据两种形式。模拟数据指在某个区间内连续的值；数字数据是指离散的值。

2．信号

信号是数据的表示形式。数据以信号形式在信道上传输。信号也有模拟信号和数字信号两种形式。模拟信号是指时间上和空间上连续变化的信号；数字信号是指一系列在时间上离散的信号。

信号所走过的路径称之为信道。模拟信号所走过的路径是模拟信道，用带宽来描述传输性能；而数字信号所走过的路径是数字信道，用数据传输速率来描述。

3．数据传输速率和调制速率

数据传输速率也称为比特率，指每秒传输的最大比特数，用 bit/s（比特/每秒）表示，与信道有关。

调制速率又称为码元传输速率。一个数字脉冲称为一个码元，我们用码元传输速率表示单位时间内信号波形的最大变换次数，即单位时间内通过信道传输的码元个数。若信号脉冲的宽度为

T 秒，则码元传输速率 B=1/T，单位叫做波特（Baud），所以码元传输速率也叫做波特率。

数据传输速率与调制速率是两个不同的概念，但是在数量上却有一定的关系。码元携带的信息量由码元取的状态个数决定。若码元取 2 种状态，则一个码元携带 1 比特（bit）信息。若码元可取 4 种状态，则一个码元可携带 2 比特信息。数据传输速率用 S 表示，调制速率用 B 表示，码元状态数用 N 表示，则数据传输速率与调制速率的关系为：$S=B \cdot \log_2 N$。

2.1.2　数据编码技术

在数据通信中，只要是将原始数据变换成另外一种数据形式，都可以看做是编码的过程。如前所述，不论是数字数据还是模拟数据，均可用模拟信号或数字信号来发送或传输。除了用模拟信号来传输模拟数据以外，它们都需要某种形式的编码和数据表示方法。共有 3 类数据编码的方法：数字数据采用模拟信号的编码方法；数字数据采用数字信号的编码方法；模拟数据采用数字信号的编码方法。

1. 数字数据用数字信号表示

当在数字信道上传输数字信号时，要完成把数字数据用物理信号（如电信号）的波形表示的问题。离散的数字数据可以用不连续的电压或电流的脉冲序列表示，每个脉冲代表一个信号单元。可以用不同形式的电信号的波形来表示，这里只讨论二进制的数据信号，也就是用两种码元分别表示二进制数字符号“1”和“0”，每一位二进制符号和一个码元相对应。

（1）单极性码。所谓单极性码，是指在每一个码元时间间隔内，有电压（或电流）表示二进制的“1”，无电压（或电流）则表示二进制的“0”。每一个码元时间的中心是采样时间，判决门限为半幅度电压（或电流），设为 0.5。若接收信号的值在 0.5 与 1.0 之间，就判为“1”；若在 0 与 0.5 之间就判为“0”。

如果整个码元时间内维持有效电平，这种码属于全宽码，称为单极性不归零型编码（Not Return Zero，NRZ），如图 2-1（a）所示。如果逻辑“1”只在该码元时间维持一段时间（如码元时间的一半）就变成了电平 0，称为单极性归零型编码（Return Zero，RZ），如图 2-1（b）所示。

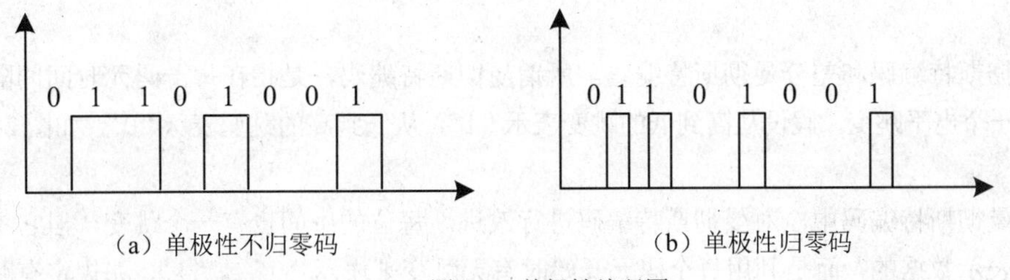

图 2-1　单极性编码图

单极性码的原理简单，容易现实。其主要缺点如下。

① 含有较大的直流分量。对于非正弦的周期函数，根据傅里叶级数，其直流分量为周期内函数的面积除以周期。如果“0”和“1”出现的概率相同，单极性 NRZ 编码的直流分量为逻辑“1”对应值的一半，而单极性 RZ 编码的直流分量会小于单极性 NRZ，但还是会存在的。直流分量的存在，会产生较大的线路衰减且不利于使用变压器和交流耦合的线路，其传输距离会受到限制。

② 单极性 NRZ 编码在出现连“0”或连“1”的情况时，线路长时间维持一个固定的电平，

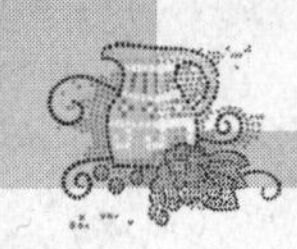

接收方无法提取出同步信息。

③ 单极性 RZ 编码在出现连“1”的情况时，线路电平有跳变，接收方可以提取同步信息；但连“0”时，接收方依然无法提取出同步信息。

（2）双极性码。所谓双极性码，是指在每一个码元时间间隔内，发出正电压（或电流）表示二进制的“1”，发出负电压（或电流）表示二进制的“0”。正的幅值和负的幅值相等，所以称为双极性码。与单极性编码相同，如果整个码元时间内维持有效电平，这种码属于全宽码，称为双极性不归零型编码（NRZ），如图 2-2（a）所示。如果逻辑“1”和逻辑“0”的正、负电流只在该码元时间维持一段时间（如码元时间的一半）就变成了 0 电平，称为归零型编码（RZ），如图 2-2（b）所示。

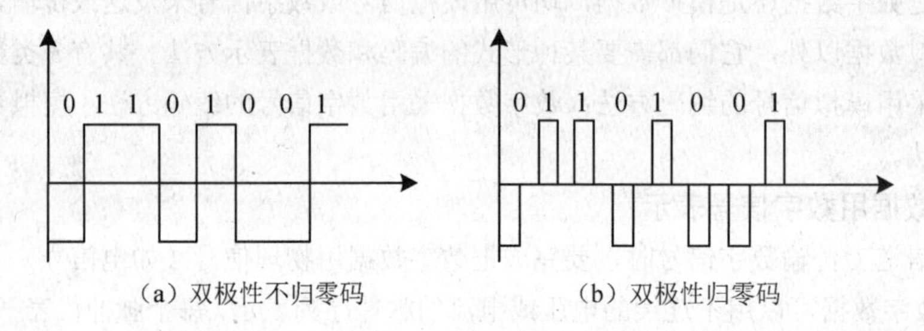

（a）双极性不归零码　　（b）双极性归零码

图 2-2　双极性编码图

双极性码的判决门为零电平，如果接收信号的值在零电平以上，判为“1”，如果在零电平以下判为“0”。

双极性码的特点如下。

① 如果“0”和“1”出现的概率相同，双极性码的直流分量为0。但在出现连“0”或连“1”的情况时，依然会含有较大的直流分量。

② 双极性 NRZ 编码在出现连“0”或连“1”的情况时，线路长时间维持一个固定的电平，接收方无法提取出同步信息。

③ 双极性 RZ 编码在出现连“0”或连“1”的情况时，线路电平有跳变，接收方可以提取同步信息。

（3）曼彻斯特编码和差分曼彻斯特编码。所谓曼彻斯特编码，是指在每一码元时间间隔内，每位中间有一个电平跳变，假设从高到低的跳变表示“1”，从低到高的跳变表示“0”，如图 2-3（a）所示。

在差分曼彻斯特编码中，对曼彻斯特编码进行改进。每位的中间也有一个跳变，但它不是用这个跳变来表示数据的，而是利用每个码元开始时有无跳变来表示“0”或“1”，如规定有跳变表示“0”，没有跳变表示“1”，如图 2-3（b）所示。

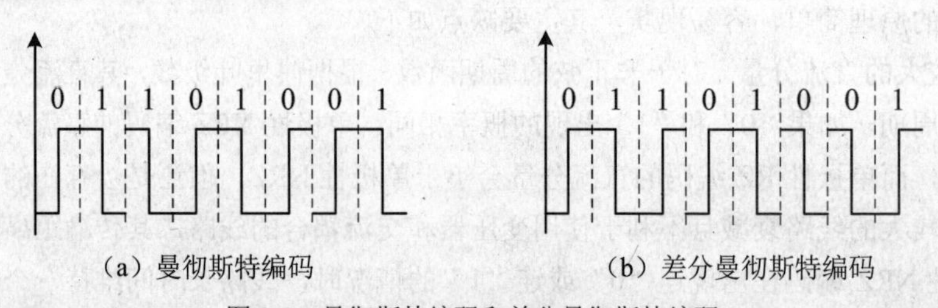

（a）曼彻斯特编码　　（b）差分曼彻斯特编码

图 2-3　曼彻斯特编码和差分曼彻斯特编码

与单极性和双极性编码相比，曼彻斯特码和差分曼彻斯特码在每个码元中间均有跳变，不包含有直流分量；在出现连“0”或连“1”的情况时，接收方可以从每位中间的电平跳变提取出时钟信号进行同步。因此，在计算机局域网中广泛地采用了这种编码方式。其缺点在于：经过曼彻斯特编码后，信号的频率翻倍，对应的要求信道的带宽高；此外，对编解码的设备要求也较高。

2．数字数据用模拟信号表示

计算机中使用的都是数字数据，在电路中是用两种电平的电脉冲来表示的，一种电平表示“1”，另一种电平表示“0”，这种原始的电脉冲信号就是基带信号，它的带宽很宽。当希望在模拟信道中（如传统的模拟电话网）来传输数字数据的，就需要将数字数据转换成模拟信号传输，到接收端再还原为数字数据。

通常会选择某一合适频率的正弦波作为载波，利用数据信号的变化分别对载波的某些特性(振幅、频率、相位）进行控制，从而达到编码的目的，使数字数据“寄生”到载波上。携带数字的载波可在模拟信道中传输，这个过程称为调制。从载波上取出它所携带的数字数据的过程称为解调。基本的调制方法有3种：调幅制、调频制、调相制，如图2-4所示。

（1）调幅制。调幅制又称振幅键控法（Amplitude-Shift Keying，ASK），是按照数字数据的取值来改变载波信号的振幅。可用载波的两个振幅值表示两个二进制值，也可用“有载波”和“无载波”表示二进制的两个值。这种方式技术简单，但抗干扰能力较差，它容易受增益变化的影响，是一种效率较低的调制技术。调幅制示意图如图2-4（a）所示。

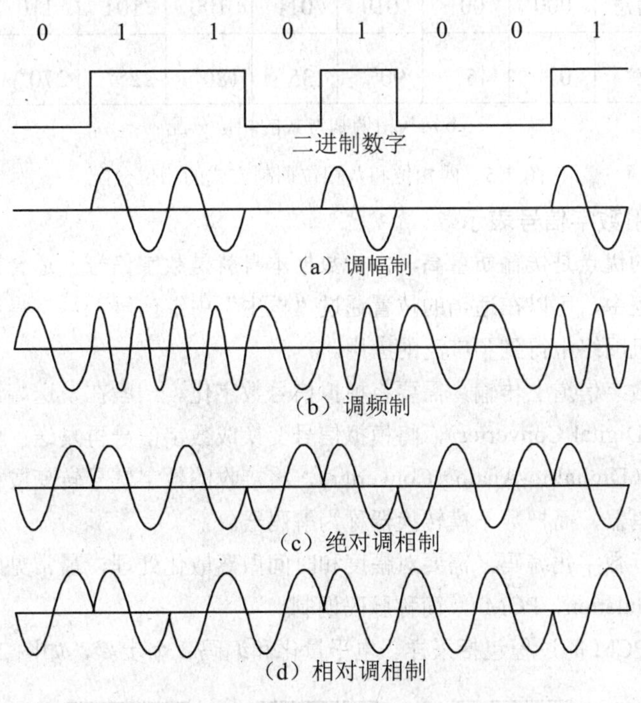

图2-4 调制方式示意图

（2）调频制。调频制又称为频移键控方式（Frequency-Shift Keying，FSK），是用数字数据的取值去改变载波的频率，即用两种频率分别表示“1”和“0”。它是常用的一种调制方法，比调幅技术有较高的抗干扰性，但所占频带较宽。调频制示意图如图2-4（b）所示。

（3）调相制。调相制又称为相移键控法（Phase-Shift Keying，PSK），它是用载波信号的不同

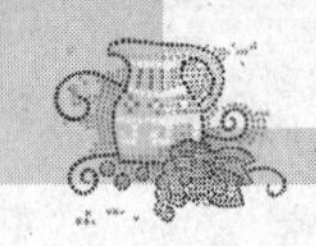

相位来表示二进制数。根据确定相位参考点的不同，调相方式又分为绝对调相和相对调相（或差分调相）。

绝对调相是利用正弦载波的不同相位直接表示数字。例如，当传输的数据为“1”时，绝对相移调制信号和载波信号的相位差为0；当传输的数据为“0”时，绝对相移调制信号和载波信号的相位差为π，调制方法如图2-4（c）所示。

相对相移调制是利用前后码元信号相位的相对变化来传送数字信息。假设当传送的数据为“1”时，码元中载波的相位相对于前一码元的载波相位差为π；当传送的数据为“0”时，码元中载波的相位相对于前一码元的载波相位不变，如图2-4（d）所示。

上述例子中只有两种相位的调相方式称为两相调制。为了提高信息的传输速率，还经常采用多相调制方式。所谓多相调制是指一个码元可以携带多个二进制信息。假设采取 M 相调制，则携带二进制信息位数为 $\log_2 M$，经常采用的是四相制和八相制调制方式。这两种调制方式的数字信息的相位分配情况如图2-5所示。

数字信息	00	01	10	11
相位	0°（或45°）	90°（或135°）	180°（或225°）	270°（或315°）

（a）四相调制方式的相位分配

数字信息	000	001	010	011	100	101	110	111
相位	0°	45°	90°	135°	180°	225°	270°	315°

（b）八相调制方式的相位分配

图2-5　四相位和八相位调制方式的相位分配

3. 模拟数据用数字信号表示

数字数据传输的优点是传输质量高，由于数据本身就是数字信号，适合在数字信道中传输；此外，在传输的过程中，可以在适当的位置通过“再生”中继信号，没有噪声的积累。因此，数字数据传输在计算机网络中得到了广泛的应用。

模拟数据要在数字信道上传输，需要将模拟信号数字化。一般在发送端设置一个模拟—数字转换器（Analog-to-Digital Converter），将模拟信号变换成数字信号再发送；而在接收端设置一个数字—模拟转换器（Digital-to-Analog Converter），将接收的数字信号转变成模拟信号。通常把模—数转换器称为编码器，而把数—模转换器称为解码器。

对模拟信号进行数字化编码，需要对幅度和时间做离散化处理，最常见的方法是脉冲编码调制（Pulse Code Modulation，PCM），简称脉码调制。

脉冲编码调制PCM的过程包括采样、电平量化和编码3个步骤，如图2-6所示。

图2-6　PCM编码过程示意图

采样是将模拟信号转换成时间离散但幅度仍是连续的信号，量化是将采样后信号的幅度做离散化处理，最后将幅度和时间都呈现离散状态的信号进行编码，得到对应的数字信号。PCM编码

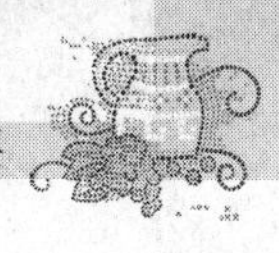

过程的时域示意图如图 2-7 所示。

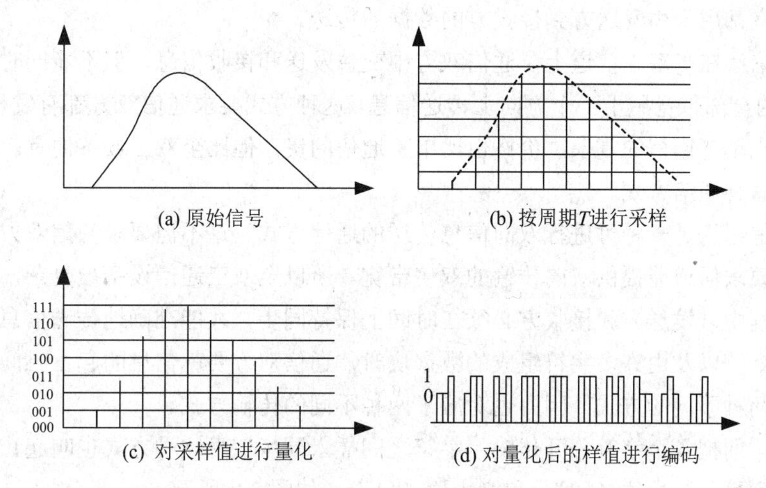

(a) 原始信号　(b) 按周期T进行采样

(c) 对采样值进行量化　(d) 对量化后的样值进行编码

图 2-7　PCM 编码过程

在具体的数字化过程中，不可避免地会造成误差。因此，在采样、量化和编码的过程，需要采取措施，将误差控制在允许的范围内。

（1）采样。采样是每隔一定的时间间隔，把模拟信号的值取出来，获得幅度采样值，用它作为样本代表原信号，如图 2-7（b）所示。

根据奈奎斯特（Nyquist）采样定理：在进行模拟/数字信号的转换过程中，当采样频率大于信号中最高频率 2 倍时，采样之后的数字信号完整地保留了原始信号中的信息频率，即

$$f_s = 1/T_s \geqslant 2f_m$$

式中，f_s为采样频率，T_s为采样周期，f_m为原模拟信号的最高频率。

实际应用中，通常采样频率为信号最高频率的 5～10 倍。例如，计算机中对语音信号的处理如下：人语音信号的带宽为 300~3400Hz，为了保证声音不失真，采样频率应该在 6.8kHz 以上。常用的音频采样频率有 8kHz、22.05kHz（FM 广播的声音品质），44.1kHz（CD 音质）等。

（2）量化。量化决定采样值属于哪个量级，并将其幅度按量化级取整，使每个采样值都近似地量化为对应等级值，如图 2-7（c）所示。量化的过程必然会产生误差，对于原信号分成多少个量化级要根据对精度的要求而定，可以有 8 级、16 级等。当前声音数字化系统中常分为 128 个量级。

（3）编码。编码是将每个采样值用相应的二进制编码来表示，如图 2-7（d）所示。若量化级为N个，二进制编码位数为$\log_2 N$。如果 PCM 用于声音数字化时常为 128 个量化级，则要有 7 位编码。

脉码调制方案是等分量化级，此时不管信号的幅度大小，每个采样的绝对误差是相等的。因此，低幅值的地方相对容易变形。为了减少整个信号的变形，人们常用非线性编码技术来改进脉码调制方案，即在低幅值处使用较多的量化级，而在较高幅值处使用较少的量化级。限于篇幅，非线性编码的内容请读者参考其他的资料。

2.1.3　数据通信方式

按信号的传输方向分，数据通信可以分为单工、半双工和全双工 3 种工作方式。

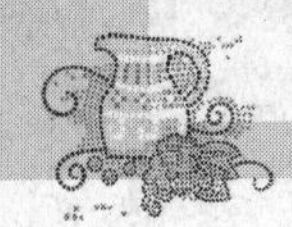

单工通信：在单工信道上信息只能在一个方向上传输。发送方不能接收，接收方也不能发送。信道的全部带宽都用于由发送方到接收方的数据的传送。

半双工通信：在半双工信道上，通信双方中交替发送和接收信息，但不能同时进行。在一段时间内，信道的全部带宽用于一个方向上传送信息。这种方式要求通信双方都有发送和接收能力，因而这种设备比单工通信的复杂，价格也比单工通信的贵，但比全双工设备便宜。在要求不高的场合，多采用这种通信方式。

全双工通信：这是一种可进行双向信息传送的通信方式。这不但要求通信双方都有发送和接收设备，而且要求信道能提供双向传输的双倍带宽。所以全双工通信设备最复杂，价格最贵。

在通信过程中，发送方和接收方必须在时间上保持同步，才能准确地传送信息。在传送由多个码元组成的字符以及由许多字符组成的数据块时，通信双方要就信息的起止时间取得一致，这种同步作用有两种不同的方式，因而也对应了两种不同的传输方式。

异步传输：即把各个字符分开传输，字符之间插入同步信息这种方式也叫起止式同步，即在字符的前后分别插入起始位（“0”）和停止位（“1”），如图 2-8 所示。

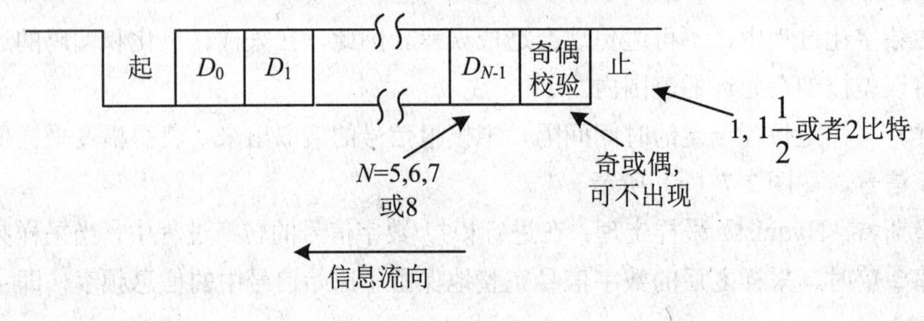

图 2-8　异步传输格式

起始位对接收方的时钟起置位作用。接收方时钟置位后只要在 8~11 位的传送时间内准确，就能正确接收一个字符。最后的停止位告诉接收该字符传送结束，然后接收方就可以检测后续字符的起始位了。当没有字符传送时，连续传送停止位。

加入校验位的目的是检查传输中的错误，一般使用奇偶校验。异步传输的优点是简单，但是由于起止位和检验位的加入会引入 20%~30%的开销，传输的速率也不会很高。

同步传输：异步传输不适合于传送大的数据块。同步传输在传送连续的数据块时比异步传输更有效。同步传输所使用的同步包括比特同步和数据块（字符）同步两种方式。首先在收、发间要保持一定的比特同步。同步了的时钟告诉接收方应在什么时候对输入数据序列取样、判码。比特同步只能保证在无误码的情况下，接收能正确地判定和恢复二进制比特序列。在此基础上，接方还要判定各字符或数据块的分界，这就是所谓的字符或数据块同步。这种同步方式仅在数据块前后加入控制字符或比特序列，所以效率更高。在短距离高速数据传输中，多采用同步传输方式。

2.1.4　多路复用技术

为了提高信道利用率，使多个信号沿同一信道传输而互相不干扰，称为多路复用。目前，采用较多的是频分多路复用和时分多路复用。频分多路复用多用于模拟通信，如载波通信；时分多路复用多用于数字通信，如 PCM 通信。

1. 频分多路复用

频分多路复用（Frequency Division Multiplexing，FDM）是在一条传输介质上使用多个频率不同的模拟载波信号进行多路传输，这些载波可以进行任何方式的调制：ASK、FSK、PSK，以及它们的组合。每一个载波信号形成了一个子信道，各个子信道的中心频率不相重合，子信道之间留有一定宽度的隔离频带。如图2-9所示。

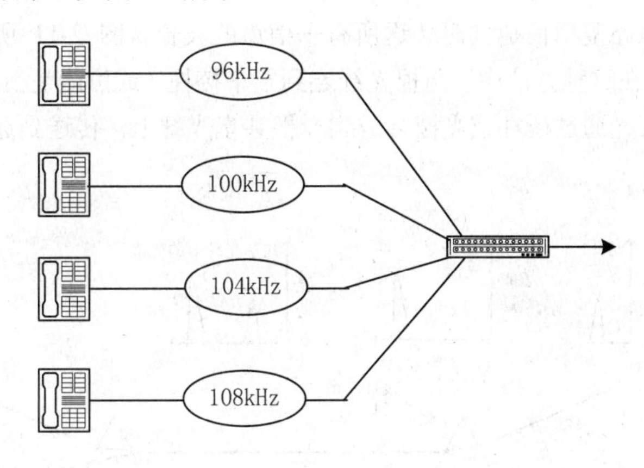

图2-9　频分多路复用

频分多路复用技术早已用在无线电广播系统中。在有线电视系统（CATV）中也使用频分多路技术。一根CATV电缆的带宽大约是500MHz，可传送80个频道的电视节目，每个频道6MHz的带宽中又进一步划为声音子通道、视频子通道以及彩色子通道。每个频道两边都留有一定的警戒频带，防止相互串扰。

FDM也用在宽带局域网中。电缆带宽至少要划分为不同的两个子频带，甚至还可以分出一定带宽用于某些工作站之间的专用连接。

2. 时分多路复用

时分多路复用（Time Division Multiplexing，TDM）通信是各路信号在同一信道上占有不同时间间隙进行通信。具体说，就是把时间分成一些均匀的时间间隙，将各路信号的传输时间分配在不同的时间间隙，以达到互相分开，互不干扰的目的，如图2-10所示。

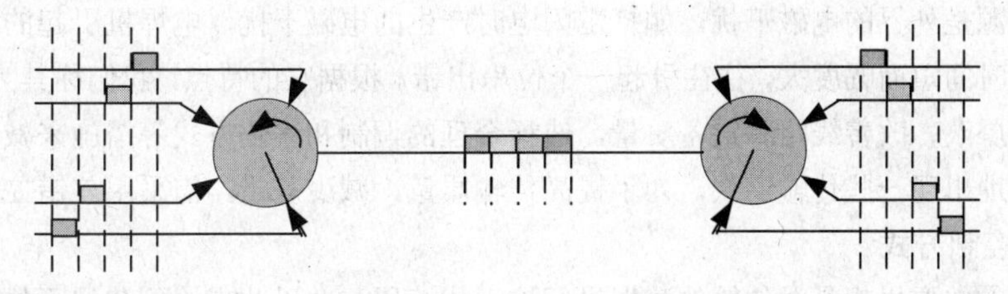

图2-10　时分多路复用

时分多路复用技术可以用在宽带系统中，也可以用在频分制下的某个子通道上。时分制按照子通道动态利用情况又分为两种：同步时分和统计时分。在同步时分制下，整个传输时间划分为固定大小的周期。每个周期内，各子通道都在固定位置占有一个时槽。这样，在接收端可以按约定的时间关系恢复各子通道的信息流。当某个子通道的时槽来到时如果没有信息要传送，这一部分带宽就浪费了。统计时分制是对同步时分制的改进，我们特别把统计时分制下的多路复用器称

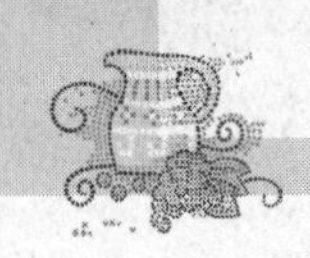

为集中器，以强调它的工作特点。在发送端，集中器依次循环扫描各个子通道。若某个子通道有信息要发送则为它分配一个时槽，若没有就跳过，这样就没有空槽在线路上传播了。然而，需要在每个时槽加入一个控制域，以便接收端可以确定该时槽是属于哪个子通道的。

3．波分多路复用

波分多路复用（Wave Division Multiplexing，WDM）用在光纤通信中，不同的子信道用不同波长的光波承载，多路复用信道同时传送所有子信道的波长。图 2-11 所示为一种在光纤上获得 WDM 的简单方法。在这种方法中，两根光纤连到一个棱柱（或可能是衍射光栅），每根的能量处于不同的波段。两束光通过棱柱或光栅合成到一根共享光纤上，传送到远方的目的地，随后再将它们分解开来。

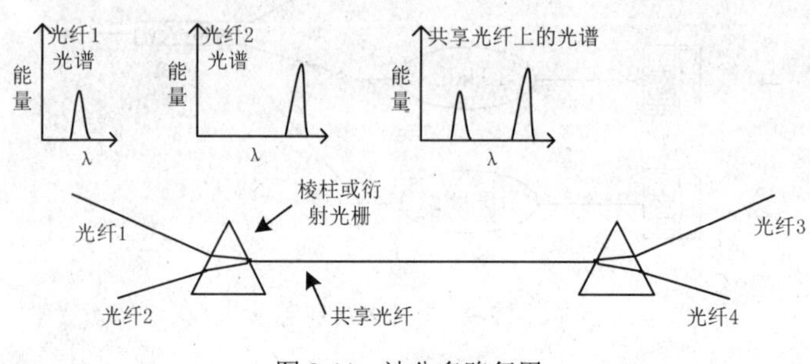

图 2-11　波分多路复用

2.1.5　差错控制

无论通信系统如何可靠，都不能做到完美无缺。因此，必须考虑如何发现和纠正信号传输中的差错。

通信过程中出现的差错可大致分为两类，一类是由热噪声引起的随机错误，另一类是由冲击噪声引起的突发错误。通信线路中的热噪声是由电子的热运动产生的，是信道所固有的，随时都存在。物理信道在设计时要求相当大的信噪比，以减少热噪声的影响，因此它导致的随机错误一般比较小。

冲击噪声源是外界的电磁干扰，如打雷闪电时产生的电磁干扰，电焊机引起的电压波动等。冲击噪声持续时间短而幅度大，往往引起一个位串出错。根据它的特点，我们称其为突发性差错。虽然可以采用屏蔽、改善线路和设备质量，选择合理的调制和编码方式等措施来减小其影响，但总会或多或少地出现一些传输错误，为了提高传输质量，减少差错，需采用差错控制措施。

1．差错控制方式

差错控制的主要思想是对传输的数据进行抗干扰编码，并以此来检测和纠正传输中的错误。具体方法是在发送端用某种编码方法给数据码元加上冗余码元，使二者之间建立某种关系，然后把它们一起传送给接收端；当接收端收到这些码元后，用同样的方法检验它们之间的关系是否正确，以此来判别数据在传输过程中有没有出错。实现差错控制主要有以下两种方式。

（1）前向纠错（Forward Error Correction，FEC）。在发送端将数据按纠错码发送，这种码具有一定的纠错能力，可使接收方不仅知道数据是否出错，而且还能知道错在什么位置，接收方便可以纠正错误。

（2）自动重发请求（Automatic Repeat reQuest，ARQ）。在发送端将数据按检错码发送，这种码具有较强的检错功能，但不能确定错误位置，接收端检测到错误时，就通知发送端重发，直到数据传输正确为止。

2．差错控制编码

由于纠错码一般比检错码使用更多的冗余位，编码效率低，技术复杂，因而除非在单向传输或实时要求特别高的场合，数据通信使用更多的还是 ARQ 方式，其编码主要采用奇偶校验码和循环冗余码。

（1）奇偶校验码。奇偶校验码是一种最简单的检错码，其编码规则是：先将要发送的数据块分组，然后在每组的数据码元后面附加一个冗余位，使得该组连冗余位在内的码字中“1”的个数为偶数（偶校验）或奇数（奇校验）。在接收端按同样的规则检查，如发现不符，就说明传输有误。奇偶校验码在实际使用时可分为垂直奇偶校验码、水平奇偶校验码、水平垂直奇偶校验码等几种。

（2）循环冗余码。循环冗余码又称为多项式码，任何一个由二进制数位串组成的代码都可以和一个只含有 0 和 1 两个系数的多项式建立一一对应关系，即任何一个二进制比特流都可以看成是某个一元多项式的系数。

例如，二进制串 101101 可以看成是一元多项式 $x^5+x^3+x^2+x^0$ 的系数。以 $k+1$ 个信息位为系数构成的多项式称为信息多项式 $K(x)$，其最高次幂为 k 次。以 $r+1$ 个监督位构成的多项式称为监督多项式 $R(x)$，其最高幂次为 r 次。

现在用 $K(x)$代表欲发送数据信息的码多项式，对码多项式 $K(x)$左移 r 位，即为 $x^r \cdot K(x)$。用 r 次的生成多项式 $G(x)$去除 $x^r \cdot K(x)$（模 2 运算），得

$$x^r \cdot K(x) / G(x) = C(x) + R(x) / G(x)$$

其中，$C(x)$为 $x^r \cdot K(x)/G(x)$的商，$R(x)$为 r 位的余数。

将上式变换得

$$x^r \cdot K(x) = C(x) \cdot G(x) + R(x)$$

将上式两端同时加上 $R(x)$，得

$$x^r \cdot K(x) + R(x) = C(x) \cdot G(x) + R(x) + R(x)$$

因为采用模 2 运算，则 $R(x)+R(x)=0$，即 $x^r \cdot K(x)+R(x)$能被 $G(x)$整除。

因此，可以规定发送方发出的码组为

$$P(x) = x^r \cdot K(x) + R(x)$$

假设接收方接收的码组为

$$P(x) + E(x)$$

$E(x)$为错误样本，当 $E(x)$为 0 时，接收方收到的码组为 $P(x)$，能被 $G(x)$除尽。否则当 $P(x)+E(x)$不能被 $G(x)$除尽时，则认定 $E(x)$并非全 0，传输过程中出现错误。

显然若 $E(x)$并非全 0，但它恰好是生成多项式 $G(x)$的整数倍，则接收方会把有错的接收数据误认为无错误。$G(x)$的选择应使这种出错几率非常小。

CRC 校验具有很强的检错能力，它的校验能力与 $G(x)$的构成密切相关。$G(x)$的次数越高，检

错能力越强，目前国际常用的生成多项式有：

$$\text{CRC-12} = x^{12} + x^{11} + x^{3} + x^{2} + x^{1} + 1$$

$$\text{CRC-16} = x^{16} + x^{15} + x^{2} + 1$$

$$\text{CRC-CCITT} = x^{16} + x^{12} + x^{5} + 1$$

$$\text{CRC-32} = x^{32} + x^{26} + x^{22} + x^{16} + x^{12} + x^{11} + x^{10} + x^{8} + x^{7} + x^{5} + x^{4} + x^{2} + x + 1$$

在 CRC 检验中，由信息位产生监督位的编码过程，就是已知 $K(x)$和 $G(x)$，完成除法运算求 $R(x)$的过程。这里的除法指的是模 2 除法，除法中用到的减法也是模 2 减法，它和模 2 加法一样，也是“异或”运算。

假设要计算 $k+1$ 位的信息位 $K(x)$的校验码，生成多项式为 $G(x)$，计算校验码的算法如下。

（1）设 G(x)为 r 阶，则在信息位的末尾附加 r 个 0，使帧变为 $k+1+r$ 位，此时相应的多项式是 $x^r \cdot K(x)$。

（2）按模 2 除法用对应于 $G(x)$的位串去除对应于 $x^r \cdot K(x)$的位串。

（3）将余数与 $x^r \cdot K(x)$进行异或。结果就是要传送的带校验码的多项式 $P(x)$。

假设信息位为 110101，生成多项式 $G(x)=x^3+x+1$，计算它的冗余位。

由题意可知，除数为：1011，r=3。

在信息码字后附加 3 个 0 形成的串为：110101000，进行模 2 除法如下：

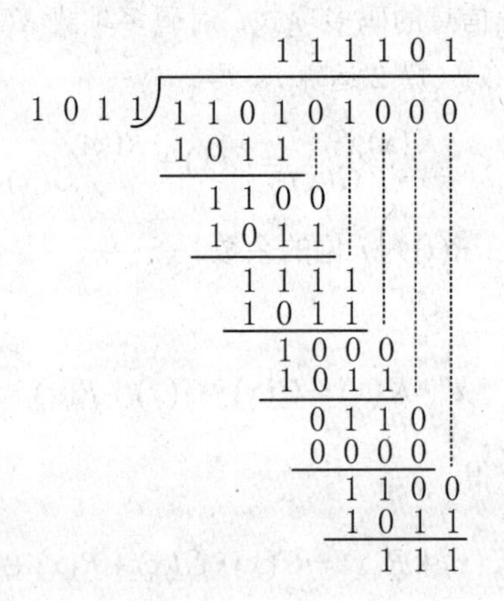

得到余数 $R(x)$=111，之后按 $x^r \cdot K(x) \oplus R(x)$构成的帧 $P(x)$为：110101111。将 $P(x)$发送到接收方，接收方用同样的 $G(x)$ 进行模 2 除法，如果除尽则认为无错。

随着集成电路工艺的发展，循环冗余码的产生和校验均有集成电路产品，发送端能够自动产生 CRC 码，接收端自动校验，速度大大提高。因此，CRC 目前广泛应用在计算机和数据通信中。

2.2 数据交换技术

当网络上的两台机器进行通信时，在它们之间建立一条固定的“线路”似乎是不切实际的。尤其是在广域网中，信息要经过多个中间结点才能传达到目的地，这个过程称之为交换。网络中通常使用 3 种交换技术：电路交换、报文交换和分组交换。

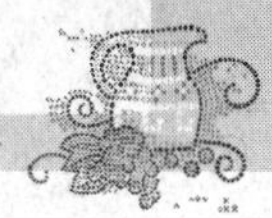

1. 电路交换

电路交换（Circuit Switching）要求在通信的双方之间建立起一条实际的物理通路，并且在整个传输过程中，这条通路被独占。电话系统是最典型的线路交换例子。电路交换的通信过程可分为电路建立、数据传输和拆除电路连接 3 个阶段。

建立连接：由一方发出建立连接的呼叫请求，对方收到请求后如果空闲，就会发回一个同意建立连接的响应，这样连接被建立。

传输数据：连接建立后双方就拥有了一条专用的线路，可以自由地进行数据的传输。

拆除连接：数据传输结束后，由通信的一方提出拆除连接的请求，以释放该连接所占用的资源。

电路交换的优点是数据传输可靠、迅速且能保证顺序，适合传输通信量大、实时性要求高的数据。缺点是建立和拆除连接的时间长，对持续时间较短的数据传输效率太低，而且连接一旦建立则为通信双方所独占，即使一段时间内无数据传输，其他用户也不得使用，利用率低。

2. 报文交换

这种交换技术是以报文为传输单位，报文的长度没有限制。在使用这种交换方式时，收发双方不需要建立物理连接，而是将要发送的数据存放在第一个路由器中，随后再转发出去，一次一级的中转，直到每块数据都被完整地接收，检查无误然后再发送出去。使用这种技术的网络被称为存储—转发网络。

报文交换中，由于报文没有大小限制，路由器必须使用磁盘来缓存较长的块，同时某一块数据可能会占据某条路由器—路由器线路较长时间，对于交互式通信几乎没有什么作用。

3. 分组交换

分组交换是对报文交换方式的改进，它将一个报文分成一个个较小的长度固定的分组，然后以分组为单位存储—转发，在接收端再将分组重组。

分组交换对块的大小有严格的上限，使分组可以被缓存在路由器的主存中，能保证没有用户能独占传输线路太长时间。分组交换优于报文交换的好处是，在第二个分组到来之前，多个分组的第一个分组已经转发出去了，这样可以减少延迟和提高吞吐率。

分组交换和电路交换有许多不同之处。首先电路交换静态地保留了需要的带宽，而分组交换在需要时才申请带宽，并且在随后释放它。电路交换使用专用线路浪费带宽，分组交换未用的带宽可被其他分组利用，但突发的输入流量可能会淹没路由器，使存储空间耗尽而丢失分组。其次，电路交换是完全透明，速度、格式或分帧方法由收、发双方确定，电信公司不关心；分组交换中由电信公司决定，而收、发双方不关心。另外，分组交换按传送字节数及连接时间收费，不考虑传输距离；电路交换基于时间和距离收费而不考虑流量。

使用分组交换时，路由器显然可以提高速度以及代码转换，同时还可以提供某种程度上的错误纠正。分组还可以按打乱的顺序发往目的地。

3 种交换方式的比较如图 2-12 所示，其中 A、B、C、D 为网络的交换结点，P1、P2、P3 为分组。

在分组交换中为了吸收电路交换的长处引入了虚电路的概念，分组交换可分为两种工作方式：数据报和虚电路。

数据报方式：路由器中用一张路由表指明所用的每一条可能的目的路由器的外出线路。每个数据报必须包含有目的端的完整地址，对于很短的分组是一个不小的负担，并且浪费带宽。在数据报方式中很难避免拥塞问题，但通信线路的故障对数据报来说影响不大。

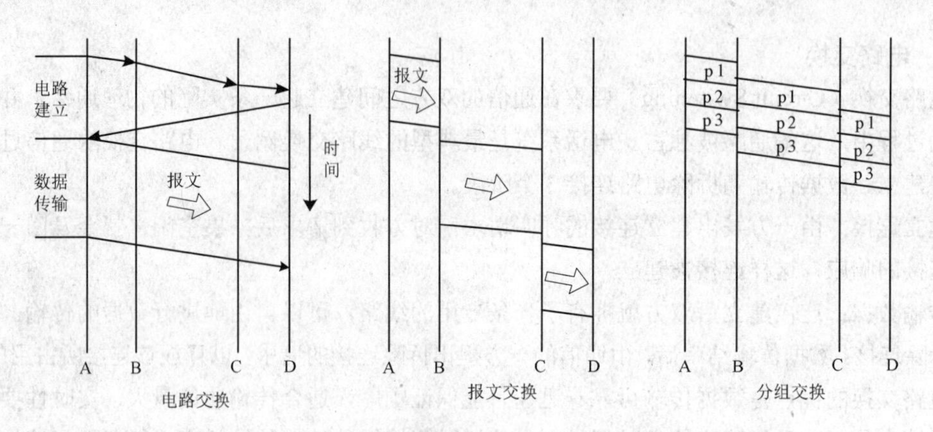

图 2-12　3 种交换方式的比较

虚电路方式：电路建立只是选择了从源到目的地的路径，并且在该路径上的所有路由器的表中登记，以便于在该虚电路上进行路由分组，也可以为新的电路保留资源。图 2-13 所示虚线显示了一条从主机 H1 到主机 H2，中间经过路由器 A、E、C、D 的虚电路。

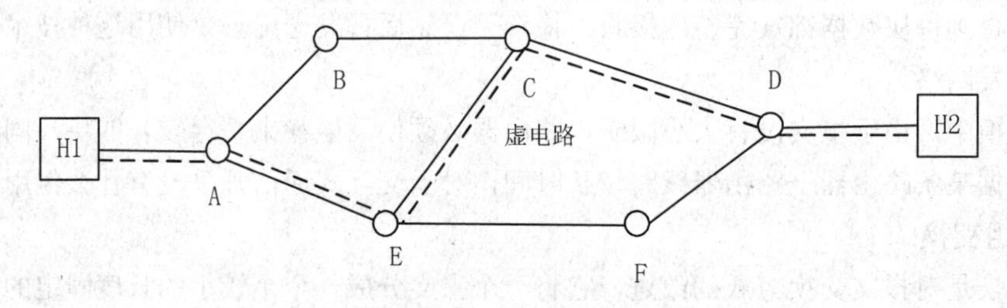

图 2-13　虚电路示意图

当分组到来时，路由器检查分组的头部以找出它属于哪条虚电路，然后在自己的表中寻找该虚电路以决定从哪条输出线路发送。虚电路方式又可分为永久虚电路和交换式虚电路。

① 永久虚电路：由客户书面申请，一般数月或数年。路由器必须维持一张地址表项（表空间及可能保留的带宽和缓冲区）。

② 交换式虚电路：它们在需要时建立，完毕以后撤销。

虚电路分组含有虚电路号，而且在路由器中占用表空间。路由简单，能有效地避免拥塞。如果路由器崩溃且丢失了存储的数据，即使路由器可以马上恢复，但经过它的所有虚电路都将被破坏——这是致命的。

2.3 物理层特性

2.3.1 物理层的基本概念

物理层是 OSI 分层体系结构的最低层，也是最基础的一层。物理层向下直接和传输介质相连，向上为数据链路层提供服务，传输数据的单位是比特。

ISO/OSI 模型的物理层被定义为：在物理信道实体之间合理地通过中间系统，为比特传输所需的物理连接的激活、保持和拆除提供机械、电气、功能和规程特性的手段。

特别要指出的是，物理层并不是指连接计算机的物理设备或具体的传输介质（或称传输媒体），而是指在物理硬件的基础上，屏蔽具体传输介质的差异，为上一层（数据链路层）提供一个传输原始比特流的物理连接。物理层的任务就是透明地传输比特流。

物理层协议主要用于定义硬件接口，并规定了与建立、维持及断开物理信道相关的特性，这些特性保证物理层能通过物理信道在相邻物理设备之间正确地传输比特流。物理层协议主要包括机械、电气、功能和规程 4 个特性。

（1）机械特性：定义接口部件的形状、尺寸、规格、引脚数量、排列顺序等。

（2）电气特性：定义接口部件的信号高低、脉冲宽度、阻抗匹配、传输速率、传输距离等。

（3）功能特性：定义接口部件的引脚功能、数据类型、控制方式等。

（4）规程特性：定义接口部件的信号线在建立、维持、释放物理连接和传输比特流时的时序。

具体的物理层协议是非常复杂的，这是因为物理连接的方式很多，传输介质的种类也非常多（如同轴电缆、双绞线、光缆、无线信道等）。针对不同的连接与不同的传输介质，物理层协议是不同的。

2.3.2　传输介质

传输介质又称传输媒体，是网络中连接收发双方的物理通路，也是网络中传输信息的载体。常用的传输介质可以分为有线传输介质和无线传输介质两大类。有线传输介质包括双绞线、同轴电缆、光纤等。无线传输介质包括无线电、微波、红外线、激光等。

传输介质的特性对数据传输的质量有决定性的影响。通常将其特性分为物理特性、传输特性、连通性、地理范围、抗干扰性和相对价格。

（1）物理特性：说明传输介质的特征，包括介质的物质构成、几何尺寸、机械特性等。

（2）传输特性：包括信号形式、调制技术、传输速度及频带宽度等。

（3）连通性：包括点对点连接或多点连接。

（4）地理范围：保证信号在失真允许范围内所能达到的最大距离。对于有线介质来说指电缆有效最大长度。

（5）抗干扰性：在介质内传输的信号对外界噪声干扰的承受能力。

（6）相对价格：取决于传输介质的性能与制造成本。

2.3.3　有线传输介质

1．双绞线

双绞线是一种最常用的传输介质，它是由两根相互绝缘的铜导线组成的，这两根铜导线是按一定密度绞合在一起的，其绞合的目的是为了减小电磁干扰，增强抗干扰的能力。每根绝缘铜线由各种不同颜色绝缘塑料包裹，通常将一对或多对双绞线放在塑料绝缘套管内，就形成双绞线电缆。其结构如图 2-14 所示。

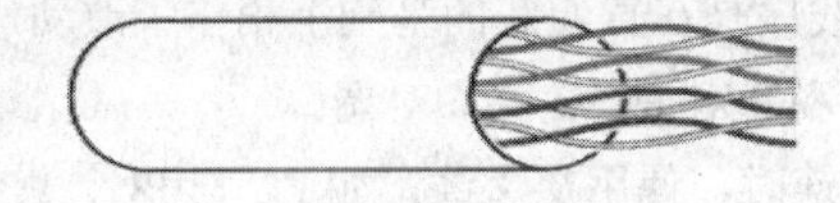

图 2-14　双绞线电缆

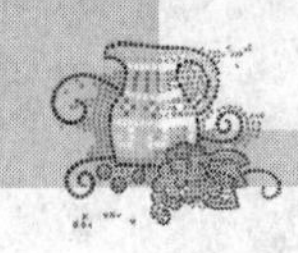

（1）双绞线的分类。按其是否有屏蔽层，双绞线可分为屏蔽双绞线（STP）和非屏蔽双绞线（UTP）。为了进一步增强抗干扰，STP 电缆中的铜线被一种金属（箔）和金属网屏蔽层包裹，因此 STP 抗干扰能力比 UTP 强，但是，STP 价格相对 UTP 要高，安装时也比 UTP 困难。两者的结构如图 2-15、图 2-16 所示。

按其绞合密度与传输特性，双绞线可分为 3 类（CAT3）、4 类（CAT4）、5 类（CAT5）、超 5 类（CAT5E）、6 类（CAT6）和 7 类（CAT7）双绞线。数字越大，带宽越宽，价格越贵。在一般局域网中常用的是 5 类、超 5 类或 6 类非屏蔽双绞线。

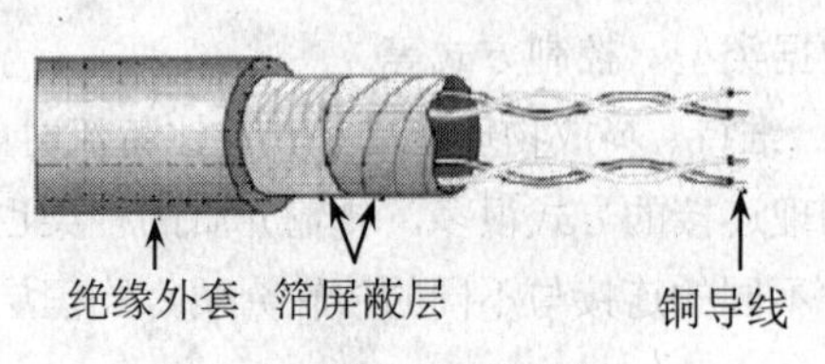

图 2-15　屏蔽双绞线结构

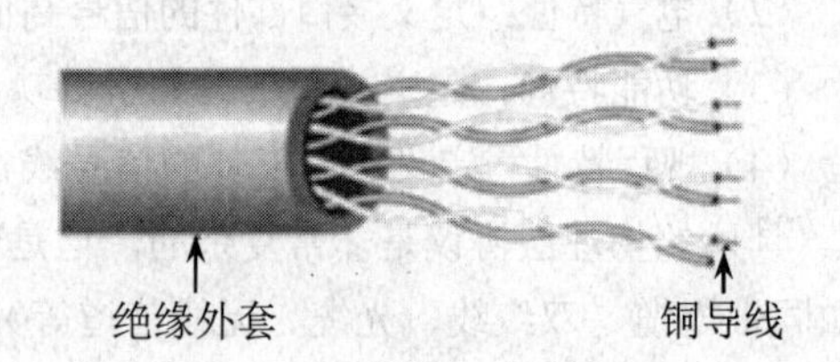

图 2-16　非屏蔽双绞线结构

（2）双绞线的配线标准。EIA/TIA（美国电子工业协会/美国电信工业协会）将双绞线的配线标准分为两类：EIA/TIA 568A（T568A）和 EIA/TIA 568B（T568B）。T568A 配线标准是：绿白、绿、橙白、蓝、蓝白、橙、棕白、棕；T568B 配线标准是：橙白、橙、绿白、蓝、蓝白、绿、棕白、棕。RJ-45 接口线序如表 2-1 所示。

表 2–1　RJ–45 接口 EIA/TIA 配线标准

线序	1	2	3	4	5	6	7	8
T568A	绿白	绿	橙白	蓝	蓝白	橙	棕白	棕
T568B	橙白	橙	绿白	蓝	蓝白	绿	棕白	棕

（3）双绞线的使用。双绞线在使用时可分为直通线（正线）和交叉线（反线）两种形式。直通线是指双绞线两端 RJ-45 接口中线对的线序相同，即两端都为 T568A 或 T568B。交叉线是指双绞线两端的 RJ-45 接口中线对的线序不同，即一端为 T568A，另一端为 T568B。直通线和交叉线如图 2-17、图 2-18 所示。

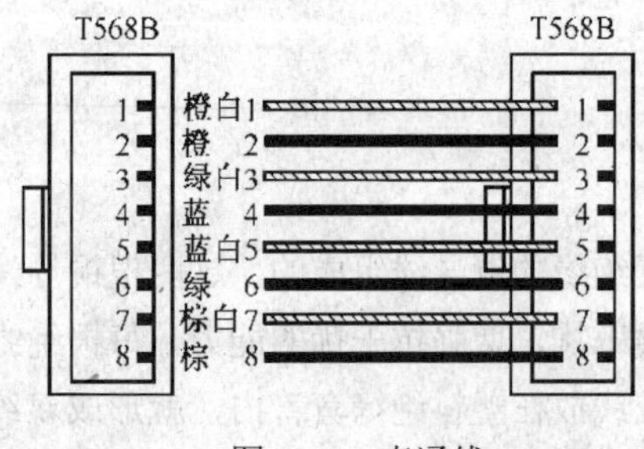

图 2-17　直通线

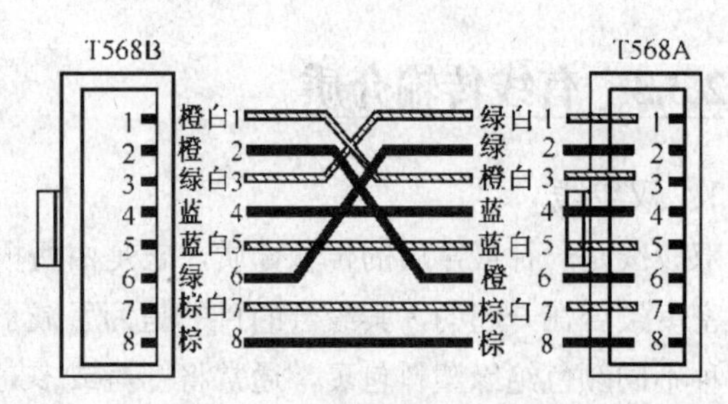

图 2-18　交叉线

由此可以看出，交叉线的线序是在直通线的基础上稍作了改动，即交叉线的一端保持原样（直通线序）不变，在另一端把 1 和 3 对调，2 和 6 对调。

一般情况下，同种设备互连时，使用交叉线，如 PC 与 PC、集线器与集线器、交换机与交换机、路由器与路由器；不同种设备互连时，使用直通线，如主机与集线器、路由器与交换机。不同厂商的设备会有不同的互连方式，使用时详见设备说明书。

（4）RJ-45 接头双绞线的制作。RJ-45 接头前端有 8 个凹槽，简称 8P（Position），凹槽内有 8 个金属接点，简称 8C（Contact），如图 2-19 所示。EIA/TIA 制定的布线标准规定了 RJ-45 的 8 根引脚的编号，从左至右将 8 个铜针依次编号为①～⑧，如图 2-20 所示。

正面

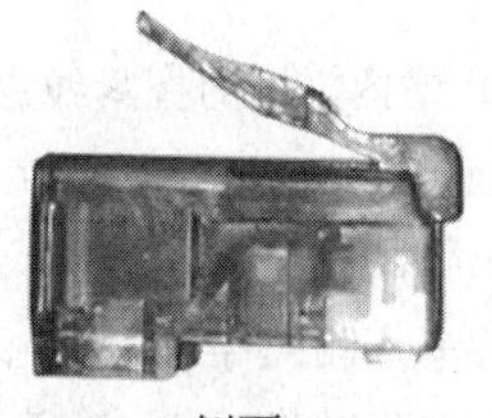
侧面

图 2-19　RJ-45 接头

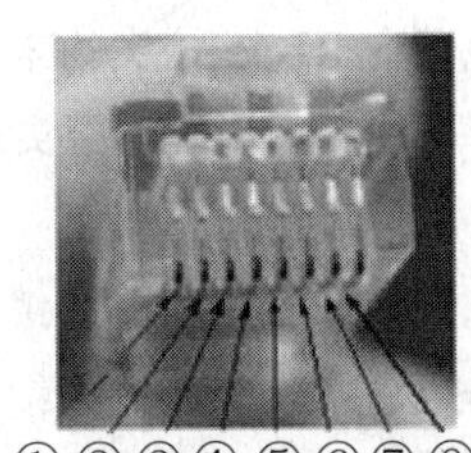
①②③④⑤⑥⑦⑧

图 2-20　RJ-45 引脚编号

RJ-45 接头连接双绞线时，按 T568A/T568B 标准，RJ-45 接头引脚功能及对应线序，如表 2-2 所示。从连接标准来看，1 和 2 是一对线，3 和 6 是一对线。如果将以上规定的线序弄乱，这些连接导线的抗干扰能力就要下降，误码率就可能增大，这样就不能保证以太网的正常工作。

表 2–2　RJ–45 接头引脚功能及对应线序（T568A/T568B）

引脚顺序	介质直接连接信号	线　序
1	TX+(发送)	绿白/橙白
2	TX-(发送)	绿/橙
3	RX+(接收)	橙白/绿白
4	不使用	蓝/蓝
5	不使用	蓝白/蓝白
6	RX-(接收)	橙/绿
7	不使用	棕白/棕白
8	不使用	棕/棕

制作双绞线所需的工具和材料包括双绞线（UTP）、RJ-45 接头、压线钳和线缆测试仪，如图 2-21 所示。

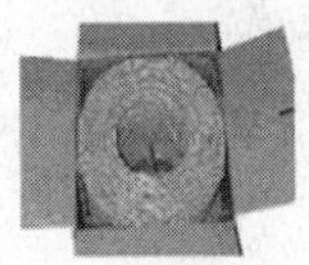

UTP

RJ-45 接头

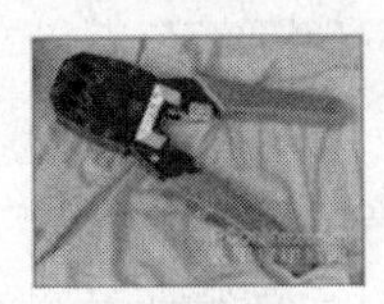
压线钳

测线仪

图 2-21　制作双绞线所需的工具和材料

制作双绞线的步骤如下。

第一步，剥层。将一段双绞线放入剥线专用的刀口，稍微用力握紧压线钳慢慢旋转，让刀口划开双绞线的保护胶皮。

第二步，理线。把每对相互缠绕在一起的导线逐一解开，根据所要制作线缆的类型，将导线排列好并理顺，排列的时候应该注意尽量避免线路的缠绕和重叠。

第三步，剪头。用压线钳的剪线刀口把线缆顶部裁剪整齐，保留的去掉外层保护层的部分约为 15mm 左右，这个长度正好能将各细导线插入到各自的线槽。

第四步，插线。RJ-45 接头正面朝上，把整理好的导线插入接头内。此时，最左边的是第 1 脚，最右边的是第 8 脚，其余依次顺序排列。插入的时候需要注意缓缓地用力把 8 条线缆同时沿 RJ-45 头内的 8 个线槽插入，一直插到线槽的顶端。从 RJ-45 接头的顶部检查，看看是否每一组线缆都紧紧地顶在 RJ-45 接头的末端。

第五步，压线。把 RJ-45 接头插入压线钳的 8P 槽内，用力握紧线钳，听到轻微的“啪”一声即可。

第六步，测线。若制作的线缆为直通线缆，在测试仪上的 8 个指示灯应该依次为绿色闪过，证明网线制作成功。若制作的线缆为交叉线缆，其中一侧同样是依次由 1 到 8 闪动绿灯，而另外一侧则会根据 3、6、1、4、5、2、7、8 这样的顺序闪动绿灯。若出现任何一个灯为红色或黄色，都证明存在短路或者接触不良现象。双绞线的制作过程如图 2-22 所示。

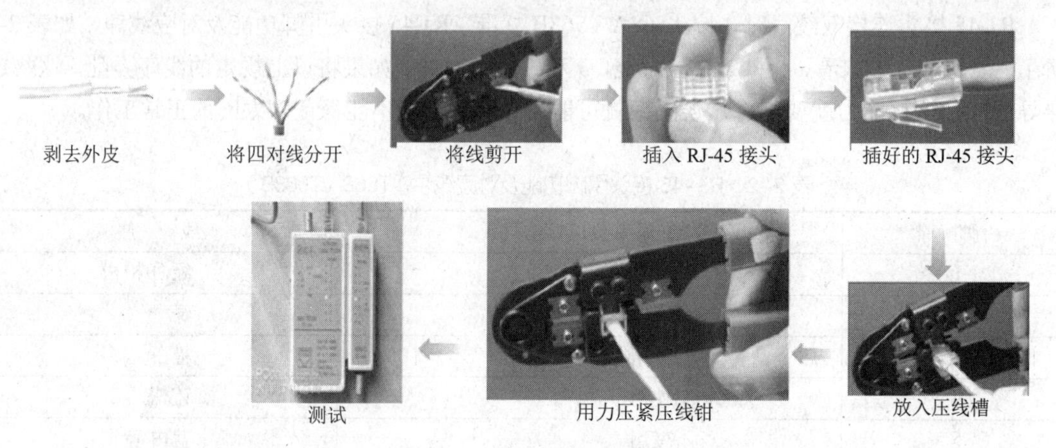

图 2-22　双绞线的制作过程

2. 同轴电缆

同轴电缆也是普遍使用的一种传输介质，它的芯是铜质单股实芯线或多股绞合线，传输电磁信号。芯的外面由陶制品或塑料制品的绝缘材料包裹着，绝缘材料外面再包上一层密织的网状导体，导体外面又覆盖上一层保护性的塑料外套。其结构如图 2-23 所示。

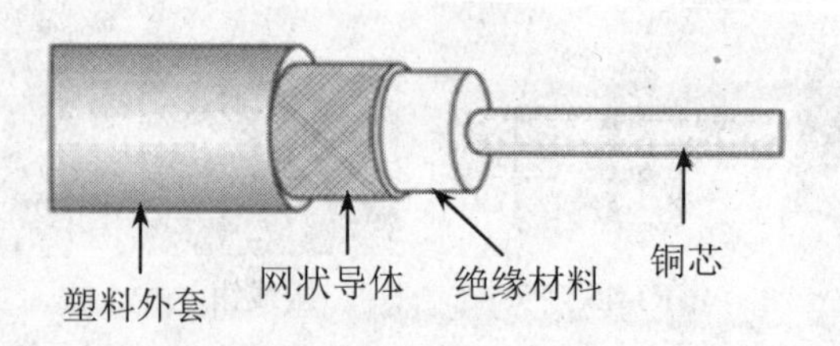

图 2-23　同轴电缆结构

（1）同轴电缆的分类。按其传输信号特性，同轴电缆可分为基带同轴电缆和宽带同轴电缆。基带同轴电缆采用基带传输，即传输数字信号，用于构建局域网。宽带同轴电缆采用宽带传输，即传输模拟信号，用于构建有线电视网。

按其阻抗特性，同轴电缆可分为 50Ω、75Ω 和 93Ω。50Ω 电缆专门用在以太网中，75Ω 电缆

专门用于宽带网，93Ω 电缆用于 ARCNET 网（Attached Resource Computer NETwork）。

按其直径，同轴电缆可分为粗缆和细缆。粗缆直径约为 10mm，细缆直径约为 5mm。粗缆传输性能优于细缆。在传输速率为 10Mbit/s 时，粗缆传输距离可达 500～1000m，细缆传输距离为 200～300m。

（2）同轴电缆的规格。常用的同轴电缆有下列几种：

- RG-8，以太网粗缆，阻抗 50Ω，传输数字信号；
- RG-11，以太网粗缆，阻抗 50Ω，传输数字信号；
- RG-58，以太网细缆，阻抗 50Ω，传输数字信号；
- RG-59，CATV 电缆，阻抗 75Ω，数字或模拟信号都可以传输，常用于有线电视网中；
- RG-62，用于 ARCNET 和 IBM3270 的电缆，阻抗 93Ω，传输数字信号。

3．光缆

光纤是光导纤维的简称。随着光电技术的发展，光纤已成为通信技术的重要组成部分，并且由于其具备频带宽、通信距离长、抗干扰能力强等优点，地位变得日益重要。

光纤是利用光在玻璃或塑料制成的纤维中的全反射原理而传播信号的。光纤的纤芯由导光性极好的玻璃或塑料制成，纤芯的外面是包层，最外面是塑料保护层。其结构如图 2-24 所示。

由于光纤质地脆弱，又很细，不适合通信网络施工，必须将光纤制作成很结实的光缆。一根光缆少则有一根光纤，多则有几十根或几百根光纤，再加上加强芯和填充物就可大大提高其机械强度。常见的光缆组成如图 2-25 所示。

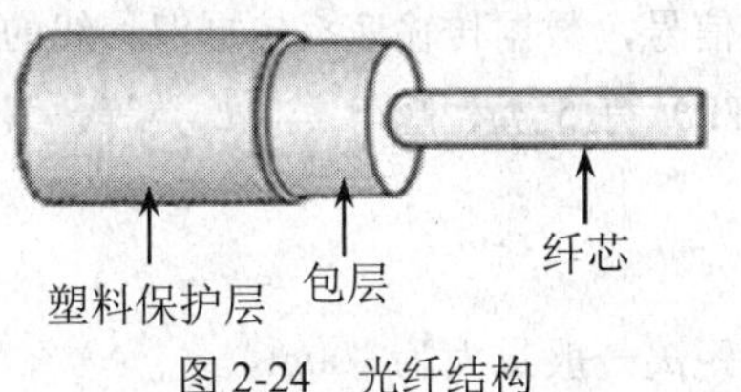

图 2-24　光纤结构

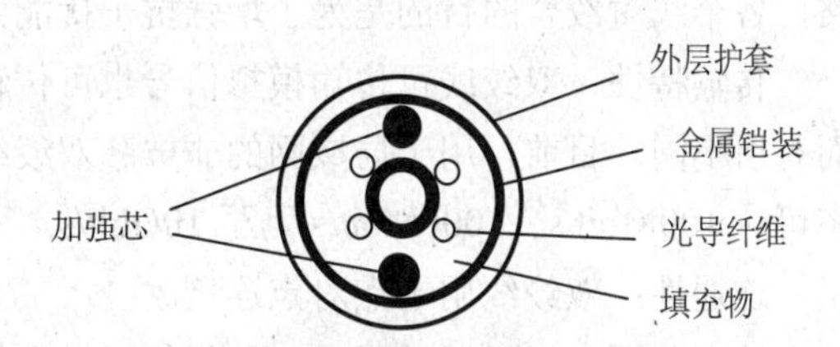

图 2-25　典型四芯光缆结构

（1）光纤的分类。按光在光纤中的传输模式，光纤可分为多模光纤和单模光纤。在纤芯内有多条不同角度入射的光线在传输，这种光纤叫做多模光纤。当光纤的直径非常小，小到接近一个光的波长时，光线就不会产生多次反射，而是沿着直线向前传播，这种光纤称为单模光纤。多模光纤和单模光纤分别如图 2-26、图 2-127 所示。

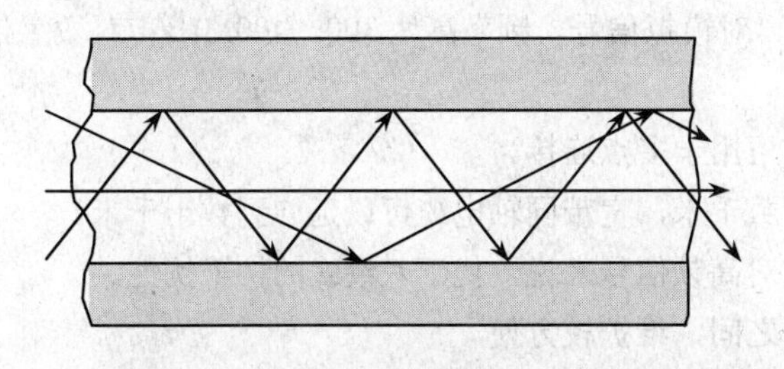

图 2-26　多模光纤

图 2-27　单模光纤

单模光纤中只传输一种模式的光，而多模光纤则同时传输多种模式的光。因此，与多模光纤相比，单模光纤模间色散较小，更适用于远距离传输。

另外，按折射率的分布情况，多模光纤又分为多模突变型光纤和多模渐变型光纤。多模突变型光纤直径较大，传输模式较多，因此带宽较窄，传输容量较小。多模渐变型光纤的纤芯中折射率随着半径的增加而减少，色散较小，因此频带较宽，传输容量较大。

（2）光纤的传输原理。光纤通信中，在发送端有光源，可以采用发光二极管或半导体激光器，它们在电脉冲的作用下能产生出光脉冲。在接收端，利用发光二极管做成光检测器，在检测到光脉冲时可还原出电脉冲。

光纤的核心在于其中间的石英纤芯，它是光波的通道。包层的折射率比纤芯的略低，当光信号从高折射率的介质射向低折射率的介质时，由于其折射角将大于入射角，因此，当光信号的入射角足够大时，就会发生全反射，即光信号碰到包层时，就会反射回纤芯。不断地重复这个过程，光信号就会沿着光纤传送到远端，原理如图 2-28 所示。

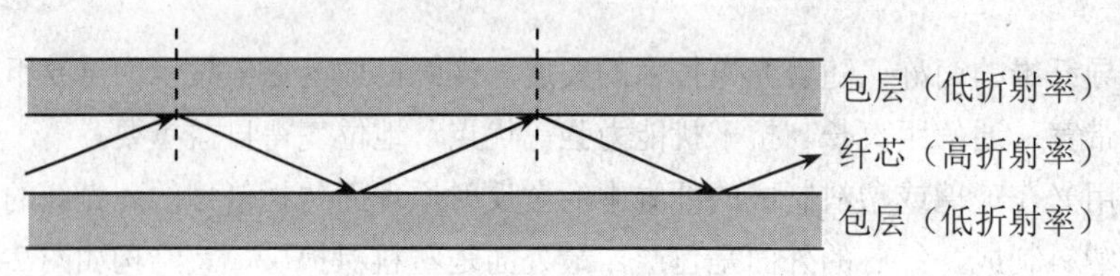

图 2-28　光纤的传输原理

4．有线传输介质的比较

（1）双绞线。物理特性：双绞线由按规则绞合的绝缘导线组成，一对线可以作为一条通信线路，各个线对绞合的目的是为了增强抗干扰能力。

传输特性：双绞线可传输模拟信号也可传输数字信号，数据传输速率依据双绞线的类别不同而有所不同。目前，用于局域网的非屏蔽双绞线（UTP）有 5 类、超 5 类、6 类等，其数据传输率可达 100Mbit/s、1000Mbit/s 乃至 10Gbit/s。

连通性：双绞线用于点对点连接。

地理范围：用于局域网时，与集线器或交换机的距离一般最大为 100m。

抗干扰性：在低频传输时，双绞线的抗干扰能力相当于同轴电缆；在高频传输时，抗干扰能力低于同轴电缆。

（2）同轴电缆。物理特性：同轴电缆以硬铜线为芯，外面包上一层绝缘材料，绝缘材料的外面包上一层密织的网状导体，导体外面又覆盖上一层保护性的塑料外套。

传输特性：50Ω 同轴电缆用于传输数字信号，一般使用曼彻斯特编码，用于传统的 10Mbit/s 以太网。CATV 电缆用于传输模拟和数字信号，对模拟信号，频率高达 300～400MHz；对数字信号，数据传输速率可达 50Mbit/s。

连通性：同轴电缆可用于点对点连接，也可用于多点连接。

地理范围：基带同轴电缆的最大距离限于数千米，宽带同轴电缆可以延伸到数十千米。

抗干扰性：同轴电缆的抗干扰能力较强，对高频信号来说，优于双绞线的抗干扰性。

价格：同轴电缆的成本介于双绞线和光纤之间，维护较方便。

目前同轴电缆在局域网中已很少使用。

（3）光纤。物理特性：光纤以玻璃和塑料为纤芯，呈圆柱形，由 3 个同芯部分组成：纤芯、包层和保护套。

传输特性：光纤利用全反射来传输光信号。多模光纤的带宽为 200MHz～3GHz，单模光纤的

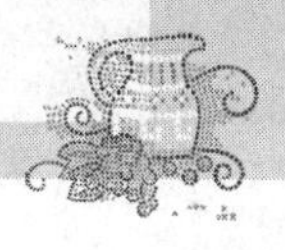

带宽为 3～50GHz。

连通性：光纤可用于点对点连接。

地理范围：光纤信号衰减极小，它可以在 6～8km 的距离内不使用中继器实现高速率数据传输。

抗干扰性：不受电磁干扰和噪声影响。

价格：光纤系统比双绞线和同轴电缆贵。

综上所述，与双绞线和同轴电缆相比，光纤价格贵，但带宽和数据速率高、传输距离长、抗干扰能力强。因此，在远距离通信中，光纤已逐步成为一种主要的有线传输介质。但是，光纤之间不易连接，抽头分支困难，对于距离不大、配置又经常变动的局域网来说，光纤还不能完全取代金属传输介质。有线传输介质特性的比较如表 2-3 所示。

表 2–3　有线传输介质特性比较

<table>
<tr><th>传输介质</th><th>价格</th><th>带宽</th><th>安装难度</th><th>抗干扰能力</th></tr>
<tr><td>UTP</td><td>最便宜</td><td>低</td><td rowspan="2">非常容易</td><td rowspan="2">较敏感</td></tr>
<tr><td>STP</td><td>比 UTP 贵</td><td>中等</td></tr>
<tr><td>细缆</td><td>比双绞线贵</td><td>高</td><td rowspan="2">一般</td><td rowspan="2">一般</td></tr>
<tr><td>粗缆</td><td>比细缆贵</td><td>较高</td></tr>
<tr><td>多模光纤</td><td>比同轴电缆贵</td><td>极高</td><td rowspan="2">难</td><td rowspan="2">不敏感</td></tr>
<tr><td>单模光纤</td><td>最贵</td><td>最高</td></tr>
</table>

2.3.4　无线传输介质

无线网络安装相对方便，不受地区限制，可以连接有线介质无法连接的地方或者有线介质连接比较困难的场合，特别适合港口、码头、古建筑群等地方的连接。无线网络不受障碍物限制，架设方便，组网迅速，并且传输速率较高，可传输几十千米，将局域网扩大到整个城市。

无线传输介质在空气中利用电磁波发送和接收信号进行通信。

目前用于无线通信的主要波段有无线电波、微波、红外线和可见光，紫外线和更高的波段还不能用于通信。电磁波谱如图 2-29 所示。

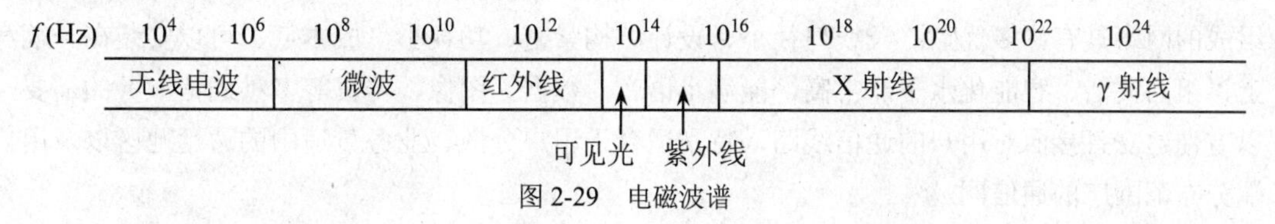

图 2-29　电磁波谱

1. 无线电波通信

无线电波通信是利用无线电波在地表或电离层中的反射而传播信号的，频率范围是 10kHz～1GHz。

无线电波的传输特性跟频率有关。中、低频（1MHz 以下）无线电波沿地表传播，此波段上的无线电波能够绕过障碍物，但其通信带宽较低。高频和甚高频（1MHz～1GHz）无线电波将被地表吸收，当通信高度达到离地表大约 100～500km 时，靠空中的电离层反射向前传播。

2．微波通信

微波通信的频率范围为300MHz～300GHz，主要使用范围为2～40GHz。微波通信主要分为地表微波和卫星微波。

（1）地表微波。地表微波一般采用设置定向抛物天线。由于地球表面是曲面，微波在地面的传播距离有限，直接传播距离与天线高度有关，天线越高，传播距离越远。但是，传播超过一定距离后就要用中继站来“接力”，两中继站的通信距离一般为30～50km，长途通信时必须建立多个中继站，逐站将信息传送下去。

地表微波的传输质量相对稳定，但也会受到一些因素的影响，如雨雪天气对微波产生吸收损耗、不利地形或环境对微波造成衰减等。

（2）卫星微波。卫星微波是以人造卫星为中继站，它是微波通信的特殊形式。卫星接收来自地面发送站发出的微波信号后，再以广播方式用不同的频率发回地面，为地面工作站接收。

按通信卫星的运行轨道可分为同步通信卫星和异步通信卫星。

同步通信卫星位于赤道上空35 860km的圆形轨道上，轨道平面与赤道平面在同一平面，其转动方向和角速度与地球相同。从地面上看，好像静止不动，所以也叫做“静止卫星”。在地球赤道上空等距离分布三颗同步通信卫星，就可以形成覆盖地球上除两极地区之外的所有地方的通信。

异步通信卫星的转动方向和角速度与地球不相同，也称为“移动通信卫星”。异步通信卫星一般运行在中、低轨道上，离地面近，传播损耗小。

卫星通信有很多优点：可以克服地面微波通信的距离限制，其最大特点就是通信距离远，且通信费用与通信距离无关。卫星通信覆盖面广，可以实现多址通信和信道的按需分配，通信方式灵活。只要是在覆盖范围内，不论是在地面还是在海上，不论是固定站还是移动站，都可实现相关地球站之间的通信。卫星通信的频带宽，通信容量大，可接收多种业务传输。信号所受到的干扰较小，误码率也较小，通信比较稳定可靠。

卫星通信也有不足之处：时延较大，高轨道卫星（如同步卫星）传输时延可达270ms，双向通话时延达540ms，所以通过卫星打电话时，讲完话后要等半秒左右才能听到对方的回话。中、低轨道卫星的传输时延较小些，小于100ms。卫星使用寿命有限，一般为8～12年。卫星的发射与控制技术复杂，制作成本较高。

VSAT（Very Small Aperture Terminal）是卫星通信技术发展的一个典型趋势。VSAT指甚小口径卫星终端，是一种面向个人用户的新型智能卫星通信地球站。与传统的卫星通信系统相比，VSAT组成的网络具有许多优点：天线口径小、设计结构紧密、功耗小、成本低、可以安装在一辆汽车上，组网灵活、智能化水平非常高，能满足语音、数据、图像、传真等多种通信业务的需要，可以方便建立直接面对用户的通信线路，特别适合于用户分散、业务量适中的边远地区以及用户终端分布范围广的通信网。

3．红外通信

红外通信是利用发光二极管或激光二极管来进行站与站之间的数据交换。红外通信和微波通信一样，有很强的方向性，都是沿直线传播的，都需要在发送方和接收方之间有一条直线通路，所不同的是红外通信把要传输的信号转换为红外光信号，直接在空间传播。

红外信号没有能力穿透障碍物，可以直接或间接经障碍物反射，被接收装置接收，每次反射能量都要衰减一半。红外通信不需要铺设电缆，对环境气候同样较为敏感。

2.4 物理层协议举例

2.4.1 EIA RS-232C 接口标准

EIA RS-232C 是由美国电子工业协会 EIA 在 1969 年颁布的一种目前使用最广泛的串行物理接口标准。RS（Recommended Standard）的意思是“推荐标准”，232 是标识号码，而后缀“C”则表示该标准为第三个修订版本。

RS-232C 标准定义了 DTE 与 DCE 之间的接口标准。DTE（Data Terminal Equipment）是数据终端设备，也就是具有一定的数据处理能力并且具有发送和接收数据能力的设备。DTE 可以是一台计算机或一个终端，也可以是各种的 I/O 设备。DCE（Data Circuit-terminating Equipment）是数据电路端接设备。典型的 DCE 是一个与模拟电话线路相连接的调制解调器。DCE 的作用就是在 DTE 和传输线路之间提供信号变换和编码的功能，并且负责建立、保持和释放数据链路的连接。图 2-30 所示为两个 DTE 通过 DCE 在通信传输线路上连接的过程。

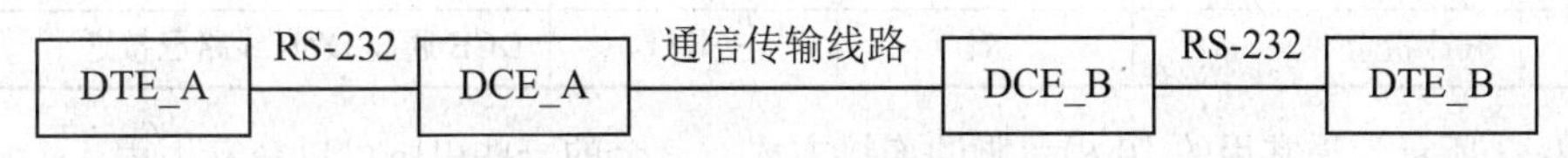

图 2-30　DTE 与 DCE 连接示意图

DTE 与 DCE 之间的接口一般都有许多条线，包括多种信号线和控制线。在发送方 DCE 将 DTE 传过来的数据，按比特顺序逐个发往传输线路；而接收方 DCE 从传输线路收下来串行的比特流，然后再交给 DTE。很明显，这里需要高度协调地工作。为了减轻数据处理设备用户的负担，就必须对 DTE 和 DCE 的接口进行标准化。这种接口标准也就是所谓的物理层协议。

下面简要介绍一下物理层标准 RS-232C 的一些主要特点。

1．机械特性

RS-232C 使用 25 根引脚的 DB-25 针式插头插座，引脚分为上、下两排，分别有 13 和 12 根引脚，以插头为例，其编号分别规定为 1～13 和 14～25，都是从左到右（当引脚指向人时）。其针脚排列如图 2-31 所示。

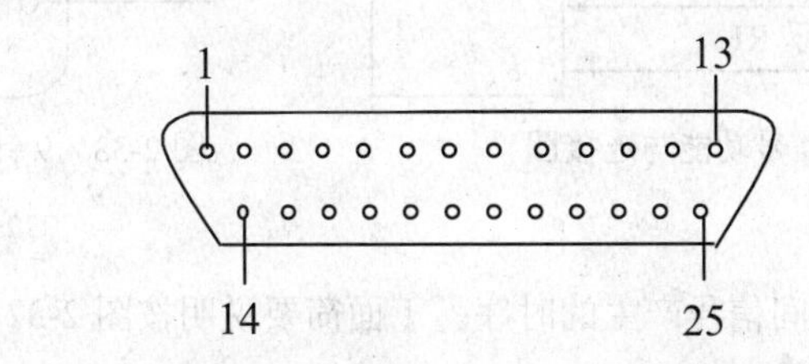

图 2-31　25 针 RS-232C 针脚排列图

2．电气特性

RS-232C 采用负电平逻辑，规定逻辑“1”的电平为−15～−5V，逻辑“0”的电平为+5～+15V，+5V 和−5V 之间为过渡区域不做定义。与 TTL 电平不兼容，应使用专用芯片进行电平转换。当连接电缆线的长度不超过15m时，允许数据传输速率不超过20kbit/s。

3．功能特性

功能特性规定了什么电路应当连接到25根引脚中的哪一根以及该引脚的作用，表2-4列出了RS-232C定义的部分引脚功能。

表2–4　RS–232C功能特性

引脚号	信号名称	缩写	方向	功能说明
1	保护地线	PG		机壳地
2	发送数据	TXD	→DCE	终端发送串行数据
3	接收数据	RXD	→DTE	终端接收串行数据
4	请求发送	RTS	→DCE	DTE请求DCE切换到发送状态
5	清除发送	CTS	→DTE	DCE已经切换到发送状态
6	数据设备就绪	DSR	→DTE	DCE已经准备好接收数据
7	信号地线	GND		信号地线
8	载波检测	DCD	→DTE	DCE已检测到远程载波
20	数据终端就绪	DTR	→DCE	DTE已准备好，可以接收
22	振铃指示	RI	→DTE	DCE通知DTE线路已接通

图2-32所示为最常用的10根引脚的连接方式，其余的一些引脚可以空着不用。

在PC的背板一般都配有两个RS-232C接口，称为串行通信接口COM1与COM2，但一般使用9针D型插座。图2-33所示为针脚排列及功能。

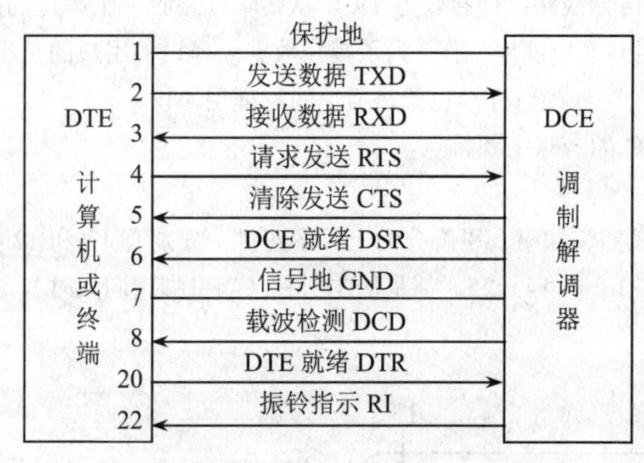

图2-32　RS-232C信号功能与连接图

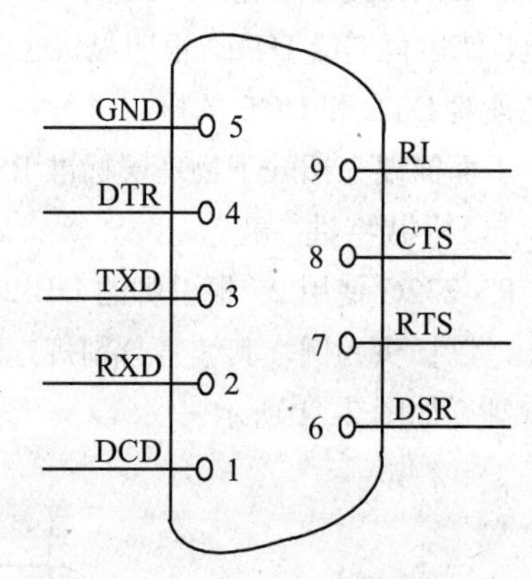

图2-33　9针RS-232C针脚排列

4．规程特性

规程定义了DTE与DCE间信号产生的时序。下面简要说明按图2-32所示连接的DTE-A向DTE-B发送数据的过程。

（1）当DTE-A要和DTE-B进行通信时，DTE-A将DTR置有效，同时通过TXD向DCE-A发送电话号码信号。

（2）DCE-B将RI置为有效，通知DTE-B有呼叫信号到达。DTE-B将DTR置为有效，DCE-B接着产生载波信号，并将CTS置为有效，表示已准备好接收数据。

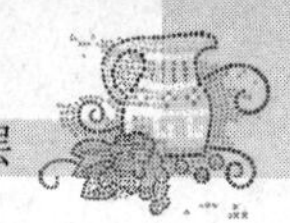

（3）DCE-A 检测到载波信号，将 DCD 及 CTS 置为有效，通知 DTE-A 通信电路已连接好。

（4）DCE-A 向 DCE-B 发送载波信号，DCE-B 将 CTS 置为有效。

（5）DTE-A 若有发送的数据，将 DSR 置为有效，DCE-A 作为回应信号，将 RTS 信号置为有效。DTE-A 通过 TXD 发送串行数据，DCE-A 将数据通过通信线路发向 DCE-B。

（6）DCE-B 将收到的数据通过 RXD 传送给 DTE-B。

同样道理，当 DTE-B 向 DTE-A 传送数据时，信号时序与上面所述过程一样。当使用 RS-232C 近地连接两台计算机时，可不使用调制解调器，而使用直接电缆连接，称为零调制解调器。具体连接方法如图 2-34 所示。

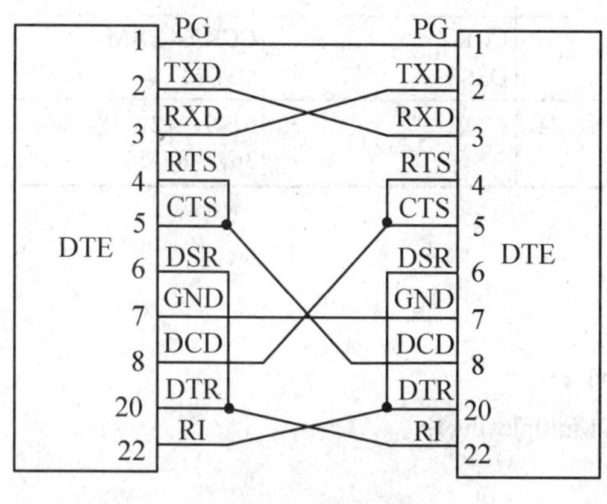

（a）25 针 RS232C

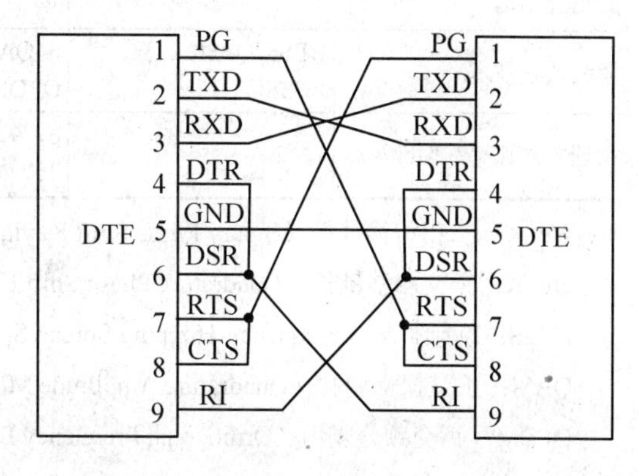

（b）9 针 RS232C

图 2-34　RS-232 零调制解调器连接示意图

2.4.2　无线局域网（WLAN）的物理层标准

1．IEEE 802.11

IEEE 802.11 是最初制订的一个无线局域网标准，主要用于解决办公室局域网和校园网中用户与用户终端的无线接入，业务主要限于数据存取，速率最高只能达到 2Mbit/s。

2．IEEE 802.11a

IEEE 802.11a 是 IEEE 802.11 标准的一个扩充，其采用了与原始标准相同的核心协议，工作频率为 5GHz，采用正交频分复用调制数据，载波数多达 52 个，传输速率范围为 6～54Mbit/s，拥有 12 条不相互重叠的信道。

3．IEEE 802.11b

IEEE 802.11b 是 IEEE 802.11 标准的另一个扩充，其工作频率为 2.4GHz，传输速率范围为 1～11Mbit/s。802.11b 支持的室外范围为 300m，室内范围为 100m。

4．IEEE 802.11g

IEEE 802.11g 是第三种改进的 WLAN 标准，其工作频率为 2.4GHz（与 IEEE 802.11b 相同），但由于该标准中使用了与 802.11a 标准相同的调制方式 OFDM，使网络达到了 54Mbit/s 的高传输速率。802.11g 仍然保留了 802.11b 中的调制方式，又运行在 2.4GHz 频段，所以 802.11g 可向下兼容 802.11b。

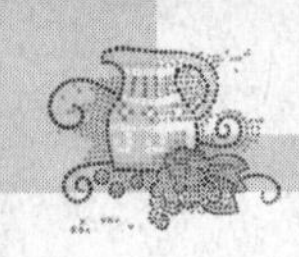

WLAN 各协议的物理层标准如表 2-5 所示。

表 2-5　WLAN 各协议的物理层标准

项目	IEEE 802.11	IEEE 802. 11a	IEEE 802.11b	IEEE 802.11g
发布时间	1997.7	1999.9	1999.9	2003.6
合法频宽	83.5MHz	325MHz	83.5MHz	83.5MHz
频率范围	2.4000～2.483GHz	5.150～5.350GHz 5.725～5.850GHz	2.4000～2.483GHz	2.4000～2.483GHz
非重叠信道	3	12	3	3
调制传输技术	BPSK/QPSK FHSS	64QAM OFDM	CCK DSSS	CCK/64QAM OFDM
物理发送速率（Mbit/s）	1，2	6，9，12，18，24，36，48，54	1，2，5.5，11	6，9，12，18，24，36，48，54

注：BPSK：二相相移键控（Binary Phase Shift Keying）；

QPSK：正交相移键控（Quadrature Phase Shift Keying）；

FHSS：跳频扩频（Frequency-Hopping Spread Spectrum）；

QAM：正交振幅调制（Quadrature Amplitude Modulation）；

OFDM：正交频分复用（Orthogonal Frequency Division Multiplexing）；

CCK：补码键控（Complementary Code Keying）；

DSSS：直接序列扩频（Direct Sequence Spread Spectrum）。

2.5 ADSL 技术

2.5.1 ADSL 概述

ADSL 的全称是 Asymmetric Digital Subscriber Line，即非对称数字用户环路。它是利用目前广泛使用的一对普通电话线，采用先进的数字编码技术和调制解调技术，实现高速数字信号的双向传送。ADSL 最高上行速率可达 1Mbit/s，最高下行速率可达 8Mbit/s，传输距离为 3～5km。ADSL 提高了普通电话双绞线的利用率，是目前实现宽带和多业务“最后一公里”接入的重要方式。

2.5.2 ADSL 基本原理

ADSL 使用普通电话线作为传输介质，虽然传统的 Modem 也是使用电话线传输的，但它只使用了 0～4kHz 的低频段，而电话线理论上有接近 2MHz 的带宽，ADSL 正是使用了 26kHz 以后的高频段。经 ADSL Modem 编码后的信号通过电话线传到电话局后再通过一个信号识别分离器，如果是语音信号就传到电话交换机上，如果是数字信号就接入 Internet。

在 ADSL 通信线路中会在普通的电话信道中分离出 3 个信息通道：速率为 1.5～8Mbit/s 的高速下行通道，用于用户下载信息；速率为 16kbit/s～1Mbit/s 的中速双工通道，用于用户上传信息；

普通电话服务通道，用于普通模拟电话通信服务。3个通道可以同时工作。

ADSL与以往调制解调技术的主要区别在于其上、下行速率是非对称的，即上下行速率不等，这一特性非常适于普遍的网上浏览应用。对于最终用户来说，只要使用通常普及的电话线路就能享受宽带接入服务。

ADSL之所以能在一条电话线上实现如此高速率的数据传输率，还可以同时提供分离的电话语音通信，主要原因是采用了DMT（Discrete Multitone，离散多音频）技术。

DMT技术可将原先电话线路上的0～1.104MHz频段划分成256个频宽为4.3125kHz的子频带。其中，4kHz以下频段仍用于传送POTS（Plain Old Telephone Service，传统电话业务），26～138kHz的频段用来传送上行信号，138kHz～1.104MHz的频段用来传送下行信号。DMT技术可根据线路的情况调整在每个信道上的比特数，以便更充分地利用线路。一般来说，子信道的信噪比越大，在该信道上调制的比特数越多。如果某个子信道的信噪比很差，则弃之不用。由此可见，对于原先的电话信号，仍使用原先的频带，而基于ADSL的业务，使用的是语音以外的频带。所以，原先的电话业务不受任何影响。

现存的用户电话线路主要由UTP（非屏蔽双绞线）组成，而UTP对信号的衰减主要与传输距离和信号的频率有关。如果信号传输超过一定距离，信号的传输质量将难以保证。此外，线路上的桥接抽头也将增加对信号的衰减。因此，线路衰减是影响ADSL性能的主要因素。ADSL通过不对称传输，利用频分多路复用（Frequency Division Multiplexing，FDM）技术和回波抵消技术使上、下行信道分开来减小串音的影响，从而实现信号的高速传送。

2.5.3　下一代ADSL技术

在第一代ADSL标准的基础上，ITU.T于2002年7月公布了ADSL2的标准G992.3和G992.4，于2003年1月制定了ADSL2+的标准G992.5。ADSL2的下行频谱与第一代ADSL相同，但其最高下行速率可以达到12Mbit/s，最高上行速率可以达到1.2Mbit/s左右。ADSL2+标准在ADSL2的基础上进一步扩展，主要是将频谱范围从1.104MHz扩展至2.208MHz，ADSL2+由于将使用的频谱作了扩展，传输性能将有明显提高，下行最大传输速率可达24Mbit/s。

习题二

一、选择题

（多选）

1．物理层接口的特性包括（　　）。

A．机械特性　　B．功能特性

C．电气特性　　D．规程特性

2．下列有关光纤的说法，（　　）是错误的。

A．采用多模光纤时，信号的最大传输距离比单模光纤长

B．多模光纤的纤芯较细

C．多模光纤可传输不同波长不同入射角度的光

D．多模光纤的成本比单模光纤低

3．关于电路交换和分组交换叙述正确的选项是（　　）。

A．电路交换延迟小，传输实时性强

B．电路交换网络资源利用率高

C．分组交换延迟大，传输实时性差

D．分组交换网络资源利用率低

4．网络接口卡位于OSI模型的（　　）。

A．数据链路层　　B．物理层　　C．传输层　　D．表示层

（单选）

5．双绞线进行绞合的主要作用是（　　）。

A．降低成本　　B．较少电磁干扰

C．延长传输距离　　D．施工需要

6．100Bast-TX的标准物理介质是（　　）。

A．3类双绞线　　B．同轴电缆　　C．光纤　　D．5类双绞线

7．CATV同轴电缆采用（　　）技术进行数据传输。

A．时分复用　　B．波分复用　　C．码分复用　　D．频分复用

8．无线通信使用的频段主要是（　　）。

A．10^8~10^{16} Hz　　B．10^4~10^{16} Hz　　C．10^4~10^{18} Hz　　D．10^6~10^{16} Hz

二、填空题

1．目前，计算机网络最常用的传输介质是____________，传输速率最高的传输介质是__________。

2．在IEEE802.3的10Base5标准中，10代表_________，“Base”代表_________，“5”代表____________________。

三、简答题

1．物理层要解决哪些问题？物理层的主要特点是什么？

2．常用的传输介质有哪几种？

3．EIA RS-232C标准中DTE、DCE的概念及作用是什么？

4．什么是波特率？什么是比特率？举例说明两者的联系和区别。

5．试从多个方面比较电路交换、报文交换和分组交换的主要优缺点。

6．无连接通信和面向连接通信的最主要区别是什么？

7．已知脉冲序列为0100110，绘制单极性码、双极性码和曼切斯特编码的波形。

8．简述频分多路复用技术和时分多路复用技术的概念及特点。

9．分别叙述调幅制（ASK）、调频制（FSK）和调相制（PSK）信号的形成。已知脉冲序列为1100101，画出ASK、PSK和FSK信号波形。

10．设信息为7位，冗余位为4位，生成多项式采用x^4+x^3+1，试计算传输信息为1011001和1101001的CRC编码。

实　训

1．实训目的

（1）检验 EMI/RFI 对网络的影响。

（2）确定工作站上网卡的物理地址。

（3）观察 LAN 的组成和结构。

2．实训环境

（1）具有局域网系统。

（2）准备一台电钻或荧光灯。

3．实训内容

（1）测试 EMI/RFI 对网络的影响。

- 登录到网络的工作站并与服务器或主机连接起来。
- 打开电钻或荧光灯，尽量将其靠近连接在所访问的工作站的电缆部分。
- 从服务器、主机上下载文件。
- 检查网络连接或下载的文件是否有问题（如果没有在工作站上发现问题，那么检查其他工作站是否有问题）。

（2）检查网络接口的物理地址。

- 登录到工作站。
- 选择“开始”→“运行”命令。
- 在 Windows 2000/XP 下，输入“CMD”，进入命令提示符，输入“IPCONFIG/ALL”。

（3）观察 LAN 的基本组成。

- 检查网络上连接工作站的通信电缆，确定电缆类型和连接方式。
- 注意在工作站上电缆是如何连接在工作站的网卡上的。
- 观察相关网络设备，判断网络所采用的拓扑结构，询问指导老师究竟是用的哪种结构。
- 看是否能确定采用的网络传输方法，然后询问指导老师。

4．实训小结

描述实训过程，记录发现的结果，总结相关经验。

第3章 数据链路层

引例：计算机网络的物理层只是通信双方在接口、信号、时序等的约定。但数据是如何打包的呢？如何确定数据包要发给谁呢？怎样知道是否正确的发送和接收了呢？

本章将介绍数据链路层的工作机理。数据链路层是承上启下的一层，它对上屏蔽了物理层，解决了数据的封装、寻址、差错控制、传输控制等问题。

3.1 数据链路层概述

数据链路层是 OSI 参考模型中的第二层，介于物理层和网络层之间。数据链路层在物理层提供的服务基础上向网络层提供服务。物理层是通过通信介质实现实体之间链路的建立、维护和拆除，形成物理连接。在物理层只能接收和发送一串比特信号，不考虑信息的意义和信息的结构，也就不能解决真正的数据传输与控制，如异常情况处理、差错控制与恢复、信息格式、协调通信等。为了进行真正有效的、可靠的数据传输，就需要对传输操作进行严格的控制和管理，这就是数据链路传输控制规程的任务，也就是数据链路层协议的任务。数据链路层协议使得在不太可靠的物理链路上进行可靠的数据传输成为可能。

3.1.1 基本概念

1. 链路与数据链路

链路是数据传输中任何两个相邻结点间点到点的物理线路段，链路间没有任何其他结点存在，网络中的链路是一个基本的通信单元。对计算机之间的通信来说，从一方到另一方的数据通信通常是由许多的链路串接而成的，这就是通路。

数据链路是一个数据管道，在这个管道上面可以进行数据通信，因此，数据链路除了必须具有物理线路外，还必须有些必要的规程用以控制数据的传输。把用来实现控制数据传输规程的硬件和软件加到链路上，就构成了数据链路，如图 3-1 所示。

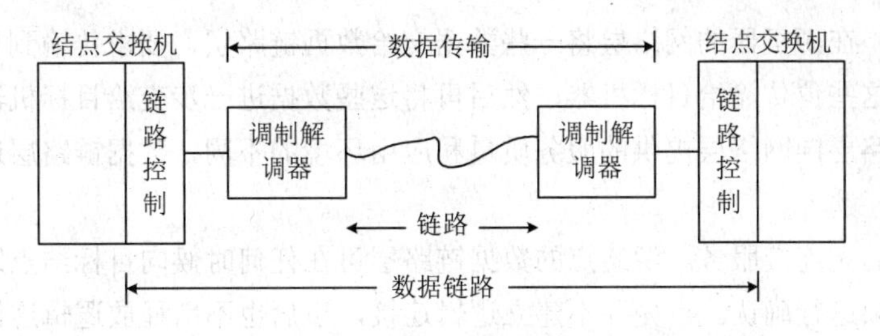

图 3-1　数据链路与链路

2．报文、报文段、数据报和帧

位于应用层的信息分组称为报文（message），传输层分组称为报文段（segment），通过网络传输的数据的基本单元称为数据报（datagram），链路层分组称为帧（frame），如图 3-2 所示。

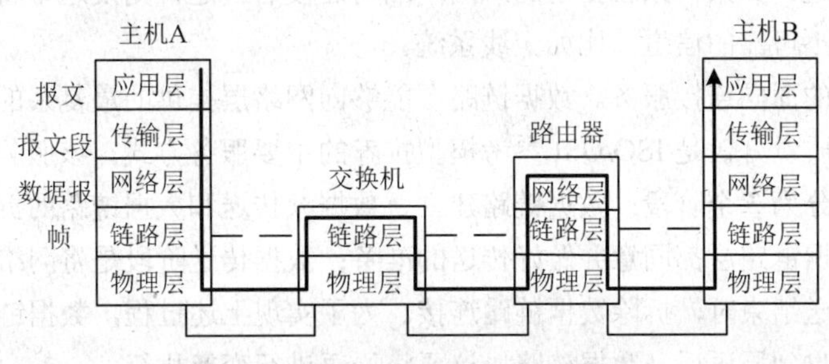

图 3-2　实际通信过程及虚拟通信过程

图 3-2 显示了这样一条物理路径：数据从发送端系统的协议栈向下，中间经过链路层交换机和路由器的协议栈的解封装和再封装，进而向上到达接收端系统的协议栈。

路由器与链路层交换机并不实现协议栈的所有层次。如图 3-2 所示，链路层交换机实现了第一层与第二层；路由器实现了第一层到第三层；主机实现了所有 5 个层次。

本章是研究数据链路层的问题，从数据链路层来看，主机 A 到主机 B 的通信可以看成是由 3 段不同的链路层通信组成，如图 3-2 虚线所示。

数据链路层从网络层获取到数据报分组，然后将这些分组封装到帧中以便传输。每一帧包含一个帧头、一个数据区（用于存放数据报分组），以及一个帧尾，如图 3-3 所示。

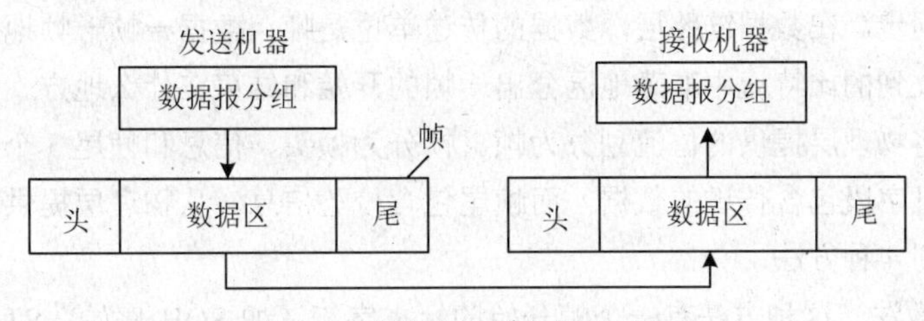

图 3-3　数据报分组与帧的关系

3.1.2　数据链路层的服务及功能

1．为网络层提供的服务

数据链路层的功能是为网络层提供服务。最主要的服务是将数据从源机器的网络层传输到目

标机器的网络层。在源机器的网络层将一些数据交给数据链路层，要求传输到目标机器。数据链路层的任务是将这些位传输给目标机器，然后再将这些数据进一步交给目标机器的网络层。

根据数据链路层向网络层提供的服务质量和应用环境的不同，数据链路层通常会提供以下 3 种可能的服务。

（1）无确认的无连接服务。源结点的数据链路层可在任何时候向目标结点发送数据帧，目标结点并不对这些帧进行确认。事先并不建立逻辑连接，事后也不用释放逻辑连接。若由于线路上有噪声而造成某一帧丢失，则数据链路层并不会检测这样的丢帧现象，也不会恢复。因此，这种服务的质量低，适合于线路误码率很低以及传送实时性要求高的（如语音类的）信息等。

（2）有确认的无连接服务。为了提高可靠性，引入了有确认的无连接服务。当提供这种服务时，仍然没有使用逻辑连接，但是，所发送的每一帧都需要单独确认。这样，发送方知道每一帧是否已经正确到达。如果一帧在指定的时间间隔内还没有到达，则发送方将再次发送该帧。这种服务尤其适用于不可靠的信道，比如无线系统。

（3）有确认的面向连接服务。数据链路层能够向网络层提供的最复杂的服务是面向连接的服务。这种服务的质量好，是 ISO/OSI 参考模型推荐的主要服务方式。该服务方式对于网络层移交的一次数据传送分为 3 个阶段：数据链路建立、数据帧传送和数据链路的拆除。数据链路建立阶段是让双方的数据链路层都同意并做好传送的准备；数据传送阶段是将网络层移交的数据传送到对方；当数据传送结束时，拆除数据链路连接。为了实现上述过程，数据链路层提供了服务原语供网络层调用，收到原语后，数据链路协议要将原语进行变换执行。

2．数据链路层的功能

数据链路层最基本的服务是在网络相邻的两个结点间进行可靠的传输。数据链路层必须具备一系列相应的功能，主要有：如何将数据组合成数据帧（为数据打包）；如何控制帧在物理信道上的传输，包括如何处理传输差错，如何调节发送速率以使其与接收端相匹配；在两个网络实体之间提供数据链路的建立、维持和释放管理。其具体功能如下。

（1）链路管理。当网络中的两个结点要进行通信时，数据的发送端必须确知接收端是否已经处于准备接收的状态。为此，通信的双方必须先交换一些必要的信息，即必须先建立一条数据链路。同样的，在传输数据时要维持数据链路，而在通信完毕时要释放数据链路。数据链路的建立、维持和释放就叫做链路管理。

（2）定界与同步。在数据链路层，数据的传送单位是帧，数据一帧一帧地传送。帧同步是指接收端应当能从收到的比特流中准确地区分出一帧的开始和结束在什么地方。

数据链路层将物理层提供的位流划分为帧。帧分为帧头、信息和帧尾 3 个字段。帧头包含各种控制信息，信息字段包含传送的数据，而帧尾包含校验信息。从物理层提供的位流服务中划分出帧的边界有下列 4 种方法。

- 字符计数法。这种方法有一个帧开始的标志字符（如 SOH 序始，STX 文始，FLAG 标志），然后包含一个表示传送数据长度的字节计数字段。在传送数据期间，每传送一个字节，计数值减 1，当计数字段为零时，再加上校验信息后该帧就传送结束。其后的位流就属于另外一帧。
- 首尾界符法。这种方法在帧开始时，用帧开始字符标记，帧结束时，用帧结束字符标记。如面向字符的编码独立的字符型规程中，用 DLE · STX 表示帧的开始，用 DLE · ETX 表示帧的结束。这种方法存在的问题是，在数据传送中，帧边界控制字符不能作为普通

数据字符传送。为了能够将帧边界定界符和作为数据传送的定界符相互区别，在协议中引入了 DLE 字符填充技术。

- 首尾标志法。这种方法的帧格式使用面向比特的通信规程，如 HDLC，用 F（FLAG，其编码为 01111110B）作为帧开始，也作为帧结束标志。当两个 F 之间没有字符时，F 表示同步字符，两个 F 之间有字符时，就说明其间为一个帧。同样，这种方法也存在数据中含有与 F 字符相同时的误解问题，数据链路层协议采用“0”比特插入和删除技术来解决信息中的类 F 字符的传送问题。
- 物理编码违例法。传送的数据采用曼彻斯特编码后，每位电平都在位周期中间改变一次。帧开始和帧结束的字段中，有些位不按曼彻斯特编码规则，如 IEEE 802.5 的帧起始符为“JK0JK000”，其中，J 为正常“1”信号去掉半位处的跳变形成的，K 是正常“0”信号去掉半位处的跳变形成的。帧结束符为“JK1JK11E”，J、K 的定义和帧起始符相同，E 为差错检测位，这种方法无需字符填充和“0”比特插入删除技术。

（3）流量控制。发送端与接收端必须协调工作，发送端发送数据的速率必须使接收端来得及接收。当接收端来不及接收时，就必须及时控制发送端发送数据的速率。

（4）差错控制。在计算机通信中，接收端可以通过校验帧的差错编码（奇偶校验码或 CRC 码）来判断接收到的帧中是否有差错，如果有差错就通知发送端重新发送这一帧，直到接收端正确地接收到这一帧为止。

（5）透明传输。所谓透明传输就是指不管所传数据是什么样的比特组合，都应当能够在链路上传送。由于数据和控制信息都是在同一信道中传送，而在许多情况下，数据和控制信息处于同一帧中，因此，一定要有相应的规则使接收端能够将它们区分开来。当所传数据中的比特组合恰巧出现了与某一个控制信息完全一样时，必须采取适当的措施，使接收端不会将这样的数据误认为是某种控制信息。这样才能保证数据链路层的传输是透明的。

（6）寻址。在多点连接的情况下，必须保证每一帧都能传送到正确的目的站，接收端也应当知道发送端是哪一个结点。

3.2 停止等待协议

为方便起见，下面用图 3-4 所示在网络中互连的两个结点数据链路层通信的模型进行研究。结点 A 与 B 的数据链路层通过链路连接在一起，高层统称为主机。

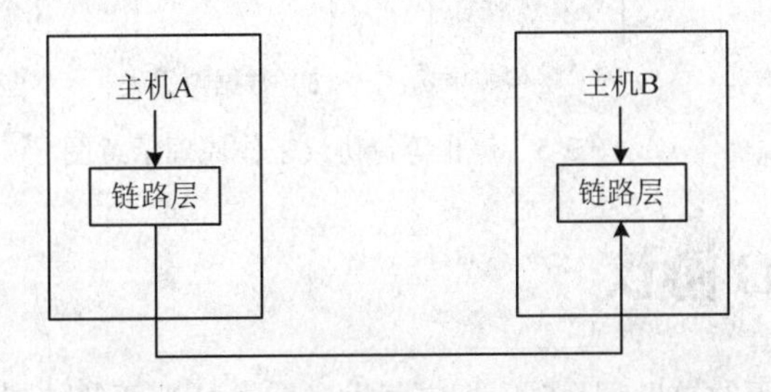

图 3-4　通信模型

如果通信双方满足以下两种条件，称为理想链路。其一，链路很可靠，在其上进行通信时数

据既不会出错也不会丢失。其二，发送端不管以多快的速率发送数据，接收端都能及时准确地接收。此时不需要任何链路层协议就可以保证数据传输的正确性。

但实际网络环境并非如此。对于第一种情况，通信链路并不能保证数据通信完全准确。由于噪声干扰等，可能造成数据出错或丢失。数据链路层可对欲发送的帧进行差错编码，接收端通过差错校验，可判断出数据帧是否发生错误，接收是否准确。如果接收错误，就向发送端发送一出错通知，称为否认帧，通知发送端重新传送原数据帧。

对于第二种情况，由于网络结点的差异，通信双方的处理器速率、缓存大小、系统等不可能完全一样，发送端与接收端不能保证协调工作。如果发送端无节制地发送数据帧，接收端可能因为来不及处理而造成数据帧丢失。我们可以采用发送端每发送一帧，就停止发送，等待接收端的确认信息。接收端每收到一个正确的数据帧就向发送端发送一确认信息，称为确认帧 ACK（ACKnowledgement）。发送端接收到确认帧，则继续发送下一帧。如果接收端收到的帧经校验有错误，可向发送端发送否认帧 NAK，通知发送端重传这一数据帧。如果发送端发送的数据帧丢失，会使双方永无止境地等待，造成死锁。为了解决这个问题，可在发送端每发送完一个数据帧后就启动一个超时计时器，其时间可设为略大于“从发完数据帧到收到确认帧所需的平均时间”。如果超时，发送端还没有收到确认帧，则认为帧丢失，自动将数据帧重新发送。

然而问题并没有完全解决，接收端正确接收到数据帧并发出确认帧，但确认帧丢失。发送端在规定时限内没有接收到确认信息，此时发送端认为数据帧丢失，自动重新传送原数据帧。这样接收端又收到一个同样的数据帧，称为重复帧，这也是通信双方所不允许的。这一问题可通过对数据帧编号的方法解决。发送端将欲发送的数据帧编好序号，如接收端收到序号相同的帧，则将重复帧丢弃，并向发送端重新发送确认帧。

图 3-5 所示的传送方式就是停止等待协议，发送端每发送完一帧就要等待接收端的确认信息。如果出错可由发送端自动重传，因此称为自动请求重传，即 ARQ（Automatic Repeat reQuest）。因为每次只发送一帧，可用 1 个比特为帧序号编码来区分重复帧。

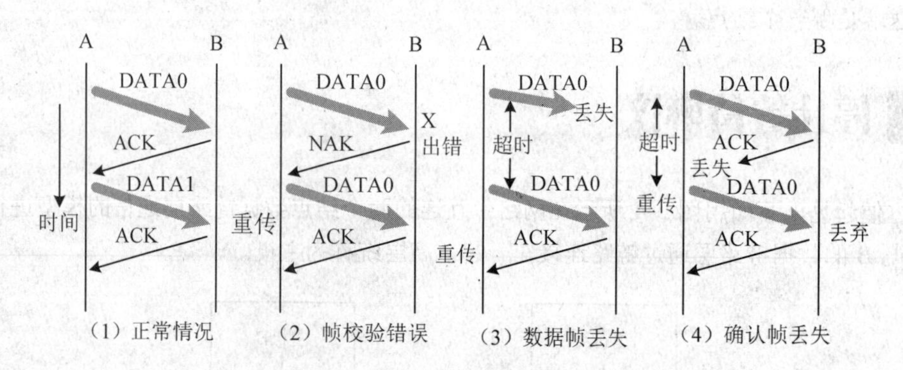

图 3-5　停止等待协议工作原理示意图

3.3 连续 ARQ 协议

ARQ 协议是一个实用的链路层协议。规定每发送完一帧都要等待确认帧，通信双方不需要太多的帧缓存，且算法简单易实现，但信道利用率并不高。为此，可采用连续自动请求重传方案，即连续 ARQ 协议。发送端可以连续发送一系列信息帧，即不用等待前一帧被确认便可发送下一

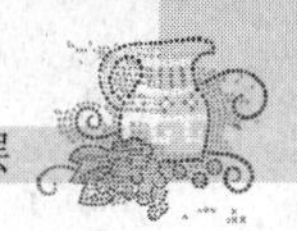

帧。这就需要在发送端设置一个较大的缓冲存储空间，用以存放若干待确认的信息帧。当发送端收到对某信息帧的确认帧后便可从帧缓存中将该信息帧删除，并继续发送数据帧。所以，连续 ARQ 协议使得信道利用率大大提高。

连续 ARQ 协议分为回退 N 帧 ARQ 协议和选择重传 ARQ 协议。

（1）回退 N 帧 ARQ 协议。发送端将待发送的帧编好序号。发送完第 0 号帧后，不是停止等待确认帧，而是继续发送第 1 号帧、第 2 号帧等。由于连续发送了很多帧，所以接收端应对确认帧或否认帧编号，以通知发送端是对哪一帧进行的确认或否认，其工作原理如图 3-6 所示。

接收端已正确接收了第 0 号帧与第 1 号帧并发送了确认帧 ACK0 与 ACK1。但接收第 2 号帧出错了，将错误帧丢弃。可采用直接向发送端发送否认帧的方法，或不做任何响应，等待发送端超时自动重传的方法。后一种方法比较简单，容易实现。这里需要注意，接收端只能按序接收帧，虽然在第 2 号帧后已正确接收了第 3～7 号帧，但必须将它们与第 2 号帧一同丢弃，等待发送端重新传送第 2～7 号帧。此种方法称为 Go-BACK-*N*，即当出现差错必须重传时，要向回走 *N* 个帧，然后开始重传。

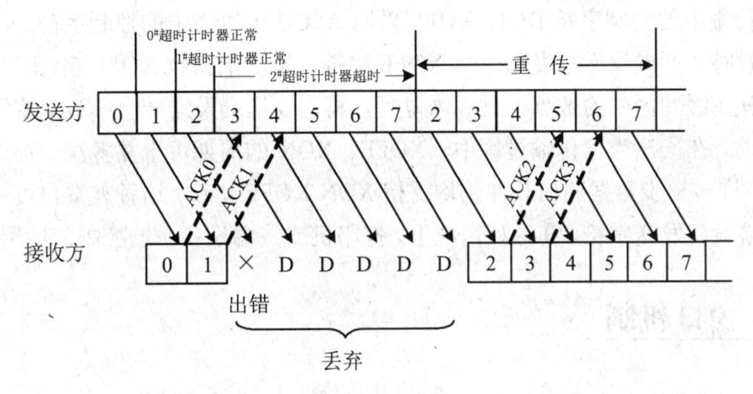

图 3-6　回退 N 帧 ARQ 协议工作原理

（2）选择重传 ARQ 协议。如果链路的质量较差，回退 *N* 帧 ARQ 协议会重传出错帧及以后的所有帧，造成链路带宽的浪费。为了进一步提高信道的利用率，出现了选择重传 ARQ 协议。

选择重传 ARQ 协议中，发送方只需重传出现差错的数据帧或者超时的数据帧，从而避免不必要的重传。

如图 3-7 所示，接收的 2 号帧出错了，这时接收方要返回一个否认帧 NAK2，并将出错的 2 号帧丢弃。虽然发送方收到 NAK2 时已经发送了 3、4 号帧，但它只需重传 2 号帧。接收方收到 3、4 号帧，先将其存入缓存，等待正确接收 2 号帧后，一块送入上层。

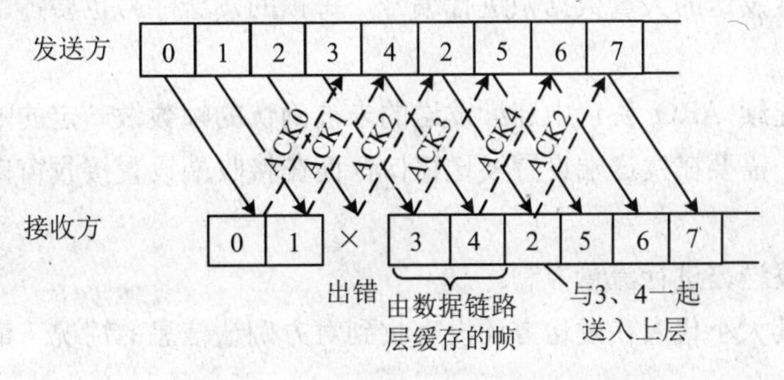

图 3-7　选择重传 ARQ 协议工作原理

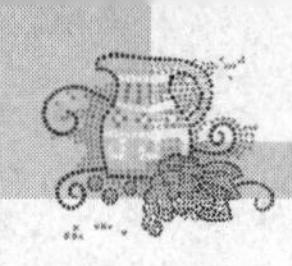

显然，选择重传减少了浪费，但要求接收端有足够大的缓冲区空间。

3.4 流量控制

链路层的流量控制是通信双方能协调工作的保障，如果没有合理的流量控制手段，可能会造成数据丢失。增加缓冲存储空间在某种程度上可以缓解收、发双方在传输速率上的差异，但这是一种被动和消极的方法。因为一方面系统不允许开设过大的缓冲空间，另一方面对于速率显著失配并且又传送大量数据的场合，仍会出现缓冲空间不够的现象。经常使用的流量控制方法有 XON/XOFF 方案与窗口机制。

3.4.1 XON/XOFF 方案

XON/XOFF 主要应用于面向字符通信中，使用一对控制字符来实现流量控制。其中 XON 采用 ASCII 字符集中的控制字符 DC1，XOFF 采用 ASCII 字符集中的控制字符 DC3。当通路上的接收端发生过载时，便向发送端发送一个 XOFF 字符，发送端接收 XOFF 字符后便暂停发送数据。等接收端处理完缓冲区中的数据，过载恢复后，再向发送端发送一个 XON 字符，以通知发送端恢复数据发送。在一次数据传输过程中，XOFF、XON 的周期可重复多次。但这些操作对用户来说是透明的。许多异步数据通信软件包均支持 XON/XOFF 协议。这种方案也可用于计算机向打印机或其他终端设备发送字符，在这种情况下，打印机或终端设备中的控制部件用以控制字符流量。

3.4.2 窗口机制

在 ARQ 协议中，因为每发送完一帧都要停止等待确认信息，流量控制简单。只要求通信双方拥有一帧的缓存空间，只要超时时限选择合理，不需要额外的流量控制机制。但对于连续 ARQ 协议就不同了，如果发送端没有收到任何来自接收端的确认信息，发送端是不能无限制地发送数据帧的，主要原因如下。

（1）由于发送的数据帧都未被确认，需要在发送端缓存中保留副本，以备重传。计算机的硬件资源是有限的，缓存容量不能无限制地增加。

（2）发送数据帧过多，一旦有一帧出现错误，可能有很多帧需要重传，造成很大的浪费，增加了很多不必要的开销。

（3）为了对连续发送的大量数据帧进行编号，每帧的发送序号也要占用较多的比特，又增加了一定的开销。

因此，需要对连续 ARQ 协议中连续发送的未被确认的帧数做一定的限制，这就是滑动窗口协议所研究的内容。需要在发送端设置发送窗口，而在接收端设置接收窗口。

（1）发送窗口。

目的：用来对发送方进行流量控制。

发送窗口 W_T：其大小代表在发送方还没有收到对方确认信息的情况下最多可以连续发送的数据帧数。

（2）接收窗口。

目的：用来控制接收方应该接收哪些帧。

接收窗口 W_R：只有当收到的数据帧的发送序号落入接收窗口内才允许将该数据帧收下，否则丢弃。

所谓滑动窗口，是指窗口中的帧得到确认后窗口便可向前移动，使得新的帧落入窗口，又可以进行发送和接收。

窗口控制机制在数据链路层和传输层均有应用，但其规则略有不同。

3.5 面向比特的链路控制规程 HDLC

3.5.1 HDLC 概述

在数据链路层协议标准中，比较通用的协议可分为两类，即面向字符的链路控制协议和面向比特的链路控制协议。所谓面向字符就是指在链路上所传送的数据必须由规定字符集（如 ASCII 码）中的字符所组成。同时在链路上传送的控制信息也必须由同一个字符集中的若干规定的控制字符构成。典型的面向字符的链路控制协议为 IBM 公司的 BSC 规程（也可称为 BISYNC（Binary Synchronous Communication）。面向字符的控制协议通信线路利用率低，可靠性差，通用性不强，扩展能力弱等。

面向比特的链路控制规程是采用首尾标志将一组比特封装成帧，通过定义不同类型的帧格式实现链路层的功能。它成为链路层的主要协议，为世界上广泛采用。其中最具代表性的为 HDLC（High-level Data Link Control）协议，称为高级数据链路控制规程。

HDLC 可适用于链路的两种基本配置，即非平衡配置与平衡配置。非平衡配置的特点是由一个主站控制整个链路的工作。主站发出的帧叫做命令。受控的各站叫做次站或从站。次站发出的帧叫做响应。在多点链路中，主站与每一个次站之间都有一个分开的逻辑链路。平衡配置的特点是链路两端的两个站都是复合站。复合站同时具有主站与次站的功能。因此每个复合站都可以发出命令和响应。图 3-8 所示为 HDLC 两种配置的示意图。

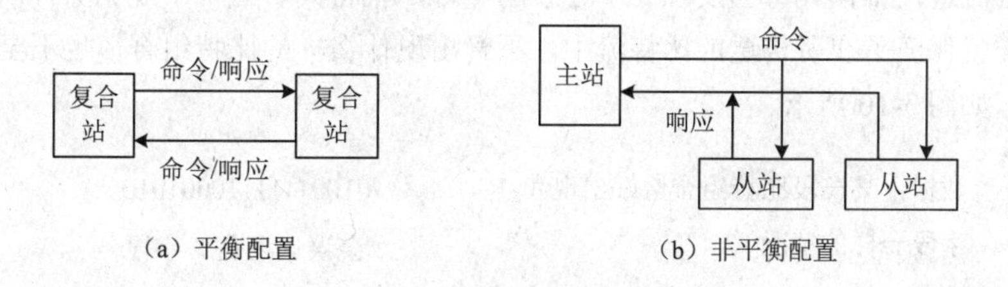

（a）平衡配置　　（b）非平衡配置

图 3-8　HDLC 的基本配置

对于非平衡配置，可以有两种数据传送方式。最常用的是正常响应方式（Normal Response Mode，NRM）。其特点是只有主站才能发起向次站的数据传输，而次站只有在主站向它发送命令帧进行轮询（Poll）时，才能以响应帧的形式回答主站。另一种用得较少的是异步响应方式（Asynchronous Response Mode，ARM）。这种方式允许次站发起向主站的数据传输，即次站不需要等待主站发过来的命令，而是可以主动向主站发送响应帧。但是，主站仍负责全线的初始化、链路的建立和释放，以及差错恢复等。

对于平衡配置，则只有异步平衡方式（Asynchronous Balanced Mode，ABM），其特点是每个复合站都可以平等地发起数据传输，而不需要得到对方复合站的允许。

3.5.2　HDLC 的帧结构

HDLC 帧由标志字段、地址字段、控制字段、信息字段和帧校验字段组成，如图 3-9 所示。HDLC 定义了 3 种类型的帧，即信息帧、监控帧与无编号帧。每类帧又包含若干命令与响应，习惯上称为命令帧与响应帧。

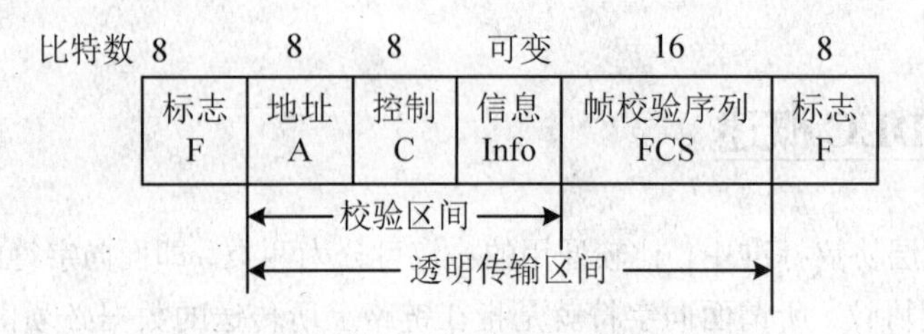

图 3-9　HDLC 帧结构

1．标志字段

数据链路层要解决帧同步的问题，即要从收到的比特流中正确地区分出一个帧的开始比特与结束比特。为此，HDLC 规定了在一个帧的开头和结尾各放入一个特殊的标记，作为一个帧的边界。这个标志称为标志字段 F（Flag）。标志字段为 6 个连续的 1 加上两边各一个 0，共 8 位（0x7E）。在接收端，只要找到标志字段 F，就可以很容易地确定一个帧的位置。

在两个标志字段之间的比特串中，如果碰巧出现了和标志字段一样的比特组合，那么就会误认为是帧的边界。为了避免出现这种错误，HDLC 规定采用零比特填充法使一帧中两个 F 字段之间不会出现 6 个连续的 1。

零比特填充的具体做法是：在发送端，当一串比特流尚未加上标志字段时，先扫描全部比特（用硬件或软件）。只要发现有 5 个连续的 1，则立即填入一个 0。经过这种零比特填充后的数据，就可以保证不会出现 6 个连续的 1。在接收一个帧时，先找到标志字段以确定帧的边界，接着再对其中的比特流进行扫描。每当发现 5 个连续的 1 时，就将其后的一个 0 删除，以还原成原来的比特流。这样就保证了在所传送的比特流中，不管出现什么样的比特组合，也不至于引起帧边界的判断错误，如图 3-10 所示。

数据中某一段比特组合恰好出现和 F 字段一样的情况　　01001111110001010
会误认为是 F 字段

发送端在 5 个连续 1 之后填入 0 比特　　010011111010001010
填入 0 比特

在接收端将 5 个连续 1 后的 0 比特删除，恢复原样　　01001111110001010
删除 0 比特

图 3-10　零比特填充法工作原理

采用零比特填充法就可以传送任意组合的比特流，或者说，就可以实现链路层的透明传输。

在图 3-9 所示两个 F 字段之间注明的“透明传输区间”就是这个意思。

当连续传输两个帧时，前一个帧的结束标志字段 F 可以兼作后一帧的起始标志字段。当暂时没有信息传送时，可以连续发送标志字段，使接收端一直和发送端保持同步。

2．地址字段

地址字段 A 也是 8 位。在使用非平衡方式传送数据时，地址字段总是写入次站的地址。但在平衡方式时，地址字段总是填入应答站的地址。全 1 地址是广播方式，而全 0 地址是无效地址。因此，有效的地址共有 254 个。这对一般的多点链路是足够的，但考虑在某些情况下，如使用分组无线网，用户可能很多，此时地址字段就做成可扩展的。

3．信息字段

从网络层交下来的分组变成为数据链路层的数据，这就是图 3-9 中的信息字段。信息字段的长度没有具体规定。

4．帧校验

帧校验序列（Frame Check Sequence，FCS）字段共占 16 位。它采用的生成多项式是 CRC-CCITT，所校验的范围是从地址字段的第一个比特起到信息字段的最末一个比特为止。图 3-9 标识出了这个校验范围。

5．控制字段

控制字段 C 共 8 位，是最复杂的字段。HDLC 的许多重要功能都要靠控制字段来实现。根据其最前面两个比特的取值，可将 HDLC 帧划分为 3 大类，即信息帧、监督帧和无编号帧，它们的简称分别是 I（Information）、S（Supervisory）和 U（Unnumbered）。图 3-11 所示为对应于这 3 种帧的控制字段以及控制字段中的各比特的作用。下面分别介绍这 3 种帧的特点。

比特数	8	8	8	可变	16	8
	标志 F	地址 A	控制 C	信息 Info	帧校验序列 FCS	标志 F

比特序号	1	2	3	4	5	6	7	8
信息帧I	0	N(S)			P/F	N(R)		
监督帧S	1	0	S		P/F	N(R)		
无编号帧U	1	1	M		P/F	M		

图 3-11　HDLC 控制字段结构

（1）信息帧。若控制字段的第 1 比特为 0，则该帧为信息帧。比特 2～4 为发送序号 N(S)，而比特 6～8 为接收序号 N(R)。N(S)表示当前发送的信息帧的序号，而 N(R)表示该站所期望收到的帧的发送序号，即在该帧发送之前，接收端已正确接收到 N(R)之前的所有帧。N(R)带有确认的意思，不必专门为收到的信息帧发送确认应答帧。可以在本站有信息帧发送时将确认信息放在其接收序号 N(R)中，在发送信息帧时将确认信息捎带走。例如，在一连收到对方 N(S)号 0～3 共 4 个信息帧后，可在即将发送的信息帧中将接收序号 N(R)置为 4，表示 3 号帧及其以前的各帧均已正确收到，而期望接收的是发送序号 N(S)=4 的信息帧。采用这种捎带的方法可以提高信道的利用率。

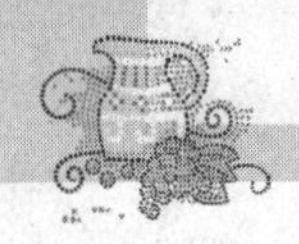

由于HDLC采用全双工通信，所以通信的每一方都各有一个N(S)和N(R)。

控制字段的第5比特是询问/终止（Poll/Final）比特，简称P/F比特。当P/F位用于命令帧（由主站发出）时，起轮询的作用，即当该位为"1"时，要求被轮询的从站给出响应，所以此时P/F位可称轮询位（或P位）；当P/F位用于响应帧（由从站发出）时，称为终止位（或F位），当其为"1"时，表示接收端确认的结束。

（2）监督帧。若控制字段的第1～2比特为10，则对应的帧为监督帧S。监督帧共有4种，取决于第3～4比特的取值（见图3-11中标有S的两个比特）。表3-1所示为这4种监督帧的名称和功能。4种监督帧中，前3种用在连续ARQ协议中，而最后一种只用于选择重传ARQ协议中。所有的监督帧都不包含要传送的数据信息，因此它只有48比特长。

表3-1　4种监督帧的名称和功能

第3～4比特	帧名	功　能
0 0	RR（Receive Ready） 接收准备就绪	准备接收下一帧 确认N(R)-1及以前的帧
1 0	RNR（Receive Not Ready） 接收未准备就绪	暂停接收下一帧 确认N(R)-1及以前的帧
0 1	REJ（Reject） 拒绝	从N(R)起的所有帧都被否认 确认N(R)-1及以前的帧
1 1	SREJ（Selective Reject） 选择拒绝	只否认序号为N(R)的帧 确认N(R)-1及以前的帧

（3）无编号帧。若控制字段的第1～2比特都是1时，这个帧就是无编号帧U。无编号帧本身不带编号，即无N(S)和N(R)字段，而是用5位（见图3-11中标有M的第3、4、6、7、8比特）来表示不同功能的无编号帧。虽然总共可以有32种不同组合，但实际上目前只定义了15种无编号帧。无编号帧主要起控制作用，可在需要时随时发出。

表3-2所示为一些常用的无编号帧。

表3-2　无编号帧命令编码

命令/响应	M编码	帧类型		功　能
	34678（位）	命令	响应	
SNRM	00001	√		置正常响应模式
SARM/DM	11000	√	√	置异步响应模式/拆线方式应答
SABM	11100	√		置异步平衡模式
DISC/RD	00010	√	√	拆除链路/请求拆除
SIM/RIM	10000	√	√	初始化/请求初始化
RESET	11001	√		复位
UI	00000	√	√	允许数据超过规定长度
FRMR	10001	√	√	收到非定义帧
UA	00110		√	置模式与拆除链路命令的响应

SARM、SABM、SNRM帧：它们用于链路的建立，为链路选择不同的工作模式，并把所有计数器的初始状态置为零。

DISC帧：此命令用来终止以前建立的操作模式，通知对方停止通信并拆除链路。

RD帧：当双方通信结束，由一方提出通信结束要求，请求拆除链路。

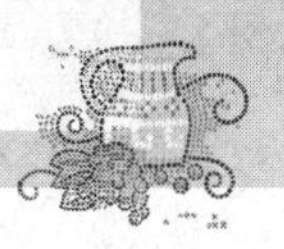

FRMR（帧拒绝响应）帧：当收到一个错误的帧，并且无法通过重传此帧恢复错误时，则发出 FRMR 帧，由主站或复合站负责处理这种情况。

UA（无序号确认响应）帧：此命令是对置模式命令 SNRM、SARM 等的响应，以及对拆除链路命令 DISC 的确认应答。

3.6 Internet 的链路层协议

用户接入 Internet 的方法一般有两种：一种是通过电话线，拨号接入 Internet；另一种是使用专线接入。不管使用哪一种方法，在传送数据时都需要有数据链路层协议。其中点对点协议（Point-to-Point Protocol，PPP）是全世界范围内使用最广的协议。

3.6.1 PPP 层次结构

PPP 是一个面向连接的协议，它使得第二层链路能够经多种不同的物理层连接。它支持同步和异步链路，也能在半双工和全双工模式下工作。它允许任意类型的网络层数据报通过 PPP 连接发送。

PPP 层次结构如图 3-12 所示。

网络层	IP　IPX　其他网络层协议	
数据链路层	（IPCP　IPXCP　其他 NCP） 网络控制协议（NCP）	PPP
	（认证　其他选项） 链路控制协议（LCP）	
物理层	物理链路	

图 3-12　PPP 层次结构

链路控制协议（LCP）：LCP 负责设备之间链路的建立、维护和终止。正是这个灵活的、可扩展的协议，才使得能够交换许多配置参数以确保两台设备就如何使用链路达成一致。

网络控制协议（NCP）：PPP 支持许多不同的第三层数据报类型的封装。一旦用 LCP 完成了链路的创建，控制就传递给了 NCP，它对在 PPP 链路上承载的第 3 层协议是特定的。例如，当 IP 运行在 PPP 上时，使用的 NCP 就是 PPP 互联网协议控制协议（Internet Protocol Control Protocol，IPCP）。

3.6.2 PPP 帧格式

PPP 的帧格式如图 3-13 所示，与 HDLC 帧格式很相似。

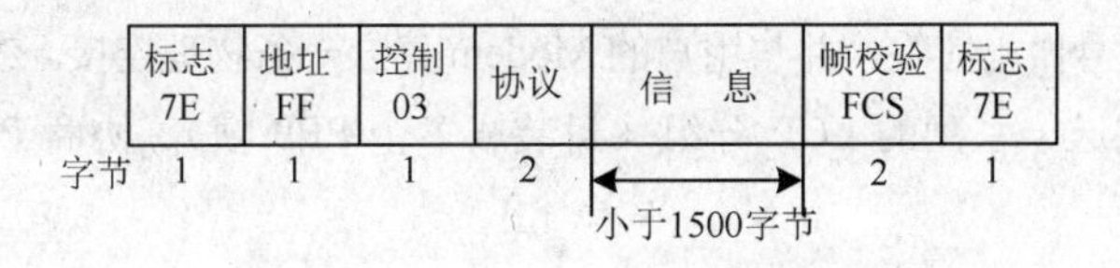

图 3-13　PPP 帧格式

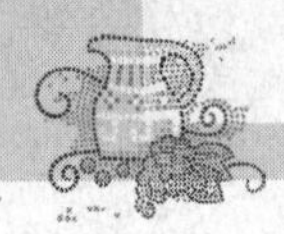

标志字段为 7E（01111110），地址字段为 FF（11111111），控制字段为 03（00000011）。这 3 个字段是固定不变的，所有 PPP 帧都应以 0x7EFF03 开始。协议字段占两个字节，当协议字段为 0x0021 时，PPP 帧的信息就是 IPv4 数据报；若为 0xC021，则信息字段是 PPP 链路控制数据；而 0x8021 表示这是网络控制数据。帧校验序列 FCS 与 HDLC 相同。由于 PPP 不是面向比特的，因此帧的长度应为整数个字节。

当 PPP 工作在同步传输链路中时，使用零比特填充法（与 HDLC 相同）保证透明传输。当 PPP 工作于异步传输链路时，则使用一种特殊的字符填充方法。具体过程是将信息字段中出现的每一个 0x7E 字节转变成 2 字节序列 0x7D 与 0x5E；若信息字段中出现 0x7D 字节，则将其转换为 2 字节序列 0x7D 与 0x5D；若信息字段中出现 ASCII 控制字符（小于 0x20 的字符），则在该字符前要加入一个 0x7D 字节。

如图 3-14 所示，假如信息字段数据为 0x6E7E7F7D19，则使用 PPP 字符填充法处理后的数据为 0x6E7D5E7F7D5D7D19。在恢复数据时如果 0x7D 后的数据为 0x5E，则恢复为 0x7E；若为 0x5D，则保留 0x7D，去掉 0x5D；若为小于 0x20 的数据，则去掉 0x7D。这样可保证 PPP 帧透明传输。

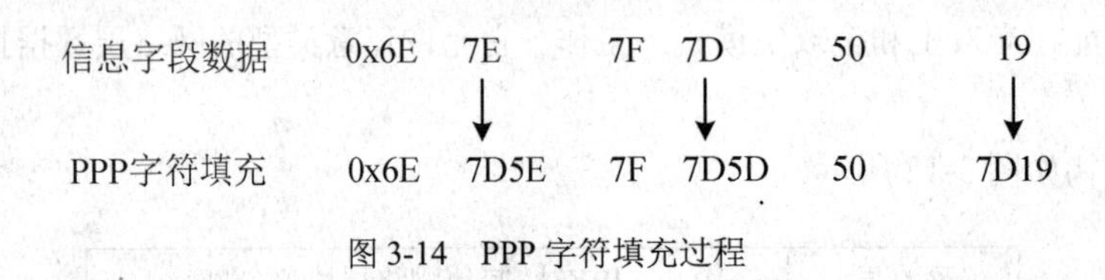

图 3-14　PPP 字符填充过程

3.6.3　PPP 工作过程

PPP 会话建立主要包括 3 个阶段：链路建立阶段、身份认证阶段（可选）和网络协商阶段。

（1）链路建立阶段：PPP 链路的两端设备通过 LCP 向对方发送配置信息报文。此阶段双方对配置选项进行选择，包括身份认证方法、压缩方法、是否回叫等。如果配置信息报文发送成功，就建立起 PPP 链路。

（2）身份认证阶段：被认证端发送表明自己身份的信息给认证端，如果认证成功，进入网络协商阶段，如果认证失败，则进入链路终止阶段。

（3）网络协商阶段：通过调用适当的 NCP 协议可以配置网络层，如配置 IP 地址、子网掩码、DNS 服务器地址等。

经过上述 3 个阶段，PPP 链路就建立起来，此时用户就可以在链路上进行数据传输。

当用户通信完毕时，NCP 释放网络层连接，收回原来分配出去的 IP 地址。接着 LCP 释放数据链路层连接，最后释放物理层连接。

PPP 的基本工作过程可用图 3-15 所示的状态图来描述。

（1）从静止状态开始，用户拨 ISP 号码，准备接入 ISP。

（2）ISP 路由器对拨号做出应答，并与用户的 Modem 建立一条物理连接。线路进入建立状态。

（3）PC 向路由器发送一系列的 LCP 分组（封装成多个 PPP 帧），协商 PPP 参数。协商结束后进入鉴别状态。

（4）若通信的双方鉴别身份成功，则进入网络状态。

（5）开始配置网络层，NCP 给新接入的 PC 分配一个临时的 IP 地址。随后进入可进行数据通

信的通信状态。

(6) 数据传输结束后，NCP 释放网络层连接，收回原来分配出去的 IP 地址。接着，LCP 释放数据链路层连接，转到终止状态。最后释放物理层连接。载波停止后则回到静止状态。

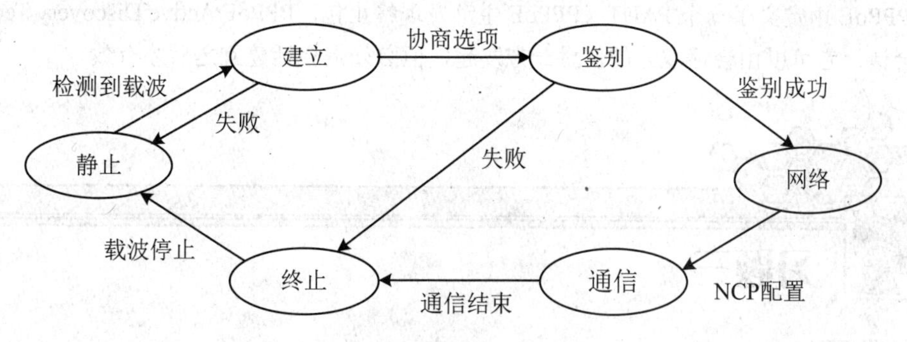

图 3-15　PPP 链路工作状态

3.6.4　PPPoE

家庭拨号上网通常是通过 PPP 在用户端调制解调器和运营商的接入服务器之间建立通信链路。目前，宽带接入已基本取代拨号接入，在宽带接入技术日新月异的今天，PPP 也衍生出新的应用。典型的应用是在 ADSL（Asymmetrical Digital Subscriber Loop，非对称数据用户环线）接入方式当中，PPP 与其他的协议共同派生出了符合宽带接入要求的新的协议，如 PPPoE（PPP over Ethernet）。

利用以太网（Ethernet）资源，在以太网上运行 PPP 来进行用户认证接入的方式称为 PPPoE。PPPoE 既保护了用户方的以太网资源，又完成了 ADSL 的接入要求，是目前 ADSL 接入方式中应用最广泛的技术标准。

PPPoE 协议的工作流程包含发现和会话两个阶段。当一个主机想开始一个 PPPoE 会话，它必须首先进入发现阶段，以识别接入服务器的以太网 MAC 地址，并建立一个 PPPoE 会话标识符（SESSION-ID），发现阶段结束后，就进入标准的 PPP 会话阶段。

在发现阶段，基于网络的拓扑，主机可以发现多个接入服务器，然后允许用户选择一个。当发现阶段成功完成，主机和选择的接入服务器都有了他们在以太网上建立 PPP 连接的信息。直到 PPP 会话建立，发现阶段一直保持无状态的客户/服务器模式。该阶段包括以下 4 个步骤。

第一步，主机首先主动发送一个广播包 PADI（PPPoE 主动发现初始包，PPPoE Active Discovery Initiation）寻找接入服务器，PADI 数据域部分必须至少包含一个服务类型的标签，以表明主机所要求提供的服务。

第二步，接入服务器收到包后，如果可以提供主机要求的服务，则给主机发送应答 PADO（PPPoE 主动发现提议包，PPPoE Active Discovery Offer）。

第三步，主机在回应 PADO 的接入服务器中选择一个合适的，并发送 PADR（PPPoE 主动发现请求包，PPPoE Active Discovery Request）告知接入服务器，PADR 中必须声明向接入服务器请求的服务种类。

第四步，接入服务器收到 PADR 包后，开始为用户分配一个唯一的会话标识符，启动 PPP 状

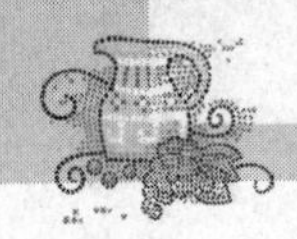

态机以准备开始 PPP 会话，并向主机发送一个会话确认包 PADS（PPPoE 主动发现会话确认包，PPPoE Active Discovery Session-confirmation）。

主机收到 PADS 后，双方进入 PPP 会话阶段，执行标准的 PPP 工作过程。

在 PPPoE 中定义了一个 PADT（PPPoE 主动发现终止包，PPPoE Active Discovery Terminate）来结束会话，它可以由会话双方的任意一方发起，但必须是会话建立之后才有效。

习题三

一、选择题

1．下面（　　）正确描述了 OSI 参考模型的数据链路层。

A．把数据传输到其他的网络层

B．为应用进程提供服务

C．提取弱信号，过滤信号，放大信号，然后以原样的方式在网络中发送这些信号

D．在物理连接的基础上为上层提供可靠的数据传输链路

2．PPP 协议对应于 OSI 参考模型的第（　　）层。

A．5　　B．3　　C．2　　D．1

3．在 OSI 参考模型中，数据链路层以（　　）形式传输数据流。

A．报文　　B．段　　C．帧　　D．比特

4．在 PPP 会话建立的过程中，当物理层可用时，PPP 链路进入（　　）阶段。

A．建立　　B．网络　　C．鉴别　　D．静止

二、填空题

1．HDLC 帧分为 3 大类，分别是________、________和________。

2．当 PPP 工作在同步传输链路时，采用______________保证透明传输。

三、简答题

1．简述通路、链路和数据链路间的关系。

2．数据链路层的基本功能是什么？

3．简述 HDLC 帧发送序号与接收序号的作用。

4．简述 PPP 协议的层次结构。

5．简述 PPP 协议的工作过程。

6．一个 PPP 帧的数据部分（用十六进制写出）是 7D 5E FE 27 7D 5D 7D 5D 65 7D 5E。试问真正的数据是什么（用十六进制写出）？

7．PPP 协议使用同步传输技术传送比特串 0110111111111100。试问经过零比特填充后变成怎样的比特串？若接收端收到的 PPP 帧的数据部分是 0001110111110111110110，问删除发送端加入的零比特后变成怎样的比特串？

第4章 网络层

引例：数据链路层是解决相连两结点间的数据通信，但数据如何跨过网络从源结点到目标结点呢？

本章将介绍网络层的基本功能，包括路由选择、网络编址与寻址、流量控制与拥塞控制等，并具体介绍TCP/IP协议簇中的网络层协议（IP）。主要内容包括：IP地址、IP数据报的格式、ICMP以及IP的选路机制等。

4.1 网络层涉及的有关问题

4.1.1 广域网的概念

广域网并没有严格的定义，通常跨越很大的地理区域，所覆盖的范围从几十千米到几千千米，可提供不同地区、城市和国家之间的计算机通信。

传统广域网是由结点交换机以及连接这些交换机的链路组成的。结点交换机执行分组存储转发的功能。结点之间都是点到点的连接。广域网技术主要体现在OSI参考模型的低三层：物理层、数据链路层和网络层，重点在网络层。

广域网的网络体系结构，如图4-1所示。

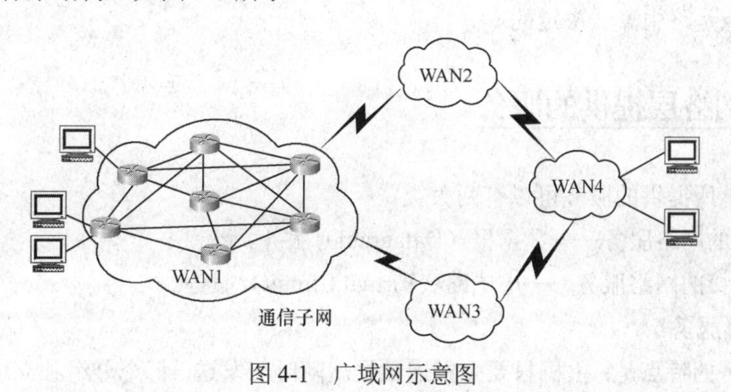

图4-1 广域网示意图

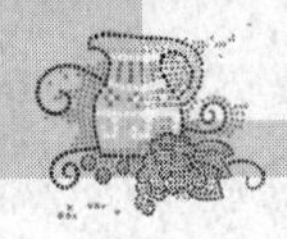

在图4-2中，计算机A和计算机B在连入计算机网络之前，不需要有实现从应用层到物理层的7层功能的硬件与软件。如果它们希望连入计算机网络，就必须增加相应的硬件和软件。一般来说，物理层、数据链路层与网络层大部分可以由硬件方式来实现，而高层基本上是通过软件方式来实现的。

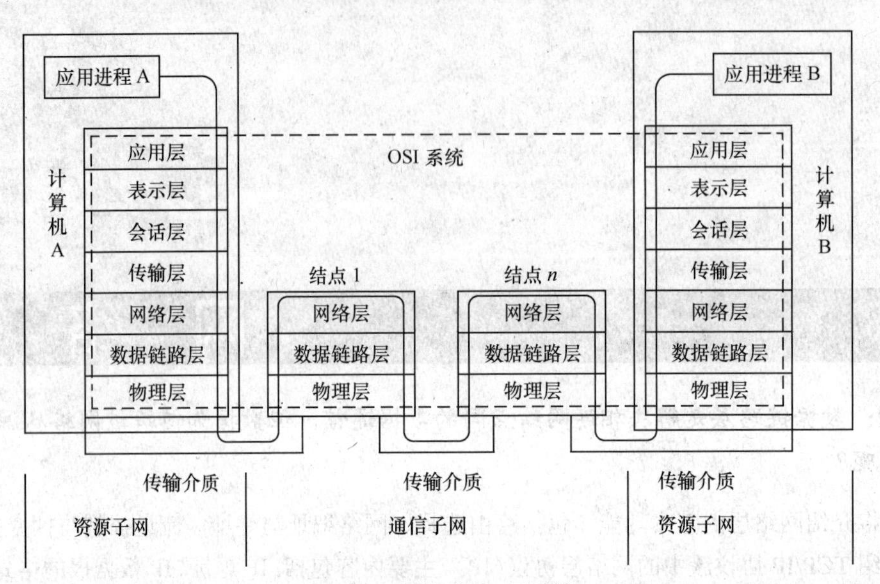

图4-2　OSI模型的7层结构

假设应用进程A要与应用进程B交换数据。进程A与进程B分别处于计算机A与计算机B的本地系统环境中，即处于OSI环境之外。进程A首先要通过本地的计算机系统来调用实现应用层功能的软件模块，应用层模块将计算机A的通信请求传送到表示层，表示层再向会话层传送，直至物理层。物理层通过连接计算机A与通信控制处理机（结点1）的传输介质将数据传送到结点1。结点1的物理层接收到计算机A传送的数据后，通过数据链路层检查是否存在传输错误，如果没有错误的话，通过它的网络层来确定下面应该把数据传送到哪一个结点。如果通过路径选择算法，确定下一个结点是结点2，结点1就将数据传送到结点2。结点2采用同样的方法，将数据向下传送，直至传送到结点n再到计算机B，计算机B将接收到的数据从物理层逐层向高层传送，直至计算机B的应用层。应用层再将数据传送给计算机B的应用进程B。这里需要说明的是图中结点1与结点n似乎是直接相连的，其实它们是通信子网中连接资源子网的两个端点，逻辑上是相连的，在物理上它们可能需要通过通信子网中的若干个结点才能从结点1到达结点n，具体通过哪些结点是路由算法决定的。

4.1.2　网络层提供的服务

网络层向上所提供的服务可以有两大类。

- 无连接的网络服务——数据报（Datagram）服务。
- 面向连接的网络服务——虚电路（Virtual Circuit）服务。

1. 数据报服务

数据报服务的特点是：主机只要想发送数据就随时可发送，每个分组独立地选择路由。这样，

先发送出去的分组不一定先到达目的站主机。这就是说，数据报不能保证按发送顺序交付给目的站。当需要把数据按发送顺序交付给目的站主机时，在目的站还必须把收到的分组缓存一下，等到能够按顺序交付主机时再进行交付。当网络发生拥塞时，网络中的某个结点可以将一些分组丢弃。所以，数据报提供的服务是不可靠的，它不能保证服务质量，而是一种“尽最大努力交付”的服务。图 4-3（a）所示为主机 H_1 向 H_5 发送的分组，有的可能经过结点 A→B→E，而另一些则可能经过结点 A→C→E 或 A→C→B→E。在一个网络中，还可以有多个主机同时发送数据报，例如主机 H_2 经过结点 B→E 与主机 H_6 通信。

2．虚电路服务

在图 4-3（b）所示的虚电路的情况中，先设主机 H_1 要和主机 H_5 通信。于是，主机 H_1 要先发起一个虚呼叫（Virtual Call），即发送一个特定格式的呼叫分组到主机 H_5，要求进行通信，同时也寻找一条合适的路由。若主机 H_5 同意通信，就发回响应，然后双方就可以传送数据了。这点很像电话通信，先拨号建立电路，然后再通话。

在图 4-3（b）中，设寻找到的路由是 A→B→E，这样就建立了一条虚电路：H_1→A→B→E→H_5，并将它记为 VC_1。以后主机 H_1 向主机 H_5 传送的所有分组都必须沿着这条虚电路传送。在数据传送完毕后，还要将这条虚电路释放掉。

需要注意的是，由于采用了存储转发技术，这种虚电路就和电路交换的连接有很大的不同。在电路交换的电话网上打电话时，两个用户在通话期间自始至终地占用一条端到端的物理信道。但当占用一条虚电路进行计算机通信时，由于采用的是存储转发的分组交换，所以只是断续地占用一段又一段的链路，虽然用户感觉到好像（但并没有真正地）占用了一条端到端的物理电路。从图中还可以看出，主机 H_2 与主机 H_6 通信，所建立的虚电路 VC_2 经过了 B、E 两个结点，它与 VC_1 共用了 B→E 之间的链路。

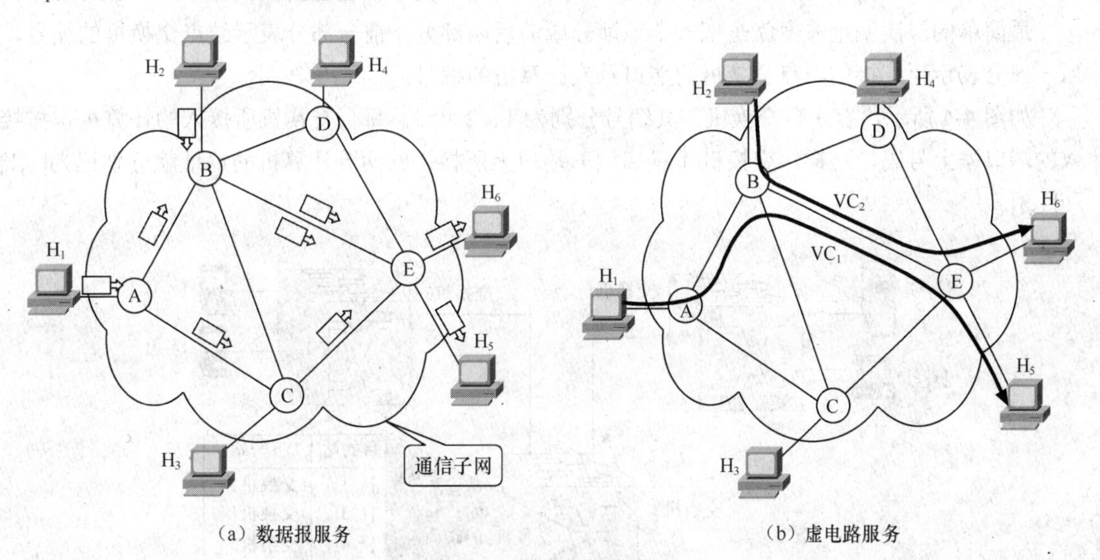

（a）数据报服务　　　　（b）虚电路服务

图 4-3　网络层提供的服务

建立虚电路的好处是可以在有关的交换结点预先保留一定数量的缓冲区，作为对分组的存储转发之用。

对网络用户来说，在虚电路建立后，就好像在两个主机之间建立了一对穿过网络的数字管道（收发各用一条）。所有发送的分组都按发送的前后顺序进入管道，然后按照先进先出的原则沿着

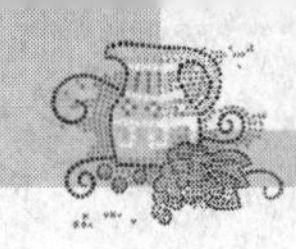

管道传送到目的站主机。因为是全双工通信，所以每一条管道只沿着一个方向传送分组。这样，到达目的站的分组不会因网络出现拥塞而丢失（因为在结点交换机中预留了缓冲区），而且这些分组到达目的站的顺序与发送时的顺序一致，因此虚电路对通信的服务质量（Quality of Service，QoS）有比较好的保证。

对于网络层究竟应当采用数据报服务还是虚电路服务，有两种观点。一是通信子网要提供可靠的端到端的服务，因此 OSI 在网络层（以及其他的各个层次）采用了虚电路服务。

另一种观点认为：不管用什么方法设计网络，网络（这可能由多个子网互联而成）提供的服务都不可能做到绝对可靠，用户仍然要负责端到端的可靠性。这种重复的可靠性措施是多余的。让网络只提供数据报服务就可以大大简化网络层的结构。当然，网络出了差错不去处理而让两端的主机来处理肯定会延误一些时间，但技术的进步使得通信子网出错的概率已越来越小，因而让主机负责端到端的可靠性并不会给主机增加更多的负担，加之主机性能在不断地提高，价格又不断地下降，处理端到端的可靠性问题已不是什么问题。因此，数据报很可能成为网络层的传输主流。

4.2 路由选择机制

4.2.1 结点交换机中的路由表

在广域网中，分组要经过许多结点交换机的存储转发才能到达目的地，每一台结点交换机中都有一张路由表，里面存放了到达每一台计算机的路由。为了减少查找路由表所花费的时间，广域网在给接入到网络的计算机进行编址时，采用“层次结构的编址方案”。

最简单的层次编址方案就是把一个地址分成前后两部分。前一部分表示结点交换机的编号，后一部分表示所连接的结点交换机的端口号或计算机的编号。

如图 4-4 所示，有 3 台交换机，其编号分别为 1、2 和 3。每台交换机所接入的计算机也按接入的端口编上号码。这样，交换机 1 的 1、3 端口上所接入的两台计算机的地址就分别记为[1,1]和[1,3]。

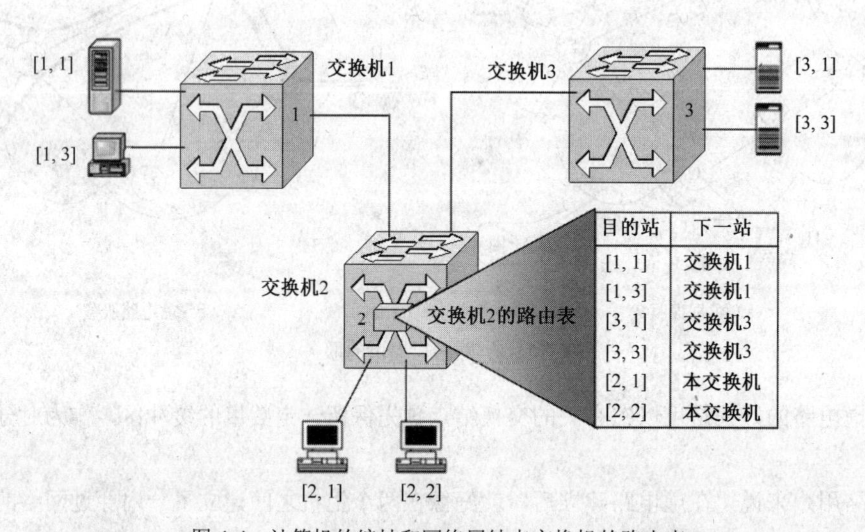

图 4-4　计算机的编址和网络层结点交换机的路由表

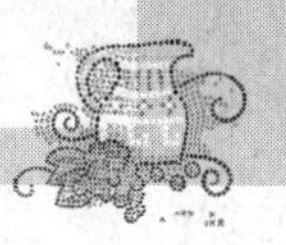

不难看出，采用这种编址方法，在整个广域网中的每一台计算机的地址一定是唯一的。在实际应用中用一个二进制数来表示地址，这个二进制数的前面若干比特表示地址的第一部分（交换机号），而剩下后面的一些比特则表示地址的第二部分（计算机接入的端口号）。用户和应用程序可以将这样的地址简单地看成是一个数，而不必知道这个地址是分层结构的。

结点交换机的一个重要作用就是提供一张路由表，供转发分组时使用。为简单起见，图 4-4 中只画出了结点交换机 2 的路由表，并只给出了路由表中最重要的两个内容，即一个分组将要发往的目的站，以及分组发往的下一站。如果要发往直接连接在本交换机上的计算机，则不需要再转到别的交换机，因此注明“本交换机”。路由表中没有源站地址这一项。这是因为路由选择中的下一站只取决于数据报中的目的站地址，而与源站地址无关。

这种路由表还可以进行简化，因为只要路由表中的目的站的交换机号相同，那么查出的下一站就是相同的。因此确定下一站时，可以不必根据目的站的完整地址，而是可以仅仅根据目的站地址中的交换机号。所以，若将路由表中的“目的站”定义为“目的站地址中的交换机号”（而不管计算机的编号是多少，因为计算机号是目的交换机收到分组后才进行识别的），则交换机 2 中的路由表就可进一步简化为：

目的站	下一站
1	交换机 1
3	交换机 3
2	本交换机

在专门研究广域网的路由问题时，可用图论中的“图”来表示整个广域网，用“结点”来表示广域网上的结点交换机，用“边”来表示结点交换机之间的链路。而连接在结点交换机上的计算机由于与路由选择无关，因此一律不画出。这样得出较简明的图对于讨论路由选择是非常方便的。

图 4-5（a）所示为 4 台结点交换机连接在一起进行通信的例子，图 4-5（b）所示为它对应的图。图中结点圆圈中的数字就是结点交换机号。

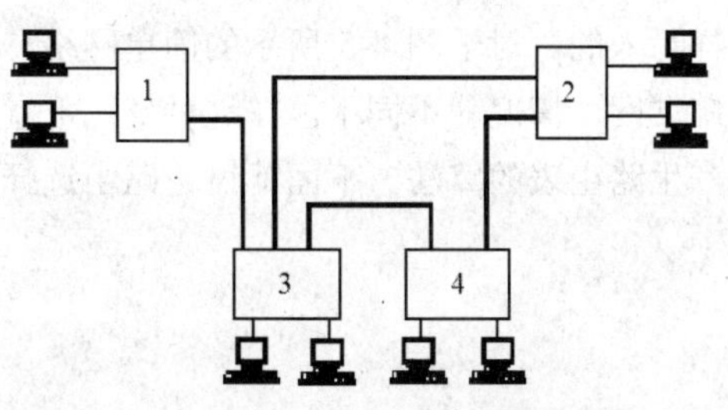

（a）广域网的实际连接　　（b）用图表示的广域网

图 4-5　用图表示广域网

由图 4-5 可得出每一个结点中的路由表如下：

结点 1 的路由表

目的站	下一站
1	–
2	3
3	3
4	3

结点 2 的路由表

目的站	下一站
1	3
2	–
3	3
4	4

结点 3 的路由表

目的站	下一站
1	1
2	2
3	–
4	4

结点 4 的路由表

目的站	下一站
1	3
2	2
3	3
4	–

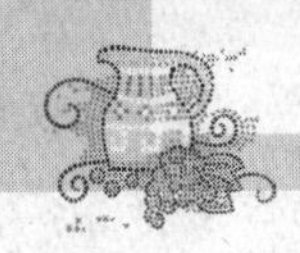

在“下一站”栏中的符号“-”表示只通过“本交换机”发往所连接的计算机，而不要再转发到其他结点。

上述的路由表还可以进一步简化。在结点1的路由表中，当目的站为2、3或4时，分组都是转发到结点3，因而“下一站”这一列中的“3”是重复出现的。因为结点1只有一条链路连接到结点3，从结点1发往其他任何结点的分组都只能先转发到结点3。为了减少路由表中的重复项目，可以用一个默认路由代替所有的具有相同“下一站”的项目，因此路由表可以进一步简化为：

结点1的路由表

目的站	下一站
1	-
*	3

结点2的路由表

目的站	下一站
2	-
4	4
*	3

结点3的路由表

目的站	下一站
1	1
2	2
3	-
4	4

结点4的路由表

目的站	下一站
2	2
4	-
*	3

在路由表中默认路由的目的站记为符号“*”。默认路由比其他项目的优先级低。若转发分组时找不到明确的项目对应，就使用默认路由。

在较小的网络中，路由表中的重复项目不多，但在较大的网络环境中，就可能出现很多的重复项目，这会导致搜索路由表花费很长的时间。使用默认路由的方法消除了路由表中的重复项目，使路由表更加简洁，提高了搜索路由表的效率。

4.2.2 路由选择的一般原理

到目前为止，已经讨论了分组是怎样经结点交换机进行转发的，即查找路由表，找到下一站。然而还没有讨论路由表中的各项目是怎样写入的。对于图4-5所示的简单网络，通过直接观察就能写出所有结点的路由表。但对于大型广域网，情况就不同了。在这种情况下就必须使用合适的路由算法。所谓“路由算法”就是用于产生路由表的算法。下面就讨论路由选择的一般原理以及路由选择算法。

1. 理想的路由算法

理想的路由算法应具备以下几点。

（1）算法必须是正确的和完整的。正确的指沿着各交换机中路由表所指引的路由，分组一定能够最终到达目的计算机所在的那个交换机。完整的指路由表中必须给出到达目的站的所有可能路由。

（2）算法在计算上应简单。尽最大的可能减少由于在每个结点上进行路由选择的计算所产生的分组时延及额外开销。

（3）算法应能适应通信量和网络拓扑的变化。当网络中的通信量发生变化时，算法能自适应地改变路由，以均衡各链路的负载。当某个或某些结点、链路发生故障不能工作时，算法能及时地改变路由。当结点恢复或增加时算法能及时调整路由。

（4）算法应具有稳定性。在网络通信量和网络拓扑相对稳定的情况下，路由算法应收敛于一个可以接受的解，而不应产生过多的振荡。所谓振荡，就是指由算法得出的路由是在一些结点之

间来回不停地变化。

（5）算法应是公平的。算法应对所有用户（除对少数优先级高的用户）都是平等的。

（6）算法应是最佳的。这里的“最佳”是指以最低的开销来实现路由算法。实际上不存在绝对的最佳路由算法。所谓“最佳”只能是相对于某种特定要求得出的较为合理地选择而已。

一个实际的路由选择算法，应尽可能接近于理想的算法。在不同的应用条件下，对以上提出的 6 个方面也可有不同的侧重。

应当指出，路由选择是一个非常复杂的问题。这是因为，路由选择是网络中的所有结点共同协调工作的结果。其次，路由选择的环境往往是在变化的，而这种变化有时无法事先知道，如网络中发生了某些故障等。

2. 路由算法的分类

根据能否随网络的通信量或拓扑结构的变化自适应地进行调整路径来划分，路由算法可分成两大类，即静态路由选择和动态路由选择。

静态路由选择也叫非自适应路由选择，其特点是简单和开销较小，但它不能及时适应网络状态的变化。动态路由选择也叫自适应路由选择，其特点是能较好地适应网络状态的变化，但实现起来较为复杂。

4.2.3　静态路由

静态路由选择算法不能根据网络当前实际传输量和拓扑变化来做路由选择，只能由管理人员手工配置相应的路由信息。当网络流量、拓扑结构等发生变化时，仍需管理人员去手工修改相应的路由信息。

静态路由选择算法简单并且开销小，只能适用于一些比较简单的网络环境，网络管理人员必须清楚地知道网络的拓扑结构，以便于路由信息的设置和修改。另外，使用静态路由的另一个好处是网络的安全性高，如果采用静态路由，默认情况下，路由表信息是私有的，不会在路由器之间传递。

静态路由选择算法主要有以下几种。

（1）最短路由选择算法。最短路由选择算法的基本思想是：将源结点到网络中所有结点的最短通路都找出来，作为这个结点的路由表，当网络的拓扑结构不变、通信量平稳时，该点到网络内任何其他结点的最佳路径都在它的路由表中。如果每一个结点都生成和保存这样一张路由表，则整个网络通信都在最佳路径下进行。每个结点收到分组后，查表决定向哪个后继结点转发。

（2）固定路由选择算法。固定路由选择算法的基本思想是，每个网络结点存储一张表格，表格中每一项记录对应着某个目的结点的下一结点或链路。该表由网络管理人员指定，在网络运行前确定具体内容，在运行中一般不作修改。当一个分组到达某结点时，该结点只要根据分组上的地址信息便可从固定的路由表中查出对应的目的结点及所应选择的下一结点。这种方法的优点是简便、易行，在负载稳定，拓扑结构变化不大的网络中运行效果很好。它的缺点是灵活性差，无法应付网络中发生的阻塞和故障。

（3）扩散路由选择算法。扩散路由选择算法也叫做洪泛算法，其基本思想是，网络结点收到一个报文分组后，向所有可能的方向复制转发。每个结点不接受重复分组，网络局部故障也不影响通信，但大量重复分组加重了网络负担。这种方法适宜于网络规模小，通信负载轻，可靠性要求极高的通信场合（如军事网络）。其改进方法是选择前进方向的扩散法，可大大减少重复分组的数量。

（4）随机走动选择算法。随机走动选择算法的基本思想是，网络结点收到分组后，所有与之相邻的结点中为分组随机选择出一个结点转发出去，分组在网络中“乱窜”，总有可能到达目的结点。这种方法虽然简单，但不是最佳路由，通信效率低，分组传输延迟也不可预测，实用价值低。

4.2.4 动态路由

对于网络拓扑结构比较复杂的网络环境来说，不适宜采用静态路由。因为当网络流量、拓扑结构等发生变化时，路由信息需要管理人员大范围的调整，既费时又费力，而且管理人员也很难全面了解整个网络的拓扑结构，这时动态路由就显得尤为重要。

动态路由在管理人员对路由器进行完初始设置之后，路由器就可以自动地构建自己的路由表，并且在实际的运行中，能够适时地根据网络流量和拓扑结构的变化调整路由表信息。

动态路由选择算法主要有距离矢量路由算法和链路状态路由算法。

1．距离矢量路由算法

距离矢量路由算法的基本原理是让每个路由器维护一张路由表（即一张距离表），表中列出了当前已知的路由器到每个目标路由器的最佳距离，以及所使用的线路。通过与邻居路由器相互交换各自路由表信息，路由器不断地更新各自的内部路由表。

可以用数据结构中的图来说明路由算法，图中的结点表示路由器，边表示路由器之间的链路。链路上标有表示其某种属性的度量，如跳数、带宽、费用、时延及可靠性等，这些度量可统称为“距离”。

图4-6所示为标有距离的网络拓扑图，距离标于链路上，比如a到b的距离是4。现以此图为例，说明距离矢量路由算法。

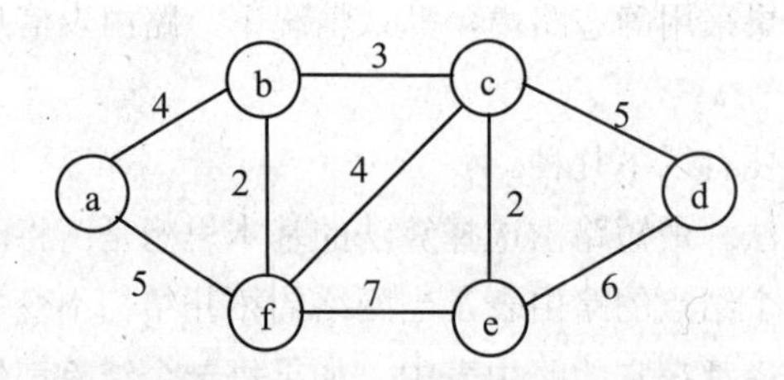

图4-6　距离矢量路由算法图例

现求结点a到目的结点d的最短路径。为了到达目的结点d，a必须通过与它直连的结点b或f。如果已知结点b、f到d的最短距离分别是8和9，又知道a到b、a到f的距离分别是4和5，于是a通过结点b或f到d的距离分别是12（即4+8）和14（即5+9）。因此，a到目的结点d的最短路径的下一跳应该是结点b，最短距离是12。

距离矢量算法的前提是所有路由器周期性地和邻接路由器交换路由信息。路由器根据得到的路由信息，执行距离矢量算法，不断地丰富和优化自己的路由表。如果运行中网络发生变化，比如两个路由器之间的链路因故障突然断开，双方都会收不到对方的路由表，它们之间的距离就变为∞。距离矢量算法会在新的情况下计算出新的结果。

实际执行过程中，结点间交换的路由信息是相互依赖的，不同的信息交换顺序可能导致不同

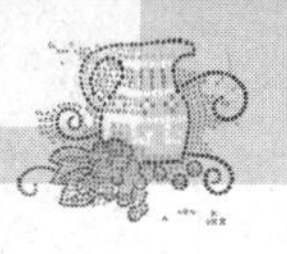

的迭代过程，但在一个稳定的系统中，它们最终都会收敛到同样的最优结果。

2．链路状态路由算法

链路状态（Link-State，LS）路由算法又称最短路径优先（Shortest Path First，SPF）路由算法，该算法是由荷兰计算机科学家艾兹格·迪科斯彻（Edsger Wybe Dijkstra）提出的，所以又称 Dijkstra 算法。

如图 4-7 所示的网络拓扑图，设源结点为 a，Dijkstra 算法的目标是寻找源结点 a 到网络中的其他各结点 b、c、d、e 和 f 的最短路径。

Dijkstra 最短路径算法的过程是：自源结点出发，从与之直接相连的结点开始，按照最短距离的原则，逐步向外扩展，逐个找到离源结点距离最短的结点，找到的结点不再参与迭代。

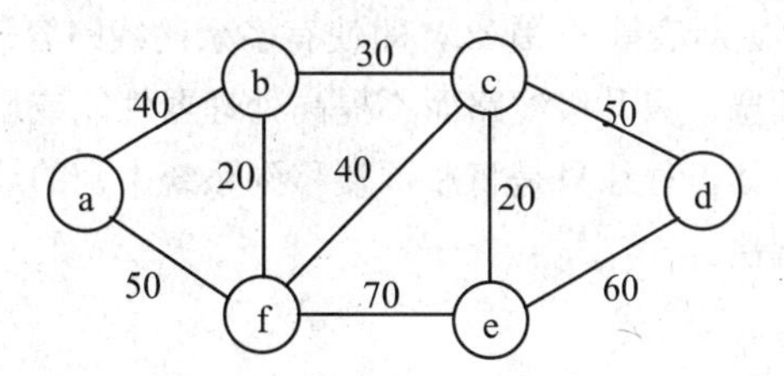

图 4-7　链路状态路由算法图例

Dijkstra 算法的前提条件是已知整个网络的拓扑结构和各链路的度量，目标是寻找源结点到网络中的其他各个结点的最短路径。各路由器要执行两项任务：第一，负责检测所有邻接路由器的状态，探测其邻站是否处于活跃状态以及是否可以到达，如邻站可达则计算链路之间的度量值（距离）。第二，周期性地向自治系统的其他所有路由器广播链路状态分组，分组中含有结点的标识以及与其直接相连的结点（邻结点）之间的距离，来说明它与哪些路由器邻接，以及连接链路的度量值。所有路由器收到了全网其他结点的链路状态分组后，就可以构成全网的拓扑结构图以及各结点之间的距离，然后，依据链路状态的新数据，使用 Dijkstra 算法求出最短路径。以图 4-7 为例，c 结点告诉其他结点："我和 b 相连距离为 30，和 d 相连距离为 50，和 e 相连距离为 20，和 f 相连距离为 40"。其他结点也做相同的工作，这样当某结点收到了所有其他结点的链路状态分组后，就会在结点内构成全网拓扑图。之后运行最短路径算法。

4.3 拥塞控制

4.3.1　拥塞控制的概念

网络拥塞也是网络层涉及的问题，但拥塞控制不能靠网络层一层就能解决。在网络体系结构设计时，各层都应予以关注。数据链路层的流量控制目的是为解决连接链路两个端点的设备数据处理能力的差异，但同样也会对整个网络的拥塞控制有所贡献。网络层要采取有效的路由算法，均衡网络流量，避免拥塞的发生。当有拥塞迹象时，还要采取丢包等措施防止拥塞。传输层也要探测网络状态，当感知有拥塞发生时，要控制发送流量。

当（一部分）通信子网中有太多的分组时，其性能降低，这种情况叫做拥塞，图 4-8 描绘了这种状况。当主机转储到通信子网中的分组数量在其传输容量之内时，它们将全部送达目的地（除

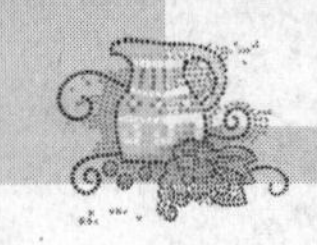

了因传输错误而不能正确发送的少数分组外），且送到的数量与发送的数量成比例。然而，当通信量增加太快时，路由器不再能够应付，开始丢失分组，并会导致情况恶化。在通信量非常高的情况下，网络完全瘫痪，几乎没有分组能够送达。

造成拥塞有若干因素。如果突然之间，分组流同时从 3 个或 4 个输入线到达，并且要求输出到同一线路，就将建立起队列。如果没有足够的空间来保存这些分组，有些分组就会丢失。在某种程度上增加内存会有所帮助，但实际情况是，如果路由器有无限大的内存，拥塞不但不会变好，反而会更糟。因为当分组到达队列的前面时，它已经过时了，而副本已经被重发。所有这些分组都将被尽职地转发到下一个路由器，增加了到目的地所有线路的载荷。

处理器速度慢也能导致拥塞。如果路由器的 CPU 处理速度太慢，以至于不能执行要求它们做的日常工作（缓冲区排队、更新表等），那么，即使有多余的线路容量，也可能使队列饱和。类似地，低带宽线路也会导致拥塞。只升级线路而不提高处理器性能或反之都不会有多大作用。只是升级系统的一部分而不是整体，往往只是将瓶颈转移到系统中别的地方。这一问题直到所有系统设施都相互平衡后才得以解决。

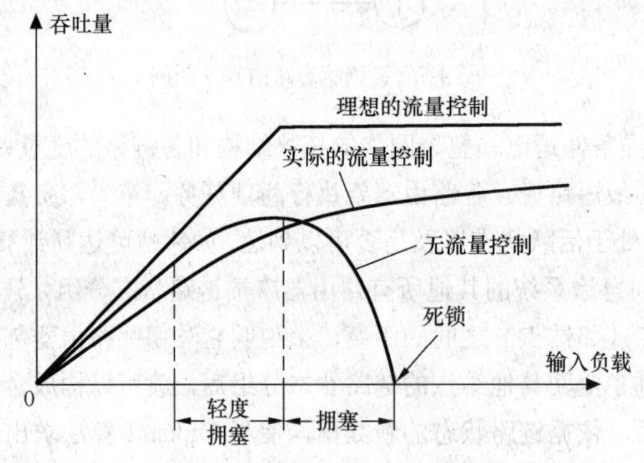

图 4-8　发生拥塞时性能显著降低

拥塞会导致恶性循环。如果路由器没有空余缓冲区，它必须丢掉新到来的分组。当扔掉一个分组时，发送该分组的路由器（一个邻居）可能会因为超时而重传此分组，或需要重发多次。由于发送方路由器在未收到确认之前不能扔掉该分组，故接收端的拥塞迫使发送者不能释放在通常情况下已释放了的缓冲区，这样拥塞就会加重。

需要说明的是，拥塞控制和流量控制既有联系又有差异。拥塞控制必须确保通信子网能运送待传送的数据，这是全局性的问题，涉及所有主机，所有路由器，路由器中存储—转发处理的行为，以及所有将导致削弱通信子网负荷能力的其他因素。

与之不同的是，流量控制只与某发送者和某接收者之间的点到点通信量有关。它的任务是确保一个快速发送者不能以比接收者能承受的速率更高的速度传输数据。流量控制几乎总是涉及接收者。接收者要向发送者送回本端情况如何的一些直接反馈信息。

拥塞控制与流量控制容易混淆的原因在于，有些拥塞控制算法在网络出现问题时，通过往各源端发送消息来告诉它们要减慢发送速度。因此，一个主机既可能因为接收者不能跟上输入，也可能因为网络承受能力有限而收到减慢的消息，从某种意义上讲，也可以称其为流量控制。

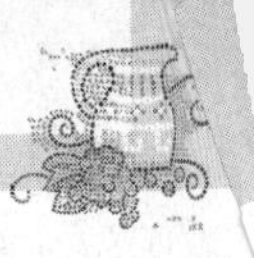

4.3.2　拥塞控制的基本原理

很多像计算机网络这样的复杂系统中的问题，都能从控制论的角度进行解释。这种方法导致所有解决方案被分为两类：一类是开环，另一类是闭环。开环的关键在于，它致力于通过良好的设计来避免问题的出现，确保问题在一开始时就不会发生。一旦系统安装并运行起来，就不再做任何中间阶段的更正。

开环控制工具的功能包括决定何时接受新的通信，何时丢弃分组以及丢弃哪些分组，还包括在网络的不同点作计划表。所有这些的共同之处在于，它们在做出决定时并不考虑当前网络的状况。

与之相比较，闭环的解决方案是建立在反馈环路的概念之上的。当用于拥塞控制时，这种方法有 3 个部分。

- 监视系统，检测何时何地发生了拥塞。
- 将此信息传送到可能采取行动的地方。
- 调整系统操作以更正问题。

有多种量度可用来监视子网的拥塞状况。其中主要的有：因缺少缓冲区空间而丢失分组的比例，平均队列长度，超时和重发分组的数量，平均分组延迟以及标准方差分组延迟。对于以上所有因素，数值的增加就表示发生拥塞可能性的增加。

反馈环路的第二步是将拥塞信息从检测点传送到可对此采取行动的地方。最显而易见的方法就是检测到拥塞的路由器向信流源发送一个分组。当然，这些额外的分组又在子网拥塞时增加了子网的负荷。

但是，也有别的可能性存在。例如，可以在每个分组中保留一位或一个字段，当路由器发现拥塞状态超过某临界值时，就在所有发送分组中填充这一个位或字段，以警告它的邻居要发生拥塞了。

还有另一种方法，就是让主机或路由器定期发送证实分组来显式地询问拥塞状况。这一信息可用来使通信量绕过有问题的区域。这与交通信息台报告路况信息十分相似，希望他的听众能绕过那些拥塞的道路。

所有的反馈方案都希望主机能够根据拥塞的信息采取适当行动以减少拥塞。要正确工作，必须认真调整时间幅度，如果每次有两个分组相继到达，路由器就产生一个 STOP 消息，路由器每空闲 20ms 又生成一个 GO 消息，那么系统将会摇晃不定。另一方面，如果它在产生任何消息之前都先等待 30ms，以确保准确无误，那么拥塞控制机制就会因为反应太慢而毫无用处。要想工作正常，就得取某一平均值，但取一个正确的时间常量也不是一件简单的事。

拥塞的出现表示载荷（暂时地）超过了（系统中的一部分）资源的承受能力。可以想到两种解决办法：增加资源或降低载荷。例如，子网可以启用拨号电话网以临时提高某两点间的带宽；在卫星系统中，提高传输能量往往能增加带宽；将通常是选用最佳路由的信息分散到多条路由上，也能有效地提高带宽；最后，通常只用来备份（使系统有容错能力）的空闲路由器也能在发生严重拥塞时加以利用，以提供更高的通信容量。

有时通信容量已到了极限。这时解决拥塞问题的唯一办法就是降低载荷。可以采用拒绝为某些用户服务，给某些用户或全部用户的服务降级，让用户以可预测的方式来安排他们的需求等。

4.4 TCP/IP 网际层协议

4.4.1 TCP/IP 协议栈

TCP/IP 经过多年的发展和完善，形成了一组从上到下的单向依赖关系的（Protocol Stack），也叫做协议簇。在 TCP/IP 协议簇中，各层都定义了一些相关的协议，如图 4-9 所示。

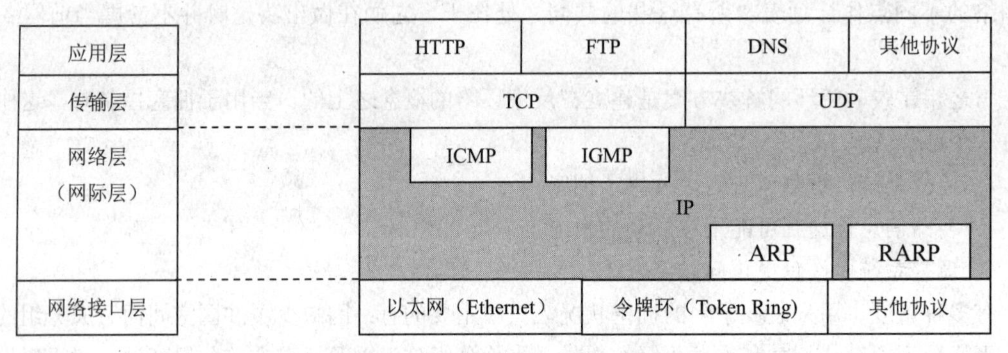

图 4-9　TCP/IP 协议簇示意图

本节主要讨论网络层协议，IP 是 TCP/IP 体系中最重要的协议之一，它使互连起来的不同类别的计算机网络能够进行通信，因此 TCP/IP 体系中的网络层也称为网际层或 IP 层。

与 IP 协同工作的还有地址解析协议（ARP）和逆向地址解析协议（RARP），这两个协议介于物理地址和 IP 地址之间，起着屏蔽物理地址细节的作用。另外，还有一些管理传输的协议，如报文控制协议（Internet Control Message Protocol，ICMP）。

4.4.2 IP 地址

1．IP 地址及其表示方法

所谓 IP 地址就是给每个连接在因特网上的主机（或路由器）的每一个接口分配的一个在全世界范围内唯一的 32 位的标识符。

起初，IP 地址是按类编址的，这种编址体系结构叫做分类编址。在分类编址中，IP 地址空间被分成 5 类：A 类、B 类、C 类、D 类和 E 类。每一类地址都由两个固定长度的字段组成，其中一个字段是网络号 net-id，它标志主机（或路由器）所连接的网络，网络号在整个因特网范围内必须是唯一的。另一个字段是主机号 host-id，它标志主机（或路由器）。主机号在它前面的网络号所指明的网络范围内必须是唯一的，因此，一个 IP 地址在整个因特网范围内是唯一的。

各类 IP 地址的网络号字段和主机号字段如图 4-10 所示，其中，A 类、B 类和 C 类地址都是单播地址，是最常用的。

网络号字段 net-id：A 类、B 类和 C 类地址的网络号字段分别为 1 字节、2 字节和 3 字节长，在网络号字段的最前面有 1～3 位的类别比特，其数值分别为二进制的 0、10 和 110。

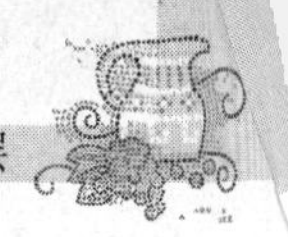

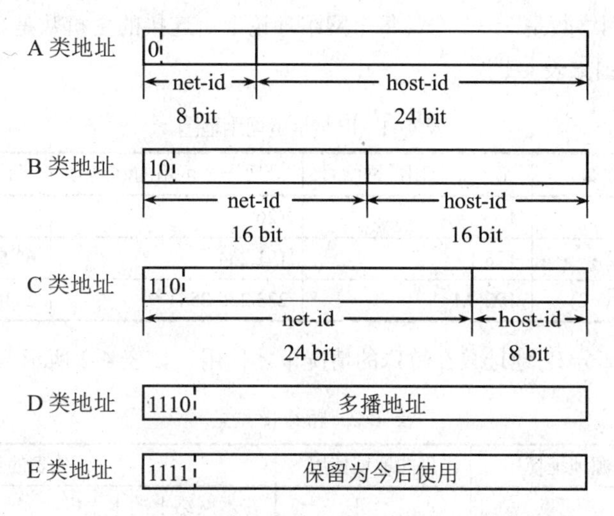

图 4-10　IP 地址中的网络号字段和主机号字段

主机号字段 host-id：A 类、B 类和 C 类地址的主机号字段分别为 3 字节、2 字节和 1 字节长。

D 类地址（前 4 位是 1110）用于多路（多目的）播送地址，确定因特网上一组特定的主机，当需要发送信息给多个但不是所有接收者时，可以使用多路播送。

E 类地址（前 4 位是 1111）作为保留，到目前为止仍未指定其用途。

当某个单位申请到一个 IP 地址时，实际上是获得了具有同样网络号的一块地址，具体的各台主机号则由该单位自行分配，只要做到在该单位管辖的范围内无重复的主机号即可。

按照 TCP/IP 协议规定，IP 地址用二进制来表示，如“00001010 00000000 00000000 00000001”。为了提高可读性，每 8 位二进制数用一个十进制数（0～255）表示，并以小数点分隔。这样，上面用二进制表示的 IP 地址就可以表示为十进制的“10.0.0.1”，IP 地址的这种表示法叫做“点分十进制记法”，这显然比一系列的 1 和 0 容易记忆得多。不管是自动获取还是人为指定，每一台联网的主机至少要有一个 IP 地址。

2．常见的 3 种类别的 IP 地址

如果用点分十进制记法，观察首字节的大小可以分辨类别。在 A 类地址中，首字节的首位被定义成 0，所以首字节能表示的数最大为 127，又因为全 0 和全 1 有特殊的定义，所以 A 类地址的首字节在 1～126 之间。同理，B 类地址的首字节在 128～191 之间，C 类地址首字节在 192～223 之间。

A 类地址中，共有网络数是 2^7-2 个（网络号字段全为 0 的 IP 地址是一个保留地址，一般不使用；网络号为 127 的 IP 地址作为本地软件环回测试本主机内部的进程之间的通信使用），这意味着因特网只可以互连 126 个 A 类地址的网络。由于 A 类地址的网络使用 24 位表示主机地址，因此这样的网络，理论上可以连接的主机数是 $2^{24}-2$，即 16 777 214。

B 类地址中，网络号字段有 2 个字节，但第 1～2 位已经固定（为 10），只剩下 14 位可以进行分配，由于后面 14 位不能全 0 和全 1，即 128.0.0.0 与 191.255.0.0 不分配，可分配的 B 类最小网络地址是 128.1.0.0，所以共有网络数是 $2^{14}-2$ 个，每个网络理论上可连接的主机数是 $2^{16}-2$，即 65 534。

C 类地址中，网络号字段有 3 个字节，首字节前 3 位是 110，还有 21 位可以进行分配。C 类网络地址 192.0.0.0 与 223.255.255.0 也是不分配的，可以分配的 C 类最小网络地址是 192.0.1.0，

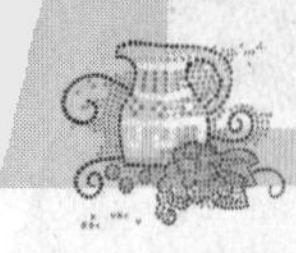

因此，C 类地址共有网络数是 $2^{21}-2$ 个，每个网络理论上可连接的主机数是 $2^{8}-2$，即 254。

IP 地址的可用范围如表 4-1 所示。

表 4-1　IP 地址的可用范围

网络类别	最大网络数	第一个可用的网络号	最后一个可用的网络号	每个网络中的最大主机数
A	126(2^7-2)	1	126	16 777 214($2^{24}-2$)
B	16 382($2^{14}-2$)	128.1	191.254	65 534($2^{16}-2$)
C	2 097 150($2^{21}-2$)	192.0.1	223.255.254	254(2^8-2)

地址空间中有一部分 IP 地址只在特殊的情况下才使用，如表 4-2 所示。

表 4-2　特殊 IP 地址

net-id	host-id	源地址使用	目的地址使用	代表的意义
0	0	可以	不可	在本网络上的本主机
0	host-id	可以	不可	在本网络上的某个主机
全 1	全 1	不可	可以	只在本网络上进行广播，网间路由器不转发
net-id	全 1	不可	可以	对 net-id 上的所有主机广播
127	任何数	可以	可以	用作本地软件回送测试

3．IP 地址的重要特点

（1）IP 地址是一种分等级的地址结构。分两个等级的好处是：第一，IP 地址管理机构在分配网络号（第一级）后，剩下的主机号（第二级）由得到该网络号的单位自行分配，方便了 IP 地址的管理；第二，路由器根据目的主机所连接的网络号来转发分组（而不考虑主机号），这样就可以使路由表中的项目大幅度减少，从而减小了存储空间及查找路由表的时间。

（2）实际上 IP 地址是标志一个主机（或路由器）和一条链路的接口。当一个主机同时连接到两个网络上时，该主机就必须有两个相应的 IP 地址，其网络号必须是不同的。这种主机称为多归属主机。由于一个路由器至少应当连接到两个网络，因此，一个路由器至少应当有两个不同的 IP 地址。

（3）在 IP 地址中，所有分配到网络号的网络都是平等的。

4.4.3　子网与超网

1．子网

前面已经介绍过，IP 地址的长度是 32 位，一部分表示网络号，另一部分表示主机号，即包含网络和主机两个层次。要定位因特网上的主机，必须要利用 IP 地址中的网络号找到这个网络，然后再利用 IP 地址中的主机号找到这个主机。

然而，在很多情况下，只将 IP 地址分为两层还是不够用的。例如，某单位申请了一个 B 类地址，如果只使用两个层次结构的 IP 地址，那么这个单位只能拥有一个物理网络，也就是说这个单位的所有主机都只能位于同一个物理网络上，带来的问题是当这个单位有一台主机进行 MAC 层广播时（如发送 ARP 请求），所有的主机都会接收到这个广播帧。

对于上述问题，一种解决方法是该单位可以申请多个 IP 地址，但是这样的话，因特网上路由

器的路由表的项目数就会增加，这样不仅增加了路由器的成本，而且查找路由表时也会耗费更多的时间。

总之，两级的 IP 地址使用不够灵活，更好的解决方法是引入子网。于是，从 1985 年起，在 IP 地址中又增加了一个“子网号字段”，使两级的 IP 地址变为三级的 IP 地址，这种做法称为子网划分。这为获得地址的单位进行二次分配提供了方便。

子网划分的基本思路如下。

（1）一个拥有许多物理网络的单位，可将所属的物理网络划分为若干个子网。划分子网纯属一个单位内部的事情。本单位以外的网络看不见这个网络是由多少个子网组成，因为这个单位对外仍然表现为一个没有划分子网的网络。

（2）子网划分的方法是从 IP 地址的主机号段借用若干个比特作为子网号 subnet-id，而主机号也相应减少了若干个比特，这样 IP 地址就被分成 3 个层次：网络号、子网号和主机号，如图 4-11 所示。

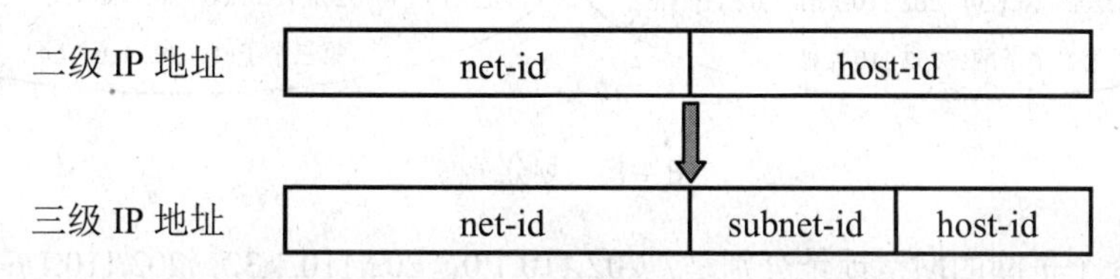

图 4-11　不划分子网和划分子网的 IP 地址

（3）凡是从其他网络发送给本单位某个主机的 IP 数据报，仍然是根据 IP 数据报的目的网络号找到连接在本单位网络上的路由器。此路由器在收到 IP 数据报后，再按目的网络号和子网号找到目的子网，将 IP 数据报交付给目的主机。

划分子网既可以提高 IP 地址的利用率，又不会增加路由器的路由表项，同时可以限制广播帧扩散的范围，提高网络安全性，也有利于子网进行分层管理。

从主机号中划分出几个比特用于子网号是通过子网掩码来识别的。子网掩码由一连串的“1”和“0”组成，其表示方法是网络号与子网号部分对应“1”，主机号部分对应“0”，如图 4-12 所示。

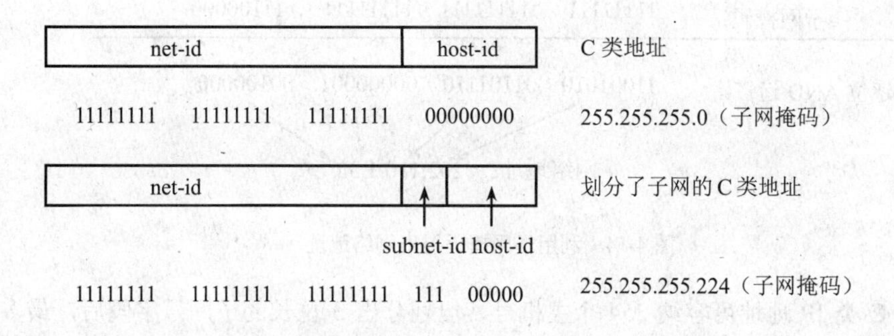

图 4-12　子网掩码的表示

图 4-12 的上半部分是一个标准的 C 类地址，在配置设备时要同时配置子网掩码，此时的子网掩码就是 255.255.255.0。图 4-12 的下半部分表示从主机号中划出高 3 位作为子网号，此时的子网掩码必须用“1”来对应子网号，就变成了 255.255.255.224。

假设某单位获得一个 C 类地址 202.110.1.0，现决定将主机字段的高 3 位作为子网号，低 5 位

作为主机号，这样该单位最多可以划分 8 个子网，每一个子网有 30（即 2^5-2）个主机地址可以分配。

图 4-13 所示为 3 个子网的 IP 地址分配和子网掩码配置的例子。第一个子网的子网号为 000，第二个子网的子网号为 001，第三个子网的子网号是 010，掩码都是 255.255.255.224。

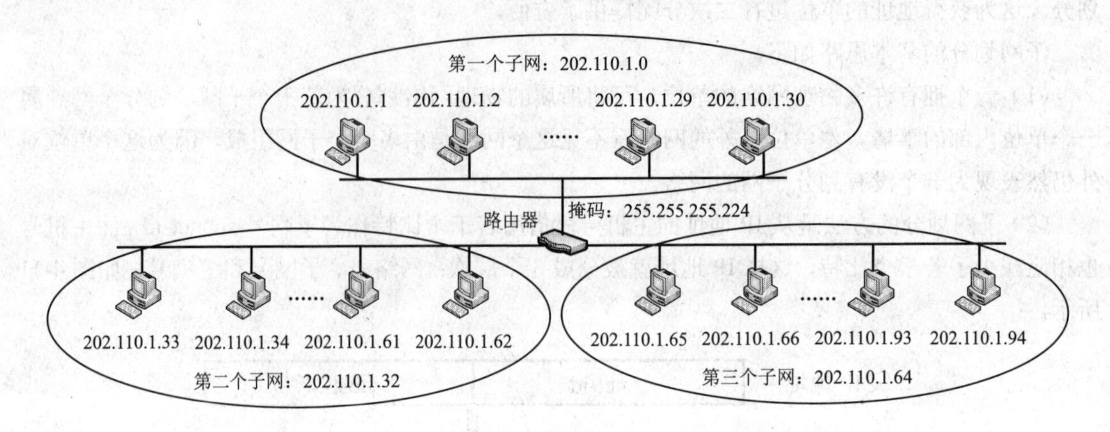

图 4-13　划分子网

所划分的 3 个子网的网络地址分别是：202.110.1.0，202.110.1.32，202.110.1.64。在划分子网后，整个网络对外部仍表现为一个网络，其网络地址仍为 202.110.1.0。路由器在收到数据报后，再根据数据报的目的网络地址将其转发到相应的子网。

路由器将子网掩码与收到的数据报的目的 IP 地址逐位相“与”（AND 操作），就可以得到所要找的子网的网络地址。如图 4-14 所示，IP 地址 202.110.1.33 通过与子网掩码 255.255.255.224 逐位 AND 运算，得出子网的网络地址是 202.110.1.32。

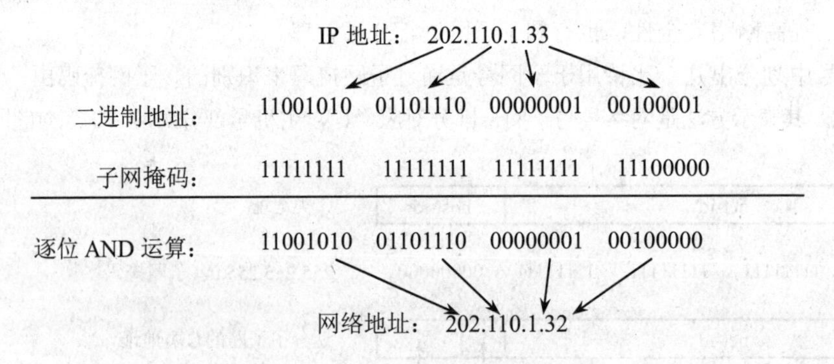

图 4-14　利用子网掩码得出网络地址

本来一个 C 类 IP 地址可容纳 254 个主机号，但划分出 3 位长的子网号字段后，最多可有 8 个子网。每个子网有 5 位长的主机号，即每个子网最多可有 30 个主机号，因此主机号的总数是 240 个，比不划分子网时要少了一些。

2．超网

子网用来在 Internet 上保留 IP 地址，有效地使用子网从而避免浪费地址。然而子网的划分没有解决一个问题，许多大型机构需要多于一个 C 类地址所能提供的地址，但少于一个 B 类地址所能提供的地址，更何况现在 B 类地址已经分配完毕，因此人们发展了超网技术。超网是一种用于

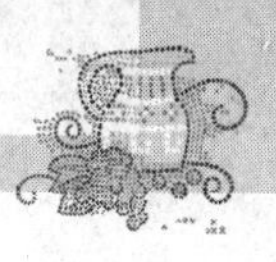

从小地址类型产生大型网络的重要方法，它也防止在 Internet 上浪费大量的 IP 地址。

例如，某机构需要配置一个 TCP/IP 网络，这个网络可容纳 30 000 台主机，然而申请不到 B 类地址，需要配置一个超网来满足需求。

（1）计算一个理想网络中需要多少主机 ID 位来提供 30 000 台主机 ID。

111010100110000　15 位

（2）计算所需 C 类网的地址范围。

计算超网网络 ID 使用的位数：11111111　11111111　1 | 0000000　00000000 17 位

这个掩码可以用于许多连续的 C 类地址。只需申请一组连续的 C 类网络，它们的前 17 位相同。当与前面的掩码结合在一起时，就得到了一个超网，可以提供需要的地址范围。

掩码 255.255.128.0 11111111 | 11111111 | 10000000 | 00000000

起始 C 类地址：　　110xxxxx | xxxxxxxx | x0000000 | 00000000

结束 C 类地址：　　110xxxxx | xxxxxxxx | x1111111 | 00000000

由此可以看到：第三个 8 位组中可用 7 位提供 128 个 C 类地址，允许拥有 128×254=32 512 个不同的主机 ID。

现在需要的是申请 128 个连续的 C 类地址，每个地址的前 17 位都相同。

4.4.4　无分类编址

分类编址已经产生了许多问题。一直到 20 世纪 90 年代中期，所谓地址范围就是指 A 类、B 类或 C 类地址中的一个地址块。分配给一个组织的地址最小数量是 256（C 类），而最大数量是 16 777 216（A 类）。可以想象，这种分配办法意味着快速而浪费地消耗地址空间。

例如，世界范围内的很多单位要求超过 254 个 IP 地址。因此，单个 C 类网络 ID 是不够的。但是，B 类网络 ID 可以提供足够的主机地址空间，确有可能造成浪费。假设对只需要 4 000 IP 地址的较小单位，分配给它有 65 534 个主机地址的 B 类网络意味着 61 534 个 IP 地址未分配而浪费掉了，因为一旦将某个地址块分配给某组织，就不能再分配给其他部门了。这个问题当然可以通过分配给若干个 C 类地址来解决，但同时又使得路由器中的路由表变得十分庞大而令网络性能急剧下降。同样的问题也存在于 A 类和 C 类地址当中。

为了解决此类问题，1996 年 Internet 管理机构宣布了一种新的体系结构，叫做无分类编址。目前的路由器技术均支持无分类编址方案。

1. CIDR 记法

上一节讨论了子网掩码的概念，对于分类编址，每一类地址都有一个默认的掩码。通常记为：A 类 255.0.0.0，B 类 255.255.0.0，C 类 255.255.255.0。划分子网时也同样采用点分十进制记法，如一个 B 类地址块 129.30.0.0，将第三字节的前 4 位作为内部子网的地址时，子网掩码为 255.255.240.0。

然而对于无分类编址，当给出一个地址时，用户无法知道这是哪一个地址块，因为没有类别，也就没有默认的掩码。无分类地址要和掩码一起给出，方法是：CIDR（无分类域间路由选择）记法，即

$$X.Y.Z.T/n$$

其中的 n 为掩码中 1 的个数。例如，一个地址为 18.46.75.12/8，表示该地址的掩码为 255.0.0.0。

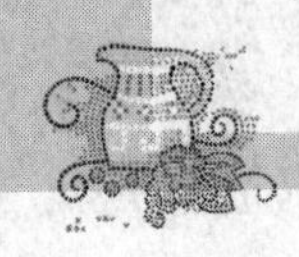

前例中 129.30.0.0 的子网掩码 255.255.240.0 可以写成 129.30.0.0/20。可以看出，斜线后面的 n 定义了这个地址块中的前 n 位，而这部分就是网络 ID，其余部分就可作为主机 ID 了。因为 n 的取值范围为 1~32，所以无分类编址的地址分配是十分灵活的，它不受类别的限制。

在无分类编址中有两个常用的术语就是前缀和前缀长度。前缀是地址范围的共同部分的另一个名称（和 Net-ID 相似）。前缀长度就是前缀的位数（n）。掩码和前缀长度有一一对应的关系。

另外一点应当注意，分类地址的掩码也可以用 CIDR 表示法来表示，即 A 类/8，B 类/16，C 类/24。可以说，分类编址是无分类编址的一个特例。

在无分类编址中有时还要用到另外的两个术语，就是后缀和后缀长度。后缀是地址中的可变部分（和 Host-ID 相似）。后缀长度就是后缀的位数（$32-n$）。

2．地址的分配

一个组织要建设网络时，通常要从它要接入 ISP 处申请地址，ISP 会根据组织的大小分配一个地址块。地址块由第一个地址和前缀长度所确定。之后该组织就可以分配给自己网络中的主机和联网设备，也可以划分子网。

例 1 如果某组织得到的地址块为 167.199.170.64/27，试问该地址块的第一个地址和最后一个地址是多少，共有多少个地址？

解：前缀长度是 27，表示地址的前 27 位是固定不变的，把其余的 5 位置 0 就是第一个地址，将其全部置 1 就是最后一个地址。5 位地址空间共有地址 $2^5=32$ 个地址。当然，这 5 位中的全 0 和全 1 是不能分配给网络设备的，可用地址有 30 个。用二进制表示如下。

第一个地址：　　10100111 11000111 10101010 01000000

掩码为：　　　　11111111 11111111 11111111 11100000

最后一个地址：　10100111 11000111 10101010 01011111

例 2 如果地址中的一个是 140.120.84.24/20，试找出这个地址块中的第一个可分配地址，最后一个可分配地址和全部地址数。

解：用二进制表示该地址为 10001100 01111000 01010100 00011000，掩码为 11111111 11111111 11110000 00000000。

则第一个可分配地址：10001100 01110000 01010000 00000001　即 140.120.80.1/20

最后一个可分配地址：10001100 01110000 01011111 11111110　即 140.120.95.254/20

全部地址数为：$2^{32-n}=2^{12}=4\,096$

3．划分子网

使用无分类编址也可以划分子网。这个概念和前面讲的分类编址划分子网的概念十分相似。当一个组织得到了一个地址块时，给定的前缀是不可变的，网络管理员可以利用可变的后缀部分的前若干位作为子网地址。方法是增加前缀长度。

例 3 一个组织分配到地址块 139.34.12.0/25，若这个组织需要 4 个子网，该如何划分？

解：4 个子网需要 2 位（$2^2=4$），将子网前缀长度增加 2 位，即 27 位。

这里子网的地址用到了 00 和 11，似乎违反了 IP 地址的使用规则，但是应该注意，仅有这两位全 0 或全 1 并不会形成网络地址或主机地址或者二者同时全 0 或全 1 的局面。但在分配主机的地址时，注意不要将全 0 或全 1 分配给某个主机。

用二进制表示如下。

分配到的地址块为

```
          139      34       12       0
n=25   10001011 00100010 00001100 0 0000000
       |           前缀           | 后缀 |
```

子网划分后，第一个子网的可用地址范围为

```
           139      34       12          1
n=27    10001011 00100010 00001100 0 00   00001
        |         子网前缀              |子网|
                                        |后缀|

                                          30
                                       0 00 11110
```

用十进制方式表示为

139.34.12.1 /27 ~ 139.34.12.30 /27

读者可以将其后的 3 个子网的地址范围用二进制方式写出，这里只以十进制的形式给出。

第二个子网的可用地址范围：

139.34.12.33 /27 ~ 139.34.12.62 /27

第三个子网的可用地址范围：

139.34.12.65 /27 ~ 139.34.12.94 /27

第四个子网的可用地址范围：

139.34.12.97 /27 ~ 139.34.12.126 /27

在这个例子中，子网掩码是相同的，也就是说，子网的前缀长度是相同的。用户也可以划分可变长度子网。换句话说，用户可以设计长度不同的子网掩码来实现大小不同的子网划分。

例如，一个组织分配到地址块的开始地址是：18.30.78.0 /24。这块地址中有 256 个地址，这个组织设计如下：

（1）划分两个子网，各有 64 个地址

子网 1：18.30.78.0 /26

子网 2：18.30.78.64 /26

（2）划分两个子网，各有 32 个地址

子网 3：18.30.78.128 /27

子网 4：18.30.78.160 /27

（3）划分 3 个子网，各有 16 个地址

子网 5：18.30.78.192 /28

子网 6：18.30.78.208 /28

子网 7：18.30.78.224 /28

（4）划分 4 个子网，各有 4 个地址

子网 8：18.30.78.240 /30

子网 9：18.30.78.244 /30

子网 10：18.30.78.248 /30

子网 11：18.30.78.252 /30

设计可变长度子网的关键是注意不要将地址重复分配。

4.5 IP 数据报

4.5.1 IP 数据报的格式

网际层的基本传输单元叫做 Internet 数据报，有时称为 IP 数据报或仅称为数据报。数据报由首部和数据两部分构成，首部的前一部分长度是固定的，共 20 字节，是每个 IP 数据报必须具有的，后一部分长度是可选部分，长度是不固定的。在 TCP/IP 标准中，报文格式常常以 32 位（4 字节）为单位来描述。IP 数据报的完整格式如图 4-15 所示。

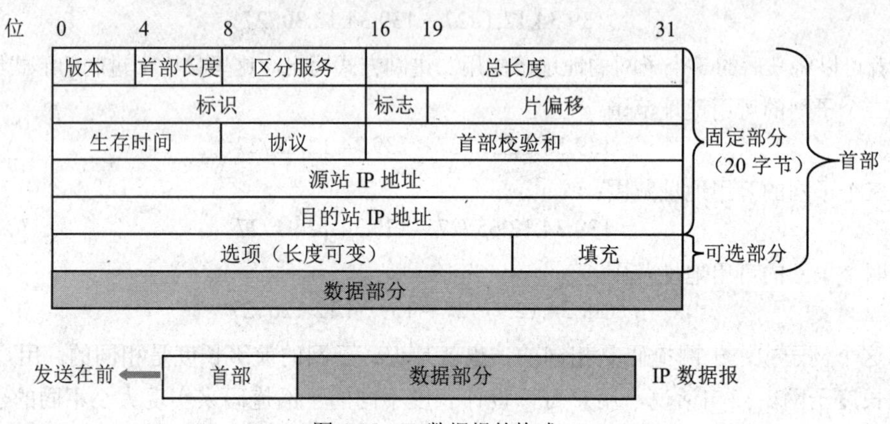

图 4-15　IP 数据报的格式

4.5.2 IP 数据报各字段的意义

1. IP 数据报首部的固定部分

（1）版本。占 4 位，指 IP 协议的版本，当前在 Internet 中使用的是第 4 版本，称为 IPv4，通信双方使用的版本必须一致。

（2）首部长度。占 4 位，指 IP 数据报首部的长度，单位是 32 位字（1 个 32 位字的长度是 4 字节）。由于首部长度占 4 位，所以 IP 数据报首部的最大值是 15（二进制 1111），即 60 字节。最常见的 IP 数据报的首部只包含固定部分，不含选项字段和填充字段，这样首部长度的值是 5（二进制 0101），即 20 字节。

（3）区分服务。占 8 位，用来获得更好的服务。这个字段在旧标准中叫做服务类型 TOS（Type Of Service），但实际上一直没有使用过。

如图 4-16 所示，服务类型字段的前 3 位为优先级，表示数据报的重要程度，优先级取值从 0（普通优先级）到 7（高优先级）。D、T、R 和 C 位表示本数据报希望的传输类型。其中，D 表示要求低时延（Delay），T 表示要求高吞吐量（Throughput），R 表示要求高可靠性（Reliability），C 表示要求选择费用更低廉的路由（Cost）。D、T、R 和 C 位中只能将其中一位置 1，如果 4 位均为 0，则代表一般服务。

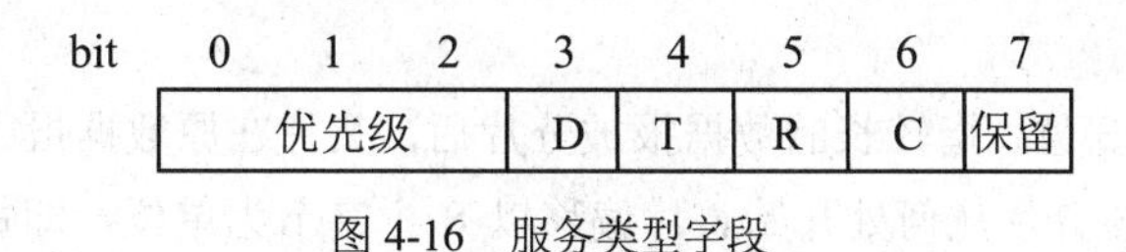

图 4-16 服务类型字段

1998 年，IETF 把这个字段改名为区分服务 DS（Differentiated Services），如图 4-17 所示。只有在使用区分服务时，这个字段才起作用。

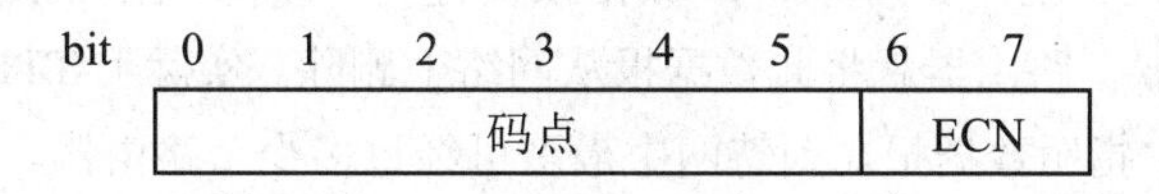

图 4-17 区分服务字段

前 6 位组成码点（Code Point），称为区分服务码点 DSCP，码点值被分为 3 组，通过不同的特征位进行标识。1 组码点为 XXXXX0，由 IETF 分配；2 组码点为 XXXX11，用于本地使用或用于实验性目的；3 组码点为 XXXX01，用于目前临时的应用或实验性目的。其中 X 代表 0 或 1。

当码点的后 3 位为全 0 时即 XXX000，前 3 位对应 8 种主要服务类，其中数字越高的服务类获得的服务越优待。显然这种方式保持了与 TOS 方式的兼容性。

ECN 字段称作显式拥塞指示字段。这是为了避免因路由器拥塞带来的丢包而产生的一系列问题，TCP/IP 的设计者创建了一些用于主机和路由器的标准。这些标准使得路由器能够监控转发队列的状态，以提供一个路由器向发送端报告发生拥塞的机制，让发送端在路由器开始丢包前降低发送速率。这种路由器报告和主机响应机制被称为显式拥塞通告（Explicit Congestion Notification，ECN）。

ENC 占两位，当 ECN=00 时，表示发送主机不支持 ECN；ECN=01 或 10 时，发送主机支持 ECN；当 ECN=11 时，路由器正在经历拥塞。

一个支持 ECN 的主机发送数据包时将 ECN 设置为 01 或者 10。如果路径上的路由器支持 ECN 并且经历拥塞，它将 ECN 域设置为 11。如果该数值已经被设置为 11，那么下游路径上的路由器不会修改该值。

实际上，ECN 功能是与 TCP 配合共同实现的，我们将在第 6 章传输层中详细讨论。

（4）总长度。占 16 位，指整个 IP 数据报的总长度，即首部和数据长度之和，单位是字节。由于总长度占 16 位，所以 IP 数据报的总长度的最大值是 65 535 字节。

（5）标识。占 16 位，IP 软件在存储器中维持一个计数器，每产生一个数据报，计数器就加 1，并将此值赋予标识字段。当数据报的长度超过网络的最大传输单元（Maximum Transmission Unit，MTU）时，数据报就需要分片，那么标识字段的值就被复制到所有分片的标识字段中。接收方根据分片中的标识字段是否相同来判断这些分片是否是同一个数据报的分片，从而进行分片的重组。

（6）标志。占 3 位，标识数据报是否分片，目前只有后 2 位有意义。

标志字段的最低位记为 MF（More Fragment）。MF=1 表示后面还有分片；MF=0 表示这已是最后一个分片。

标志字段中间的一位记为 DF（Don’t Fragment）。DF=1 表示不允许分片；DF=0 表示允许分片。

如果数据报由于不能分片而未能被转发，那么路由器将丢弃该数据报，并向源端发送 ICMP

不可达报文。

（7）片偏移。占 13 位，指较长的数据报被分片后，某片在原数据报中的相对位置，即相对用户数据字段的起点，该分片从何处开始。片偏移以 8 个字节为单位，即每个分片的长度一定是 8 字节（64 位）的整数倍。

（8）生存时间。占 8 位，指 IP 数据报在网络中的寿命，记为 TTL（Time To Live）。如果一台主机要向网络发送数据，由于路由表不可靠，数据报可能会选择一条循环路径，而永远被传送下去。为了避免这种情况，就需要为每个 IP 数据报设置一个 TTL，数据报每经过一个路由器，TTL 减 1，当减到 0 的时候，路由器就将此数据报从网络上删除。实际上 TTL 字段的作用是“跳数限制”，单位是跳数，它指明数据报在因特网中最多可经过多少个路由器。

（9）协议。占 8 位，指出 IP 数据报携带的数据使用的是哪种协议，目的主机的 IP 层应该将数据部分上交给哪个处理过程。常用的协议和相应的协议字段值为 ICMP：1，IGMP：2，GGP：3，TCP：6，EGP：8，IGP：9，UDP：17，OSPF：89。

（10）首部校验和。占 16 位，这个字段只检验 IP 数据报的首部，不包括数据部分。这是因为数据报每经过一个路由器，路由器都要重新计算一下首部检验和（一些字段，如生存时间、标志、片偏移等都可能发生变化）。如将数据部分一起检验，计算的工作量就太大了。

为了简化运算，检验和不采用 CRC 检验码，而采用比较简单的计算方法：发送方将 IP 数据报首部划分为许多 16 位字的序列（检验和字段置零），然后将这些 16 位字相加，将得到的和取反，写入检验和字段。接收方收到数据报后，将首部的所有 16 位字再相加一次，若首部未发生任何变化，则和必为全 1，否则即认为出差错，并将此数据报丢弃。

（11）源站 IP 地址和目的站 IP 地址。各占 32 位，IP 数据报的发送方和接收方的 IP 地址。

2. IP 数据报首部的可选部分

选项字段主要是用于网络测试或调试。该字段长度可变，从 1 个字节到 40 个字节不等，其变化依赖于所选的项目，包括记录路由选项、源路由选项、时间戳选项等。

填充字段依赖于选项字段的值，为了保证 IP 数据报首部长度是 4 个字节的整数倍，填充字段填充“0”来补齐。

4.6 地址解析协议

网络中，两主机之间要传送 IP 报文，必须首先把 IP 报文封装成 MAC 帧。MAC 帧使用的是源主机和目的主机的 MAC 地址，但源主机只知道目的主机 IP 地址，并不知道它的 MAC 地址，需要将 IP 地址转换为 MAC 地址，这个转换过程叫地址解析。地址解析工作由地址解析协议（Address Resolution Protocol，ARP）来完成。

从 IP 地址到物理地址的转换由地址解析协议 ARP 来完成。由于 IP 地址有 32 bit，而 MAC 地址是 48 bit，因此它们之间不是一个简单的转换关系。此外，在一个网络上可能经常会有新的计算机加入进来或撤走。更换计算机的网卡也会使其物理地址改变。可见在计算机中应存放一个从 IP 地址到物理地址的转换表，并且能够动态更新。ARP 很好地解决了这些问题，其工作原理如图 4-18 所示。

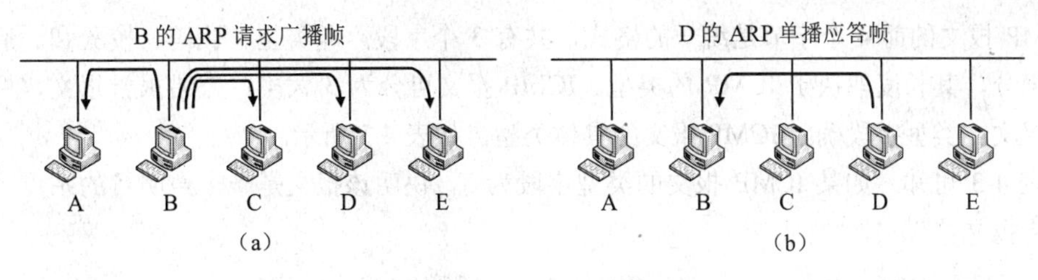

图 4-18　ARP 工作原理

当主机 B 要向本局域网中的主机 D 发送 IP 报文，在不知道主机 D 的 MAC 地址的情况下，主机 B 首先向局域网中发送一个 ARP 请求广播帧（见图 4-18（a）），其中包含主机 D 的 IP 地址，本局域网上的所有主机都会收到这个广播帧，都会查看自己的 IP 地址，但是只有主机 D 确认这个 ARP 请求所包含的 IP 地址与自身匹配，因此主机 D 向主机 B 返回一个 ARP 响应帧（见图 4-18（b）），其中包含主机 D 的 MAC 地址。这样，主机 B 就知道了主机 D 的 MAC 地址，就可以进一步把 IP 数据报封装成 MAC 帧了。

当主机 B 通过 ARP 得到主机 D 的 MAC 地址后，会将获得的 IP 地址到 MAC 地址的映射存入自己的 ARP 缓存表。主机 B 再次发送 IP 报文时，先查看 ARP 缓存表，如果缓存表里找不到匹配的映射，再运行 ARP 协议进行地址解析。

为了提高 ARP 效率，当主机 B 发送 ARP 请求时，就将自己的 IP 地址到 MAC 地址的映射写入请求报文，网络上所有主机收到请求报文，将此映射存入自己的 ARP 缓存表，以免其他主机为解析主机 B 而再发送一个 ARP 请求。

4.7 Internet 控制报文协议

到目前为止，所描述的无连接系统中，每个路由器都是自主运行，选路或投递到达的数据报都没有与初始发送端协调。这种系统在所有机器运行正确并且同意所选路由的情况下工作得很好。但是，没有一个系统能在任何时候都工作正确。除了通信线路和处理器故障外，在目的机器临时或永久断连、寿命计时器超时或者中间路由器被拥塞无法处理传入的通信业务时，IP 都无法投递数据报。用专用硬件实现的单一网络和用软件实现的互联网络之间的重要区别是：对于单一网络，设计者可以加入特殊硬件在问题产生时通知连到的主机；而在互联网中，没有这种机制，所以发送端无法判断一次投递失败是因为本地故障还是远端故障，调试变得极为复杂。IP 协议本身没有任何可以帮助发送端测试连接性或了解这种故障的机制。

为了让互联网中的路由器报告错误或提供有关意外情况的信息，设计者在 TCP/IP 中加入了一个特殊用途的报文机制。这个机制叫做 Internet 控制报文协议（Internet Control Message Protocol，ICMP），作为 IP 的一部分，在每个 IP 实现中都可能使用它。

4.7.1　报文格式

ICMP 允许主机或路由器报告差错情况和提供有关异常情况的信息。ICMP 报文用 IP 数据报进行封装后在网络上传输，但 ICMP 不是高层协议，它仍是 IP 层中的协议。ICMP 报文格式如图 4-19 所示。

ICMP 报文的前 4 个字节是统一的格式，共有 3 个字段，即类型、代码、校验和。后面是长度可变部分，其长度取决于 ICMP 的类型。ICMP 报文可分为 3 大类：差错报告报文、控制报文和查询报文。类型字段确定 ICMP 报文的具体类型，如表 4-3 所示。

从表 4-3 可知，如某 ICMP 报文的类型字段为 3，说明该报文是一个声明目的站点不可达的差错报告报文。

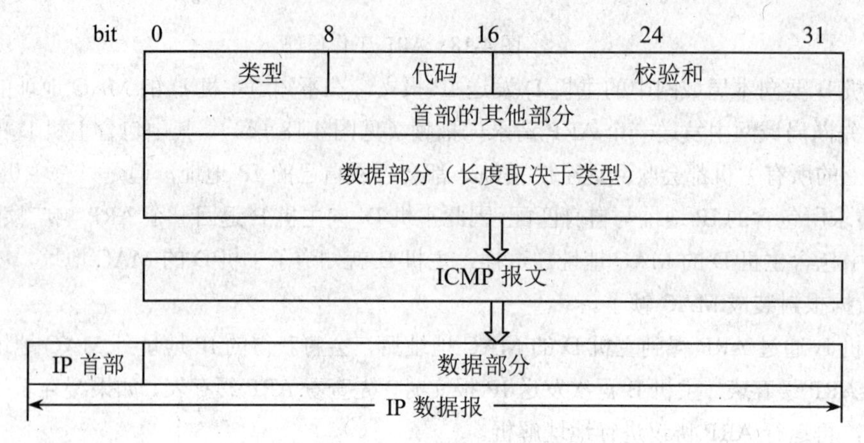

图 4-19 ICMP 报文格式

表 4-3 ICMP 报文

种类	类型	含义
差错报告报文	3	目的站点不可达
	11	数据报超时
	12	数据报参数错误
控制报文	4	源抑制
	5	改变路由
查询报文	8/0	回应请求/应答
	13/14	时间戳请求/应答
	17/18	地址掩码请求/应答
	10/19	路由器询问/通告

ICMP 报文的代码字段也占一个字节，为的是进一步区分某种类型中的几种不同情况。例如，在目的站点不可达报文中，代码字段用于进一步说明目的站点不可达的原因，不同代码代表不同的原因，如表 4-4 所示。

表 4-4 不可达报文代码字段的含义

代码	含义
0	网络不可达
1	主机不可达
2	协议不可达
3	端口不可达
4	需要进行分片但设置了不分片比特
5	源站选路失败

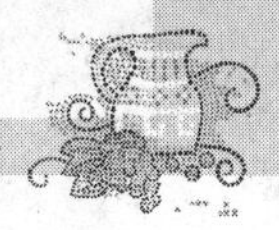

续表

代　码	含　义
6	目的网络不认识
7	目的主机不认识
8	源主机被隔离
9	目的网络被强制禁止
10	目的主机被强制禁止
11	由于服务类型 TOS，网络不可达
12	由于服务类型 TOS，主机不可达
13	由于过滤，通信被强制禁止
14	主机越权
15	优先权中止生效

后面的检验和占两个字节，它检验整个 ICMP 报文。

报文首部的其他部分占 4 个字节，对于不同类型的报文该字段的含义和格式也不一样。例如，在不可达报文中，该部分并未用到，置为全 0；在回应请求/应答报文中，该部分为标识符（前两字节）和序列号（后两字节）。

4.7.2　常见应用

（1）控制报文。在 ICMP 控制报文中，改变路由报文用得最多，下面以图 4-20 为例进行说明。

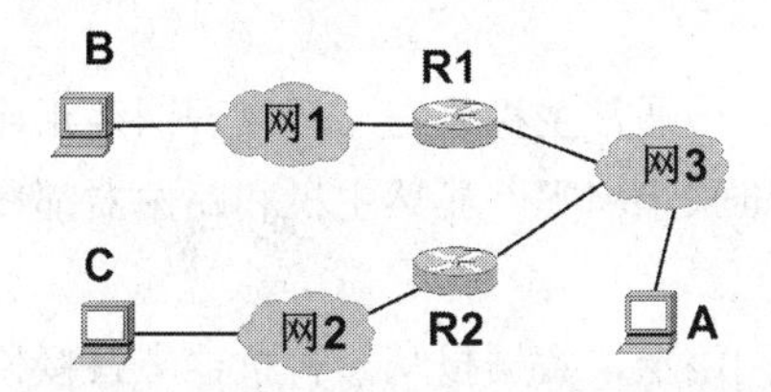

图 4-20　ICMP 改变路由报文的使用举例

从图 4-20 可以看出，主机 A 向主机 B 发送 IP 数据报应经过路由器 R1，而向主机 C 发送数据报则应经过路由器 R2。现在假定主机 A 启动后，其路由表中只有一个默认路由器 R1。当主机 A 向主机 C 发送数据报时，数据报就被送到路由器 R1。从路由器 R1 的路由表可查出发往主机 C 的数据报应经过路由器 R2，于是数据报从路由器 R1 再转到路由器 R2，最后传到主机 C。显然，这个路由不好，应改变。于是路由器 R1 向主机 A 发送 ICMP 改变路由报文，指出此数据报应经过的下一个路由器 R2 的 IP 地址。主机 A 根据收到的信息更新其路由表。以后主机 A 再向主机 C 发送数据报时，根据路由表就知道应将数据报送到路由器 R2，而不再送到默认路由器 R1 了。

当某个速率较高的源主机向另一个速率较慢的目的主机（或路由器）发送一连串的数据报时，就有可能使速率较慢的目的主机产生拥塞，因而不得不丢弃一些数据报。通过高层协议，源主机得知丢失了一些数据报，就不断地重发这些数据报，这就使得本来已经拥塞的目的主机更加拥塞。在这种植况下，目的主机就要向源主机发送 ICMP 源站抑制报文，使源站暂停发送数据报，过一段时间再逐渐恢复正常。

（2）测试报文的可达性（ping 命令）。使用 ping 命令时，源主机将向目的主机发送一个 ICMP 回应请求报文（包括一些任选的数据），如目的站点收到该报文，必须向源主机回送一个 ICMP 回应应答报文，源站点收到应答报文（且其中的任选数据与所发送的相同），则认为目的主机可达，否则为不可达。这个过程可测试网络的响应时间和两主机间的连通性。

假设主机 A（IP 地址为 192.168.0.4）欲向主机 B（IP 地址为 60.10.130.155）发送报文，则可在主机 A 上利用 ping 命令测试报文是否可达，如图 4-21 所示。

```
C:\Documents and Settings\Administrator.44AB360379334FB>ping 60.10.130.155

Pinging 60.10.130.155 with 32 bytes of data:

Reply from 60.10.130.155: bytes=32 time=2ms TTL=251
Reply from 60.10.130.155: bytes=32 time=2ms TTL=251
Reply from 60.10.130.155: bytes=32 time=1ms TTL=251
Reply from 60.10.130.155: bytes=32 time=2ms TTL=251

Ping statistics for 60.10.130.155:
    Packets: Sent = 4, Received = 4, Lost = 0 (0% loss),
Approximate round trip times in milli-seconds:
    Minimum = 1ms, Maximum = 2ms, Average = 1ms
```

图 4-21　利用 ping 命令测试报文可达性

4.8 IP 数据报的路由选择机制

互联网层的目的就是要提供一个可包含多个物理网络的虚拟网络，并提供无连接的数据报服务。因此，路由选择是用户考虑的重点。路由选择算法必须决定如何通过多个物理网络发送数据报。

尽管有多地址主机的存在，但通常主机只与一个物理网络相连，而路由器要连接到多个物理网络。互联网层的路由选择由谁来承担呢？显然主机和路由器都参与。

1．直接投递和间接投递

直接投递是指在一个物理网络上，数据报从一台机器上直接传输到另一台机器。当目的站点不在一个直接连接的网络上时，就要进行间接投递，发送方必须把数据报交给路由器去投递。

（1）在同一个物理网络上的数据报投递。由前面的学习知道，传递一个 IP 数据报，就是将数据报封装在物理帧中，把目的 IP 地址映射到一个 MAC 地址，用硬件来传送。

发送方如何知道目的站点存在于同一个直接相连的网络上呢？方法是提取目的 IP 地址中的网络部分，并同自己的 IP 地址的网络部分进行比较。如果匹配则可直接投递，否则就使用间接投递。

（2）间接投递。把数据报发送给最近的一个路由器（一定会有一个路由器存在），路由器软件在通往目的地的路径上选择下一个路由器。

路由器如何知道把数据报传送到哪里呢？主机又如何知道对一个给定的目的地究竟使用哪一个路由器呢？办法是使用 IP 选路表。

2．IP 选路表

IP 选路算法使用在每台机器中的 IP 选路表来了解如何才能达到目的站点。每个选路表包含所有可能目的地址信息（其中的网络 ID）。一个选路表包含了许多（N，R）对序偶，其中 N 是目的网络的 IP 地址，R 是到网络 N 的路径上的“下一个”路由器的 IP 地址。也就是说，在路由器

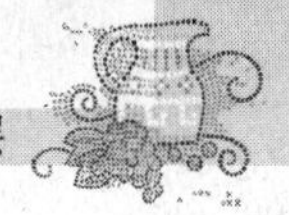

R 中的选路表仅仅指定了从 R 到目的网络路径上的下一步，而不是完整路径。

主机也存有 IP 选路表，但只存储了少量信息，选路的工作大部分交由路由器完成，以减轻主机的负担。

图 4-22 所示为一个有助于解释选路表的具体例子。示例的互联网由 3 个用路由器互连的 4 个网络组成。图中，选路表给出了路由器 R 所使用的路由。因为 R 直接连接到网络 20.0.0.0 和 30.0.0.0，所以它可以用直接投递，向这两个网络中的任一个上的主机发送（可能用 ARP 来找到物理地址）。假定有一个数据报，其目的主机在网络 40.0.0.0 上，R 把它转发到地址为 30.0.0.7 的路由器 S，S 将把数据报直接投递。R 可以到达地址 30.0.0.7，因为 R 和 S 都直接连到网络 30.0.0.0。

为了使路由表更小，把多个表项统一到一个默认的情况中去。IP 选路软件首先在选路表中查找目的网络。如果表中没有路由，则选路例程把数据传送到一个默认路由器上。

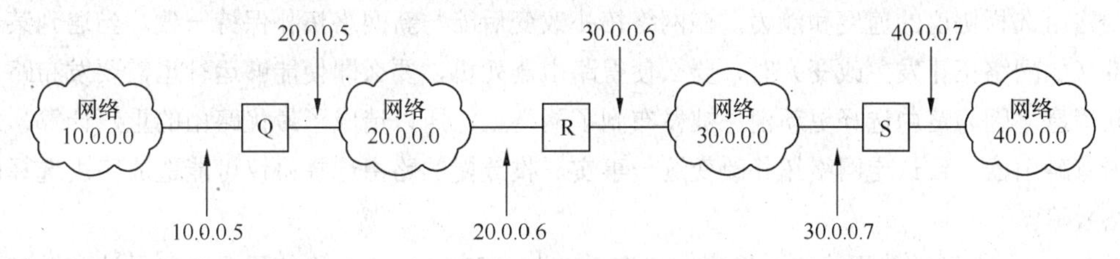

（a）有 4 个网络和 3 个路由器的互联网

要到这些网络上的主机	选路到这样的地址
20.0.0.0	直接投递
30.0.0.0	直接投递
10.0.0.0	20.0.0.5
40.0.0.0	30.0.0.7

（b）R 中的选路表

图 4-22　IP 选路表示例

如何来处理传入的数据报呢？对于主机，当数据报到达时，IP 软件检查数据报的目的地址与自己的 IP 地址是否匹配。如果不匹配，则丢弃该数据报（禁止主机转发）。对于路由器，则情况不同，路由器必须转发目的地不是自己的数据报。

3. IP 数据报的路由选择算法

路由选择算法设计到一些基本概念，简单罗列如下。

（1）静态路由与动态路由。一般来说，路由的估计包括了初始化和更新两个问题。

静态路由就是指路由表由网络管理员以手动方式建立和更改路由表。动态路由是指网络管理员输入配置命令，启动动态路由后，路由信息通过路由进程自动更新。

（2）被动路由协议与路由选择协议。被动路由协议（Routed Protocol）：任何网络协议在它的网络层地址提供足够的信息，使得一个数据报能够基于该寻址方案从一台主机传送到另一台主机。IP 是被动路由协议的一个例子。

路由选择协议（Routing Protocol）：一种通过提供共享路由信息的机制来支持被动路由协议的协议。路由选择协议的消息在路由器之间传递，它允许通过路由器间的通信来更新和维护路由表。路由信息协议（RIP）、内部网关路由协议（IGRP）、开放式最短路径优先协议（OSPF）、增强的 IGRP（EIGRP），都是路由选择协议的例子。

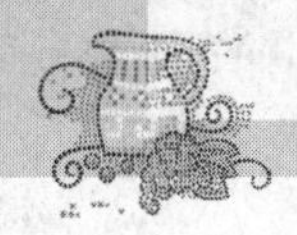

路由选择协议的基本工作是维持路由表和定时路由更新。它定义了一套规则来完成下列任务：初始路由表如何建立、更新如何被发送和接收、更新包含什么内容及更新何时进行等。

（3）外部网关协议和内部网关协议。每一个由一个机构管理的网络和路由器的集合称为一个自治系统（AS）。一个自治系统可自由地选择其内部的选路体系结构，但是必须收集其内部所有的网络信息，并责成若干个路由器把这些可达信息传送给其他自治系统（其实是送给一个核心路由器）。

分属于不同自治系统的路由器向其他自治系统通告可达信息的协议被称为外部网关协议（EGP）。自治系统内部路由器之间交换的网络可达信息及选路信息的协议称为内部网关协议（IGP）。

（4）收敛。路由选择协议必须能够快速收敛。所谓收敛（Convergence）是指一组网络设备运行专门路由选择协议的速度和能力，在网络拓扑改变后能与新网络拓扑保持一致。当遇到某一网络事件（如网络拓扑发生改变）时，要么使得路由器死机，要么即使能够运行也需要发布路由选择更新消息。因为路由选择更新消息被发布到了网络上，所以造成了最优路由的重新计算，最终使得所有路由器一致认定网络拓扑改变这一事实。收敛慢的路由选择协议可能造成路由选择回路和网络故障。

在 Internet 上经常使用的路由选择协议有 RIP 与 OSPF，它们分别使用距离矢量法和链路状态法计算路由及更新路由表。

（1）路由选择信息协议（RIP）。RIP 采用距离矢量选路算法，根据距离决定路由（跳数）。RIP 允许一条通路最多只能包含 16 跳（16 个路由器）（解决慢收敛），超过则认为不可达。

RIP 中所有路由器每隔 30s 向相邻路由器广播其当前路由信息来实现路由信息的更新。

RIP 采用抑制法来克服慢收敛的问题。在收到某个网络不可达的信息后，经一个固定时间（60s）以确定所有机器都收到此消息，才改变路由。

（2）开放式最短路径优先（OSPF）。OSPF 使用链路状态法，计算通向特定网络的最短路径（开销最小的路径）不包含完整路径的细节，只指出能提供最小开销的路由器。如果有多条路径具有相同的开销都可以使用，则路由器将使用所有这些路径发送分组，以均分网络负荷。路由器只与相邻路由器共享路由表。

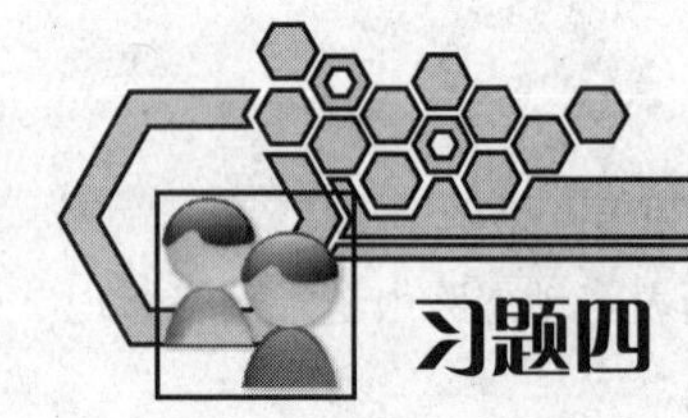

一、选择题

1．在 OSI 参考模型中，网络层的功能主要是（　　）。

A．在信道上传输原始的比特流

B．确保到达对方的各段信息正确无误

C．确定数据包从源端到目的端如何选择路由

D．加强物理层数据传输原始比特流的功能，并且进行流量控制

2．IP 地址 10.0.10.32 和掩码 255.0.0.0 代表的是一个（　　）。

A．主机地址　　B．网络地址　　C．广播地址　　D．以上都不对

3．IP 地址 202.119.100.200 的子网掩码是 255.255.255.0，那么它所在子网的广播地址是（　　）。

A．202.119.100.255　　B．202.119.100.254

C．202.119.100.193　　D．202.119.100.223

4．在网络层上实现网络互连的设备是（　　）。

A．路由器　　B．交换机　　C．集线器　　D．中继器

5．如下路由协议使用了最短路径优先算法计算路由的是（　　）。

A．IGP　　B．OSPF　　C．RIPv1　　D．RIPv2

6．如下路由协议使用了距离矢量路由算法计算路由的是（　　）。

A．IGP　　B．OSPF　　C．RIP　　D．BGP

7．设下列 4 条路由，192.168.0.0/24，192.168.1.0/24，192.168.2.0/24，192.168.3.0/24，经路由汇聚，能覆盖这 4 条路由的地址是（　　）。

A．192.168.0.0/22　　B．192.168.0.0/23

C．192.168.1.0/22　　D．192.168.1.0/23

8．属于网络 166.10.200.0/21 的地址是（　　）。

A．166.10.198.0　　B．166.10.206.0

C．166.10.217.0　　D．166.10.224.0

二、填空题

1．网络层向上提供的服务包括________________和________________。

2．从路由算法能否随网络的通信量或拓扑自适应的进行调整变化来划分，分为____________________和________________。

3．对一个 C 类网段进行子网划分，如果子网掩码是 26 位，那么最多能够划分的子网数为__________个。

4．某企业网络管理员需要设置一个子网掩码将其负责的 210.10.10.0/24 网段划分为 8 个子网，可以采用________位的子网掩码进行划分。

5．某公司总部和 3 个子公司分别位于 4 个地方，网络结构如填空题 5 图所示，公司总部要求主机数 50 台，子公司 A 要求主机数 25 台，子公司 B 要求主机数 10 台，子公司 C 要求主机数 10 台，该公司用一个地址块 202.119.110.0/24 组网，请完成填空题 5 表标出的①～⑥处的主机地址和地址掩码。

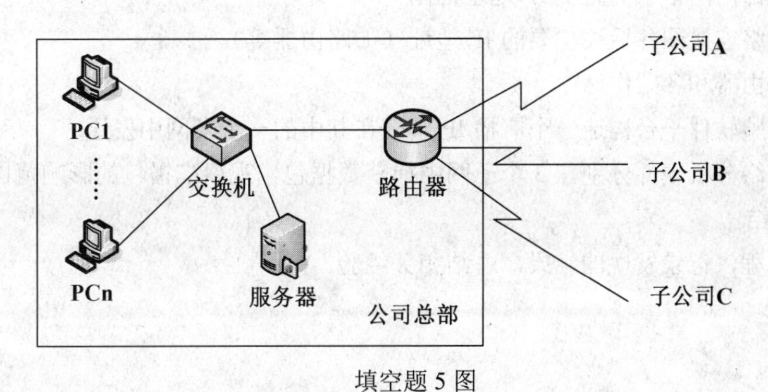

填空题 5 图

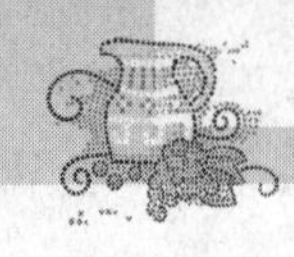

填空题5表

部门	可分配的地址范围	地址掩码
公司总部	202.119.110.129～①	255.255.255.192
子公司A	②～202.119.110.94	③
子公司B	202.119.110.97～④	255.255.255.240
子公司C	⑤～⑥	255.255.255.240

三、简答题

1．试从多个方面比较虚电路和数据报这两种服务的优缺点。

2．广域网中的主机为什么采用层次结构方式进行编址？

3．什么是拥塞控制？依靠增加网络资源能否解决拥塞问题？

4．IP 数据报中的首部检验和并不检验数据报中的数据，这样做的最大好处是什么？坏处是什么？

5.若某CIDR地址块中的某个地址是128.34.57.26/22,那么该地址块中的第一个地址是多少？最后一个地址是多少？该地址块共包含多少个地址？

6．主机A欲向本局域网上的主机B发送一个IP数据报，但只知主机B的IP地址，不知其MAC地址，ARP如何工作使通信能够正常进行？

实　训

1．实训目的

（1）根据已有的IP地址划分子网。

（2）配置网络设备及各联网计算机。

（3）通过发送广播包观察划分子网后的广播范围。

2．实训环境

路由器连接3个网络，安装了数据报构造软件平台。

3．实训内容

设一个公司已经申请了一个C类网络地址192.168.161.0，该公司包括工程技术部、市场部、财务部3个部门，每个部门20～30台计算机。将几个部门各自组成一个子网。

（1）设计子网掩码？

（2）写出各部门网络中的主机IP地址范围。

（3）画出网络连接图并标注主要的IP地址（如路由器等）。

（4）配置路由器和各工作站。

（5）通过实验软件平台构造一个广播IP包，在其中的一个子网中发送。

（6）通过网络分析软件分别在3个子网中捕获数据包，观察广播包的影响范围。

4．实训小结

描述实训过程，记录发现的结果，总结相关经验。

第5章 新一代网际协议 IPv6

引例：IPv4 取得了成功，但随着时间的推移，地址空间的耗尽、QoS 不完善等问题逐渐的无法适应越来越多的应用需求。

IPv6 扩展了地址空间，改进了报文机制，支撑了很多新的应用诉求。但 IPv6 仍然年轻，还在发展和修订之中。本章将介绍 IPv6 地址的定义与分配、IPv6 协议格式、扩展应用等技术，同时也指出其不断进化的过程。

5.1 概述

Internet 协议的第 4 版（IPv4）为 TCP/IP 协议簇和整个 Internet 提供了基本的通信机制。它从 1970 年底被采纳以来，几乎保持不变。版本 4 的长久性说明了协议设计是灵活和强有力的。从 IPv4 被采纳到现在，处理器、存储器、Internet 的主干网带宽、网络技术及 Internet 状况都发生了相当大的变化。IPv4 虽然逐渐适应了技术的进展，但也逐渐地暴露出了如下问题。

1．地址枯竭

IPv4 的 32 比特地址结构提供了约 43 亿地址，虽然数量不少，但利用率不高。首先，早期的分类地址模式造成了大量地址的浪费，如早期美国的大学或大公司，几乎都能得到一个完整的 A 类或 B 类地址，直至目前很多组织仍拥有大量未被使用的 IP 地址；其次，地址分配存在地域上的不平衡，已经分配的 IPv4 地址中，美国大约占有 60%，亚太和欧洲地区占有 30%，非洲和拉美占有不到 10%；再有，用于组播的 D 类和保留的 E 类地址占了所有地址的 12%，还有 2% 不能使用的特殊地址。

基于以上原因，随着网络规模的不断发展，IPv4 地址面临着短时间内枯竭的问题。对 IPv4 地址耗尽的具体日期目前各方尚未达成一致，因此出现了多个版本的 IPv4 枯竭计数器，各标明的耗尽日期也不尽相同，但都预示着 IPv4 地址即将耗尽。

2．NAT 技术具有局限性

为解决 IPv4 比较紧缺的问题，目前网络普遍使用网络地址转换（Network Address Translation，NAT）技术。NAT 技术将私有地址映射到公有地址上，使很多使用私有地址的用户

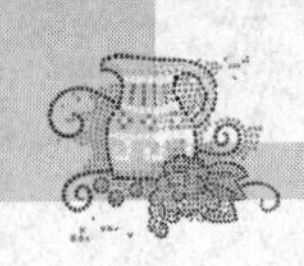

可以访问因特网。但 NAT 技术破坏了端到端的应用模型，如果内部网络使用私有地址的主机需要充当服务器，配置起来比较麻烦。此外，地址转换设备支持越多的转换，越会给设备增加更大的负载，对转发性能也有一些影响。正是由于 NAT 的这些局限，使得它作为解决 IP 地址不足的措施只能是权宜之计。

3．路由表膨胀

早期 IPv4 的地址结构也造成了路由表的容量过大。IPv4 地址早期为“网络号+主机号”结构，后来引入子网划分后为“网络号+子网号+主机号”结构，这两种结构不能进行地址块的聚合。CIDR 技术的出现，在一定程度上缓解了这个问题，但仍有历史遗留的大量地址空间无法改造。随着因特网中路由器和网络的增多，路由表容量的压力将会越来越大。

4．地址配置不够简便

IPv4 的地址配置使用手动配置方法或有状态的自动配置（如 DHCP，动态主机配置协议）。手动配置要求使用者懂得一定的计算机网络知识；自动配置需要管理员部署和维护 DHCP 服务。网络应用需要 IP 协议能提供一种更简单、更方便的地址自动配置技术，减少工作量和管理难度。

5．安全性和 QoS（服务质量）方面的问题

IPv4 本身并没有提供安全性的机制，如果需要安全保证，则需额外使用 IPSec、SSL 等安全技术。IPv4 虽然具有 QoS 相应设计，但是因为种种原因在实际当中并没得到普及和使用。在现实中涌现的大量新兴网络业务，如视频点播、IP 电话等，都需要 IP 网络在时延、抖动、带宽、出错率方面提供一定的服务质量保障。IPv4 在安全和 QoS 方面的缺陷使其已经不能满足目前因特网的使用需求。

鉴于以上原因，人们认识到需要设计一种新的 IP 协议来代替 IPv4。从 1990 年开始，互联网工程任务组（IETF）开始规划 IPv4 的下一代协议，除要解决即将遇到的 IP 地址短缺问题外，还要发展更多的扩展功能。1994 年，各 IP 领域的代表们在多伦多举办的 IETF 会议中正式提议 IPv6 发展计划，该提议直到同年的 11 月 17 日才被认可，并于 1998 年 8 月 10 日成为 IETF 的草案标准。

IPv6 被设计成不仅有较大的地址空间，而且有更好的性能。可以说，IPv6 除了将地址扩大为 128 位之外，在首部格式、地址分配、组播支持、安全与扩展性等方面也都作出了改进。IPv6 继承了 IPv4 的优点并弥补了 IPv4 的不足。IPv6 与 IPv4 并不兼容，但与其他协议兼容，即 IPv6 可以取代 IPv4。

IPv6 所引进的变化可以分成 6 类。

（1）更大的地址空间。新的地址大小是 IPv6 最显著的变化。IPv6 地址增大到了 128 位。IPv6 的地址空间足够大，在可预见的将来不会耗尽。

（2）灵活的首部格式。IPv6 使用一种全新的、与 IPv4 不兼容的数据报格式。IPv6 删除和修改了 IPv4 首部的一些字段，并且创造性地用扩展首部替代了 IPv4 的选项字段。与 IPv4 相比，处理 IPv6 首部的速度更快，而且 IPv6 首部实现的功能更多、更具扩展性。

（3）对自动配置的支持。IPv6 引入了无状态的地址自动配置，该机制是 IPv6 的基本组成部分，无须专门的设备支持。该机制比 DHCP 更简单，使用更方便，这使得网络（尤其是局域网）的管理更加方便和快捷。

（4）支持资源分配。IPv6 提供了一种机制，允许对网络资源进行预分配，它以此取代了 IPv4 的服务类型说明。这些新的机制支持实时视频等应用，这些应用要求保证一定的带宽和时延。此

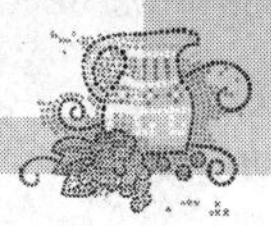

外，对增强的组播支持也使得网络上的多媒体有了长足发展的机会。

（5）更小的路由表。IPv6 的地址分配一开始就遵循聚类（Aggregation）的原则，这使得路由器能在路由表中用一条记录表示一片子网，大大减小了路由器中路由表的长度，提高了路由器转发数据包的速度。

（6）更高的安全性。在 IPv6 的首部中，增加了安全的扩展首部，支持 IPv6 协议的结点就可以自动支持 IPSec，使加密、验证和虚拟专用网（VPN）的实施变得更加容易。

IPv6 是年轻的协议，自颁布实施以来，不断地遇到问题也不断地发现新的问题，因此协议的标准也在不断地改进。无论是地址的定义还是协议格式及功能的设定，都与最初颁布的标准有了很大的改进。直至今天，仍不能说是成熟和稳定的，还在发展变化之中。但其主体结构和思想原则是可行的，并且已经在实践中得到了验证。相信未来还会有变化，但主要是新功能的开发和定义，尤其是移动设备高速发展的今天，对基本传输协议的需求在与日俱增。新的技术一定会引导新的进步。读者在学习本章的内容时，会发现与一些相关书籍描述有不同，这也是 IPv6 技术发展的证明。也希望读者关注和跟踪标准的发展和变化，而不仅仅相信某一本书。

5.2 IPv6 地址

在 IPv6 中，每个地址占 128 位，地址空间大于 3.4×10^{38}。如果整个地球表面（包括陆地和水面）都覆盖着计算机，那么 IPv6 允许每平方米拥有 7×10^{23} 个 IP 地址。如果地址分配速率是每微秒分配 100 万个地址，则需要 10^{19} 年时间才能将所有可能的地址分配完毕。可见在想象得到的将来，IP 的地址空间是不可能用完的。考虑到 IPv6 的地址分配方式，不是每一个地址都可以得到使用，但是分配到每个人，其数量仍然是巨大的。

5.2.1 IPv6 地址格式

巨大的地址范围还必须使维护互联网的人易于阅读和操纵这些地址。IPv4 所用的点分十进制记法现在也不够方便了。读者可以想象用点分十进制记法的 128 位（16 字节）地址写法会有多么不便。IPv6 地址有基本格式和压缩表示法。

基本格式中，IPv6 地址的 128 位中每 16 位为一段（field），每段的 16 位二进制数又分别转换为 4 个十六进制数，这样 128 位的 IPv6 地址就被分成了 8 段，每段之间用冒号分隔。这种表示方法叫“冒号十六进制表示方法”。

下面是一个二进制表示的 128 位的 IPv6 地址：

0010000000000001000011011011100000000000000000000000000000000000

0000000000001000000010000000000000100000000011000100000101111010

将其分为 8 段，每 16 位一段：

0010000000000001　0000110110111000　0000000000000000　0000000000000000

0000000000001000　0000100000000000　0010000000001100　0100000101111010

每段都转换为 4 个十六进制数，段之间用冒号隔开，就成为了如下的地址形式：

2001:0db8:0000:0000:0008:0800:200c:417a

在 IPv6 地址的每段中，前导的 0 要去掉，但每段要至少保留一个数字，上述 IP 地址去掉前

导 0 的过程如图 5-1 所示。

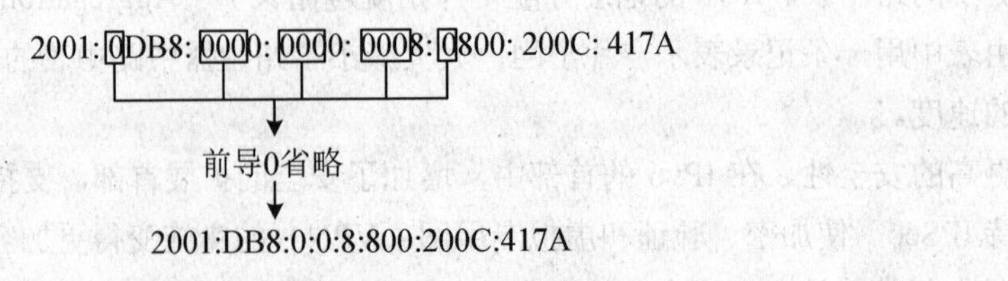

图 5-1　IPv6 地址中省略前导 0

为了使地址更加简洁，IPv6 使用压缩表示的格式，如果 IPv6 地址存在一个或多个连续的全 0 段，可以用：：表示。

如地址 2001: db8: 0: 0: 8:800:200c:417a 中，第 3、4 段均为全 0（即每段的 16 位均为 0），则 3、4 段可压缩为：：，压缩后该地址为 2001: db8:: 8:800:200c:417a。

与 IPv4 地址表示类似，可以用 CIDR 方式表示 IPv6 地址的前缀。例如：

2001:db8:0:cd30::/60

表示前 60 位为该地址的子网前缀。

当要同时写出一个结点的结点地址和子网前缀时，二者可以合并写出，例如：

结点地址：2001:db8:0:cd30:123:4567:89ab:cdef

子网号：　2001:db8:0:cd30::/60

可合并为：　2001:db8:0:cd30:123:4567:89ab:cdef/60

关于地址的表示方法，以前的标准比较灵活，表示方法也比较混乱，例如：

2001:db8:0:0:1:0:0:1

2001:0db8:0:0:1:0:0:1

2001:db8::1:0:0:1

2001:db8::0:1:0:0:1

2001:0db8::1:0:0:1

2001:DB8:0:0:1::1

2001:db8:0000:0:1::1

2001:DB8:0:0:1::1

这些都是同一个地址，也都是合法的表示方法，但在实际应用中给用户、系统工程师以及程序员等带来了很多麻烦。2010 年 8 月，IETF 颁布了 RFC 5952（A Recommendation for IPv6 Address Text Representation），将 IPv6 的地址表示方法做了规范。

（1）前导“0”必须去掉。

例如：　2001:0db8::0001 将作为不规范表示法而被禁止，它必须表示为

2001:db8::1

一个单独的 16 位 0000 字段，必须表示为 0。

（2）关于“::”的用法。

- 尽可能地用“::”去缩短 IPv6 的地址表示，例如：

  2001:db8:0:0:0:0:2:1 必须压缩为 2001:db8::2:1。

而 2001:db8::0:1 这种表示法是被禁止的，它违背了“尽可能缩短”的原则，正确的表示法为

2001:db8::1

- “: :”不能用于单独16位0字段的压缩。例如：
  2001:db8:0:1:1:1:1:1 是正确的表示法，但 2001:db8::1:1:1:1:1 是错误的。
- “: :”应用位置的选择。当一个 IPv6 地址有多个位置出现连续 0 字段时，最长的连续 0 字段必须用“::”去压缩，例如：2001:0:0:1:0:0:0:1，必须在 3 个 0 字段用“::”压缩。

当 0 字段的长度相同时，必须压缩左起第一个 0 字段。例如：2001:db8:0:0:1:0:0:1 必须压缩为 2001:db8::1:0:0:1 才是正确的。

（3）十六进制的 a，b，c，d，e，f 必须以小写的形式出现。

5.2.2　IPv6 地址分类

IPv6 地址用于标识不同的网络接口，按其标识网络接口的多少，IPv6 地址有 3 种类型：单播（Unicast）、多播（Multicast）和任播（Anycast）。广播地址已不再使用，其功能由多播地址来替代。

IPv6 地址类型由地址高阶的若干位来标识，如下所示：

地址类别	二进制的前缀	IPv6 表示
未指定	00...0 (128 bits)	::/128
回环测试	00...1 (128 bits)	::1/128
多播地址	11111111	ff00::/8
链路本地单播地址	1111111010	fe80::/10
全球域单播地址	（其他所有地址）	

任播地址占用单播地址空间，且并没有从句法上予以区别。

以上定义引自于标准文档[RFC 4291]（IPv6 Addressing Architecture）。标准中并未限定在全球域单播地址空间进一步定义一些地址域，以便用于特定应用。但在新定义未颁布之前，所有的软硬件实现必须遵从上述定义。

1．单播地址

IPv6 地址可用可变长度前缀进行汇聚，这一点类似于用 CIDR 方式表示的 IPv4 地址。

有几类单播地址，目前已定义的有链路－本地地址（Link-local Address）、站点－本地地址（Site-local Address，早期定义，且已有设施予以实现，目前不再采用）、全球单播地址（Global Unicast Address）。也有一些特别用途的全球单播地址的子类，如嵌入 IPv4 地址的 IPv6 地址。未来还可能定义地址的类别或子类。

IPv6 结点可能对地址的内部结构知晓或知道的很少，这依据结点采用的规则。在最简单结点内，可能会认为单播地址没有结构之分。在它们看来，单播地址就是如下的 128 位二进制符号：

```
|                 128 bits                  |
+-------------------------------------------+
|                 结点 地 址                 |
+-------------------------------------------+
```

略复杂一点的主机可能会认识到它所连接的链路的子网前缀，在下面的结构中不同的地址具有不同的 *n* 值：

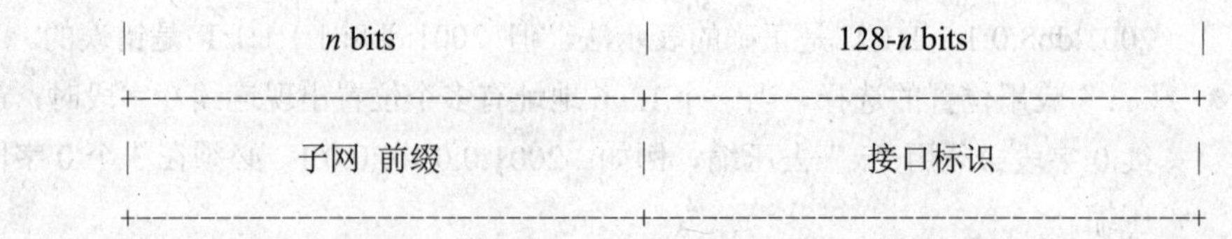

尽管非常简单的路由器对 IPv6 单播地址内部结构没有什么了解，但对路由协议操作而言，路由器通常知晓一个或者多个边界层级结构。依照路由器所在的层级、路由结构的位置不同，它们对边界的了解也会有差异。

除了子网边界的知识之外，结点不能对 IPv6 的结构做任何假设和猜测。

（1）接口标识符（Interface ID）。

单播地址的接口标识符用于标识链路上的不同接口，在一个子网前缀内必须是唯一的。有时还要求其在边界域内的唯一性。在某些情况下，接口标识符直接来源于链路层地址。例如，在以太网中接口标识符来自于 MAC 地址。

除以二进制 000 开头的单播地址外，所有的单播地址接口标识符要求要有 64 位长，并按照修改的 EUI-64 格式。

所谓修改的 EUI-64 格式，是将 IEEE EUI-64 的“u”位改变。改变的方法将在下面的举例中介绍。

根据所连接的链路或结点的特性，有几种方法用于生成 EUI-64 格式的接口标识符。

下面介绍几种常用的方法。

- 采用 IEEE EUI-64 标识符的链路或结点。

IEEE EUI-64 标识符生成接口标识符所做的仅有的变化就是转换“u”位的值。下例是一个全球域唯一的 IEEE EUI-64 标识符：

```
|0              1|1              3|3              4|4              6|
|0              5|6              1|2              7|8              3|
+----------------+----------------+----------------+----------------+
|cccccc0gcccccccc|ccccccccmmmmmmmm|mmmmmmmmmmmmmmmm|mmmmmmmmmmmmmmmm|
+----------------+----------------+----------------+----------------+
```

这里的“c”是分配给公司标识，“0”是 u/l 位的值，用于指定全球域，“g”是 i/g 位，“m”是用于生产商选择的扩展标识符。

用此例生成的 IPv6 接口标识符将会有如下形式,仅有的改变就是 u/l 位：

```
|0              1|1              3|3              4|4              6|
|0              5|6              1|2              7|8              3|
+----------------+----------------+----------------+----------------+
|cccccc1gcccccccc|ccccccccmmmmmmmm|mmmmmmmmmmmmmmmm|mmmmmmmmmmmmmmmm|
+----------------+----------------+----------------+----------------+
```

- 采用 IEEE 802 48-bit MAC 地址的链路或结点。

用 48-bit MAC 标识符生成 IEEE EUI-64 标识符的方法是：在 48-bit MAC 中间（在公司 id 和厂商设计 id 之间）插入 0xff 和 0xfe 两个字节，如下例。

这是一个全球域的 48-bit IEEE MAC：

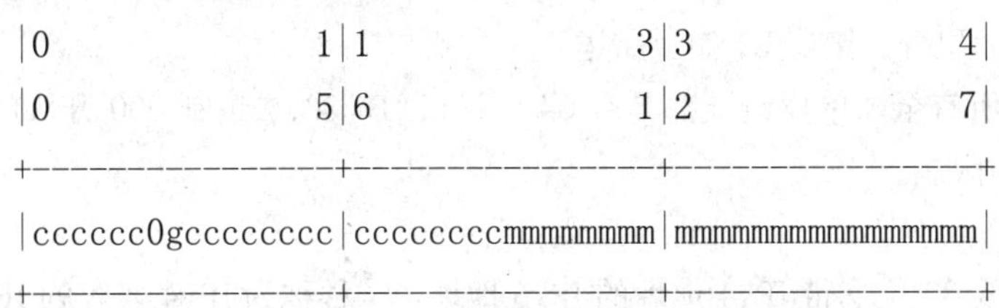

```
|0              1|1              3|3              4|
|0              5|6              1|2              7|
+----------------+----------------+----------------+
|cccccc0gcccccccc|ccccccccmmmmmmmm|mmmmmmmmmmmmmmmm|
+----------------+----------------+----------------+
```

这里的“c”是给定的公司 id，“0” u/l 位的值用以指定其为全球域，“g”是 i/g 位，“m”是厂商提供的扩展标识符。接口标识符生成如下：

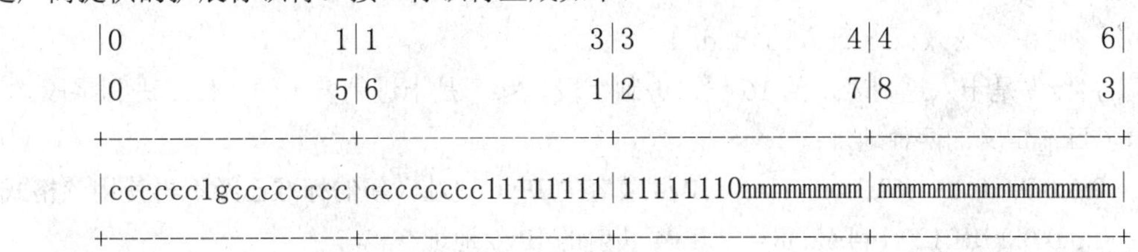

```
|0              1|1              3|3              4|4              6|
|0              5|6              1|2              7|8              3|
+----------------+----------------+----------------+----------------+
|cccccc1gcccccccc|cccccccc11111111|11111110mmmmmmmm|mmmmmmmmmmmmmmmm|
+----------------+----------------+----------------+----------------+
```

当 IP 运行在以太网环境时，由于以太网卡内固化了 IEEE 802 48-bit MAC，系统实现程序将利用此 MAC 地址生成接口标识符，进而构成 IPv6 地址（加上子网前缀）。因为 MAC 的全域唯一性，使得 IP 地址在子网域内乃至全域内的唯一性。

- 其他类型标识符的链路。

在 IEEE EUI-64 或 IEEE 802 48-bit MAC 之外，还有数种链路具有链路层接口标识符。例如，LocalTalk 和 Arcnet，这种情况下生成修改的 EUI-64 格式标识符的方法是：取链路标识符，在其左侧填充 0。例如，LocalTalk 具有 8 位结点标识符，如其十六进制为 0x4f，则接口标识符生成如下：

```
|0              1|1              3|3              4|4              6|
|0              5|6              1|2              7|8              3|
+----------------+----------------+----------------+----------------+
|0000000000000000|0000000000000000|0000000000000000|0000000001001111|
+----------------+----------------+----------------+----------------+
```

注意，这里的 u/l 位设成“0”。

- 没有标识符的链路。

还有一些链路不具有内部固化的标识符，最常见的是串行链路和配置的通道。这种情况下，优先选择的方案是采用赋值给这个结点其他接口或结点的全域接口标识符。如果没有全域接口标识符，实现程序需要产生一个本地域接口标识符，仅有的要求是要在本子网前缀内是唯一的。有一些方案可用于选择子网前缀内唯一的接口标识符：

- ✧ 手动配置；
- ✧ 结点序列号；
- ✧ 其他结点指定的标识。

（2）全球域单播地址（Global Unicast addresses）。

IPv6 的全球单播地址的基本格式如下：

```
|         n bits         |  m bits  |       128-n-m bits         |
+------------------------+----------+----------------------------+
|    全 球 路 由 前 缀    |  子 网 ID |       接    口    ID        |
+------------------------+----------+----------------------------+
```

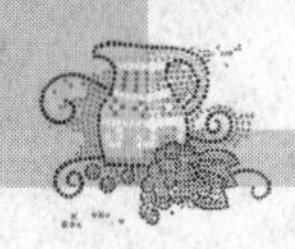

这里的全球路由前缀是分配给一个站（site）的值（涵盖一个子网/链路群）；子网 ID 是在站（site）的区域内的一个子网标识符；接口 ID 如上所述。

除以二进制 000 开头的所有全球单播地址都具有 64 位接口 ID。以二进制 000 开头的全球单播地址没有对接口 ID 长度的限制。

（3）嵌入 IPv4 地址的 IPv6 地址。

标准定义了两种在地址低 32 位携带 IPv4 地址的 IPv6 地址。一种称为 IPv4 兼容的 IPv6 地址（IPv4-Compatible IPv6 address），另一种为 IPv4 映射的 IPv6 地址（IPv4-mapped IPv6 address），格式如下：

x:x:x:x:x:x:d.d.d.d,

这里的“x”是十六进制表示的 16 位二进制字段，“d”是十进制表示的 8 位二进制字段。下例中表示了目前定义的两种地址：

0:0:0:0:0:0:13.1.68.3 -- IPv4 兼容的 IPv6 地址（新的标准已经不再使用该格式）

0:0:0:0:0:ffff:129.144.52.38 -- IPv4 映射的 IPv6 地址

上述例子按照新的格式定义应表示为：

::13.1.68.3

::ffff:129.144.52.38

（4）链路—本地单播地址（Link-local Address）。

链路—本地地址用于单独的链路，其格式如下：

```
| 10 bits  |         54 bits         |         64 bits            |
+----------+-------------------------+----------------------------+
|1111111010|            0            |       interface ID         |
+----------+-------------------------+----------------------------+
```

链路—本地地址一般用于在单独链路中寻址，比如自动地址配置、邻结点发现或没有路由器的环境。

路由器不能将任何以链路—本地地址为源地址或目标地址的数据包向前传递给其他链路。

下面以 Windows XP 为例，说明怎样查看链路—本地地址。

首先，在 Windows XP 下安装 IPv6 协议。其具体步骤如下。

① 打开命令提示符，依次单击“开始”→“所有程序”→“附件”→“命令提示符”。

② 在命令提示符下依次输入“netsh”→“int ipv6”→“install”，如图 5-2 所示。

```
C:\Documents and Settings\Administrator>netsh
netsh>int ipv6
netsh interface ipv6>install
确定。

netsh interface ipv6>_
```

图 5-2 IPv6 协议的安装

③ 在命令提示符下查看本机 IPv6 地址，依次输入“netsh”→“int ipv6”→“show add”，如图 5-3 所示。

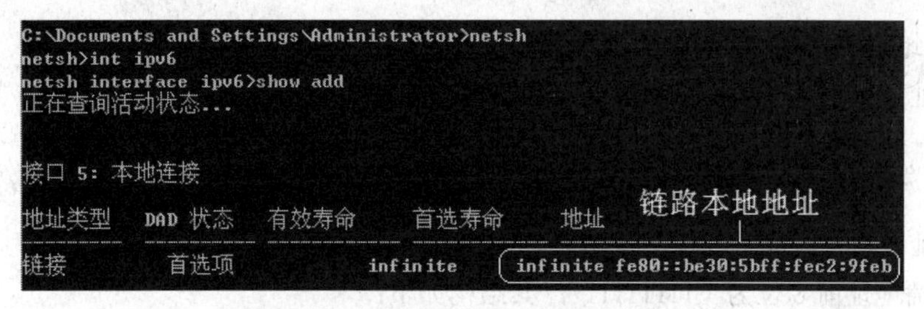

图 5-3　查看链路本地地址

查看到本机的链路本地地址为“fe80::be30:5bff:fec2:9feb”。可以看出，链路－本地地址的十六进制形式为“fe80::InterfaceID”，其前缀固定为 fe80::/64，其接口标识符使用 EUI-64 方法自动生成。

（5）站点—本地单播地址（Site-local Address）。

一个站点（Site）不是单一的结点，它可能涵盖一个子网群或链路群。站点—本地地址最初设计是为了在站点的范围内寻址，而无需全球域的前缀。目前，站点—本地地址已不再采用。

站点—本地地址具有如下格式：

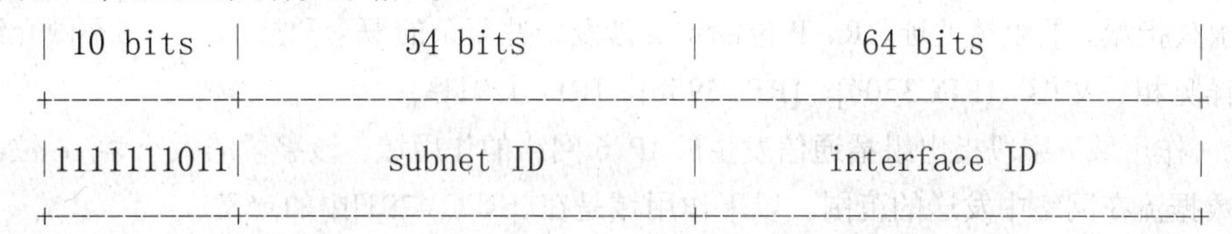

10 bits	54 bits	64 bits
1111111011	subnet ID	interface ID

在[RFC3513]中定义的站点—本地地址在新的标准[RFC4291]中已明确的宣称废止，并要求在新的实现中不予支持。如果新的实现遇到此类前缀将会当作全球域单播地址。已有的实现（软件和硬件）也可以继续使用该前缀。

2. 任播地址

一个 IPv6 任播地址（Anycast Addresses）一般分配给多于一个的接口（属于不同结点），数据包发送给该类地址时，将被路由到“最近”（依据路由协议的测量标准）一个具有该地址的接口。

任播地址取自于单播地址空间，使用任意一种单播地址格式，它们在句法上是没有区别的。当一个单播地址被分配给多于一个的接口时，就变成了任播地址。结点被分配任播地址时，必须明确的配置以使结点确知该地址为任播地址。

任播地址可用于识别属于提供 Internet 服务的组织的网络路由器群。此类地址在 IPv6 协议的路由头部作为中间地址，从而使数据包能通过特定的服务商网络或者一系列该类服务商网络予以传递。

另一种可能的应用是用于识别连接特定子网的路由器群或者进入特定路由域的若干路由器。

目前定义了一种子网—路由器任播地址（Subnet-Router anycast address），格式如下：

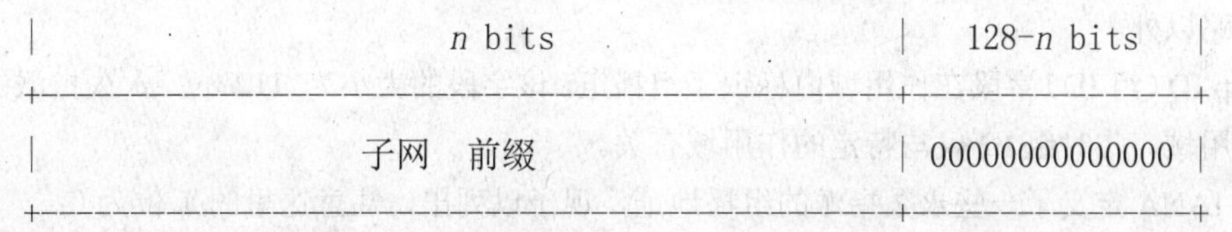

n bits	128-*n* bits
子网　前缀	00000000000000

这里的子网前缀用于指定特定的链路。这个任播地址在句法上与该链路的接口单播地址相同，但接口标示符设成了“0”。

发送给子网—路由器任播地址的数据包将被送给该子网上的路由器之一。

3. 组播地址

组播地址（Multicast Addresses）是一组接口（一般属于不同结点）的标识符，只能作为目的地址。送往一个组播地址的数据包将被传送至有该地址标识的所有接口上。因为一个组播地址对应多个接口，所以需清楚所给出的组播地址与哪些接口对应。IPv6 的组播地址不仅取代了 IPv4 中的广播地址，而且完成了其他一些功能。

IPv6 组播地址前 8 位为“11111111”，其结构如下：

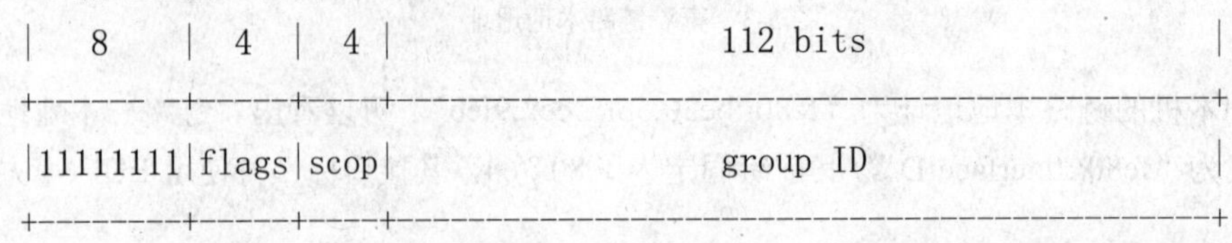

```
|   8    |  4  |  4 |                  112 bits                   |
+------- -+-----+----+---------------------------------------------+
|11111111|flags|scop|                  group ID                   |
+--------+-----+----+---------------------------------------------+
```

Flags（标志）字段指出组播地址类别。该字段为 4 位。RFC 2373 只定义了最后一位 T，前三位设成 0。之后，多个 RFC 文档定义了第二位和第三位。最高位为“0”，接下来顺序为 R、P、T 三位。每一位都指定该组播地址的一些特性。比如，（T）标志设置为 0 时，指出组播地址是由 Internet 编号授权委员会（IANA）永久指派的多播地址。当 T 标志设置为 1 时，指出组播地址是临时（非永久指派）的组播地址。R、P 位的定义涉及一些复杂的概念和技术，本书不做介绍，用到的读者详见相关文档（[RFC3306]、[RFC3956]、[RFC4291]）。

Scope（作用域）字段指出组播通信发生的 IPv6 网络的作用域。该字段的大小为 4 位。用来限制组播数据流在网络中发送的范围。以下作用域是在 [RFC 4291]中的定义：

- 0：预留。
- 1：结点本地范围。
- 2：链路本地范围。
- 3：预留。
- 4：管理员控制本地范围。
- 5：站点本地范围。
- 8：组织本地范围。
- E：全局范围。
- F：预留。

其余值尚未指定其意义。

在已指定的值中，链路本地范围、站点本地范围、全局范围与单播地址中的相应范围含义相同。结点本地范围代表一个结点内部，仅用于在结点内部发送回环测试的组播数据；组织本地范围代表属于一个组织的多个站点的范围。

例如，使用组播地址 FF02::2 的通信有链路本地作用域。IPv6 路由器永远不会将此通信转发到本地链路以外。

Group ID（组 ID）字段在作用域内标识了组播组，该字段的大小为 112 位。永久指派的组 ID 独立于作用域。临时组 ID 仅与特定的作用域有关。

目前 IANA 定义了一些永久指派的组播地址，现予以列出，注意这里的 T 位为 0：

- 保留的组播地址。

ff00:0:0:0:0:0:0:0

ff01:0:0:0:0:0:0:0

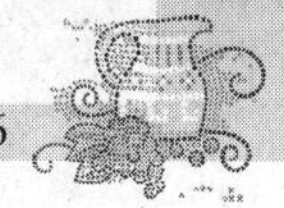

ff02:0:0:0:0:0:0:0

ff03:0:0:0:0:0:0:0

ff04:0:0:0:0:0:0:0

ff05:0:0:0:0:0:0:0

ff06:0:0:0:0:0:0:0

ff07:0:0:0:0:0:0:0

ff08:0:0:0:0:0:0:0

ff09:0:0:0:0:0:0:0

ff0a:0:0:0:0:0:0:0

ff0b:0:0:0:0:0:0:0

ff0c:0:0:0:0:0:0:0

ff0d:0:0:0:0:0:0:0

ff0e:0:0:0:0:0:0:0

ff0f:0:0:0:0:0:0:0

这些地址不允许分配给任何组播组。

- 所有结点组播地址。

ff01:0:0:0:0:0:0:1

ff02:0:0:0:0:0:0:1

这些组播地址标识着作用域 1（接口—本地）、作用域 2（链路—本地）中的所有 IPv6 结点构成的组。

- 所有路由器组播地址。

ff01:0:0:0:0:0:0:2

ff02:0:0:0:0:0:0:2

ff05:0:0:0:0:0:0:2

这些组播地址标识着作用域 1（接口—本地）、作用域 2（链路—本地）及作用域 5（站点—本地）中的所有 IPv6 路由器构成的组。

- 请求结点组播地址。

ff02:0:0:0:0:1:ffxx:xxxx

请求结点的地址是用结点的单播地址或任播地址的后 24 位加上前缀 ff02:0:0:0:0:1:ff00::/104 来构成。

例如：IPv6 结点的地址为

4037::01:800:200e:8c6c

则请求结点的组播地址为

ff02::1:ff0e:8c6c

请求结点的组播地址用于结点发现本链路上其他结点的链路层地址以及做重复地址检测。

以上介绍了 3 类地址。单播允许源结点向单一目标结点发送数据报，组播允许源结点向一组目标结点发送数据报，而任播则允许源结点向一组目标结点中的一个结点发送数据报，而这个结点由路由系统选择，对源结点透明；同时，路由系统选择“最近”的结点为源结点提供服务，从而在一定程度上为源结点提供了更好的服务，也减轻了网络负载。

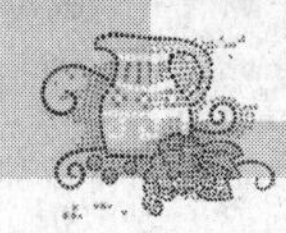

5.2.3 IPv6 地址分配

1. 对 IPv6 结点地址的要求

要求主机能够辨认如下地址来确定自己的身份：

- 每一个接口的链路—本地地址（Link-Local address）；
- 已经配置给结点接口的任意其他的单播或任播地址；
- 回环地址（loopback address）；
- 上述定义的所有结点组播地址（All-Nodes multicast addresses）；
- 每一个单播地址和任播地址构成的请求结点组播地址（Solicited-Node multicast address）；
- 结点所属的其他组的组播地址。

要求 IPv6 路由器能够辨认所有上述地址，同时还要辨认如下地址以确定自己的身份：

- 本路由器上所有接口的子网—路由器任播地址（Subnet-Router Anycast addresses）；
- 本路由器上已经配置的所有其他任播地址；
- 上面定义的所有—路由器组播地址（All-Routers multicast addresses）。

2. 地址的分配

IPv6 单播地址配置可以分为手动地址配置和自动地址配置两种方式。自动地址配置方式又可以分为无状态地址自动配置和有状态地址自动配置两种。

在无状态地址自动配置方式下，网络接口接收路由器宣告的全局地址前缀，再结合接口 ID 得到一个全局单播地址。在有状态地址自动配置的方式下，主要采用动态主机配置协议（DHCP），需要配备专门的 DHCP 服务器，网络接口通过客户机/服务器模式从 DHCP 服务器处得到地址配置信息。

与手动地址配置相比，无状态地址自动配置无需用户进行操作，提高了地址配置的自动化程度；与有状态地址自动配置（DHCP）相比，无状态地址自动配置只需路由器通告前缀，而无须记录地址的分配情况，减少了设备的负担。

在无状态地址自动配置过程中，路由器负责前缀通告。结点收到路由器通告的地址前缀后，加上自动生成的地址后缀（接口 ID）即可得到完整的地址。结点在生成地址后缀时，一般使用 EUI-64 方法基于链路层地址生成，因此在同一网段中不会出现地址冲突。

无状态地址自动配置的具体过程由 IPv6 的邻结点发现（Neighbor Discovery，ND）协议完成，感兴趣的读者可查阅相关资料。

5.3 IPv6 协议基本格式

IPv6 的数据报格式如图 5-4 所示。

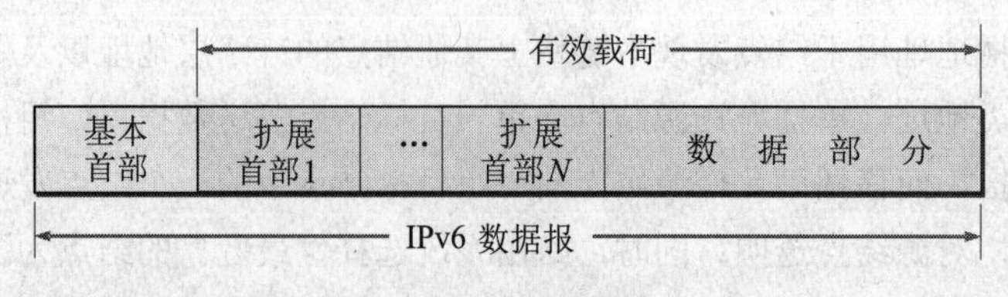

图 5-4 IPv6 数据报一般格式

IPv6 数据报由 IPv6 基本报头和 IPv6 有效载荷组成。基本首部（Base Header）的大小固定，其后的有效载荷中允许有零个或多个扩展首部（Extension Header），再后是上层协议的数据。

IPv6 通过将 IPv4 报头中的某些字段裁减或移入到扩展报头，减小了 IPv6 基本报头的长度。IPv6 使用固定长度的基本报头，从而简化了转发设备对 IPv6 报文的处理，提高了转发效率。尽管 IPv6 地址长度是 IPv4 地址长度的 4 倍，但 IPv6 基本报头的长度只有 40 字节，为 IPv4 报头长度（不包括选项字段）的 2 倍。

图 5-5 所示为 IPv6 基本首部的格式。每个 IPv6 数据报都从基本首部开始。IPv6 基本首部的不少字段可以和 IPv4 首部中的字段直接对应。

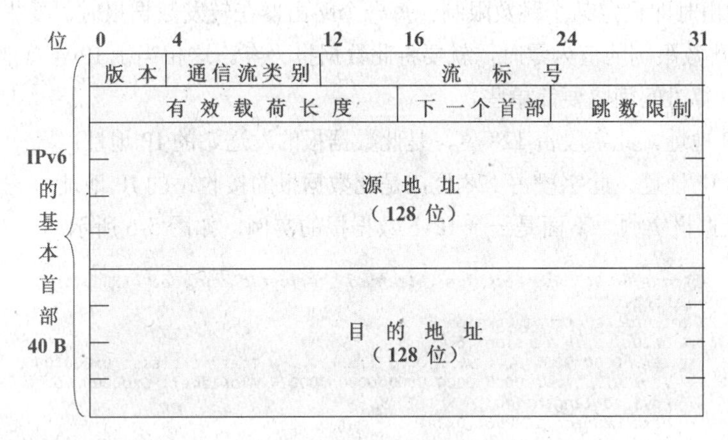

图 5-5　IPv6 数据报基本首部格式

下面介绍 IPv6 基本首部中的各字段。

（1）版本（Version）。此字段占 4 位，它指明了协议的版本，对于 IPv6 该字段总是 6。

（2）通信流类别（Traffic Class）。此字段占 8 位，指明数据报的流类型。该字段执行与 IPv4 首部服务类型相同的功能。

需要说明的是，这个字段在 IPv4 中是一个最不稳定而且至今仍然没有定论的一个字段。最初定义为 TOS（Type of Service），后期又定义成 DS（differentiated service），又增加了显式拥塞指示功能（ECN）。IPv6 期望能简化该字段的定义。在定义没有确定为固定标准时，IPv6 要有能够支持该字段的方法。其默认值为 0。当出现了无法确认的值时，IPv6 要将其忽略，但不得改变其值，其高层协议也不能对该字段的值做任何猜测。

（3）流标号（Flow Label）。此字段占 20 位，该字段标明了一个流，其目的是不需查看内部数据，路由器就能识别属于同一流的数据并以类似的方式进行处理。

IPv6 提出流的抽象概念。所谓流就是互联网络上从一个特定源站到一个特定目的站（单播或多播）的一系列数据报，而源站要求在数据报传输路径上的路由器保证指明的服务质量。例如，两个要发送视频的应用程序可以建立一个流，它们所需要的带宽和时延在此流上可得到保证。另一种方式是，网络提供者可能要求用户指明他所期望的服务质量，然后使用一个流来限制某个指明的计算机或指明的应用程序所发送的业务流量。流也可以用于某个给定的组织，用它来管理网络资源，以保证所有的应用能公平地使用网络。

所有属于同一个流的数据报都具有同样的流标号。源站在建立流时是在 $2^{20}-1$ 个流标号中随机选择一个，即流标识符。流标号 0 保留，作为指出没有采用流标号。源站随机地选择流标号并不会在计算机之间产生冲突，因为路由器在将一个特定的流与一个数据报相关联时，使用的是数据报的源地址和流标号的组合。

（4）有效载荷长度（Payload Length）。此字段占 16 位，指明除首部自身的长度外，IPv6 数据报所载的字节数。可见一个 IPv6 数据报可容纳 64KB 的数据。由于 IPv6 的首部长度是固定的，因此没有必要像 IPv4 那样指明数据报的总长度（首部与数据部分之和）。

（5）下一个首部（Next Header）。此字段占 8 位，标识接在 IPv6 基本首部后面的扩展首部的类型或上层协议的类型。

（6）跳数限制（Hop Limit）。此字段占 8 位，用来防止数据报在网络中无限期地存在。源站在每个数据报发出时即设定某个跳数限制。每一个路由器在转发数据报时，要先将跳数限制字段中的值减 1。当跳数限制的值为零时，就要将此数据报丢弃。这相当于 IPv4 首部中的寿命字段，但比 IPv4 中的计算时间间隔要简单些。

（7）源站 IP 地址。此字段占 128 位，是此数据报的发送站的 IP 地址。

（8）目的站 IP 地址。此字段占 128 位，是此数据报的接收站的 IP 地址。

（9）IPv6 数据报实例。下面是一个 IPv6 数据报的实例，如图 5-6 所示。

```
⊞ Frame 6: 94 bytes on wire (752 bits), 94 bytes captured (752 bits)
⊞ Ethernet II
⊟ Internet Protocol Version 6
  ⊞ 0110 .... = Version: 6
  ⊞ .... 0000 0000 .... .... .... .... .... = Traffic class: 0x00000000
    .... .... .... 0000 0000 0000 0000 0000 = Flowlabel: 0x00000000
    Payload length: 40
    Next header: ICMPv6 (0x3a)
    Hop limit: 128
    Source: fe80::240:5ff:fe42:e967 (fe80::240:5ff:fe42:e967)
    [Source SA MAC: AniCommu_42:e9:67 (00:40:05:42:e9:67)]
    Destination: fe80::20d:88ff:fe47:5826 (fe80::20d:88ff:fe47:5826)
    [Destination SA MAC: D-Link_47:58:26 (00:0d:88:47:58:26)]
⊟ Internet Control Message Protocol v6
    Type: Echo (ping) request (128)
    Code: 0
    Checksum: 0x065f [correct]
    Identifier: 0x0000
    Sequence: 52
  ⊞ Data (32 bytes)
```

图 5-6　IPv6 数据报首部

该数据报是在图 5-7 所示的 ping 命令过程中，由主机发送的第一个 ping 命令的报文。

```
C:\Documents and Settings\jsjwl>ping6 fe80::20d:88ff:fe47:5826%5

Pinging fe80::20d:88ff:fe47:5826%5
from fe80::240:5ff:fe42:e967%5 with 32 bytes of data:

Reply from fe80::20d:88ff:fe47:5826%5: bytes=32 time<1ms
Reply from fe80::20d:88ff:fe47:5826%5: bytes=32 time<1ms
Reply from fe80::20d:88ff:fe47:5826%5: bytes=32 time<1ms
Reply from fe80::20d:88ff:fe47:5826%5: bytes=32 time<1ms
```

图 5-7　IPv6 下的 ping 命令

例中，IPv6 数据报首部各字段的取值和含义如下。

版本（Verison）=6：说明此 IP 数据报是 IPv6 的数据报。

流类别（Traffic Class）=0：说明此 IPv6 数据报属于默认的流类型，无须特殊处理。

流标号（Flow Label）=0：不使用流功能，所以该字段的取值一般为 0。

有效载荷长度（Payload Length）=40：说明有效载荷一共为 40 字节。

下一个首部（Next Header）=58（即十六进制 3a）：说明载荷部分数据为 ICMPv6 的数据，由此可看出此 IPv6 数据报没有扩展首部，载荷部分直接为上层协议数据。

跳数限制（Hop Limit）=128：说明此数据报在传输过程中最多跨越 128 台路由器。

源站 IP 地址=fe80::240:5ff:fe42:e967：该地址为数据报的发送主机的地址，由取值可以看出，这是一个链路本地地址。

目的站 IP 地址= fe80::20d:88ff:fe47:5826：该地址为数据报接收方主机的地址，也是一个链路本地地址。该地址是执行 ping 命令时由用户指定的。

5.4 IPv6 扩展首部

5.4.1 IPv6 扩展首部概述

基本的 IPv6 首部对于执行转发等基本功能是足够的，但一些扩展功能，如源站指定路由等，还需要更多的字段。因为基本首部是固定的，所以 IPv6 将实现扩展功能的部分放到有效载荷中。根据需要，IPv6 基本首部后面的有效载荷中可以有 0 个、1 个或多个连续的扩展首部，每个扩展首部分别实现不同的扩展功能。

通过扩展首部，IPv6 比 IPv4 提供了更多扩展功能。IPv4 选项字段受限于 40 个字节，而 IPv6 扩展首部仅受限于分组大小。而且，除了逐跳选项扩展首部外，路由器只处理基本首部，而不处理其余扩展首部，这样提高了转发效率并减少了中间路由器的负担。

每个基本首部和扩展首部都包含一个下一个首部（next header）字段。从基本首部开始，每个下一个首部字段指明后续首部的类型。最后一个扩展首部的下一个首部字段指明了后面高层协议的类型。例如，图 5-8 所示为 3 个数据报的下一个首部字段。

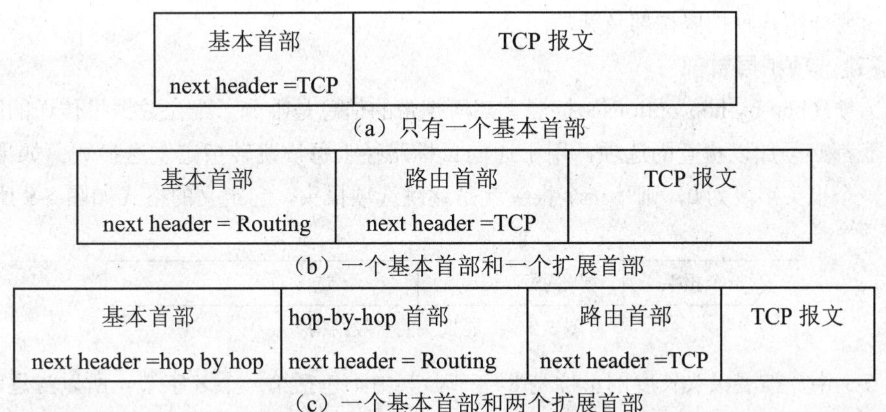

（a）只有一个基本首部

（b）一个基本首部和一个扩展首部

（c）一个基本首部和两个扩展首部

图 5-8　IPv6 数据报的首部与扩展首部

图 5-8（a）、（b）、（c）所示分别包含 0、1、2 个扩展首部，每个首部的下一个首部指明了接下去的首部的类型。其中因为第一个数据报包含 0 个扩展首部，所以其基本首部的下一个首部字段直接指明了高层协议的类型是 TCP。

[RFC2460]中定义了以下几种扩展报头：

逐跳选项 （Hop-by-Hop Options）
路由 （Routing）
分片 （Fragment）
目标选项 （Destination Options）
认证 （Authentication）
封装安全有效载荷 （Encapsulating Security Payload）

扩展报头按其出现的顺序被处理。由于逐跳选项是链路上每一个结点都要处理的扩展选项，因此如果出现必须放在若干扩展选项的前面。IPv6 模块并不扫描所有选项去挑出哪些是必须处理的项目。[RFC2460]推荐，如果出现多于一个扩展报头时，报头按如下顺序出现：

IPv6 报头
逐跳选项报头
目标选项报头（当出现路由报头时用于中间目标）
路由报头
分片报头
身份验证报头
封装安全有效载荷报头
目标选项报头（用于最终目标）
上层报头

特别说明：[RFC2460]中定义了一种路由报头，称为 Type 0。在使用过程中发现存在漏洞易被拒绝服务攻击所利用。因此 IETF 已颁布文件说明不再使用 Type 0 路由报头。如果遇到此类报头，应予以丢弃。详见[RFC 5095]。

5.4.2 IPv6 扩展首部举例

下面简要介绍几种扩展首部及其功能。

1. 逐跳选项扩展首部

逐跳选项（hop-by-hop options）扩展首部所携带的信息是唯一一个在数据报传送的路径上每一个路由器都必须加以检查的选项，用于通向目标路径上每次跳转指定发送参数。如果在 IPv6 报头的下一个报头字段为 0，则下一个报头就是逐跳选项报头。它定义的格式如图 5-9 所示。

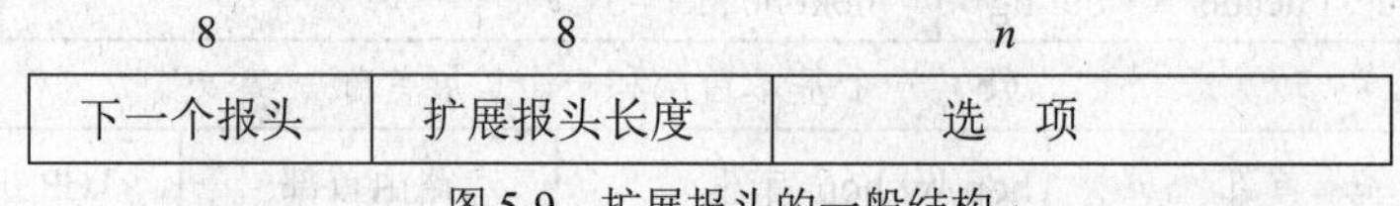

图 5-9　扩展报头的一般结构

在图 5-9 中，扩展报头长度的单位是 8 字节，其中不包括第一个 8 字节。所以当逐跳选项报头总长度为 8 字节时，扩展报头长度字段的值为 0。

选项可以包含一个或若干个，每个选项都遵照 TLV(type-length-value)的格式，如图 5-10 所示。

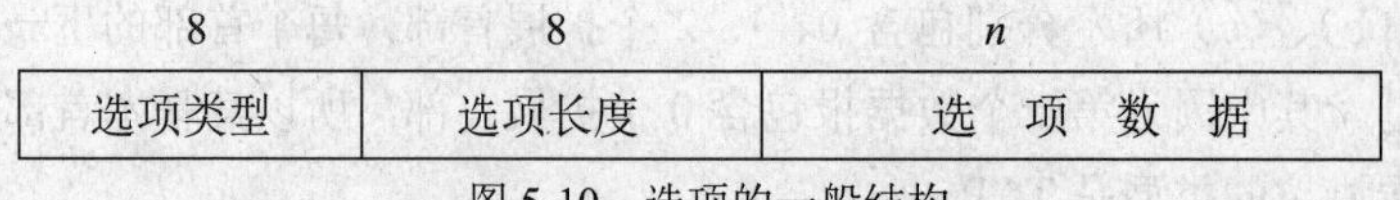

图 5-10　选项的一般结构

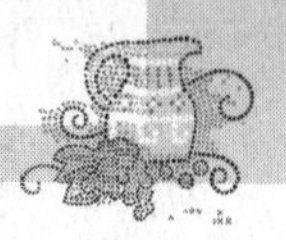

选项类型占 8 位，用其中的高 3 位表示处理方法，高阶 2 位的值的意义如下：

00xxxxxx　跳过这个选项继续处理报头；

01xxxxxx　丢弃此数据报，但不发送 ICMP 报文；

10xxxxxx　丢弃数据报而且不管 IPv6 报头中的目标地址是单播地址还是多播地址，都发送一个 ICMPv6 参数问题报文，表示无法识别该选项类别；

11xxxxxx　丢弃数据报而且只有 IPv6 报头中的目标地址不是多播地址时，才发送一个 ICMPv6 参数问题报文，表示无法识别该选项类别。

高阶第 3 位的值得意义如下：

xx0xxxxx　在通向目标的路径中，选项数据不可以改变；

xx1xxxxx　在通向目标的路径中，选项数据可以改变。

值得注意的是，选项类型是用整个 8 位来标识的，而不仅仅是用余下的 5 位。只不过是要特别注意高三位的值。例如，选项类型值 194（对应二进制 11000010）表示该选项为超大净载荷选项报头，其中高两位 11，指明当结点不能识别此选项的含义时应采取的行动；第三位为 0，指明在数据报从源站到目的站的传送过程中不允许改变。

接下来的 8 位字段为选项长度，以字节为单位。再下面就是选项数据。

现以超大净荷选项报头为例说明逐跳选项扩展报头的使用。

逐跳选项报头携带超大净荷选项时，格式如图 5-11 所示。

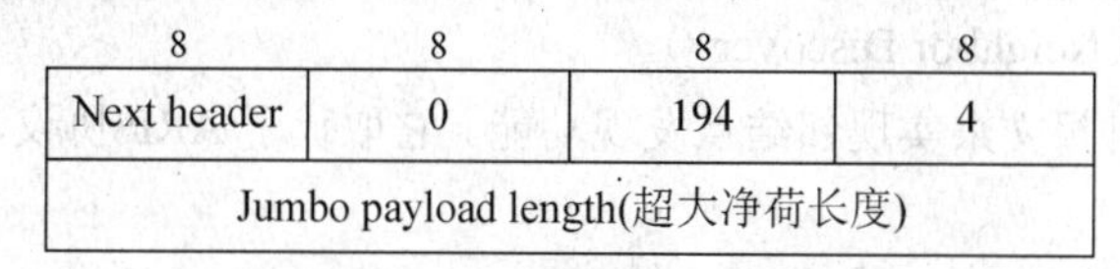

图 5-11　超大净荷选项

超大选项支持超过 65 535 字节的净荷载，当使用这个选项时，IPv6 固定报头中的净荷载字段要设置为 0。

本例中，逐跳选项扩展首部包括以下几个字段。

- 下一个首部（8 bit）。
- 扩展首部的长度（8bit）：长度以 8 字节为单位，但不包括前 8 个字节，所以这个字段值为 0。
- 选项：是逐跳选项扩展报头携带的选项，它按照 TLV 格式。首先是选项类型字段，本例选项类型的值为 194，其意义如上述；下一个字段为选项长度，当前值为 4，表示接下来的 4 个字节（32bit）是选项数据；紧接着 4 个字节是选项数据，标明净载荷长度。小于 65535 字节的长度是不允许的。32bit 长的字段可指明超过 4GB 长的数据。对于这种数据报不能有分片扩展首部。

2．分片扩展首部

IPv6 将分片限制为由源站来完成。在发送数据前，源站必须进行一种称作路径的最大传送单元发现（Path MTU Discovery）的技术，以此来确定沿着这条路径到目的站的最小 MTU。在发送数据报前，源站先将数据报分片，保证每个数据报片都小于此路径的 MTU。因此，分片是端到端的，中间的路由器不需要进行分片。

IPv6 基本首部中不包含用于分片的字段，而是在需要分片时，源站在数据报片的基本首部的

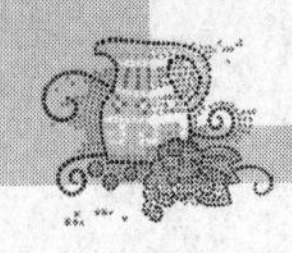

后边插入一个小的分片扩展首部，如图5-12所示。

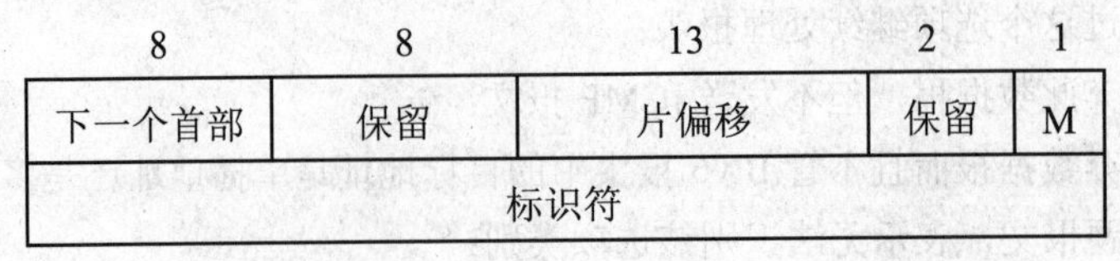

图5-12　分片扩展首部

IPv6保留了IPv4分片的大部分特征。下一个首部字段指明紧接着这个扩展首部的下一个首部。保留字段是为今后使用的。片偏移字段共13bit，它指明本数据报片在原来的数据报中的偏移量，其单位是8个字节。可见每个数据报片必须是8个字节的倍数。再后面的保留字段占2bit，也是为今后使用的。M字段中只有1个比特。M＝1表示后面还有数据报片，M＝0表示已经是最后一个数据报片。标识符字段采用32bit，它用来唯一地标识原来的数据报。

5.5 ICMPv6

IPv6使用ICMPv6来反馈报文传输过程中的一些问题，比如报告传送和转发过程的差错等，并为纠错提供一种简单的回送服务。这一点与IPv4类似，同时ICMPv6还为下列情况提供了一个数据包结构的框架：

- 邻结点发现（Neighbor Discovery）。

ICMPv6使用5种报文来实现邻结点发现功能。它取代了ARP协议，以及路由发现和重定向报文。

- .多播侦听发现（Multicast Listener Discovery）。

ICMPv6使用3种报文实现该功能，相当于IGMPv2。

本节介绍通常的ICMPv6报文，上述两类报文请读者参考相关文档。

5.5.1 ICMPv6报文格式

ICMPv6报文格式如图5-13所示。

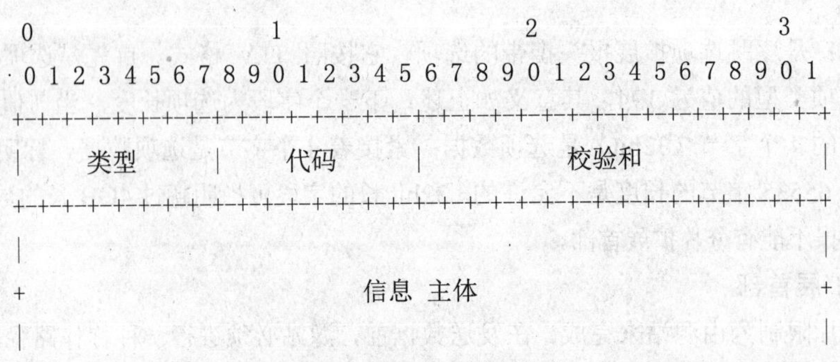

图5-13　ICMPv6报文格式

各字段的意义如下。

- 类型。占8位，指出ICMPv6的类型。ICMPv6的类型分成两类，一是差错报文，第二类是信息报文。类型字段的值从0～127是差错报文，从128～255是信息报文。一个简单的办法区

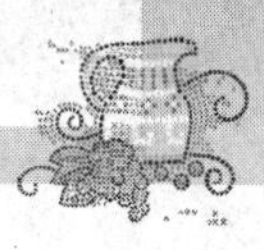

别是差错报文还是信息报文，就是看类型字段字节的最高位，最高位是 0 则是差错报文，1 就是信息报文。

在[RFC4443]中定义了两类报文，其类型值对应的报文如下。

ICMPv6 差错报文:

类型值	报　文
1	目标不可达
2	数据包过大
3	超时
4	参数问题
100	私有实验
101	私有实验
127	预留

ICMPv6 信息报文:

类型值	报　文
128	Echo 请求
129	Echo 应答
200	私有实验
201	私有实验
255	预留

- 代码。占 8 位，其值用于区别给定类型报文中的多个不同报文。例如，目标不可达报文（类型字段的值为 1），当代码字段的值为 3 时，为地址不可达。代码字段的值为 4 时，为端口不可达。
- 校验和。占 16 位，校验和字段用于检测 ICMPv6 数据报的信息和报头的错误。其计算方法与 IPv4 校验和计算方法相同。在计算之前先将校验和字段的值设成 0，再加上一个伪首部。然后进行计算，将计算的结果填入校验和字段。

伪首部的构成如下：用携带本 ICMPv6 的 IPv6 数据报的头部字段中的源地址、目标地址、所携带的 ICMPv6 的长度（4 字节）、3 个字节的 0 和一个字节的下一个首部，将值置为 58。

- 信息主体。ICMPv6 报文的数据，将在下节举例中介绍。

5.5.2　ICMPv6 报文举例

1．目标不可达报文（差错报文）

当 IPv6 数据报无法被转发到目标结点或上层协议时，路由器或目标结点发送 ICMPv6 目标不可达差错报文。目标不可达报文格式如图 5-14 所示。

类型字段值为 1，代码字段取值范围 0～6，后面是校验和字段。接着是 4 字节的未用字段。这 4 个字节可以是任意值，但在形成报文时要求由形成报文的结点将其初始化为 0，接收结点对其任何值都不予理会。

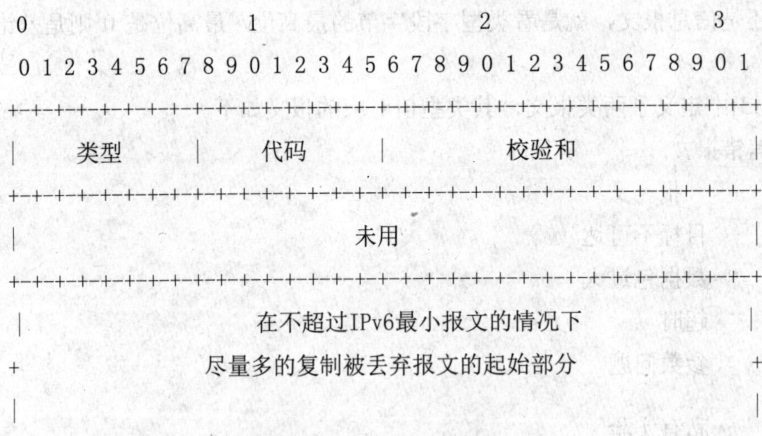

图 5-14　目标不可达报文

目标不可达报文主体是被丢弃报文的前导部分。最小的 IPv6 数据报长度为 1280 字节，而 ICMPv6 报文要封装在 IPv6 报文中传送。也就是 IPv6 报文的有效载荷。如果 IPv6 不包括扩展报头，其报头长度为 40 字节，这样 ICMPv6 目标不可达报文就可以有 1240 字节的长度，去掉报头的 8 个字节，则数据部分可达 1232 个字节。

代码字段区别出目标不可达的各类情况，其代码和含义如下：

代码	含义
0	没有通向目标的路由
1	与目标的通信被管理行为禁止
2	超出了源站地址范围
3	地址不可达
4	端口不可达
5	源站地址范围进出策略失败
6	到目标的路由被拒绝

2．回送请求报文（信息报文）

ICMPv6 回送请求报文发送至目标结点，请求目标结点立即发回一个回送应答报文。这种请求/应答机制提供了一个简单的诊断工具用来协助检查处理各种可达性问题和路由问题。回送请求报文格式如图 5-15 所示。

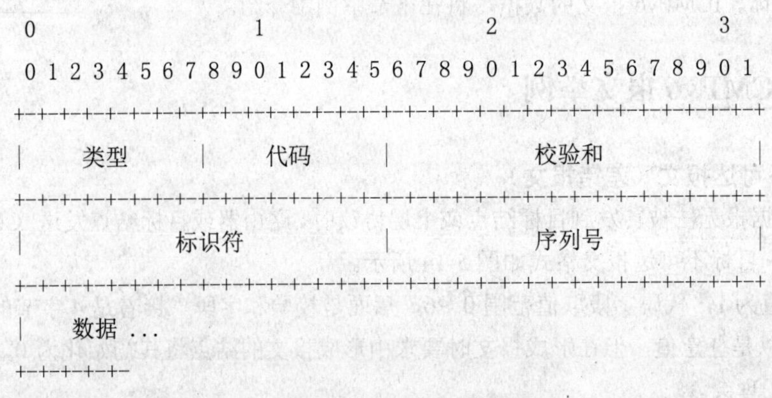

图 5-15　回送请求报文

类型字段的值为 128，代码字段的值为 0，之后是校验和字段。接着是标识符字段和序列号字段，这两个字段是为回送应答报文匹配之用。回送应答报文会拷贝这两个字段作为其相应字段发回请求方，请求方便可知道是对哪一个请求的应答了。数据是发送请求的站设计的内容，内容可任意，长度不限。回送应答报文也要拷贝该数据作为自己报文的数据部分发回请求方。

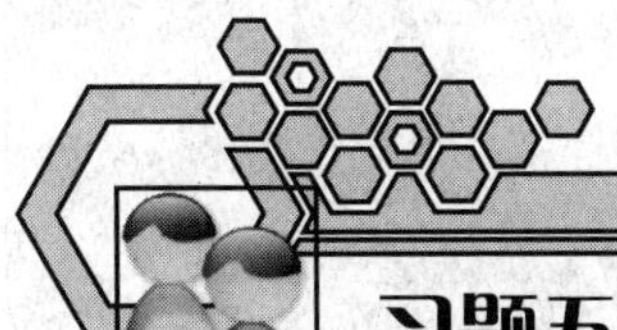

习题五

一、选择题

1．IPv6 采用的地址表示格式为（　　）。

A．冒号十六进制　　B．点分十进制

C．冒号十进制　　D．点分十六进制

2．IPv4 地址包含网络号、主机号、子网掩码等。与之相对应，IPv6 地址包含了（　　）。

A．前缀、接口标识符、前缀长度　　B．网络号、主机号、前缀长度

C．前缀、接口标识符、网络长度　　D．网络号、主机号、网络长度

3．IPv6 链路本地地址属于（　　）。

A．广播地址　　B．组播地址

C．单播地址　　D．任播地址

4．IPv6 站点本地地址属于（　　）。

A．单播地址　　B．广播地址

C．组播地址　　D．任播地址

5．下列 IPv6 地址正确的是（　　）。

A．2001:410:0:1:45ff　　B．2001:410:0:1::45ff

C．2001:410:0:1:0:45ff　　D．2001:410::1:0:0:0:0:45ff

二、简答题

1．IPv6 与 IPv4 相比发生了哪些变化？这些变化对网络的发展将产生怎样的影响？

2．将地址 0000:0db8:0000:0000:0008:0800:200c:417a 用零压缩法写成简洁形式。

3．IPv6 数据报是否需要分片，如果需要是如何实现的？

4．简述 ICMPv6 的类别和功能。

第6章 传输层

引例：TCP 是传输层协议，提供端到端的传输服务。这是一个承上启下的一个层次。虽然网络层提供的是经过若干跳才能到达终点的传输服务，但传输层使得通信的两个端系统认为就像直接相连的一样。传输层有两个重要的协议，TCP 与 UDP。

传输层以端口识别其上层进程，传输层也提供差错控制、流量控制与拥塞控制等机制，是可靠传输的基础保证。

6.1 传输层提供的服务

6.1.1 传输层概述

传输层位于网络体系结构的第四层，是整个网络体系结构的核心部分之一。传输层的目标是利用网络层提供的服务向其用户（应用进程）提供有效、可靠且价格合理的服务。

传输层通过使用网络层服务向上层提供服务。对于不完善的网络层服务，传输层要采用相应措施屏蔽其细节；对于相对较完善的网络层服务，传输层仍是必需的。即使相对较完善的网络层服务（如虚电路），不同的网络层的实现也存在着差异，这种差异需要传输层进行屏蔽。而且，网络层只提供主机到主机的传输服务，而进程到进程的传输服务则需要传输层来提供。

如果将传输层以上的各层均作为应用层，则由传输层（而不是网络层）直接与上层应用层进行数据通信。需要注意的是，在通信子网中没有传输层，它只存在于通信子网以外的各主机中。其原因是用户所能控制的只有收发两端的主机，传输层如果需要解决数据传输中的问题，则相应控制措施只能在两端的主机上实现。比如，遇见网络中分组丢失的情况，发送端主机的传输层需要重发丢失的分组，重发过程由主机发起，中间网络并不知道传输的数据是重发的数据还是新的数据。传输层所处位置如图 6-1 所示。

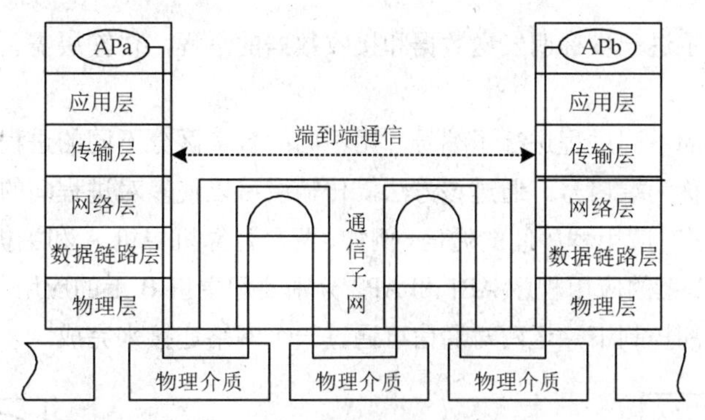

图 6-1　应用程序进行数据通信的过程

从图 6-1 中可以看到，传输层使得应用层感觉通信的两个进程就如同直接相连的一样，根本感觉不到网络传输的复杂性。由于传输层屏蔽了与传输有关的细节，所以上层应用无须关心传输的过程而只需关心传输的内容。整个网络体系结构可分为网络功能和用户功能。传输层是一个特殊的层次，从其管理传输的角度，可作为网络功能，而从其为应用层服务的角度，亦可称其为用户功能。传输层存在于端系统中，也就是存在于用户的软件之中。所以将传输层既划分在网络功能中，又划分在用户功能之中。网络功能的相关各层也被称为下层，用户功能相关各层也被称为上层，传输层在上下层中的位置如图 6-2 所示。

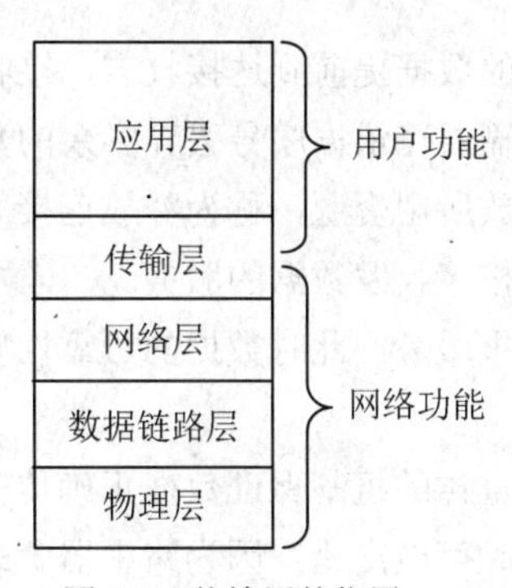

图 6-2　传输层的位置

6.1.2　传输层要素

数据在跨网络传输时，有可能遇到多种问题。数据在由发送端程序向接收端程序的传输过程中，可能会丢失、延迟、改变、重复和乱序。传输层需要屏蔽网络层的这些细节，在优化网络服务的基础上，提供从源端主机到目的端主机可靠的数据传输。

传输层向上层提供的服务是端到端的传输服务。端到端的传输是指从源端点到目的端点的传输。传输层保证数据从发送进程按顺序无错地传输到接收方进程。为了屏蔽网络细节，向上层应用提供可靠的传输服务，传输层需要完成几个工作：传输层寻址、连接管理、差错控制和流量控制。

1．传输层寻址

目前操作系统大多为多任务系统，可同时运行多个应用程序。网络层地址（如 IP 地址）只

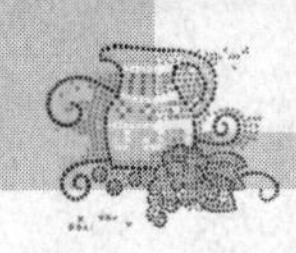

能定位某台主机。为了进一步标明发送数据和接收数据的进程，传输层需要区分同一主机上的不同进程。

传输层对主机上的不同进程进行了编号，用不同的数字区分不同的进程。传输层标识进程的数字是传输层地址，称为端口号。通过该方法，传输层可以使多对进程间的通信复用到一个网络连接上，以此来完成多对应用程序间的通信。例如，两台计算机主机 A 和主机 B 要进行数据通信，如图 6-3 所示，主机 A 上的应用程序 AP1 和 AP2 分别要和主机 B 上的应用程序 AP3 和 AP4 进行通信。在传输层实体的控制下，这两对通信可通过一个网络连接来完成。

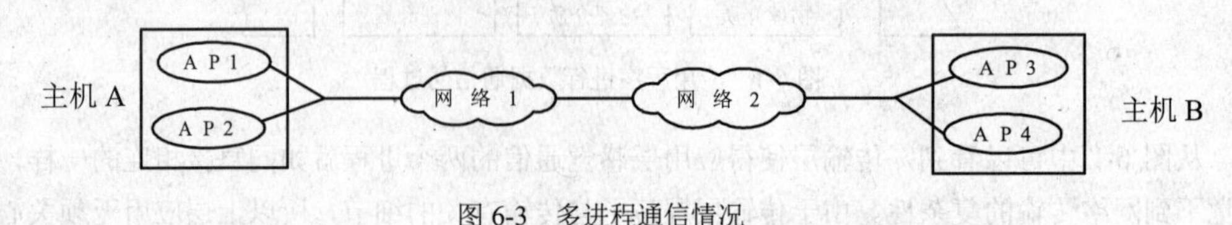

图 6-3　多进程通信情况

2．连接管理

通过连接管理，传输层保证了数据按顺序、不重复地传输。

传输层在发送数据之前需要先建立连接。在连接建立过程中，进行初始序号协商和分配资源等工作。连接建立后，传输层才开始发送数据。在数据发送过程中，数据的序号在初始序号的基础上依次递增。

如果后发送的数据比先发送的数据提前到达接收方，接收方的传输层可依据序号进行排序。如果数据重复传输，接收方的传输层可依据序号丢弃多余的数据。

发送数据结束后，双方要释放所用资源，称为释放连接。通过连接管理，传输层记录了数据的传输状态，保证了向上层提供按序收发数据的服务。

传输层也提供无连接的数据报服务，此时数据的可靠性要靠应用层自行解决。

3．差错控制

传输层一般使用确认和超时重传的机制保证数据正确传输。

因为各种原因，数据在传输时可能出错；因为路由器负载过重的原因，数据在传输时可能丢失。为使发送端知道数据是否正确传输，传输层实体使用确认机制，接收端正确收到数据后向发送端回发确认。发送端发送数据后则开始计时，如果在规定的超时时限内未收到确认，则认为数据传输失败并重发数据。

4．流量控制与缓冲机制

因为数据在网络中传输可能出错或丢失，所以发送方需要缓存已发送的数据以便将来重传。因为接收端程序处理的速度可能小于数据到达的速度，所以需要接收方暂存数据，以防丢失。造成数据丢失的原因可能是中间网络负载过重，如图 6-4 所示，也可能是发送速度过快造成接收方缓冲区溢出，如图 6-5 所示。

图 6-4　网络负载过重造成转发失败

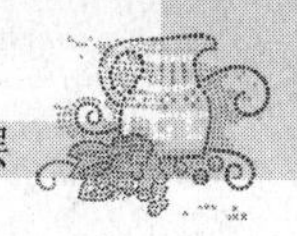

为了防止发送方发送速度过快，加重网络负担或“淹没”接收方，需要调整发送方的发送速度，称为流量控制。与数据链路层类似，传输层会限制对发送缓冲区的使用，即使用滑动窗口方法。不同的是，传输层会动态调整可用发送缓冲区的大小，即使用可变大小的发送窗口。

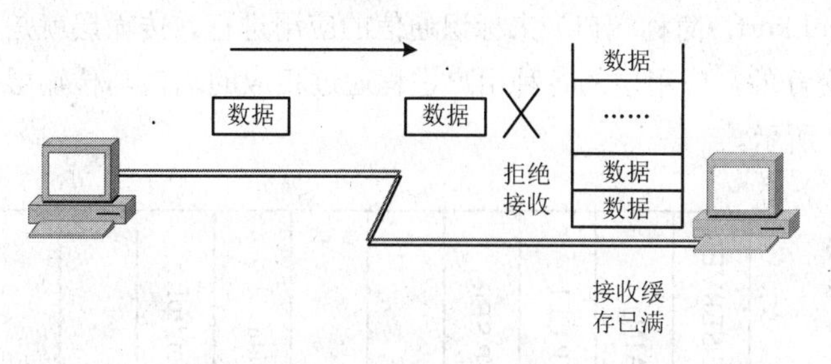

图 6-5　接收缓冲区溢出造成数据丢失

综上所述，传输层实体位于收发两端的主机上，以独立的传输层实体存在，通过使用网络层服务并对其进行优化和改善，向上层应用提供端到端跨网络的可靠传输服务。

6.1.3　TCP/IP 协议中的传输层

TCP/IP 协议栈的传输层包括两个协议：用户数据报协议（User Datagram Protocol，UDP）和传输控制协议（Transmission Control Protocol，TCP）。TCP 与 UDP 在 TCP/IP 协议栈中的位置如图 6-6 所示。

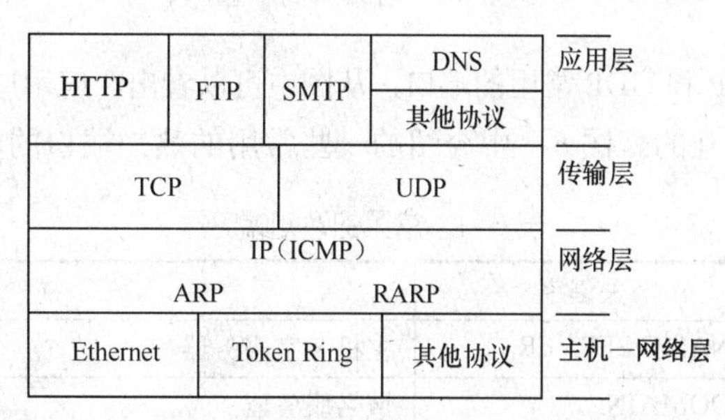

图 6-6　TCP/IP 参考模型与协议栈

网络层的 IP 协议提供的是不可靠、数据报的服务，TCP 和 UDP 建立在该服务的基础上。应用程序调用 TCP 或 UDP 传输数据，而不直接调用 IP。

TCP 是可靠的、面向连接的。TCP 进行传输层寻址、连接管理、差错控制和流量控制。如果 IP 分组的传输出现错误、丢失或乱序，TCP 会进行处理，从而保证应用程序得到的是可靠的数据。TCP 与 UDP 相比提供了较多的功能，但是相对的报文格式和运行机制也较为复杂。

UDP 是不可靠、无连接的，即在进行数据传输之前不需要建立连接，而目的主机收到数据报后也不需要发回确认。这种协议提供了一种高效的传输服务，用于一次传输少量数据报文的情况，其可靠性由应用程序来提供。UDP 在某些情况下是一种高效的工作方式。有的应用对可靠性要求不高，而对数据传输的效率要求较高，通常采用 UDP 而不是 TCP。

6.1.4　端口

传输层与网络层在功能上的最大区别就是前者提供了应用进程间的通信能力。上一章中已经

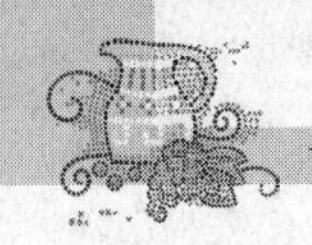

介绍了关于网络层 IP 协议的知识，知道了 IP 的功能是将信息包正确地传送到目的地。当信息包到达目的地后，如果计算机上有多个应用程序正在同时运行，如 Outlook Express 和 Internet Explorer 正同时打开，那收到的 IP 信息包中所携带的信息应该送给哪个应用程序呢？此时，传输层可以通过协议端口（Protocol Port，简称端口）来标识通信的应用进程。传输层就是通过端口与应用层的应用程序进行信息交互的，应用层的各种用户进程通过相应的端口与传输层实体进行信息交互。端口的示意如图 6-7 所示。

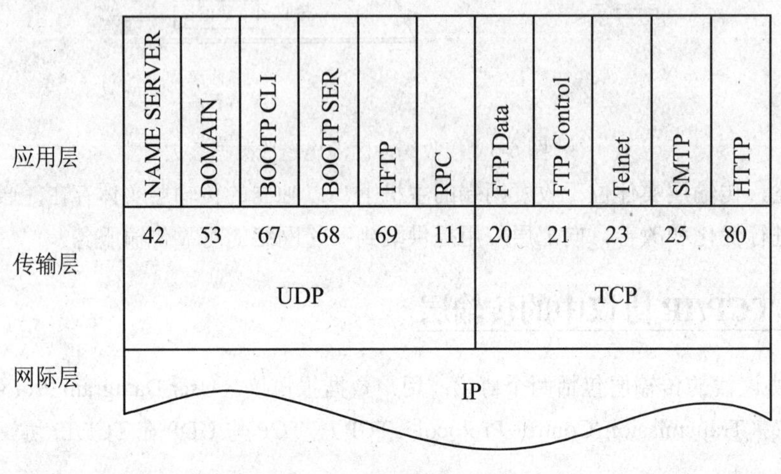

图 6-7　各端口的示意

在图 6-7 中举出了 TCP 和 UDP 常用的端口，从图中可以看出，应用层各种协议是通过某个端口和传输层实体进行信息交互的。图 6-7 中介绍的一些常用的熟知端口的具体意义如表 6-1 所示。

表 6–1　常见的熟知端口号

协议	端口号	关键字	描　述
UDP	42	NAME SERVER	主机名字服务器
UDP	53	DOMAIN	域名服务器
UDP	67	BOOTP Client	客户端启动协议服务
UDP	68	BOOTP Server	服务器端启动协议服务
UDP	69	TFTP	简单文件传输协议
UDP	111	RPC	微系统公司 RPC
TCP	20	FTP Data	文件传输服务器（数据连接）
TCP	21	FTP Control	文件传输服务器（控制连接）
TCP	23	Telnet	远程终端服务器
TCP	25	SMTP	简单邮件传输协议
TCP	80	HTTP	超文本传输协议

在传输层和应用层接口上设置的端口是一个 16 位长的号码，范围为 0～65535。按照 IANA（Internet Assigned Numbers Authority）的规定，0～1023 端口号称为熟知端口（Well-Known Port），图 6-7 所列出的端口都是熟知端口，它们主要是给提供服务的应用程序使用的。这些端口是 TCP/IP 体系已经公布的，因此是所有应用进程都知道的。其余 1024～65535 端口号称为一般端口或动态

连接端口（Registered/ Dynamic），用来随时分配给要求通信的各客户端应用进程。在数据传输过程中，应用层中的各种不同的服务器进程不断地检测分配给它们的端口，以便发现是否有某个应用进程要与它通信。

但是，只使用端口号来进行数据传输仍然存在问题。例如，两台计算机主机 A 和主机 B 要同时使用简单邮件传输协议，通过目的主机的 25 号端口与主机 C 进行通信，在传送数据前，主机 A 和主机 B 要分别为自己的通信进程分配端口号，若它们自由分配的端口号相同（见图 6-8），则目的主机 C 就无法区分收到的数据包是主机 A 发的还是主机 B 发的。解决这种问题就要引入一个新的概念。

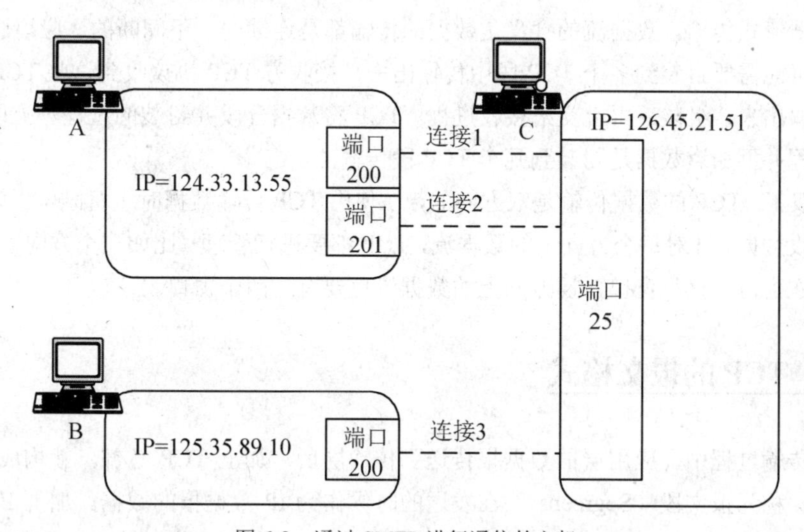

图 6-8　通过 SMTP 进行通信的主机

为了使得多主机多进程通信时不至于发生上述的混乱情况，必须把端口号和主机的 IP 地址结合起来使用，称为插口或套接字（Socket）。由于主机的 IP 地址是唯一的，这样目的主机就可以区分收到的数据报的源端主机了。

插口包括 IP 地址（32 位）和端口号（16 位），共 48 位。如图 6-8 所示的（124.33.13.55，200）和（126.45.21.51，25）就是一对插口。整个 Internet 中，在传输层上进行通信的一对插口都必须是唯一的。在上述例子中，使用的是 TCP 协议，若使用 UDP 协议，虽然在进行通信的进程间不需要建立连接，但是在每次传输数据时，都要给出发送端口和接收端口，因此同样也要使用插口。进行通信的一对插口称作连接。

6.2 传输控制协议 TCP

TCP 是 TCP/IP 体系结构中的传输层协议，是面向连接的，向上层提供可靠的全双工数据流式的传输服务，其特点如下。

（1）可靠的传输。TCP 是建立在 IP 的基础上的。TCP 的传输单元（PDU）被称为 TCP 段（TCP Segment），TCP 段被封装在 IP 分组中传输出去。IP 分组在传输过程中可能因为设备或线路的原因出现传输错误，IP 协议不处理这些错误。双方的 TCP 协议需要采取相应的差错控制措施。通过差错控制，TCP 可以检测到传输过程中 TCP 段的错误与丢失，并且处理这些问题，最终使数据被正确传输。

因为 TCP 已经处理了传输中的错误，所以调用 TCP 的应用进程察觉不到传输错误，TCP 屏蔽了网络的细节，向上层提供了可靠的传输服务。

（2）面向连接。除了不处理传输错误外，IP 协议也不记录 IP 分组的传输状态，IP 协议不记录分组发送的先后顺序和当前已经传输到哪个分组。

而 TCP 向上提供面向连接的服务，使接收方进程收到数据的顺序和发送方进程发送数据的顺序保持一致。TCP 会对传输的每个字节进行编号，接收方通过序号对乱序的数据进行排序。在开始发送数据前，双方要商定初始的序号，以后每个字节的序号在初始序号上依次递增。

（3）数据流式传输。数据流的含义是数据的传输都是连续的、不间断的。应用进程调用 TCP 传输的数据可能需要封装到多个 TCP 段中传输出去，接收方 TCP 协议收到这些 TCP 段后，会把其中的数据取出来，组装后再上交给接收进程。TCP 将数据分段并封装的过程对上层来说是透明的，应用进程并不知道数据是封装到几个 TCP 段传输的。

（4）全双工。TCP 的数据传输是双方向的，在使用 TCP 传输数据时主机既可以发送数据，同时也可以接收数据。针对每个方向上的数据流，TCP 都要进行管理。比如一个方向上的数据传输，需要使用发送窗口、接收窗口，反方向上的数据流也要有这两个窗口。

6.2.1 TCP 的报文格式

在数据传输过程中，应用层的数据报传送到传输层后，加上 TCP 首部，就构成了 TCP 的数据传送单位，称为报文段（Segment），在发送的时候作为 IP 数据报的数据。加上 IP 首部后成为 IP 数据报；在接收的时候，网络层将 IP 数据报的 IP 首部去掉后上交给传输层，得到 TCP 报文段，传输层再将 TCP 首部去掉，然后上交给应用层，得到应用层所需要的数据报。TCP 报文段的格式如图 6-9 所示。

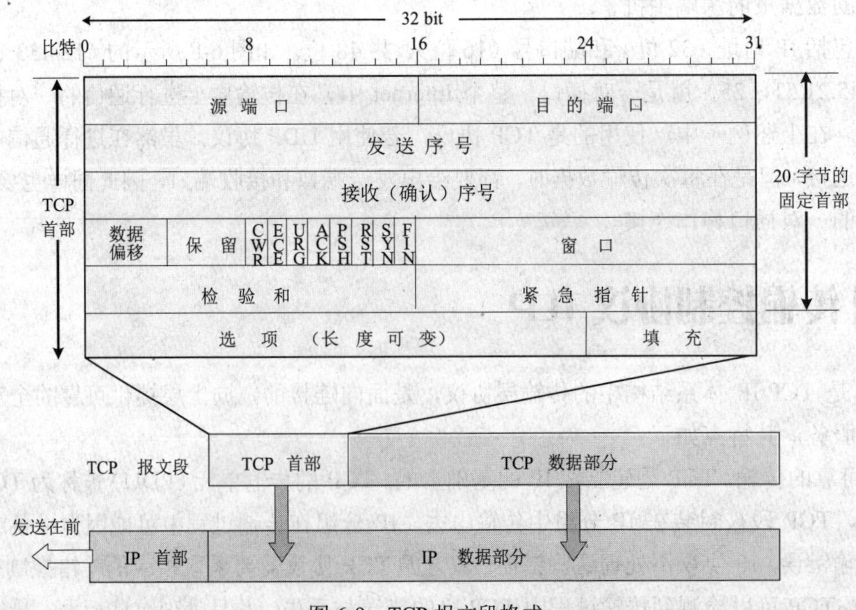

图 6-9 TCP 报文段格式

一个 TCP 报文分为两个部分：首部和数据。TCP 的首部包括固定部分（20 个字节）、可变部分（选项和填充）。可变部分的长度为 4 个字节的整数倍，这一部分是可选的，因此 TCP 报文的首部最小为 20 个字节。

首部各字段的具体意义如下。

1．源端口号和目的端口号

各占 16 位，两个字节，如前面端口机制所述，这两个字段表明了产生该 TCP 段的发送进程和接收该报文段的目的进程。端口号是传输层与应用层的服务接口。端口号与 IP 地址一起构成插口。

2．发送序号

占 32 位，4 个字节，TCP 的序号编号方式与其他协议不同，非常特别。它不是对每一个 TCP 报文段编号，而是对所传送数据的每一个字节进行编号，因此在这个字段中给出的数字是本报文段所发送的数据部分的第一个字节的序号。例如，主机 A 向主机 B 发送一个 TCP 段，假设该 TCP 段中有 100 个字节的数据，并且序号字段等于 400。则该段中第一个字节在 A 向 B 的数据流中序号为 400，最后一个字节的序号为 499，如图 6-10 所示。

3．接收序号

又称作确认序号，占 32 位，4 个字节，由于 TCP 协议是将报文段的每一个字节进行编号，所以确认序号的值给出的也是字节的序号。但这里要注意，确认序号指的是期望收到对方下次发送的数据第一个字节的序号，也就是期望收到的下一个报文段首部中的发送序号。如果该字段的值为 n，则说明对方传来的从初始序列号到编号为 $n-1$ 的所有字节都已经正确收到，也可以说是希望对方传来的下一个字节的编号是 n。

例如，主机 A 接收主机 B 传来的数据。假设主机 B 向主机 A 发送了 3 个 TCP 段，这 3 个段的数据部分都是 100 个字节，第 1 个段中数据的序号为 0～99，第 2 个段中数据的序号为 100～199，第 3 个段中数据的序号为 200～299。假设段 1、段 3 正确传输，而段 2 的数据出现了错误。主机 A 收到第 3 个段后，向主机 B 回发确认，确认号应为 100，表示希望主机 B 接下来发送第 2 段开始的后面的数据，如图 6-11 所示。

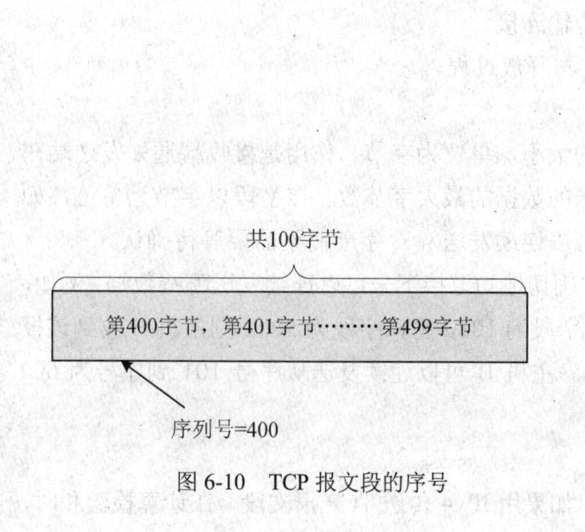

图 6-10　TCP 报文段的序号

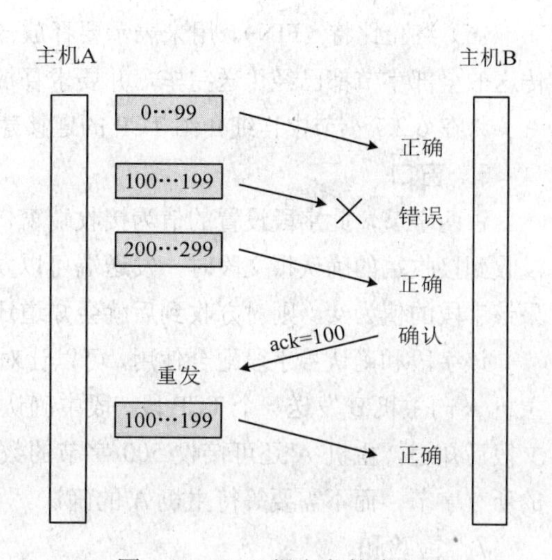

图 6-11　TCP 报文段的确认号

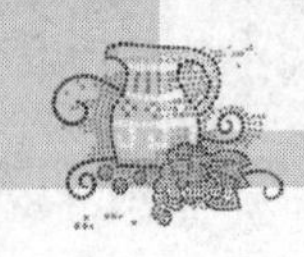

4．数据偏移

占 4 位，通过此字段可以指出在 TCP 数据报内实际的数据到 TCP 报文段的起始位置的距离，实际上就是整个 TCP 报文段首部的长度。由于在 TCP 报文段中存在着选项字段这一可变部分，所以首部的长度不固定，因此数据偏移字段是必须设置的。但是需要注意的是，“数据偏移”字段存储的数值的单位是 32 位的字，而不是字节或位。如果该字段等于 N，说明 TCP 段中头部长度为 $4N$ 个字节，从第 $4N+1$ 个字节开始是数据部分。

5．保留字段与标志位

保留字段占 4 位，设置的值为 0，供功能扩展使用。接下来的两位为 CWR 和 ECE，提供了拥塞指示功能。这一功能将在 6.2.3 小节中介绍。

后面的 6 位是用来说明本报文段性质的控制字段，也可以称为标志位，共有 6 个标志位，每个标志位占 1 位，具体每一位的意义如下。

（1）紧急比特（URG)。当此位设置为 1 时，表明此报文段中含有由发送端应用进程标出的紧急数据，同时用“紧急指针”字段指出紧急数据的末字节。TCP 必须通告接收方的应用进程：“这里有紧急数据”，并将“紧急指针”传送给应用进程。

（2）确认比特（ACK)。标志着首部中“确认序号”字段是否可用，当设置此位为 1 时，确认序号才有意义。

（3）紧迫比特（PSH)。表明此数据报文段为紧急报文段，当此位设置为 1 时，表明请求接收方主机的 TCP 要将本报文段立即向上传递给其应用层进行处理，而不用等到整个缓冲区都填满以后再整批提交。

（4）复位比特（RST)。前面已经介绍过了 TCP 协议是面向连接的，当通信过程中出现严重错误时，进行通信的两台主机任意一方发送 RST 位设置为 1 的报文段用于终止连接。还可以用来拒绝打开一个连接。

（5）同步比特（SYN)。在建立连接时使用，与确认比特 ACK 配合使用，当 SYN=1，ACK=0 时，表明这是一个请求建立连接的报文段，若对方同意建立连接，则在发回的确认报文段中将 SYN 设置为 1，ACK 设置为 1。

（6）终止比特（FIN)。用来表示要释放一个连接。当 FIN=1 时，表明在此次传送任务中需要传送的全部字节都已经传送完毕，并要求释放传输连接。

将在 6.2.7 小节中详细介绍 TCP 的连接建立与释放过程。

6．窗口

占两字节，此字段设置的值为接收端窗口的大小，单位为字节。作用是接收端通知发送端在没收到接收端的确认报文段时，发送端可以发送的数据的最大字节数。该字段以字节为单位，如果该字段的值为 w，则对方收到后就会知道还可以连续发送 w 个字节而不需要等待确认。

该字段和确认号字段配合使用，可以让对方确切地知道接下来可以连续发送哪些数据。例如，主机 A 向主机 B 发送一个 TCP 段，段中确认号字段为 101，窗口字段为 500。则主机 B 收到该报文段后知道，主机 A 还可接收 500 字节的数据。主机 B 可以连续发送从序号 101 到序号为 600 的所有字节，而不需要等待主机 A 的确认。

7．检验和

占两字节，是为了确保高可靠性而设置的。如果用 IPv4 传送 TCP 报文段，在计算检验和时，要首先在 TCP 报文段前添加一个 12 字节的伪首部（Pseudo Header)，它的格式如图 6-12 所示。

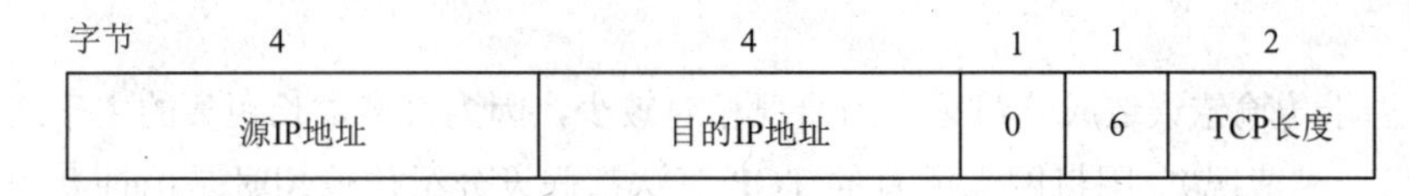

字节 4	4	1	1	2
源IP地址	目的IP地址	0	6	TCP长度

图 6-12　伪首部的格式

伪首部既不向下传送也不上交，它的第三个字段全为 0，第四个字段是 IP 首部中的协议字段值，TCP 协议的编号值为 6，第五个字段给出整个 TCP 数据报的长度。接收端在收到报文段后，仍然要加上伪首部进行检验和的计算。在检验和计算过程中，包括了伪首部，有助于检测传送的分组是否正确。

检验和就是按照添加了伪首部后的数据报格式进行计算的，计算过程如下。

（1）首先将 TCP 的检验和字段设置为 0。

（2）当数据长度是奇数时数据字段末尾增加一个字节（字节内容为全 0）。

（3）将所有的 16 位字依次相加，如果相加过程最高位有进位，则将进位加到最低位。

（4）将得到的和取反，即为检验和。

发送方计算出检验和后，将其写入 TCP 首部的检验和字段。

接收方收到 TCP 报文段后进行检验，计算过程和发送方的计算过程类似，即添加伪首部，求和并对结果取反，不同的是校验和字段保持不变（即不置 0）。求和取反后的结果如果为全 0，说明传输过程中 TCP 报文段并未出错。

如果用 IPv6 传递 TCP 报文段，计算校验和时也要加上伪首部。伪首部的格式与上一章介绍的 ICMPv6 计算校验和时的伪首部相同，只是协议字段的值不同。计算方法与 IPv4 的计算法相同。

8．紧急指针

与紧急比特配合使用处理紧急情况，指出在本报文段中的紧急数据的最后一个字节的序号。

9．选项和填充

TCP 首部可以有多达 40 字节的可选信息。此字段为可变部分，它们用于发送方和接收方协商最大报文段（MSS）大小、窗口扩大因子以及时间戳等参数。TCP 的选项也在不断的改进和出现新的定义，详见相关的 RFC 文档。

6.2.2　TCP 拥塞控制

Internet 的复杂性、网络流量的不可预知及不可控性、网络故障的不可避免性、算法不可能完美等因素决定了网络拥塞的不可避免。当加载到某个网络上的载荷超过其处理能力时，拥塞现象便会出现。网络中，每一层都在努力地控制着拥塞的发生，但在网络层之前，只能是点对点的控制。当网络层遇到队列过长，为避免拥塞，会采取丢包策略。而全网是什么状态，三层以下无从顾及。

TCP 是端到端的可靠的、面向连接的服务。它必须解决三层以下的不可靠问题。一般地，TCP 依靠确认、超时重传来保证可靠传输。然而，无节制的重传造成第三层更加严重的拥塞后果。因此，TCP 采用特定的算法，与 IP 协同作用，尽最大努力来避免拥塞或减缓拥塞的发生。

控制拥塞的第一步是要检测它。以前，检测拥塞的出现很困难。分组丢失而造成超时有两个原因，或者是因传输线路上的噪声干扰，或者是拥塞的路由器丢弃了分组。很难区分出究竟是哪

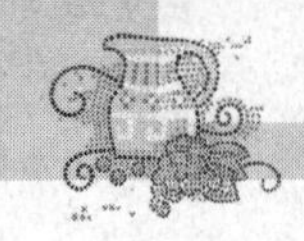

种原因。

现在，由于传输错误造成分组丢失的情况相对较少，因为大多数长距离的主干线都是光纤的（无线网是另一种情况）。因特网上所有的 TCP 算法都假设分组传输超时是由拥塞引起的，并且以监控定时器超时作为出现问题的信号。这一假设是 TCP 拥塞控制算法的基础。

在讨论 TCP 如何对拥塞做出反应之前，首先介绍一下怎样防止拥塞现象出现。在建立一个连接的时候，连接双方已经选定了一个合适的窗口，以便限制传输量。接收方可以根据其缓冲区大小指定窗口的大小。如果发送方按照这个窗口大小发送数据，在接收端就不会由于缓冲区溢出而引起问题，但它不能保证由于网络的拥塞而引发的丢包现象。

为了同时反映网络的问题，TCP 依据两个窗口来协同工作：接收方准许的窗口（rwnd-receiver window）和拥塞窗口（cwnd-congestion window）。每个窗口都反映了发送方可以传输的字节数。取两个窗口的最小值作为可以发送的字节数。这样，有效窗口便是发送方和接收方分别认为合适的窗口中最小的那个，即

可发送的窗口大小 = min (rwnd, cwnd)

如果接收方表示“可以发送 8KB”，而发送方知道超过 4KB 的数据会使网络阻塞，那么它便只发送 4KB。相反，如果接收方表示“可以发送 8KB”，而发送方知道此时即使 32KB 的数据也可以很顺畅地通过网络，依然按照接收窗口的大小发送 8KB 的数据。

当建立连接时，发送方将拥塞窗口大小初始化为该连接所用的最大数据段的长度值。通常情况下，此时的拥塞控制窗口会小于接收窗口，然后发送一个最大长度的数据段。如果该数据段在定时器超时之前得到了确认，那么发送方会在原拥塞窗口的基础上再增加一个数据段的字节值，使其为两倍最大数据段的大小，然后发送两个数据段。当这些数据段中的每一个都被确认后，拥塞窗口大小就再加倍。实际上，每次成功地得到确认都会使拥塞窗口的大小加倍。

拥塞窗口保持指数规律增大，直到数据传输超时或者达到接收方设定的窗口大小。这种算法称为慢速启动（slow start），因为 TCP 启动传输时只有一个最大数据段的大小。但它根本不慢，而是按指数规律增加的。所有的 TCP 实现都支持这种方法。

TCP 在执行拥塞控制算法时除了接收窗口（rwnd）和拥塞窗口（cwnd）外还要设定一个参数，就是临界值（threshold）。传输开始，临界值被初始化为 64KB。然后从一个最大数据段大小开始，逐渐增大拥塞窗口，如果发生数据传输超时，将临界值设置为当前拥塞窗口大小的 1/2，并使拥塞窗口恢复为最大数据段的大小，重新开始慢启动过程。当窗口增大到临界值仍然没有发生超时，也不能再按指数增大窗口，而是按线性增加（对每个字符组按最大数据段的值增加）。这一阶段又称为拥塞避免（Congestion Avoidance）。

图 6-13 说明了拥塞算法是如何工作的。此处最大的数据段长度为 1024 字节。开始时拥塞窗口为 64KB，但此时出现了超时，因此将临界值设置为 32KB，传输号 0 的拥塞窗口为 1KB。之后拥塞窗口按指数规律增大直到临界值（32KB）。并由此开始按线性规律增大。

传输号 13 发生了定时器超时，临界值被设置为当前窗口的 1/2（当前为 40KB，因此 1/2 为 20KB），慢启动又从头开始。传输号 18 前面四次传输每次均是按指数增量增大拥塞窗口，但这之后，窗口又将按线性增大。

如果一直不出现超时现象，拥塞窗口会一直增大到接收方窗口的大小。之后，拥塞窗口将停止增大，只要不出现超时并且接收方窗口也保持不变，则拥塞窗口保持不变。

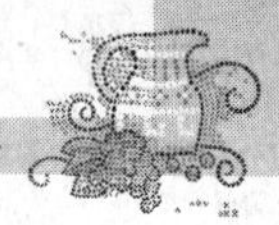

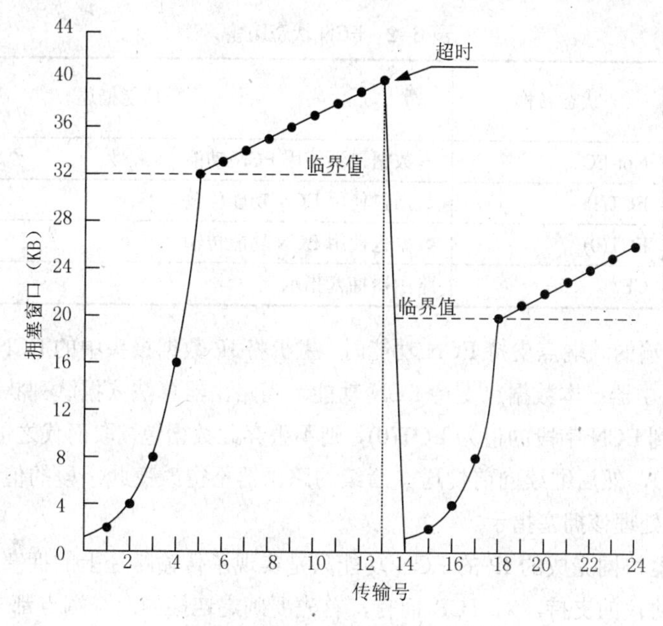

图 6-13　TCP 拥塞控制算法举例

6.2.3　显式拥塞指示

上述拥塞控制算法是建立在所有传输超时都是由于拥塞引起的这样的假设基础上。它将网络当做一个黑匣子，根本不知道网络中到底发生了什么情况。能否将网络的状态明确地“告知”连接的两个端系统呢？2001 年 9 月 IETF 网络工作组发布了 RFC 3168——在 IP 中增加显式拥塞指示（Explicit Congestion Notification，ECN），旨在报告传输路径上的拥塞状况。ECN 功能涉及 IP 数据报头格式和 TCP 报头格式定义的变化。在 IPv4 数据报头中，RFC 3168 定义了新的 TOS 字段格式，如图 6-14 所示。

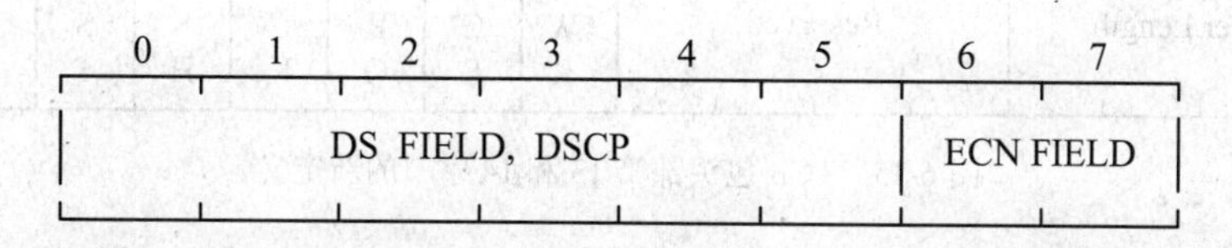

图 6-14　RFC3168 对 IP 报头中 TOS 字段的定义

其中，DS 字段为区别服务码点，是为 IP 数据报通过路由器时选择不同类型的服务之用。位 6 和位 7 用于拥塞的显式指示（ECN Field）。两位的 4 种组合及功能描述如表 6-2 所示。

ECN 字段的前三种 ECT（ECN-Capable Transport）状态由传输数据报的源端点主机设置，CE（Congestion Experienced）状态由路由器设置。ECT(0)和 ECT(1)目前具有相同的意义，原则上说，主机可以使用其中的任意一个，但标准推荐使用 ECT(0)。标准不限制未来的开发将二者赋予不同的意义。

表 6-2　ECN 状态功能

位状态		状态名称	功能描述
Bit 6	Bit 7		
0	0	Not-ECT	本数据包不使用 ECN 功能
0	1	ECT(1)	数据包使用 ECN 功能传输
1	0	ECT(0)	数据包使用 ECN 功能传输
1	1	CE	路由器拥塞指示

当 IP 数据报传输的源端点支持 ECN 功能时，主机将 IP 数据报头中的 ECN 字段设置成“1 0”（ECT(0)）以通知路由器：本数据包支持 ECN 功能。当路由器算法依据队列状况确定将要丢弃到达的数据包时检测到 ECN 字段的值为 ECT(0)，则不丢弃此数据包，取而代之的是将 ECN 字段的值设成“1 1”（CE），然后继续向前传送。后续的路由器不得改变此字段的值，直到传输到目标端点，由 TCP 进程处理该拥塞指示。

由主机和路由器协同完成的 IP 的 ECN 功能只是实现了传输路径上的拥塞状况指示，对拥塞的处理需要传输层协议的支持。对 TCP 而言，首先要确定连接的两个端点都支持 ECN；其次，接收端能对收到的 CE 数据包做出反应以通知发送端；再次，发送端接到通知后，要对拥塞做出应对。这将要求 TCP 增加三项功能：第一，在连接建立阶段协商两端点是否均支持 ECN（ECN-Capable）；第二，在 TCP 报头增加 ECN-Echo（ECE）标志，以使得接收端有能力通知发送端其收到了带有 CE 标志的数据包；第三，在 TCP 报头增加拥塞窗口减小标志 CWR（Congestion Window Reduced），使得发送方能够通知接收方已经对出现的拥塞做出应对。这里有必要说明的是，支持 ECN 功能的 TCP 源端在应对拥塞时，仍然采用传统的拥塞控制算法，即慢启动、拥塞避免、快速恢复等机制。

TCP 报头新增的两个标志位如图 6-15 所示。

0	1	2	3	4	5	6	7	8	9	10	11	12	13	14	15
Header Length				Reserved				CWR	ECE	URG	ACK	PSH	RST	SYN	FIN

图 6-15　TCP 包头部第 13 和 14 字节的新定义

新定义启用了 TCP 原定义的保留位中的两位：位 8 用作 CWR 标志，位 9 用作 ECE 标志。

ECN 使用在 IP 数据包头部的 ECT 和 CE 标志作为路由器和端点主机之间的指示，使用 TCP 包头部的 ECE 和 CWR 标志作为 TCP 连接的两个端系统的指示。其典型的工作过程如下。

（1）发送方在 IP 数据包中设置 ECT 码点，向传输路径上的节点（路由器）表明传输实体支持 ECN。

（2）支持 ECN 的传输节点（路由器）检测到了即将发生拥塞同时在准备丢弃的 IP 数据报中发现了 ECT 码点，则不再丢弃此数据报而是设置 CE 码点，继续传输该数据报。

（3）接收方收到了带有 CE 码点的数据报后，在下一个 TCP-ACK 中设置 ECE 标志发给发送方。

（4）发送方收到了带有 ECE 标志的 TCP-ACK 后，就当做数据包被丢弃一样去应对这次拥塞。

（5）发送方在下一个数据包中设置 TCP 头中的 CWR 标志，告知接收方已经收到了拥塞通知（ECE）并已经作出响应。

TCP 实体是否支持 ECN 功能要靠连接建立阶段双方协商来确定。如果发起连接请求的一方称为 Host A，响应的一方称为 Host B，连接协商支持 ECN 的过程如图 6-16 所示。

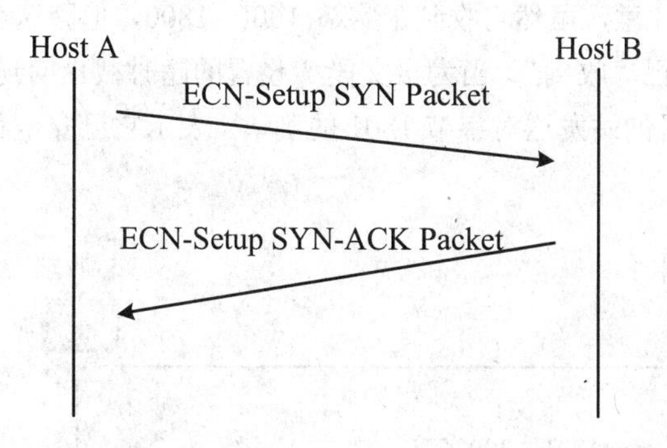

ECN-Setup SYN Packet
——请求建立连接的数据包中同时设定了SYN、ECE、CWR位

ECN-Setup SYN－ACK Packet
——连接应答的数据包中同时设定了SYN、ACK、ECE位

图 6-16　TCP 连接建立过程协商是否支持 ECN 功能

定义必须十分严格，对于连接的发起端（Host A），TCP 必须同时设置 SYN、ECE、CWR3 个标志位（称作 ECN-Setup SYN Packet）才能代表本主机支持 ECN 功能，其他任何状态的组合都被看作不支持 ECN 功能。对连接的应答端（Host B）也是一样，只有应答包设置了 SYN、ACK、ECE 标志（称作 ECN-Setup SYN-ACK Packet）方能认定其支持 ECN 功能，其他任何组合都被认为不支持 ECN。另外，一旦双方确定支持 ECN 功能，则说明任何一台主机无论作为发送方还是接收方，均支持 ECN 功能。在成功地建立了支持 ECN 功能的连接后，发送方的 TCP 在其所传输的数据包的 IP 头部设置 ECT 码点，以通知传输路径上的所有结点可以用 ECN 功能来指示拥塞。如果此 TCP 连接对某个特定的数据包不打算采用 ECN 功能，则发送方 TCP 应将 ECN 码点设成“not-ECT”。

系统不能保证传输路径上所有的路由器都支持 ECN，当路由器不认识 ECT 标志时，系统也要能够处理拥塞。即便是支持 ECN 的路由器，也要能够处理不支持 ECN 的 TCP 连接。

6.2.4　TCP 的差错控制

TCP 使用差错控制提供可靠性。差错控制包括以下一些机制：检测受到损坏的报文段、丢失的报文段、失序的报文段和重复的报文段；差错控制还包括检测出差错后纠正差错的机制。

1．差错检测和纠正

TCP 中的差错检测是通过 3 种简单工具完成的：检验和、确认和超时。每一个报文段都包括检验和字段，用来检查受到损坏的报文段；若报文段受到损坏，就由目的 TCP 将其丢弃。TCP 使用确认的方法来证实收到了某些报文段，它们已经无损坏地到达了目的 TCP。TCP 不使用否认。若一个报文段在超时截止期之前未被确认，则被认为是受到损坏或已丢失。

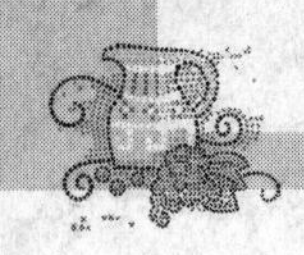

2．受损坏的报文段

图 6-17 所示为一个受损坏的报文段到达目的站。在这个例子中，源站发送报文段 1～3，各 200 字节。序号从报文段 1 的 1201 开始。接收 TCP 收到报文段 1 和 2，使用确认号 1601，表示它已安全和完整地收到了字节 1201～1600，并期望接收字节 1601。但是，它发现报文段 3 受到损坏了，因此丢弃报文段 3。应注意，虽然它收到了字节 1601～1800，但因这个报文段受到损坏，因此目的站不认为这个报文段已“收到”。当为报文段 3 设置的超时截止期到，源 TCP 就重传报文段 3。在收到报文段 3 后，目的站发送对字节 1801 的确认，表示它已安全和完整地收到了字节 1201～1800。

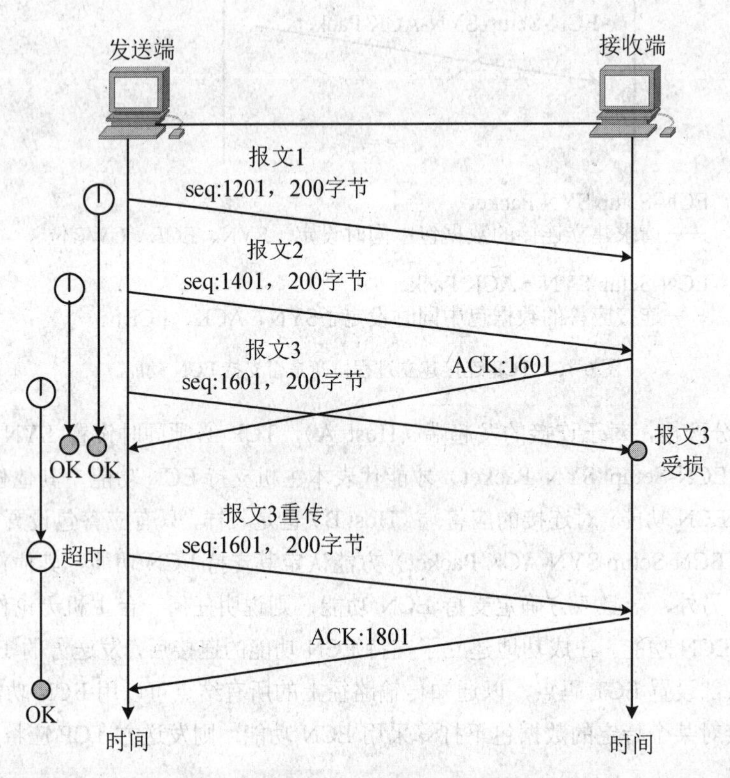

图 6-17　受损坏的报文

3．丢失的报文段

对于一个丢失的报文段，与受损坏报文段的情况完全一样。换言之，从源站和目的站的角度看，丢失的报文段与受损坏的报文段是一样的。受损坏的报文段是被目的站丢弃的，丢失的报文段是被某一个中间节点丢失的，并且永远不会到达目的站。

4．重复的报文段

重复的报文段可以由源 TCP 产生，当超时截止期到而确认还没有收到，源 TCP 就会重发刚刚发过的报文。对目的 TCP 来说，处理重复的报文段是一个简单的过程。目的 TCP 期望收到连续的字节流。当含有同样序号的分组作为另一个收到的报文段到达时，目的 TCP 只要丢弃这个分组就行了。

5．失序的报文段

TCP 使用 IP 的服务，而 IP 是不可靠的无连接网络层协议。TCP 报文段封装在 IP 数据报中。

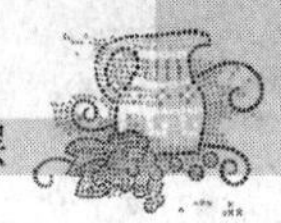

每一个 IP 数据报是独立的实体，路由器可以通过找到的合适路径自由地转发每一个数据报。一个数据报可能沿着一条时延较短的路径走，另一个数据报可能沿着一条时延较长的路径走。若数据报不按序到达，则封装在这种数据报中的 TCP 报文段也就不按序到达。目的 TCP 处理失序的报文段也很简单：它对失序的报文段不确认，直到收到所有它以前的报文段为止。当然，若确认晚到了，源 TCP 的失序的报文段的计时器会到期而重新发送该报文段。目的 TCP 就丢弃重复的报文段。

6．丢失的确认

图 6-18 所示为一个丢失的确认，这个确认是由目的站发出的。在 TCP 的确认机制中，丢失的确认有可能不会被源 TCP 发现。TCP 使用累计确认系统，每一个确认是证实一直到由确认号指明的字节的前一个字节为止的所有字节都已经收到了。例如，目的站发送的 ACK 报文段的确认号是 1801，这就证实了字节 1201～1800 都已经收到了。若目的站前面发送了确认，其确认号为 1601，表示它已经收到了字节 1201～1600，因此丢失这个确认完全没有关系。当然如果超时就会产生重传动作。

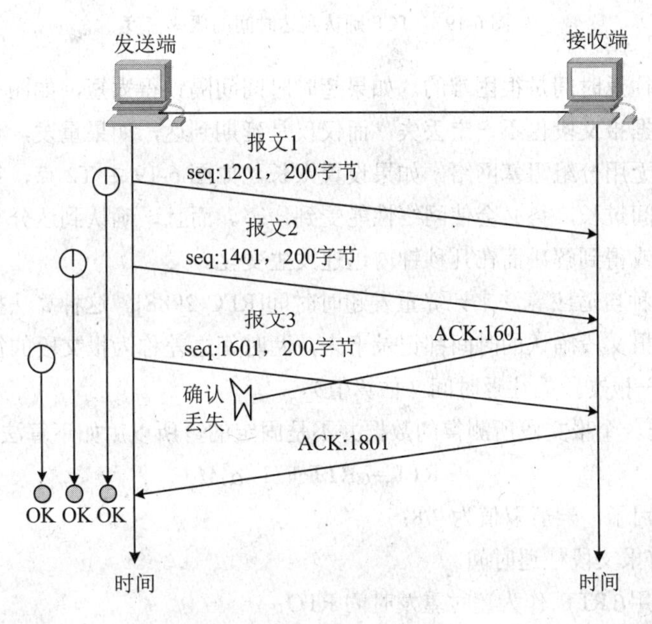

图 6-18　丢失的确认

6.2.5　TCP 的定时机制

重发机制是 TCP 协议中最重要和最复杂的问题之一。在 TCP 协议中，每发送一个报文段，就会重新设置一次定时器，只要在定时器设置的时间内没有收到接收端的确认，就要重新发送此报文段。在此过程中，关键在于如何设置定时器的时间。

在数据链路层一章介绍过超时重发的问题。在那里，超时时间是比较好确定的，因为数据发送者和接收者是用一条物理链路直接连接在一起的。所预计的延迟基本上是准确的，只要定时器稍微超过所预计的确认延迟时间即可认为是超时了，在所预计的时间内确认没有到来一般表示该帧或确认已经丢失了。

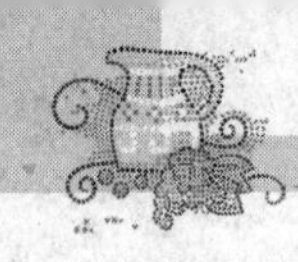

TCP所面临的是完全不同的情况。发送者和接收者之间要跨过若干个网络，经过 n 个路由器。不但其网络环境是复杂的，而且网络状况还在不断地变化之中，并且，同一个连接内的不同报文段还可能选择不同的路由。其确认返回所需时间的概率密度函数接近于图6-19所示的曲线。

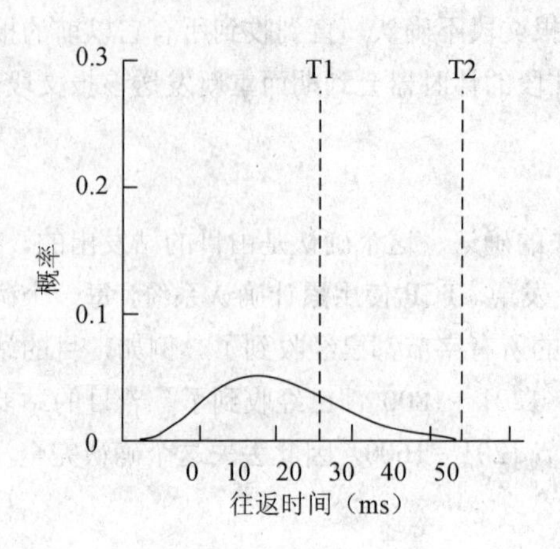

图6-19　TCP确认到达时间的概率密度

确定报文段的往返时间是很困难的。如果超时时间间隔设得太短，如图6-19中的T1点，虽然超时时间到，数据报文段也不一定丢失，而仅仅是延期到达，如果重发，将会出现多余的数据报文段，从而导致无用分组阻塞网络。如果设置太长，如图6-19中T2点，每当分组丢失时由于数据重发的延迟时间过长，势必会使网络性能受到伤害。而且，确认到达分布的平均值及偏差可能会因拥塞的出现或得到解决而在几秒钟内迅速发生变化。

TCP采用了一种自适应算法来计算重发超时时间[RFC 2988]。这种算法把每次每个报文段发出的时间和收到此报文段确认的时间都记录下来，两时间之差称为报文段的往返时延。

定义　RTT——报文段的往返时间（估算值）。

但TCP每发送一个报文段所测得的数据并不是固定的，所以用如下算法动态地修正RTT：

$$\mathrm{RTT} = \alpha\mathrm{RTT} + (1-\alpha)M$$

—— α是修正因子，一般取值为7/8；

—— M为当前报文段往返时间。

之后，TCP采用βRTT 作为超时重发时间RTO：

$$\mathrm{RTO} = \beta\mathrm{RTT}$$

在程序使用初期，β的值设为常数 2，后来发现设为常量在程序中使用并不是很灵活。1988年，Jacobson提出一种动态的确定超时重发时间的方法。详细的算法标准说明请见RFC 2988。

6.2.6　TCP数据包分析

为了便于读者理解，编者在网上捕获了一个数据包，读者可以对照曾经讲过得TCP/IP各层数据报的格式来阅读下面的数据例子。在分析这个例子的时候，注意以下几个方面。

（1）网络上传输的数据包是逐层封装的。

这个例子捕获的是HTTP数据，它处在应用层，它将数据交给TCP传送。TCP接到数据后，加上了TCP报头，构成了TCP报文然后交给了IP。IP将TCP报文作为自己的数据荷载构成IP

数据报再交给它的下一层。这里的下一层是 MAC 子层，在 TCP/IP 模型中处于物理层。

（2）数据包是从最底层开始分析的。

大家知道，最底层的报头处于最外面，这一点在下面的例子中得到了验证。在 3 行多的十六进制的数据块（54 字节）中，第一行被加重显示的 14 个字节是 MAC 数据帧的帧头部分。紧接着正常显示的 20 字节是 IP 数据报的报头。其余的略微加重显示的是 TCP 报头。HTTP 数据被列在了协议分析的最下部分，并且没有全部显示出来。

（3）数据的下面是分层对协议报头各字段的分析。读者可以对照前几章讲过的内容予以理解。

数据包实例：

```
00 03 0f ff ba f1 02 e0    3b e8 6c 13 08 00 45 00
05 a8 19 1b 40 00 77 06    ad f1 d3 61 a8 af d2 1f
e9 12 00 50 0c cc 20 d9    04 4c d6 20 e3 fe 50 10
fe f2 39 89 00 00
```

协议分析：

```
Ethernet II
      00 03 0f ff ba f1              ;Destination: 00:03:0f:ff:ba:f1
      02 e0   3b e8 6c 13            ;Source: 02:e0:3b:e8:6c:13
      08 00                          ;Type: IP (0x0800)
Internet Protocol, Src Addr: (211.97.168.175), Dst Addr: lao-ji (210.31.233.18)
      45                             ;Version: 4 (0100B)
                                     ;Header length: 20 bytes (0101B)
      00                             ;Differentiated Services Field: Default;
         ECN: 0x00)
            0000 00. . = Differentiated Services Codepoint: Default (0x00)
            . . . .   . . 0. = ECN-Capable Transport (ECT): 0
            . . . .   . . . 0 = ECN-CE: 0
      05 a8                          ;Total Length: 1448
      19 1b                          ;Identification: 0x191b
      4                              ;Flags: 0x04
                                            . 1. . = Don't fragment: Set
                                            . . 0.  = More fragments: Not set
      0 00                           ;Fragment offset: 0
      77                             ;Time to live: 119
      06                             ;Protocol: TCP (0x06)
      ad f1                          ;Header checksum: 0xadf1 (correct)
      d3 61 a8 af                    ;Source: 211.97.168.175 (211.97.168.175)
      d2 1f e9 12                    ;Destination: lao-ji (210.31.233.18)
Transmission Control Protocol, Src Port: http (80), Dst Port: 3276 (3276), Seq: 551093324,
Ack: 3592479742
```

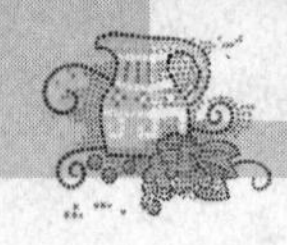


```
00 50            ;Source port: http (80)
0c cc            ;Destination port: 3276 (3276)
20 d9 04 4c      ;Sequence number: 551093324
                 ;Next sequence number: 551094732
d6 20 e3 fe      ;Acknowledgement number: 3592479742
5                ;Header length: 20 bytes
010              ;Flags: 0x0010 (ACK)
        0... .... = Congestion Window Reduced (CWR): Not set
        .0.. .... = ECN-Echo: Not set
        ..0. .... = Urgent: Not set
        ...1 .... = Acknowledgment: Set
        .... 0... = Push: Not set
        .... .0.. = Reset: Not set
        .... ..0. = Syn: Not set
        .... ...0 = Fin: Not set
fe f2         ;Window size: 65266
39 89         ;Checksum: 0x3989 (correct)
00 00         ;Urgent
Hypertext Transfer Protocol
    Data (1408 bytes)
0000  e8 92 31 1e 01 18 5c 47 36 ff d3 a7 03 93 2a 42   ..1...\G6.....*B
0010  19 db 4c 01 f8 8f 97 95 fe e6 ee c1 13 2f e0 ee   ..L........../..
```

（以下数据略）

6.2.7 TCP的传输连接管理

TCP是面向连接的，在进行数据通信之前需要在两台主机间建立连接，通信完毕后要释放连接。TCP以连接为单位对数据的传输进行统一管理。TCP在为数据分配序号时对一个连接中的数据统一编号，不同连接的数据编号不相关；在分配缓存和计时器等资源时，也以连接为单位进行分配。传输层连接管理的主要工作包括传输连接的建立和释放。

1．TCP连接的建立

开始建立连接时，一方为主动端，另一方为被动端。一般由客户端主动发起连接请求，而服务器端被动建立连接。比如在WWW应用中，通常是客户端的浏览器扮演主动端的角色，而服务器端的Web服务是被动的角色。

TCP在连接建立阶段主要完成下面工作。

（1）决定双方的初始序号。

（2）每一方确定对方的存在（可正常工作）。

（3）双方协商一些参数（如最大TCP段长度、最大窗口等）。

（4）对一些传输过程中需要用到的资源（如收发缓冲区、记录状态的变量等）进行分配。

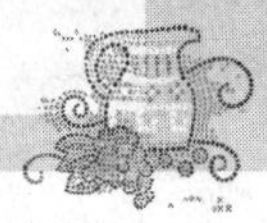

连接建立时一项重要的工作就是，双方都要向对方发送初始序号并对对方的初始序号进行确认。因为数据的序号是保证数据正确传输的重要依据。

TCP 采用“三次握手”方式来建立连接，这种方式可以有效地防止已失效的连接请求报文段突然传送到接收端。“三次握手”的过程如图 6-20 所示。

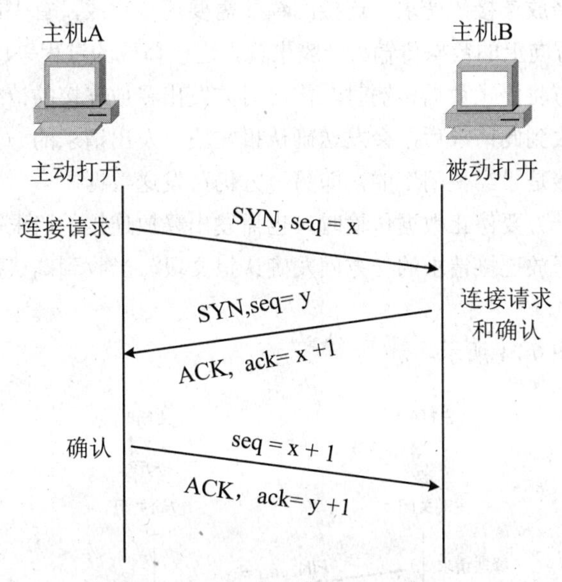

图 6-20　TCP 协议中连接建立的过程

建立连接的一般过程概括如下。

第一次握手：源端主机发送一个带有本次连接序号的请求。

第二次握手：目的主机收到请求后，如果同意连接，则发回一个带有本次连接序号和源端主机连接序号的确认。

第三次握手：源端主机收到含有两次初始序号的应答后，再向目的主机发送一个带有两次连接序号的确认。当目的主机收到确认后，双方就建立了连接。

具体而言，主机 A 的客户进程首先向 B 发送连接请求报文，这时首部同步位 SYN=1，同时选择一个初始序号 seq=x。其中 x 是由 A 发向 B 数据的初始序号，A 发出的第一个字节的数据编号为 x+1，第二个字节数据的编号为 x+2，依此类推。

B 收到连接请求报文后，如果同意建立连接，则向 A 发送确认。此时，报文的确认位 ACK=1，同时确认号 ack=x+1，表明准备接收 A 传来的第一个字节编号为 x+1 的数据。B 除了发送确认外，还要向 A 发送初始序号，即同时使首部同步位 SYN=1，并选择一个初始序列号 seq=y。此时 y 是 B 向 A 方向上发送数据的初始序号。

由此可知，第二次握手信息既是 B 回发的确认又是 B 所发送的连接请求。

A 收到 B 的第二次握手信息后，还要向 B 给出确认。确认报文段的 ACK 置 1，确认号 ack=y+1，而自己的序号 seq=x+1。TCP 的标准规定，ACK 报文段可以携带数据，但如果不携带数据则不消耗序列号，在这种情况下，下一个数据报文段的序号仍是 seq=x+1。

通过双方交换了这 3 个报文段，TCP 就完成了三次握手过程，建立了一个连接。连接建立成功后，双方才可以开始数据的传输。

此时主机 A 的 TCP 通知上层应用进程连接已经建立，可以传送数据。当主机 B 的 TCP 收到

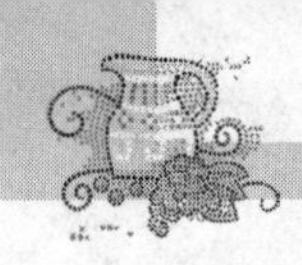

主机 A 的确认报文段后，也会向上通知它的应用进程连接已经建立，可以开始准备接收数据了。

2．连接的释放

当双方数据传送结束后，需要释放目前的连接。TCP 在连接释放过程中释放如缓存等资源，同时不再继续收发数据。TCP 的连接释放采用对称的释放方式，即双方都需要释放连接，并且双方任意一方都可以发出释放连接的请求。连接的释放需要逐步完成，首先停止一方对另一方的数据传输，然后再停止反方向上的数据传输。一般来说，连接释放的过程采用“四次握手”的方式。

第一次握手：当一方将停止数据传输时，需向对方发出释放连接的请求。

第二次握手：对方收到此请求后，会发送确认报文段。发出请求的一方收到确认报文段后停止数据传输。此时，连接是“半关闭”的，即另一方仍可发送数据。

第三次握手：当另一方要停止数据传输时，也需发出释放连接的请求。

第四次握手：收到释放连接请求的一方回发确认报文段。当收到确认报文段后，整个连接释放完毕。

连接释放的过程如图 6-21 所示。

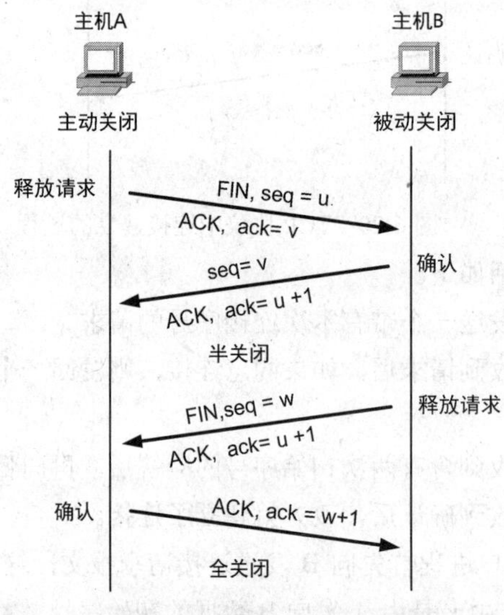

图 6-21　TCP 连接的释放过程

在图 6-21 中，主机 A 首先发起连接的释放请求。其报文段首部 FIN 置 1。序列号字段 seq=u，等于主机 A 已经传送数据的最后一个字节序号加 1。连接释放报文段发出后，主机 A 就停止数据的发送。

主机 B 收到连接释放报文段后发出确认，确认号是 ack=u+1。并携带本次发给主机 A 的数据序列号 seq=v。当主机 A 收到了主机 B 的确认，从主机 A 到主机 B 方向的连接就释放了。此时，TCP 连接处于半关闭状态，即主机 A 向主机 B 的数据发送已经停止，而主机 B 向主机 A 的数据发送还可以继续进行。

传输完成后，主机 B 向主机 A 发出连接释放报文段。连接释放的报文段 FIN 置。序列号字段 seq=w，等于 B 已经传送数据最后一个字节的序号加 1。主机 B 此时停止向主机 A 继续发送数据。主机 A 收到主机 B 发来的报文段后回发确认，ACK 置 1，确认号 ack=w+1。主机 B 收到确认报文段后整个连接释放完毕。

3．连接复位

TCP 可以请求将一条连接复位。这里的复位表示当前的连接已经被破坏了。以下 3 种情况下发生复位。

- 在某一端的 TCP 请求了一条到并不存在的端口的连接。在另一端的 TCP 就可以发送报文段，其 RST 位置为 1，以取消该请求。
- 由于出现了异常情况，某一端的 TCP 可能愿意将连接异常终止。用 RST 报文段来关闭这一连接。
- 某一端的 TCP 可能发现在另一端的 TCP 已经空闲了很长的时间，它可以发送 RST 报文段来撤销这个连接。

6.3 用户数据报协议

用户数据报协议（UDP）提供主机（host）之间的不可靠数据传输，它的特点如下所述。

- 无连接。
- 传输报文，即用户数据报。
- 不为报文发送提供软件级的检查，即不可靠。
- 对接收到的报文不进行重组。
- 不使用确认技术。
- 不提供流量控制技术。
- 开销小，传输效率高。

1．UDP 数据报的格式

UDP 是面向无连接的，它的格式与 TCP 相比少了很多的字段，也简单了很多，这也是它传输数据时效率高的一个主要原因，UDP 只在 IP 数据报的基础上增加了很少的一些功能，用户数据报协议也包括两个部分：数据和首部。UDP 首部只有 8 个字节共 4 个字段，格式如图 6-22 所示。

0　　16　　31

UDP 源端口	UDP 目的端口
UDP 报文长度	UDP 校验和
数据	
……	

图 6-22　UDP 数据报的字段格式

各字段的意义如下。

源端口字段和目的端口字段：指出进行数据传送的两端用户端口。

长度：UDP 数据报的长度。

检验和字段：防止 UDP 数据报在传输的过程中出错。检验和的计算方法和 TCP 数据报中检验和的计算方法是一样的，计算之前需要在整个报文段的前面添加一个伪首部，伪首部的格式与 TCP 相似，只是将第四个字段改为 17，它是 UDP 协议的标识值，第五个字段 UDP 数据报的长度。

2. UDP的工作原理

UDP也需要IP予以支持，即作为IP数据报的数据部分在网络上传输。由于UDP提供的是一种面向无连接的服务，它并不保证可靠的数据传输，不具有确认、重发等机制，而必须靠上层应用层的协议来处理这些问题。UDP相对于IP来说，唯一增加的功能是提供对协议端口的管理，以保证应用进程间进行正常通信。它和对等的UDP实体在传输时不建立端到端的连接，而只是简单地向网络上发送数据或从网络上接收数据。并且，UDP将保留上层应用程序产生的报文的边界，即它不会对报文进行合并或分段处理，这样使得接收方收到的报文与发送时的报文大小完全一致。

此外，一个UDP模块必须提供产生和验证检验和的功能，但是一个应用程序在使用UDP服务时，可以自由选择是否要求产生检验和。当一个UDP模块在收到由IP层传来的UDP数据报后，首先检验UDP检验和。如果检验和为0，表示发送方没有计算检验和；如果检验和非0，并且检验和不正确，则UDP将丢弃这个数据报；如果检验和非0，并且正确，则UDP根据数据报中的目标端口号，将其送给指定应用程序等待排队。

习题六

一、选择题

1. 以下参数可以唯一确定一条TCP连接的是（　　）。
   A. 源MAC地址，源端口号，目的MAC地址，目的端口号
   B. 源MAC地址，源IP地址，目的MAC地址，目的IP地址
   C. 源DNS域名，源端口号，目的DNS域名，目的端口号
   D. 源IP地址，源端口号，目的IP地址，目的端口号
2. UDP协议和TCP协议首部的共同字段有（可多选）（　　）。
   A. 源端口、目的端口　　B. 流量控制
   C. 校验和　　D. 序列号
3. TCP段中的窗口字段指的是（　　）。
   A. 报头中32bit字的数量
   B. 被叫端口的数量
   C. 用来对到达数据的正确顺序进行保证的序号
   D. 发送者愿意接收的字节数量
4. TCP和UDP使用（　　）对通过网络的不同会话进行跟踪。
   A. 端口号　　B. IP地址
   C. MAC地址　　D. 路由号
5. 如果使用了TCP的传输方式，在超时定时器定时时间内如果一个段没有得到确认信息，会出现（　　）情况。
   A. 由UDP开始进行传输　　B. 终止虚电路的连接
   C. 什么都没有发生　　D. 开始进行重传

6．一个动态 TCP 滑动窗口用来（　　）。

A．它使窗口变得更大，从而更多的数据能够立刻通过，使得带宽更高效地得到使用

B．窗口随着数据报的每个部分而滑动，以接收数据，从而使带宽更高效地得到使用

C．它使得窗口大小在 TCP 会话阶段能够动态地进行协商，从而使带宽更高效地得到使用

D．它对进入的数据进行了限制，从而每个段必须一个一个地被发送，使得带宽的利用率变低

二、填空题

1．如图所示的 TCP 连接建立过程中，X 部分应填入______，Y 部分应填入______，Z 部分应填入______。

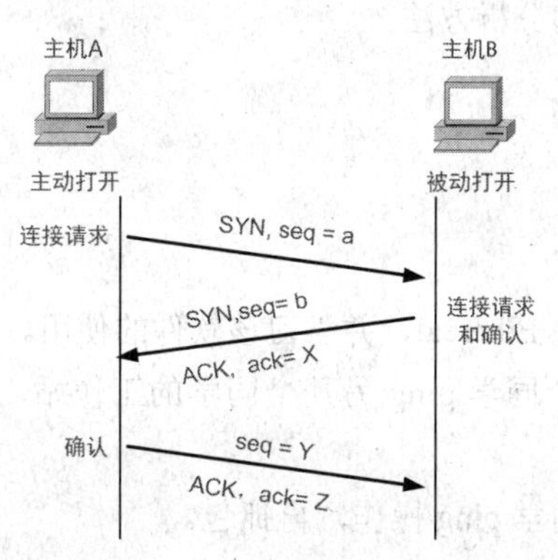

2．如图所示的 TCP 连接释放过程中，X 部分应填入______，Y 部分应填入______。

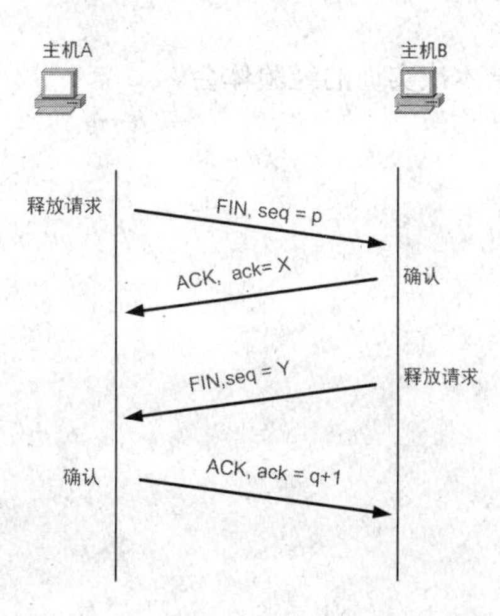

三、简答题

1．传输层的作用是什么？同一开放系统中传输层和网络层功能的关系是什么？网络层提供数据报或虚电路服务对上面的传输层有什么影响？

2．一个 TCP 报文段中的数据部分有多少字节？为什么？如果用户要传送的数据的字节长度超过了 TCP 报文段中的序号字段可能编出的最大序号，试问是否还能使用 TCP 来传送数据？

3．在使用 TCP 传送数据时，如果有一个确认报文丢失了，也不一定会引起对方数据的重传，试说明原因。

4．既然 UDP 与 IP 一样提供无连接服务，能否让用户直接利用 IP 分组进行数据传递？为什么？

实　训

网络抓包分析各层协议

1．实训目的

（1）掌握网络协议分析软件的使用方法。

（2）加深了解网络通信协议。

（3）掌握逐层剥离协议包的分析方法。

（4）理解各层协议的作用。

2．实训环境

局域网。

3．实训内容

（1）安装协议分析软件，如 Ethereal，并学习该软件的使用。

（2）几个同学为一组，一个同学 ping 另几个同学的工作站，同时运行抓包软件开始抓取数据包。

（3）抓包结束后，换其他同学 ping 操作，再抓包。

（4）开始分析数据包，并写出分析报告。

4．实训小结

描述本次实训的过程，总结本次实训的经验体会。

第7章 应用层协议与 Intranet

引例：因特网应用层提供了哪些应用呢？企业内部网又该怎样组建？

Internet 与 Intranet 应用日益广泛，本章主要介绍应用层的几个常用的协议，如 DNS、HTTP、SMTP 等。Intranet 是一个具体的应用实例。

7.1 主机名与域名服务

在 Internet 中，由于各种网络设备都采用统一的 IP 地址，直接使用 IP 地址便可以访问网上的各种资源。但 IP 地址是一长串数字，对于用户来说，记忆起来十分困难。因此，使用符合用户语言习惯的、具有一定意义的主机名很有必要。

7.1.1 因特网的域名体系

因特网的域名结构由 TCP/IP 协议簇中的域名系统（Domain Name System，DNS）进行定义。

因特网域名具有一定的层次结构。首先，DNS 把整个因特网划分成多个域，称为顶级域，并为每个顶级域规定了国际通用的域名，如表 7-1 所示。顶级域的划分采用了两种划分模式，即组织模式和地理模式。原来只有 8 个域对应于组织模式，其余的域对应于地理模式。2000 年 11 月新增 7 个顶级域名，如表 7-1 的右边列所示。地理模式的顶级域是按国家进行划分的，每个申请加入因特网的国家都可以作为一个顶级域，并向 NIC 注册一个顶级域名，如 cn 代表中国、us 代表美国、uk 代表英国、jp 代表日本等。

表 7–1 顶级域名分配

顶 级 域 名	分 配 情 况	顶 级 域 名	分 配 情 况
COM	公司	BIZ	商业组织
EDU	教育机构	INFO	信息服务
GOV	政府部门	NAME	个人域名
MIL	军事部门 （被美国军方占用）	PRO	律师、医生等专业人员

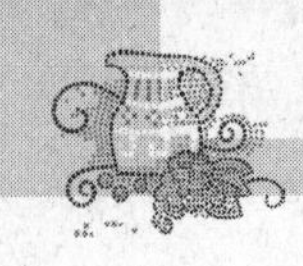

续表

顶 级 域 名	分 配 情 况	顶 级 域 名	分 配 情 况
NET	网络公司	MUSEUM	博物馆及文化遗产组织
ORG	非赢利组织（被美国联邦政府的部门占用）	COOP	商业合作组织
INT	国际组织	AREO	航运公司、机场
国家代码	各个国家		

其次，NIC将顶级域的管理权分派给指定的管理机构，各管理机构对其管理的域进行继续划分，即划分成二级域，并将各二级域的管理权授予给其下属的管理机构，如此下去，便形成了层次型域名结构。由于管理机构是逐级授权的，所以最终的域名都得到NIC承认，成为因特网中的正式名字。

图7-1中列举了因特网域名结构中的一部分，如顶级域名cn由中国因特网中心（CNNIC）管理，它将cn域划分成多个子域，包括ac、com、edu、gov、net、org、bj、tj等，并将二级域名edu的管理权授予给CERNET网络中心。CERNET网络中心又将edu域划分成多个子域，即三级域，各大学和教育机构均可以在edu下向CERNET网络中心注册三级域名，如edu下的tsinghua代表清华大学、nankai代表南开大学，并将这两个域名的管理权分别授予给清华大学和南开大学。南开大学可以继续对三级域nankai进行划分，将四级域名分配给下属部门或主机，如nankai下的cs代表南开大学软件学院，而www和ftp代表两台主机。

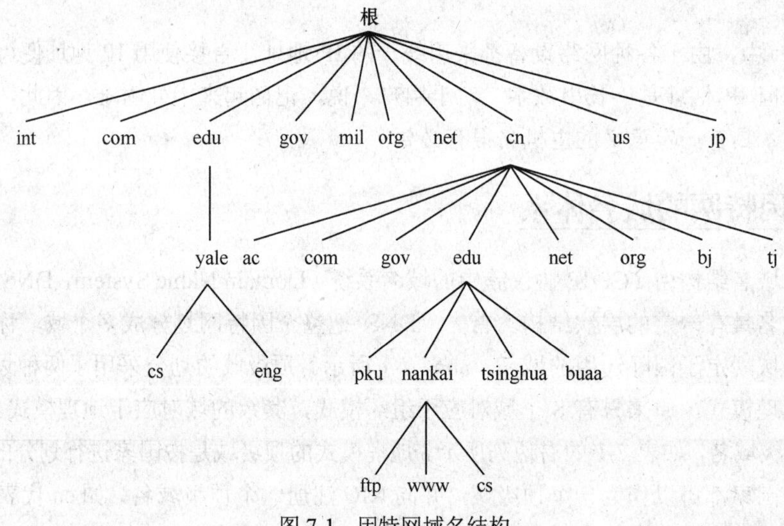

图7-1 因特网域名结构

这种层次型命名体系允许在两个不同的域中设有相同的下一级域名，不会造成混乱。

因特网中的这种命名结构只代表着一种逻辑的组织方法，并不代表实际的物理连接。位于同一个域中的主机并不一定要连接在一个网络中或在一个地区，它可以分布在全球的任何地方。

7.1.2 主机名的表示

一台主机的主机名应由它所属的各级域的域名与分配给该主机的名字共同构成，顶级域名放

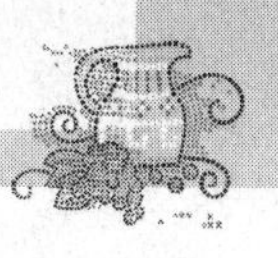

在最右面，分配给主机的名字放在最左面，各级名字之间用“.”隔开。例如，cn→edu→nankai 下面的 www 主机的主机名为 www.nankai.edu.cn，edu→ya1e→cs 下面的 linda 主机的主机名为 linda.cs.yale.edu。

7.1.3　域名系统

在互连的网络中，网络只能识别 IP 地址，不能识别具有人性化的域名。需要有一种机制，在通信时将域名转换成 IP 地址。早在 ARPANet 时期，网络就依靠存储在主机中的 hosts 文件来把主机名与 IP 地址联系起来，称为主机文件。在 UNIX 系统中文件为/etc/hosts，而在 Windows 系统中文件名为 lmhosts。表 7-2 说明了这个文件的结构。

表 7–2　主机文件结构

IP 地址	主机名
192.161.0.1	home.cdpc.edu
192.161.0.2	sports.cdpc.edu
61.165.31.2	sohu.com.cn

简单的单个主机文件只能满足小型单个组织的使用要求，而不能适应 Internet 的爆炸式发展，主机文件需要经常更新，这就限制了 Internet 的带宽容量。Internet 目前使用的是一种联机分布式数据库系统的域名系统。

在 DNS 中由域名服务器（DNS Server）完成域名与 IP 地址的转换过程，这个过程称为域名解析。在 Internet 上，域名服务器系统是按域名层次来安排的。每个域名服务器不但能够进行域名解析，而且必须具有与其他域名服务器连接的能力。当本身不能对某个域名解析时，可以自动将解析请求发送到其他域名服务器。整个域名解析过程是按客户/服务器模式工作的。域名服务器主要分为以下几类。

1．本地域名服务器

本地域名服务器通常工作于 Internet 服务提供者（ISP）或某个单独组织中。当本地网络中的某个主机有 DNS 解析请求时，首先由本地域名服务器处理，若有 IP 地址到域名的映射，则将 IP 地址传送给发出请求的主机。

2．根域名服务器

当本地域名服务器不能解析某域名时，将以 DNS 客户身份向根域名服务器发出解析请求，若有相应的主机信息，则将相应信息发送回本地域名服务器，再发送给发出请求的主机。

3．授权域名服务器

Internet 上的每台主机都必须在授权域名服务器处注册登记。通常，一个主机的授权域名服务器就是它的本地 ISP 的一个域名服务器。许多域名服务器同时充当本地域名服务器和授权域名服务器。授权域名服务器总能将其管辖的主机名转换为该主机的 IP 地址。

在图 7-2 中，abc.com 与 xyz.com 均为 com 域下注册的子域，分别由相应的授权域名服务器 dns.abc.com 与 dns.xyz.com 负责本域管辖主机的注册及解析域名。同时它们也可以作为本地域名服务器。

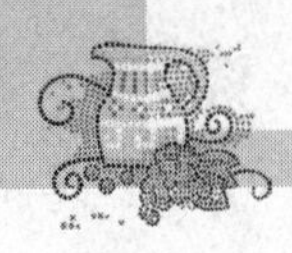

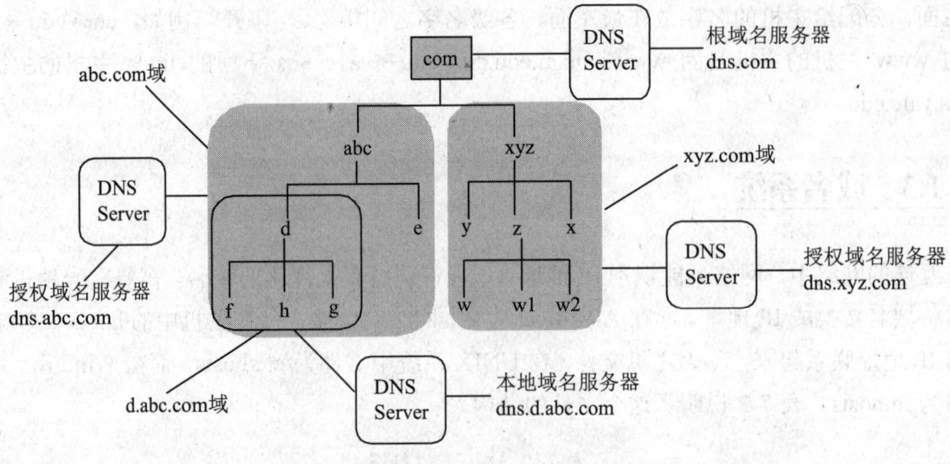

图7-2　域名与域名服务器的层次关系

下面以处于不同域的两个主机通信为例，说明域名的解析过程。域 xyz.com 主机 A（域名为 x.xyz.com）欲与 d.abc.com 域的主机 B（域名为 g.d.abc.com）通信。主机 A 不知道主机 B 的 IP 地址。首先向本地域名服务器（授权域名服务器 dns.xyz.com）发出请求报文。本地域名服务器没有主机 B 的信息，向根域名服务器（dns.com）发出请求，若没有主机 B 的信息，由根域名服务器转发到另外的本地域名服务器（授权域名服务器 dns.abc.com）。依此类推，一直转发到最终的本地域名服务器（dns.d.abc.com）。若有主机 B 的信息，则将 IP 地址信息作为响应报文，按请求顺序传送到主机 A。若没有主机 B 的信息，则将出错信息作为响应报文，传送到主机 A。图 7-3 所示为整个域名的解析过程。

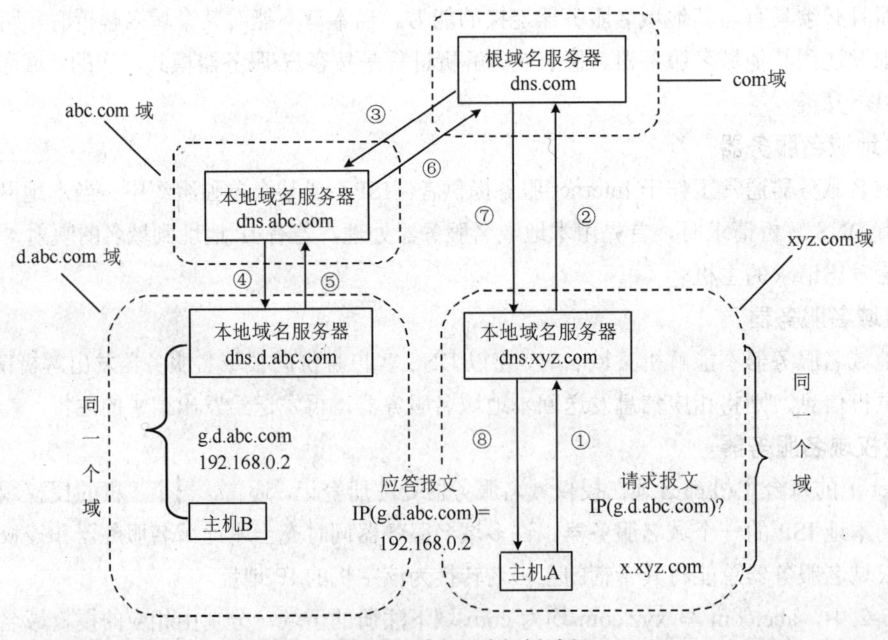

图7-3　域名层次解析过程

在这个解析过程中，根域名服务器的数据流量是最大的，为了减少根域名服务器的负担，可采用递归与迭代相结合的方法，其工作原理如图 7-4 所示，请读者注意报文转发的顺序。

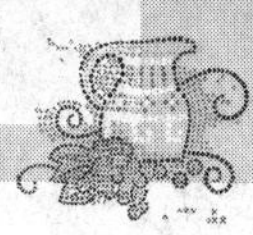

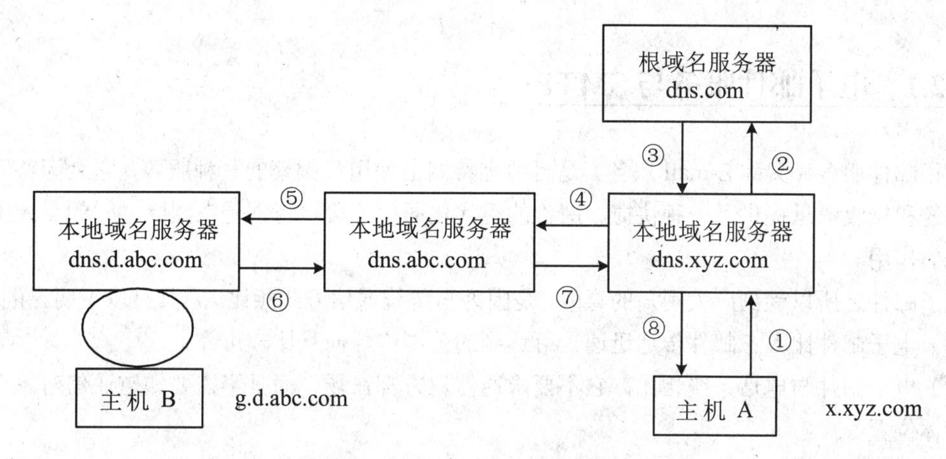

图 7-4　域名递归与迭代结合解析过程

在域名服务器与主机中可以使用高速缓存以减小域名解析的开销。每个域名服务器都维护一个高速缓存，存放最近用过的名字以及从何处获得名字映射信息的记录。当客户请求域名服务器转换名字时，服务器首先按标准过程检查它是否被授权管理该名字。若未被授权，则查看自己的高速缓存，检查该名字是否最近被转换过。域名服务器向客户报告缓存中有关名字与地址的绑定信息，并标志为非授权绑定，以及给出获得此绑定的服务器 S 的域名。本地服务器同时也将服务器 S 与 IP 地址的绑定告知客户。因此，客户可很快收到回答，但有可能信息已是过时的了。如果强调高效，客户可选择接受非授权的回答信息并继续进行查询。如果强调准确性，客户可与授权服务器联系，并检验名字与地址的绑定是否仍有效。

由于名字到地址的绑定并不经常改变，高速缓存可在域名系统中很好地运作。为保持高速缓存中的内容正确，域名服务器应为每项内容计时并处理超过合理时间的项。当域名服务器已从缓存中删去某项后又被请求查询该项信息，就必须重新到授权管理该项的服务器获取绑定信息。当授权服务器回答一个请求时，在响应中都有指明绑定有效存在的时间值。增加此时间值可减少网络开销，而减少此时间值可提高域名转换的准确性。

不但在本地域名服务器中需要高速缓存，在主机中也很需要。许多主机在启动时从本地域名服务器下载名字和地址的全部数据库，维护存放自己最近使用的域名的高速缓存，并且只在从缓存中找不到名字时才使用域名服务器。维护本地域名服务器数据库的主机自然应该定期地检查域名服务器以获取新的映射信息，而且主机必须从缓存中删掉无效的项。由于域名改动并不频繁，因此不需花太多精力就能维护数据库的一致性。

在每个主机中保留一个本地域名服务器数据库的副本，可使本地主机上的域名转换特别快。这也意味着万一本地服务器出故障，本地网点也有一定的保护措施。此外，它减轻了域名服务器的计算负担，使得服务器可为更多机器提供域名解析服务。

7.2 因特网的应用

目前，因特网上所提供的服务功能已达上万种，其中多数服务是免费提供的。随着因特网向商业化方向发展，很多服务被商业化的同时，所能提供的服务种类进一步快速增长。因特网提供的基本服务功能主要有以下几种：电子邮件（E-mail）、远程登录（Telnet）、文件传输（FTP）、WWW 服务等。

7.2.1　电子邮件服务与 SMTP

电子邮件服务（又称 E-mail 服务）是目前因特网上使用最频繁的一种服务，它为因特网用户之间发送和接收消息提供了一种快捷、廉价的现代化通信手段，特别是在国际之间的交流中发挥着重要的作用。

电子邮件之所以受到广大用户的喜爱，是因为与传统通信方式相比，它具有以下明显的优点。

（1）电子邮件比人工邮件传递迅速，可达到的范围广，而且比较可靠。

（2）电子邮件与电话系统相比，它不要求通信双方都在场，而且不需要知道通信对象在网络中的具体位置。

（3）电子邮件可以实现一对多的邮件传送，这样可以使得一位用户向多人同时发出通知的过程变得很容易。

（4）电子邮件可以将文字、图像、语音等多种类型的信息集成在一个邮件中传送，因此它将成为多媒体信息传送的重要手段。

1．邮件服务器与电子邮箱

电子邮件服务采用客户机/服务器工作模式。电子邮件服务器（简称为邮件服务器）是因特网邮件服务系统的核心，它的作用与人工邮递系统中邮局的作用非常相似。邮件服务器一方面负责接收用户送来的邮件，并根据邮件所要发送的目的地址，将其传送到对方的邮件服务器中；另一方面负责接收从其他邮件服务器发来的邮件，并根据收件人的不同将邮件分发到各自的电子邮箱（简称为邮箱）中。

因特网中存在着大量的邮件服务器，如果某个用户要利用一台邮件服务器发送和接收邮件，则该用户必须在该服务器中申请一个合法的账号，包括账号名和密码。一旦用户在一台邮件服务器中拥有了账号，也便在该台邮件服务器中拥有了自己的邮箱。邮箱是在邮件服务器中为每个合法用户开辟的一个存储用户邮件的空间，类似人工邮递系统中的信箱。在因特网中每个用户的邮箱都有一个全球唯一的邮箱地址，即用户的电子邮件地址。用户的电子邮件地址用“@”分隔为两部分，后一部分为邮件服务器的主机名或邮件服务器所在域的域名，前一部分为用户在该邮件服务器中的账号。例如，johnnyzhang@eyou.com 为一个用户的电子邮件地址，其中 eyou.com 为邮件服务器的主机名，johnnyzhang 为用户在该邮件服务器中的账号。

电子邮箱是私人的，只有拥有账号和密码的用户才能阅读邮箱中的邮件，而其他用户可以向该邮件地址发送邮件，并由邮件服务器分发到邮箱中。

2．电子邮件应用程序

用户发送和接收邮件需要借助于装载在客户机中的电子邮件应用程序来完成。电子邮件应用程序一方面负责将用户要发送的邮件送到邮件服务器，另一方面负责检查用户邮箱，读取邮件。因而，电子邮件应用程序应具有如下两项最为基本的功能。

（1）创建和发送邮件功能。

（2）接收、阅读和管理邮件功能。

除此之外，电子邮件应用程序通常还提供通讯簿管理、收件箱助理及账号管理等附加功能。图 7-5 所示为电子邮件系统的组成。

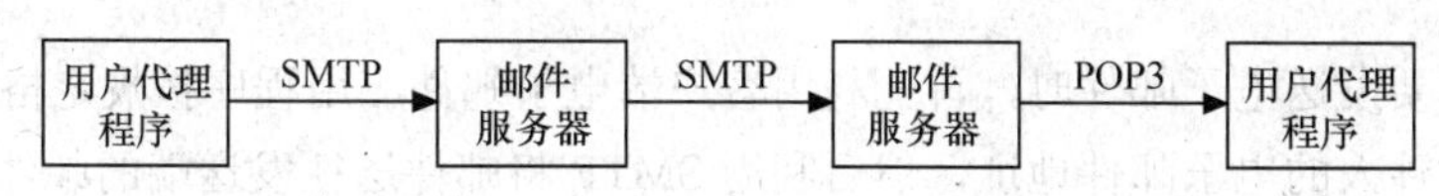

图 7-5　电子邮件系统的结构

电子邮件应用程序在向邮件服务器传送邮件时使用简单邮件传输协议（Simple Mail Transfer Protocol，SMTP）；而从邮件服务器的邮箱中读取时可以使用 POP3（Post　Office Protocol）或 IMAP（Interactive Mail Access Protocol），至于电子邮件应用程序使用何种协议读取邮件则取决于所使用的邮件服务器支持哪一种协议。通常称支持 POP3 的邮件服务器为 POP3 服务器，而称支持 IMAP 的邮件服务器为 IMAP 服务器。

当使用电子邮件应用程序访问 POP3 服务器时，邮箱中的邮件被复制到用户的客户机中，邮件服务器中不保留邮件的副本，用户在自己的客户机中阅读和管理邮件。POP3 服务器比较适合于用户只从一台固定的客户机访问邮箱的情况，它将所有的邮件都读取到这台固定的客户机中存储。

当使用电子邮件应用程序访问 IMAP 服务器时，用户可以决定是否将邮件复制到客户机中，以及是否在 IMAP 服务器中保留邮件副本，用户可以直接在服务器中阅读和管理邮件。IMAP 服务器比较适合于用户从多台客户机访问邮箱的情况，用户从因特网上的任一台主机访问 IMAP 服务器，都可以查看到用户保留的所有邮件。

3．电子邮件格式

电子邮件由两部分组成：邮件头（Mail Header）和邮件体（Mail Body）。

邮件头由多项内容构成，其中一部分内容是由电子邮件应用程序根据系统设置自动产生的，如发件人地址、邮件发送的日期和时间等，而另一部分内容则需要根据用户在创建邮件时输入的信息产生，如收件人地址、抄送人地址、邮件主题等。

邮件体是实际要传送的内容。例如，可以通过电子邮件为过生日的朋友发去一张音乐贺卡。之所以能在电子邮件中传送这样的多媒体信息，是因为目前使用的是多目的因特网电子邮件扩展协议（Multipurpose Internet Mail Extensions，MIME）。传统的电子邮件系统只能传递西文文本信息，而目前使用的多目的因特网电子邮件扩展协议（MIME）具有较强的功能，不但可以发送各种文字和各种结构的文本信息，而且还可以发送语音、图像和视频等信息。

4．邮件的发送和接收过程

邮件的发送和接收过程如图 7-6 所示。

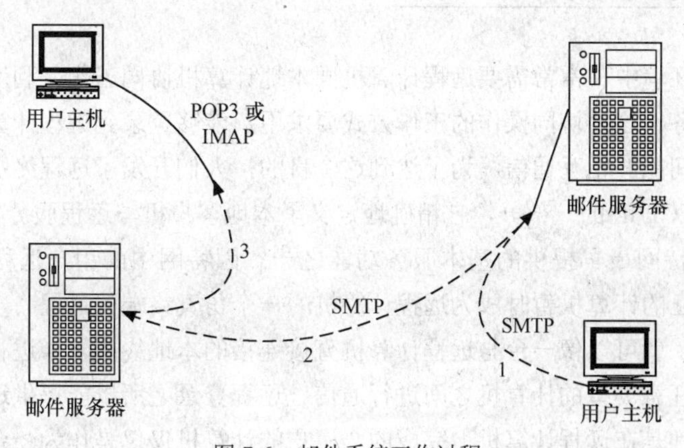

图 7-6　邮件系统工作过程

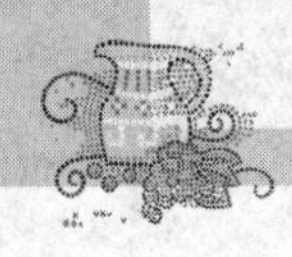

（1）用户需要发送电子邮件时，首先利用客户端电子邮件应用程序按规定格式起草、编辑一封邮件，指明收件人的电子邮件地址，然后利用 SMTP 将邮件送往发送端的邮件服务器。

（2）发送端的邮件服务器接收到用户送来的邮件后，根据收件人地址中的邮件服务器主机名，通过 SMTP 将邮件送到接收端的邮件服务器，接收端的邮件服务器根据收件人地址中的账号将邮件投递到对应的邮箱中。

（3）利用 POP3 或 IMAP，接收端的用户可以在任何时间、地点利用电子邮件应用程序从自己的邮箱中读取邮件，并对自己的邮件进行管理。

因特网中的邮件服务器通常要保持 24 小时正常工作，这样才能很好地服务于在其中申请账号的用户。而用户可以不受任何时间和地点的限制，通过自己的计算机和电子邮件应用程序发送和接收邮件，用户的计算机无须保持一直开机和上网。

目前广泛采用浏览器/服务器（B/S）方式处理邮件，电子邮件用户可不在主机中安装邮件客户端软件，取而代之的是用浏览器访问邮件服务器。邮件服务器用 Web 服务器响应客户的浏览器，Web 服务器用动态网页技术访问后台的邮件服务器。所有的邮件处理过程都在后台邮件服务器上进行，将处理结果转换成 HTML 文档传给 Web 服务器再传给客户端浏览器。这种方式中，客户的全部邮件数据都存放在邮件服务器中，客户可以通过浏览器远程管理自己的邮箱，包括发送、地址簿管理、删除邮件等。接收邮件是由邮件服务器后台完成的。邮件系统的构成如图 7-7 所示。

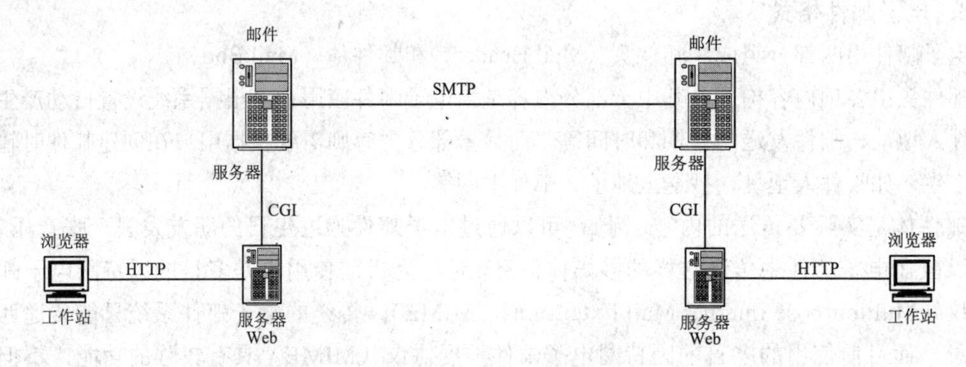

图 7-7　用浏览器处理电子邮件系统示意

7.2.2　远程登录服务与 Telnet

在分布式计算环境中，常常需要远程计算机同本地计算机协同工作，利用多台计算机来共同完成一个较大的任务。这种协同操作的工作方式要求用户能够登录到远程计算机，启动某些远程进程，并使进程之间能够相互通信。为了达到这个目的，人们开发了远程终端协议，即 Telnet 协议。Telnet 协议是 TCP/IP 的一部分，它精确地定义了本地客户机与远程服务器之间的交互过程。

远程登录是因特网最早提供的基本服务功能之一。因特网中的用户远程登录是指用户使用 Telnet 命令，使自己的计算机暂时成为远程计算机的一个仿真终端的过程。一旦用户计算机成功地实现了远程登录，就可以像一台与远程计算机直接连接的本地终端一样进行工作。

远程登录允许任意类型的计算机之间进行通信。远程登录之所以能提供这种功能，主要是因为所有的运行操作都是在远程计算机上完成的，用户的计算机仅仅是作为一台仿真终端向远程计

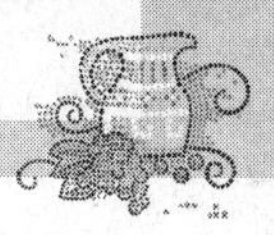

算机传送击键命令信息和显示命令执行结果。

利用因特网提供的远程登录服务可以实现以下功能。

（1）本地用户与远程计算机上运行的程序相互交互。

（2）用户登录到远程计算机时，可以执行远程计算机上的任何应用程序（只要该用户具有足够的权限），并且能屏蔽异构或不同操作系统计算机之间的差异。

（3）用户可以利用个人计算机去合作完成许多只有大型计算机才能完成的任务。

（4）远程登录到网络设备上（交换机、路由器等）进行配置参数等维护操作。

1．远程登录协议

远程登录协议（Telnet）是 TCP/IP 协议簇中一个重要的协议。它的优点之一是能够解决多种不同的计算机系统之间的互操作问题。不同厂家生产的计算机在硬件和软件方面都存在着差异，这种差异给计算机系统之间的互操作带来了很大的困难。

不同计算机系统的差异首先表现在不同系统对终端键盘输入命令的解释上。例如，有的系统的行结束标志使用 ASCII 字符的<CR>，有的系统使用 ASCII 字符的<LF>，而有的系统使用 ASCII 字符的<CR><LF>。键盘定义的差异性给远程登录带来了很多的问题。为了解决系统的差异性，Telnet 协议引入了网络虚拟终端（Network Virtual Terminal，NVT）的概念，它提供了一种标准的键盘定义，用来屏蔽不同计算机系统对键盘输入的差异性。

2．远程登录的工作原理

Telnet 采用了客户机/服务器模式，其结构如图 7-8 所示。在远程登录过程中，用户的实终端（Real Terminal）采用用户终端的格式与本地 Telnet 客户机进程通信；远程主机采用远程系统的格式与远程 Telnet 服务器进程通信。通过 TCP 连接，Telnet 客户机进程与 Telnet 服务器进程之间采用了网络虚拟终端（NVT）标准来进行通信。网络虚拟终端（NVT）格式将不同的用户本地终端格式统一起来，使得各个不同的用户终端格式只同标准的网络虚拟终端（NVT）格式打交道，而与本地终端格式无关。Telnet 客户机进程与 Telnet 服务器进程一起完成用户终端格式、远程主机系统格式与标准网络虚拟终端（NVT）格式的转换。

3．使用远程登录

如果用户希望使用远程登录服务，那么，用户本身的计算机和向用户提供因特网服务的计算机必须支持 Telnet。同时，在远程计算机上用户拥有自己的账户（包括用户名与用户密码）或该远程计算机提供公开的用户账户。

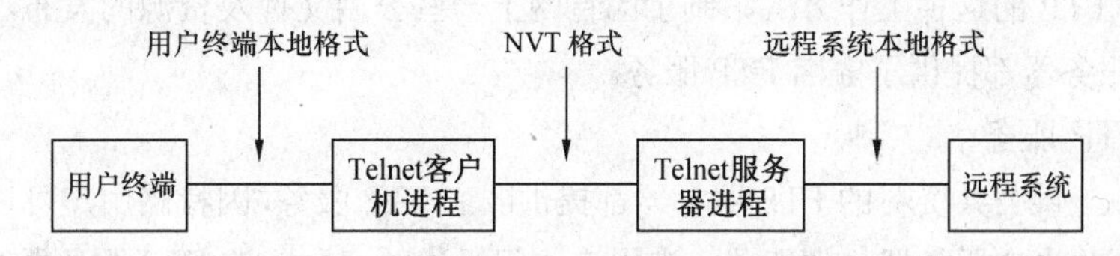

图 7-8　Telnet 的客户机/服务器模型

用户在使用 Telnet 命令进行远程登录时，首先应在 Telnet 命令中给出对方计算机的主机名或 IP 地址，然后根据对方系统的询问，正确输入自己的用户名与用户密码。有时还要根据对方的要求，回答自己所使用的仿真终端的类型。

在因特网中，有很多信息服务机构提供开放式的远程登录服务，登录这样的服务器不需事先设置用户账户，使用公开的用户账号就可以进入系统，不论用户使用自己在远程登录服务器上的

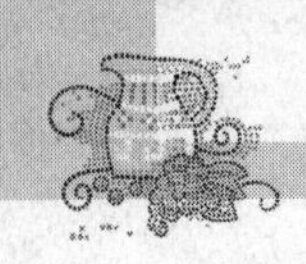

账户登录，还是使用远程服务器提供的公开账户登录，一旦登录成功，用户就可以像远程主机的本地终端一样地进行工作，使用远程主机对外开放的软件、硬件、数据等全部资源。

Telnet 也经常用于公共服务或商业目的。利用 Telnet，用户可以远程检索大型数据库、公众图书馆的信息资源库或其他信息。

7.2.3 文件传输服务与 FTP

文件传输（File Transfer Protocol，FTP）服务是因特网中最早的服务功能之一，目前仍在广泛使用。FTP 服务为计算机之间双向文件传输提供了一种有效的手段。它允许用户将本地计算机中的文件上传到远端的计算机中，或将远端计算机中的文件下载到本地计算机中。

目前因特网上的 FTP 服务多用于文件的下载，利用它可以下载各种类型的文件，包括文本文件、二进制文件，以及语音、图像和视频文件等。因特网上的一些免费软件、共享软件、技术资料、研究报告等，大多都是通过这种渠道发布的。

1. FTP 服务器与客户机

FTP 服务也采用典型的客户机/服务器工作模式，如图 7-9 所示。客户机通常是用户自己的计算机。FTP 服务器是远端提供 FTP 服务的计算机，它通常是因特网信息服务提供者的计算机，负责管理一个文件仓库。因特网用户可以通过 FTP 客户机从文件仓库中取文件或向文件仓库中存入文件。将文件从服务器传到客户机称为下载文件，而将文件从客户机传到服务器称为上传文件。

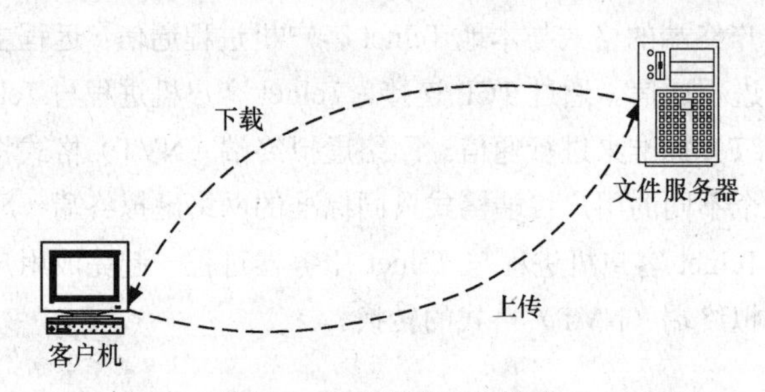

图 7-9　FTP 服务工作模式

FTP 服务是一种实时的联机服务，用户在访问 FTP 服务器之前必须进行登录，登录时要求用户给出用户在 FTP 服务器上的合法账号和口令。只有成功登录的用户才能访问该 FTP 服务器，下载授权的文件。FTP 的这种工作方式限制了因特网上一些公用文件及资源的发布，为此，因特网上的多数 FTP 服务器都提供了匿名 FTP 服务。

2. 匿名 FTP 服务

目前大多数提供公共资料的 FTP 服务器都提供匿名 FTP 服务，因特网用户可以随时访问这些服务器而不需要预先向服务器申请账号。当用户访问提供匿名服务的 FTP 服务器时，用户登录时一般不需要输入账号和密码或使用匿名账号和密码。匿名账户和密码是公开的，如果没有特殊声明，通常用“anonymous”作为账号，用“guest”作为口令，有些 FTP 服务器会要求用户输入自己的电子邮件地址作为口令。如果 FTP 服务器不使用“anonymous”和“guest”作为账号和口令，那么在用户登录时 FTP 服务器会告诉用户进入该 FTP 服务器的方法。

因特网用户目前所使用的 FTP 服务大多数是匿名服务。为了保证 FTP 服务器的安全性，几乎所有的 FTP 匿名服务只允许用户下载文件，而不允许用户上传文件。

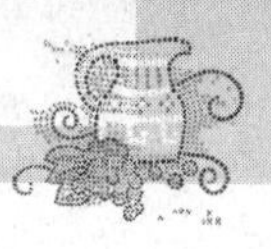

3. FTP 客户端应用程序

因特网用户使用的 FTP 客户端应用程序通常有 3 种类型，即传统的 FTP 命令行，浏览器和 FTP 下载工具。

传统的 FTP 命令行形式是最早的 FTP 客户端程序，在目前的 Windows 操作系统中仍保留着该功能，但需要切换到 MS-DOS 窗口中执行。FTP 命令行包含约 50 条命令，对于因特网的初学者来说，要记住如此多的命令及命令参数并不是一件容易的事情，因而用户很少使用它们，而多求助于下面介绍的另两种应用程序。不过由于 FTP 命令行通常包含在操作系统中，用户在没有其他工具可用的时候不妨试着用一用。

通常，浏览器是访问 WWW 服务的客户端应用程序，用户通过指定 URL 便可以浏览到相应的页面信息。用户在访问 WWW 服务时，URL 中的协议类型使用的是 http:，如果将协议类型换成 ftp:，后面指定 FTP 服务器的主机名或 IP 地址，便可以通过浏览器访问 FTP 服务器。例如，要访问南开大学 FTP 服务器根目录下的一个文件 sample.txt，其 URL 可以书写成：

ftp://ftp.nankai.edu.cn/sample.txt

其中，ftp 指明要访问的服务器为 FTP 服务器；ftp.nankai.edu.cn 指明要访问的 FTP 服务器的主机名；sample.txt 指明要下载的文件名。

此外，在 Web 页面中通常也包含着一些到 FTP 服务器的链接，用户可以通过这些链接方便地访问到 FTP 服务器，并从中下载文件。

当然，通过浏览器用户只能从 FTP 服务器下载文件而不能上传文件。

在用户利用 FTP 命令行或浏览器从 FTP 服务器下载文件时，经常会遇到一件令人扫兴的事情，即在下载已经完成了 95%的时候，网络连接突然中断，文件下载前功尽弃，一切必须从头开始。这个时候用户非常希望能在线路恢复连接之后继续将剩余的 5%传完，这就需要使用 FTP 下载工具。FTP 下载工具一方面可以提高文件下载的速度，另一方面可以实现断点续传，即接续前面的断接点，完成剩余部分的传输。

7.2.4 WWW 服务与 HTTP

万维网 WWW（World Wide Web）正如其名字一样，是一个遍布 Internet 的信息储藏所，是一种特殊的应用网络。它通过超级链接，将所有的硬件资源、软件资源、数据资源连成一个网络，用户可从一个站点轻易地转到另一个站点，非常方便地获取丰富的信息。万维网的出现极大地推动了 Internet 的发展，主要是由以下几个方面决定的。

（1）使用超媒体作为核心。超媒体是超文本的扩充，通过超级链接将文字、声音、图形、图像、视频等多媒体信息有机结合，形成网页，表现形式更加丰富，更加贴近生活。

（2）采用超级链接技术。将处于世界各个角落的信息源链接在一起，利用超级链接可方便地从一个信息源转到另一个信息源，且数量不受限制，获得信息的手段简单方便且信息容量大。

（3）资源分布处理。万维网将大量的信息分布在整个 Internet 上。每台主机的资源都独立管理，对信息的增加、删除与修改不需要通知其他结点。

（4）强大的网络功能。万维网几乎包容 Internet 的所有功能，从信息检索、文件传输、收发邮件、数据库服务到远程控制，都可通过万维网来完成。

（5）统一的寻址方式。万维网使用统一资源定位符，使所有信息资源在 Internet 上有唯一的

标识。

（6）使用HTML标记语言形成超媒体文档，使得不同风格的媒体文档有统一的解释方法，便于超媒体文档的规划与创作。

（7）强大的软件支持。有很多公司为用户提供了丰富的多媒体文档创作软件工具，使得非专业人员能很容易地将自己的信息发布到网上。

（8）强大的搜索引擎机制。可通过嵌入程序代码，建立完备的搜索引擎。用户可输入关键字后在信息海洋中查找自己感兴趣的信息。

（9）强大的交互功能。万维网支持动态网页技术，将信息技术与数据库技术有机结合，通过专用的编程代码，实现动态交互。

（10）提供的服务丰富多彩。万维网不仅为用户提供信息检索服务，同时为众多实际应用（包括娱乐、网络购物、远程教育、电子商务、企业管理等）提供网络平台。

可以说万维网改变了生活，改变了世界。

1. 超文本传输协议

超文本传输协议（Hyper Text Transfer Protocol，HTTP）是万维网客户端进程与服务器端进程交互遵守的协议，它使用TCP连接进行可靠的传输。HTTP是万维网上资源传送的规则，是万维网能正常运行的基础保障。

HTTP的思想为：客户给服务器发送请求，服务器向客户发送响应，是一个典型的请求/响应协议。在客户和服务器之间的HTTP事务有两种类型：请求和响应。

- 请求报文。

请求报文包括一个请求行、一个首部以及有时出现的一个主体，如图7-10（a）所示。请求行定义请求类型、URL和HTTP版本，格式如图7-11所示。

请 求 行
首　部
空　行
主　体

（a）请求报文

状 态 行
首　部
空　行
主　体

（b）响应报文

图7-10　HTTP报文

请求类型	空格	URL	空格	HTTP版本

图7-11　请求行格式

在HTTP中定义了几种请求类型，请求类型将请求报文划分为几种方法，如GET、HEAD、POST、PUT、COPY、DELETE等。

URL（Universal Resource Locator，统一资源定位符）是一个标准，用来指明Internet上的任何种类的信息。其格式为：

<协议>://<主机>:<端口>/<路径>/<文档>

其中：

协议——指访问URL的方式，可以是HTTP、FTP、Gopher等；

主机——是被访问文档所在的主机的域名；

端口——是建立 TCP 连接的端口号，使用熟知端口可以忽略；

路径——是文档在主机上的相对存储位置；

文档——是具体的页面文件。

例如：

http://sohu.com.cn/sports/abc.htm

ftp://rtfm.mit.edu

这两个例子中都省略了端口号，第二个例子中还省略了路径及文档，这样访问的文档为该主机的默认文档，称为主页（Home Page）。主页一般作为一个主机站点的最高级别的界面，是一个单位或组织的网络“门面”。

- 响应报文。

响应报文包括一个状态行、一个首部，有时也包含一个主体，如图 7-10（b）所示。

状态行定义响应报文的状态。它包括 HTTP 版本、一个空格、一个状态码、一个空格和一个状态短语，如图 7-12 所示。

HTTP 版本	空格	状态码	空格	状态短语

图 7-12　状态行格式

其中，HTTP 版本与请求行中的字段一样，状态码字段用一系列代码来表示当前的一些状态，如指示成功的请求、将客户重新定向到另一个 URL、指示客户端或服务器端的一个差错等。表 7-3 列出了一些代码。状态短语字段以文本形式解释状态码，表 7-3 也给出了状态短语。

表 7–3　状态码

状态码	状态短语	说　明
		提供信息的
100	Continues	请求的开始部分已经收到，客户可以继续他的请求
101	Switching	服务器同意客户的请求，切换到在更新首部中定义的协议
		成功
200	ok	请求成功
201	Created	一个新的 URL 被创建
		重新定向
301	Multiple choices	所请求的 URL 指向多于一个资源
302	Moved permanently	服务器已不再使用所请求的 URL
		客户差错
400	Bad Request	请求中有语法错误
403	Forbidden	服务被拒绝
406	Not acceptable	所请求的格式不可接受
		服务器差错
501	Not implemented	所请求的动作不能完成
503	Service unavailable	服务暂时不可用，但可能在以后被请求

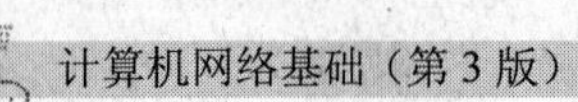

首部在客户和服务器之间交换附加的信息。例如，客户可以请求文档以特殊的形式发送出去，或者服务器可以发送关于该文档的额外信息。

首部可以有一个或多个首部行。每一个首部行由一个首部名、一个冒号、一个空格和一个首部值组成，如图 7-13 所示。

首部名	：	空格	首部值

图 7-13 首部格式

2．请求报文响应报文实例

HTTP 请求报文的详细内容如图 7-14 所示。

```
⊟ Hypertext Transfer Protocol
  ⊟ GET / HTTP/1.1\r\n
    ⊞ [Expert Info (Chat/Sequence): GET / HTTP/1.1\r\n]
      Request Method: GET
      Request URI: /
      Request Version: HTTP/1.1
  Accept: image/gif, image/jpeg, image/pjpeg, image/pjpeg, application/x-shockwave-flash, application/vnd.ms-excel, application/vnd.ms-powerpoint, app
  Accept-Language: zh-cn\r\n
  User-Agent: Mozilla/4.0 (compatible; MSIE 8.0; Windows NT 5.1; Trident/4.0; .NET CLR 2.0.50727)\r\n
  Accept-Encoding: gzip, deflate\r\n
  Host: www.baidu.com\r\n
  Connection: Keep-Alive\r\n
  Cookie: BAIDUID=C8303A532C3D6E08BA2D45C86CEC3EF3:FG=1; USERID=0ed6eb4c0e068c7ad1f35a343e170eb8ff\r\n
  \r\n
```

图 7-14 HTTP 请求报文

该请求报文使用 GET 方法请求 URI（www.baidu.com）信息，HTTP 的版本是 1.1。首部给出了客户端可以接受 gif、jpeg 等图像，可以接受 flash、excel 等信息；同时也给出了客户端可以接受的语言、编码等信息。

HTTP 响应报文的详细内容如图 7-15 所示。

```
⊟ Hypertext Transfer Protocol
  ⊟ HTTP/1.1 200 OK\r\n
    ⊞ [Expert Info (Chat/Sequence): HTTP/1.1 200 OK\r\n]
      Request Version: HTTP/1.1
      Response Code: 200
  Date: Mon, 28 Feb 2011 14:36:02 GMT\r\n
  Server: BWS/1.0\r\n
  ⊞ Content-Length: 3106\r\n
  Content-Type: text/html;charset=gb2312\r\n
  Cache-Control: private\r\n
  Expires: Mon, 28 Feb 2011 14:36:02 GMT\r\n
  Content-Encoding: gzip\r\n
  Connection: Keep-Alive\r\n
  \r\n
  Content-encoded entity body (gzip): 3106 bytes -> 6763 bytes
⊟ Line-based text data: text/html
    [truncated] <!doctype html><html><head><meta http-equiv="Content-Type" content="text/html;charset=gb2312"><title>\260\331\266\310\322\273\317\302\243\254\
    [truncated] <body><p id="u"><a href="/gaoji/preferences.html">\313\321\313\367\311\350\326\303</a> | <a href="http://passport.baidu.com/?login&t
    [truncated] <p id="lk"><a href="http://hi.baidu.com">\277\325\274\344</a>\241\241<a href="http://baike.baidu.com">\260\331\277\306</a>\241\241<a href="htt
    [truncated] <script>var w=window,d=document,n=navigator,k=d.f.wd,a=d.getElementById("nv").getElementsByTagName("a"),isIE=n.userAgent.indexOf("MSIE")!=-1;i
    <!--42524ee705a3b40c-->
```

图 7-15 HTTP 响应报文

该响应报文是 HTTP1.1 版本，状态码为 200，状态短语为 OK。另外，该响应报文还定义了日期：2011 年 2 月 28 日 14:36:02；服务器为 BWS/1.0；文档的长度、类型、字符集、过期时间、文档的主题等信息。

3．浏览器

万维网的每个站点都有一个服务进程，它不断监听 TCP 的 80 端口，等待客户端的 TCP 连接请求。在客户端需要运行用户与万维网的接口程序，一般是浏览器软件。它负责向服务器提出请

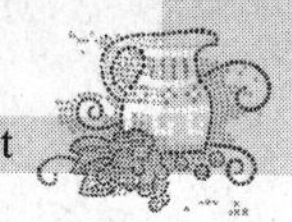

求，并将服务器传送回的页面信息显示给用户。当用户欲浏览服务器的某网页时，客户进程向服务器的 80 端口发出连接请求，服务器接到请求后，如果接受就与客户端建立 TCP 连接。客户端利用建立好的连接，将网页的标识传送到服务器。服务器将请求的页面作为回应，传送给客户端。传送完毕，连接释放。客户端接到回应的网页信息，由浏览器解释并显示给用户。

浏览器工作于客户端，是用户使用万维网的接口程序，也是万维网网页解释程序，还是用户访问远端服务器的代理程序。浏览器程序结构复杂，包含若干协同工作的软件组件。图 7-16 所示为典型浏览器的组成。

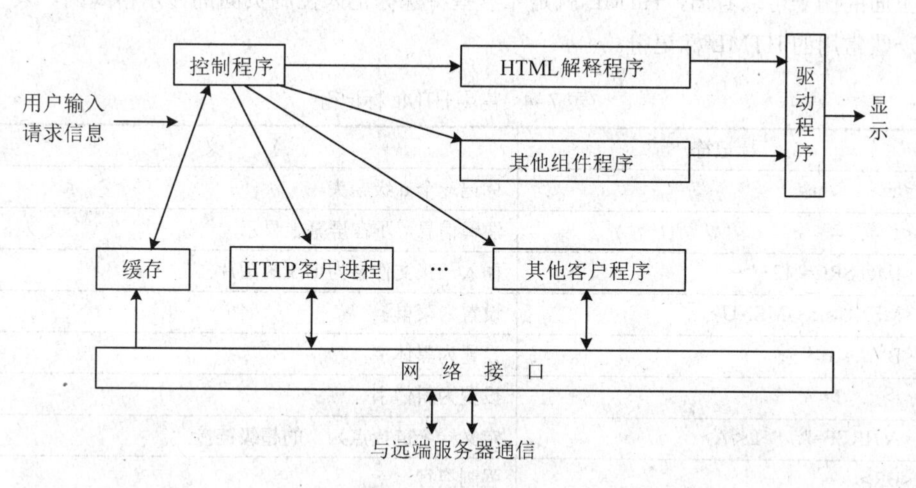

图 7-16　典型浏览器组成结构

用户浏览网页的方法有两种。一种方法是在浏览器的地址栏中输入所要查找的网页的 URL，另一种方法是在某一网页中用鼠标点击一个超级链接，这时浏览器自动在 Internet 上找到所需网页。具体工作过程如下。

（1）浏览器分析所输入或所点击的 URL。

（2）浏览器向 DNS 请求解析 URL 中主机域名的 IP 地址。

（3）DNS 将解析后的 IP 地址传送给浏览器。

（4）浏览器使用 IP 地址与服务器建立 TCP 连接。

（5）浏览器向服务器发出提取文档的命令。

（6）服务器将文档作为回应传送给浏览器。

（7）TCP 连接释放。

（8）浏览器将收到的文档解释并显示。

浏览器以超文本形式向万维网服务器提出访问请求，服务器接受客户端的请求后进行相应的业务逻辑处理后将处理结果进行转化，以 HTML 文档的形式发给客户端，由客户端浏览器以友好的网页形式显示出来。这种工作模式成为 B/S 模式，即浏览器/服务器模式。

4．超文本标记语言

超文本标记语言（Hyper Text Markup Language，HTML）是万维网页面制作的标准语言，也是对超文本信息格式化输出的标记。

以下是在用户浏览器上显示“Welcome to HTML!”信息页面的 HTML 语言 ASCII 文件。

```
<html>                                     <!--声明 HTML 万维网文档开始-->
    <head>                                     <!--标记页面首部开始-->
        <title>TEST</title>                <!--定义页面的标题为“TEST”-->
    </head>                                    <!--标记页面首部结束-->
    <body>                                     <!--标记页面主体开始-->
        <p>Welcome to HTML!</p>                <!--显示一个段落内容-->
    </body>                                    <!--标记页面主体结束-->
</html>                                        <!--HTML 万维网文档结束-->
```

由上面的例子可以看出，HTML 就是靠一些特殊标记来控制页面的显示格式的。表 7-4 列举了其他一些常用的 HTML 标记符。

表 7–4　常用 HTML 标记符

标记符	意　义
<hn>…</hn>	标记一个 n 级题头
<! --…-->	注释信息，不在屏幕上显示
<IMG SRC="123">	插入一张文件名为 123 的图片
<MENU>…</MENU>	设置为菜单
<B>…</B>	设置为黑体字
<I>…</I>	设置为斜体字
<A HREF="…">L</A>	定义一个链接点为…的超级链接
 	强制换行

例如：

```
<IMG SRC="http://sohu.com/img/abc.jpg" width="64" height="64">
```

表示显示来自 sohu.com 主机上 img 目录下的 abc.jpg 图片，宽为 64，高为 64。

```
<a href="http://sohu.com.cn">搜狐网站</a>
```

表示在页面上插入链接到 sohu.com.cn 网站的超级链接。其中，超级链接显示的内容为“搜狐网站”。超级链接在浏览器窗口默认显示为带下画线的文字。

有很多工具软件（如 Microsoft FrontPage、Dreamweaver 等）采用“所见即所得”的编辑方式，为用户编辑制作万维网网页提供了非常方便的工具，省去了用户记忆标记符的麻烦，使得制作万维网网页变得轻松有趣。

5．动态网页技术

上面介绍的万维网文档，是万维网文档中最基本的。需要事先用专用工具将发布的信息内容制作成 HTML 文件（文档）并保存到万维网服务器上。当有用户需要浏览时，浏览器向服务器提出请求，服务器将保存的文档作为结果传送给用户浏览器。这样文档在用户的浏览过程中，内容不会改变，称为静态文档。但在某些特殊应用场合，要求信息内容快速更新，甚至需要时时更新，静态文档就不能满足用户的需求了。这时可以采用动态文档技术解决这个问题。

所谓动态文档是指文档的内容在浏览器访问万维网服务器时，由存储在万维网服务器的应用程序动态创建。当浏览器请求到达时，万维网服务器需要运行另外一个应用程序，并将控制权转移到此应用程序。该应用程序对浏览器发送来的数据进行处理，通常要与数据库进行交互，并输出 HTML 格式的文档。万维网服务器将此输出作为结果传送给浏览器。由于对浏览器每次请求的响应都是临时生成的，因此动态文档所看到的内容会根据需要不断变化。可见动态文档最大的优

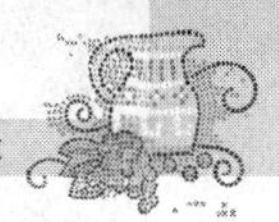

点是可发布内容更新较快的信息。例如，可用动态文档发布股市行情、天气预报或民航售票等信息。动态文档创建难度较大，需要编写生成文档内容的程序，而所有编写的程序需要大量测试，以保证输入有效性。

动态文档与静态文档的最大区别就在于服务器端文档内容生成的方法不同。而对于浏览器端来说，两种文档都是一样的，都遵循 HTML 所规定的格式，浏览器只根据 HTML 标记显示文档内容。

实现动态文档技术的关键是数据库与网络的紧密结合。基于万维网的数据库技术广泛地应用于各个领域。对数据库的操作是交互性非常强的应用。通过万维网文档实现对数据库的查询、添加、删除、统计等操作是最为常用的万维网动态文档技术。下面重点介绍几个主要的动态网页技术。

- CGI。CGI 即公共网关接口（Common Gateway Interface），它是最早用来创建动态网页的一种技术，它可以使浏览器和服务器之间产生互动关系。CGI 是允许 Web 服务器运行能够生成 HTML 文档并将文档返回 Web 服务器的外部应用程序的规范。它应用在 Web 数据库上，可以实时、动态地生成 HTML 文件，根据用户的需求输出动态信息，把数据库服务器中的数据作为信息源对外提供服务，将 Web 服务和数据库服务结合起来。

遵循 CGI 标准编写的服务器端可执行程序称为 CGI 程序，CGI 程序可以由任何一种程序语言写出，目前最为流行的编写 CGI 程序的语言有 C/C++、Perl、Visual Basic 等。

CGI 程序一般是一个可执行文件。编译好的 CGI 程序通常都要集中放在一个目录下。具体存放的位置随操作系统的不同而不同。例如，UNIX 和 Windows NT 系统是放在 cgi-bin 子目录下。CGI 程序的执行一般有两种调用方式：一种是通过 URL 直接调用；另一种方式，也是主要的调用方式，是通过交互式主页里的 Form 表单调用，通常都是在用户填完表单所需的信息后单击确认按钮启动 CGI 程序。

CGI 程序访问 Web 数据库的主要流程是：客户端通过 Web 浏览器向 HTML 的表单输入所需的查询信息，并将表单数据用页面中的提交按钮（Submit）提交给 Web 服务器，服务器将表单数据及客户信息置于一组环境变量（如 QUREY STRING 等）或标准输入中，然后调用服务器端的 CGI 程序，CGI 程序即可以通过这些环境变量或标准输入获得客户端的信息，再将相应的参数转换为适当的 SQL 语句，把查询条件送给数据库服务器，依据它对数据库进行操作，把查询结果生成为 HTML 格式，最后通过 Web 服务器送回到客户端供浏览器显示。

CGI 程序的跨平台性能极佳，可以移植到绝大部分的操作系统上，如 DOS、UNIX、Windows、Windows NT 等。目前，几乎所有的 Web 服务器均支持 CGI。CGI 程序的缺陷在于它们运行速度较慢。当客户端用户请求数量非常多时，Web 服务器的性能会相应降低。同时也存在着安全隐患。

- ASP。ASP 即动态服务器页面（Active Server Pages），它是一套微软开发的服务器端脚本环境，ASP 内含于 IIS 3.0 以上版本之中，通过 ASP 我们可以结合 HTML 网页、ASP 指令和 ActiveX 元件建立动态、交互且高效的 Web 服务器应用程序。

ASP 通过在 HTML 页面代码中嵌入 VBScript 或 JavaScript 脚本语言生成动态的内容。它与 ADO（Active Data Object，一种新的数据访问模型）的充分结合，提供了强大的数据库访问功能，使之成为进行网络数据库管理的重要手段。对于一些复杂的操作，ASP 可以调用存在于后台的 COM 组件来完成，COM 组件扩充了 ASP 能力。

ASP 文件（即*.asp 文件）与 HTML 文件类似，当用户请求一个*.asp 页面时，WWW 响应

HTTP 请求调用 ASP 引擎，解释被申请的文件，当遇到与 ActiveX Scripting 兼容的脚本（VBScript 或 JScript）时 ASP 引擎调用相应的脚本引擎进行处理。ASP 脚本在服务器端解释执行，自动生成符合 HTML 语言的主页去响应用户的请求。

- ASP.NET。在 ASP 的基础上，微软公司推出了 ASP.NET，但它并不是 ASP 的简单升级，它不仅吸收了 ASP 技术的优点并改正了 ASP 中的一些不足。使用 ASP.NET 可以在服务器端创建强大的网络程序，例如，商务网站、聊天室、论坛等，它是新一代开发企业网络程序的平台，为开发人员提供了一个崭新的网络编程模型。

首先，ASP.NET 是基于.NET 平台的，开发者可以使用任何.NET 兼容的语言，所有的.NET Framework 技术在 ASP.NET 中都是有用的。

其次，ASP.NET 在设计过程中充分考虑到程序的开发效率问题，可以使用所见即所得的 HTML 编辑器或在其他的编程工具来开发 ASP.NET 程序，包括 Visual Studio.NET 版本。可将设计、开发、编译、运行都集中在一起，大大地提高 ASP.NET 程序的开发效率。

- JSP。JSP 即 Java 服务器页面（Java Server Page）。JSP 是运行在服务器端的脚本语言之一，与其他的服务器端脚本语言一样，是用来开发动态网页的一种技术。JSP 是由 Sun 公司倡导，与多个公司共同建立的一种技术标准。

JSP 页面由传统的 HTML 代码和嵌入到其中的 Java 代码组成。当用户请求一个 JSP 页面时，服务器会执行这些 Java 代码，然后将结果与页面中的静态部分相结合返回给客户端浏览器。JSP 页面中还包含了各种特殊的 JSP 元素，通过这些元素可以访问其他的动态内容并将它们嵌入到页面中，如访问 JavaBean 组建的<jsp:useBean>动作元素。另外，开发人员还可以通过编写自己的元素来实现特定的功能，开发出更为强大的 Web 应用程序。

JSP 是在 Servlet 的基础上开发的技术，它继承了 Java Servlet 的许多功能。而 Java Servlet 作为 Java 的一种解决方案，同时也继承了 Java 的所有特性。因此，JSP 同样继承了 Java 技术的简单、便利、面向对象、跨平台和安全可靠等优点，比起其他服务器脚本语言，JSP 更加简单、迅速和有力。在 JSP 中利用 JavaBean 和 JSP 元素，可以有效地将静态 HTML 代码和动态数据区分开来，给程序的修改和扩展带来很大方便。

7.2.5 因特网的其他服务

1. 新闻组

网络新闻组是一种利用网络进行专题讨论的国际论坛，到目前为止，USENET 仍是最大规模的网络新闻组。USENET 不同于因特网上的交互式操作方式，在 USENET 服务器上存储的用户的各种信息会周期性地转发给其他 USENET 服务器，最终传遍世界各地。USENET 的基本通信方式是电子邮件，但它不是采用点对点，而是采用多对多的传递方式。用户可以使用新闻阅读程序访问 USENET 服务器，发表意见，阅读网络新闻。USENET 的基本组织单位是关于特定讨论主题的讨论组，如 comp 是关于计算机话题的讨论组，sci 是关于自然科学各个分支话题的讨论组，目前因特网上已有数千个讨论组。

2. 电子公告牌

电子公告牌（BBS）也是因特网上较常用的服务功能之一。用户可以利用 BBS 服务与远方或异地的网友聊天、组织沙龙、获得帮助、讨论问题及为别人提供信息。

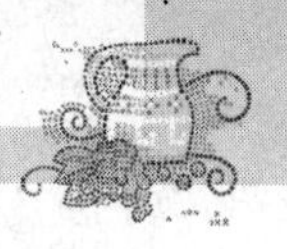

早期的 BBS 服务是一种基于远程登录的服务，要想使用 BBS 服务的用户，必须首先利用远程登录功能登录到 BBS 服务器上。每台 BBS 服务器都有允许同时登录人数的限制，如果人数已满则必须等待。现在更多的 BBS 服务已经开始出现在 WWW 服务中。

网上聊天是 BBS 的一个重要功能，一台 BBS 服务器上可以开设多个聊天室。进入聊天室的人要输入一个聊天代号，先到聊天室的人会列出本次聊天的主题，用户可以在自己计算机的屏幕上看到。用户可以通过阅读屏幕上所显示的信息及输入自己想要表达的信息，与同一聊天室中的网友进行聊天。

除上述服务功能之外，因特网用户还可以借助于适当的软件工具使用因特网上的电话服务、传真服务、远程登录服务、Gopher 服务等多种服务功能。通过因特网打国际长途电话可以大大降低通话费用，只需普通的市话费用和因特网使用费，例如，中国到美国的国际长途电话的费用为 8.0 元/分钟，如果使用因特网通话则约为 0.5 元/分钟，可以节约 93%的费用。

7.3 Intranet

随着全球经济活动步伐的加快，企业与客户以及企业内部之间的信息交流越来越频繁，商务活动也越来越重要。为了及时准确地获得信息，掌握市场行情，监控内部生产，许多企业纷纷寻求解决上述问题的途径，过去许多企业尝试过局域网的应用，局域网在企业内部的功能的确很强，但在远程管理、远程信息的获取与交换方面非常弱。Internet 虽然能解决远程管理和远程信息交换问题，但是 Internet 安全系数较低，网上黑客时常会侵入企业，获取内部情报，而且 Internet 上的 IPv4 十分有限，费用较高，若将整个企业都连上因特网，显然没有必要。

Intranet 这个词最早出现于 1994 年的美国商业界，意为企业网，又称企业内部网。它是 Internet 技术与局域网相结合的产物，既具备传统企业内部网络的安全性，又具备 Internet 的开放性和灵活性，在提供企业内部应用的同时，又能够提供对外信息的发布，而且其成本低，安装维护方便。因此 Intranet 一出现，便以不可阻挡的势头获得了迅速发展。

7.3.1 Intranet 的特点及优势

Intranet 的最大意义在于提供了一套建立企业信息系统完整的、开放的、易于应用和开发的、廉价的构架。开放是指它基于国际通用的 Internet 标准协议建立网络应用，从而使用户的应用可以无差别地运行在各种网络和客户端上，并可以非常容易地共享信息资源并相互衔接；完整是指有关信息交流、发布、共享、安全传输、远程访问等均有成熟的、基于开放标准的产品和技术解决方案，使用户在建立了 Intranet 构架后，就无须顾忌任何具体的底层技术实现，从而把精力集中于应用的设计。概括而言，Intranet 具有如下特点。

（1）基于开放的标准，与平台无关。Intranet 采用开放的标准，如 TCP/IP、HTTP、HTML 等，使系统具有极强的灵活性，可以连接各种不同类型的计算机和网络。

（2）建设周期短，风险小。Intranet 是在 Internet 长期发展的基础上采用其成熟技术而发展起来的。由于 Internet 的技术已被广泛使用，并得到多方的验证及认可，而且 Internet 拥有一批雄厚的技术力量作为其技术发展支持，因此企业构建 Intranet 风险小，且建设周期短。

（3）基于 Web 技术。在 Intranet 中广泛采用基于 Web 技术的浏览器/服务器（B/S）模式，用

户可从标准的统一客户端去访问 Intranet 资源，与用户具体的网络环境、联网方式和地理位置无关。目前普遍使用的客户端软件有 Microsoft 公司的 Internet Explorer、Firefox 等，它们都支持 HTTP、HTML 和 Java 等通用的技术标准。

（4）良好的安全性。Intranet 不直接连至 Internet，而是设置防火墙和代理服务器，这样可以根据需要设置不同的安全级，以提高 Intranet 的安全性。

使用 Intranet 的好处和带来的利益是多方面的。例如，通过 Intranet 可以极大地降低企业内部信息发布和信息传播的成本，完善企业与客户的交流方式。企业可通过 Intranet 调节和优化其内部各种资源，重新定义销售渠道，定义企业与客户的交流方式，为客户提供内容丰富的企业信息，接受客户的订单，获取客户的详细资料，听取客户的反馈信息，既可减少产品销售和售后服务成本，又可提高销售效率和产品售后服务质量。另外，Intranet 也为企业内部员工提供了一个协同工作环境，有利于分散在不同地点的工作群体（如项目小组）在项目进行过程中协调同步。

7.3.2 Intranet 总体结构

Intranet 总体结构由网络平台、服务平台和应用系统 3 个层次组成，如图 7-17 所示。

网络硬件平台和网络系统软件平台构成了 Intranet 网络平台。网络硬件平台包括 Intranet 所有的硬件设备和硬件环境，如网络互联设备、服务器、客户机、防火墙设备以及布线系统等；网络系统软件包括网络操作系统、客户机操作系统、通信软件与防火墙软件等，其作用是屏蔽了网络硬件平台，并与网络硬件平台共同构成了 Intranet 网络平台。

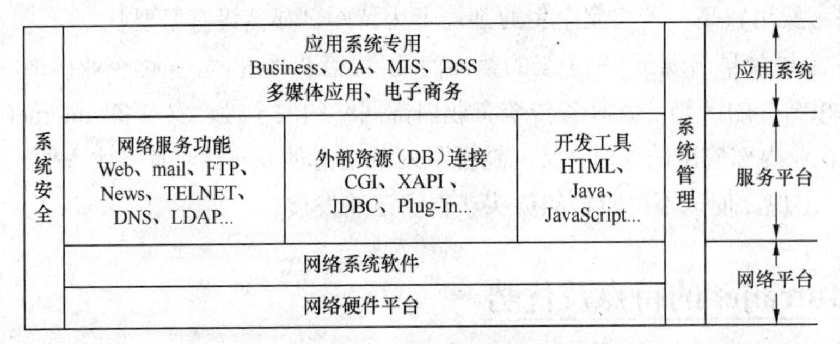

图 7-17　Intranet 总体结构

服务平台包括网络服务、外部资源连接与开发工具 3 个部分。网络服务平台提供了 Intranet 上的各类服务，如 Web 信息发布与浏览、电子邮件、文件传输等。外部资源连接包括公共网关接口（Common Gateway Interface，CGI）、Java 数据库连接（Java Database Connectivity，JDBC）、开放数据库连接（Open Database Connectivity，ODBC）、服务器应用程序编程接口（如 Internet Server Application Programming Interface，ISAPI）等各种常用的 Web 数据库访问方法，以便实现动态的 Web 数据库应用。开发工具包括网页制作工具、Web Server 与数据库连接工具、数据库开发工具，以及基于 HTML、Java、JavaScript 等的编辑工具。

应用系统包括的内容较丰富，有企业专用业务系统、企业管理信息系统、办公自动化系统、决策支持系统、多媒体应用、电子商务等。应用系统的开发建立在服务平台的基础上，按 B/S 模式进行。

系统管理和系统安全对企业内部网来说十分关键，因此涵盖了整个系统。

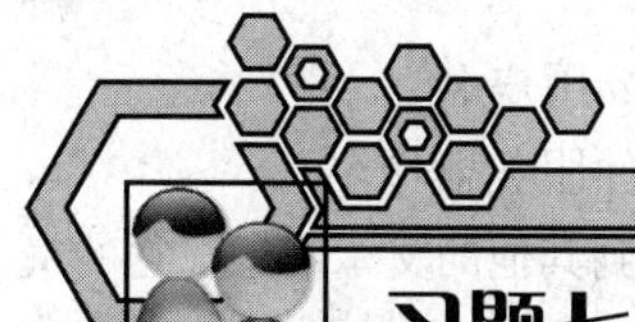

习题七

一、选择题

1．用户在利用客户端邮件应用程序从邮件服务器接收邮件时通常使用的协议是（　　）。

A．FTP　　B．POP3

C．HTTP　　D．SMTP

2．下面说法错误的是（　　）。

A．一个 Internet 用户可以有多个电子邮件地址

B．用户通常可以通过任何与 Internet 连接的计算机访问自己的邮箱

C．用户发送邮件时必须输入自己的邮箱账户密码

D．用户发送给其他人的邮件不经过自己的邮箱

3．下面（　　）对电话拨号上网用户访问 Internet 的速度没有直接影响。

A．用户调制解调器的速率　　B．ISP 的出口带宽

C．被访问服务器的性能　　D．ISP 的位置

4．下面正确的是（　　）。

A．Internet 中的一台主机只能有一个 IP 地址

B．一个合法的 IP 地址在一个时刻只能分配给一台主机

C．Internet 中的一台主机只能有一个主机名

D．IP 地址与主机名是一一对应的

5．远程登录使用（　　）协议。

A．SMTP　　B．POP3

C．Telnet　　D．IMAP

6. 以下符合 URL 命名规范的是（可多选）（　　）。

A．ftp://www.nciae.edu.cn:80/admin/login.aspx

B．http://www.nciae.edu.cn:80/admin/login.aspx

C．www://www.nciae.edu.cn:80/admin/login.aspx

D．ftp://ftp.nciae.edu.cn

7．Internet Explorer 是目前流行的浏览器软件，它的主要功能之一是浏览（　　）。

A．网页文件　　B．文本文件

C．多媒体文件　　D．图像文件

8．WWW 的超链接中定位信息所在的位置使用的是（　　）。

A．超文本（Hypertext）技术

B．统一资源定位器（Uniform Resource Locators，URL）

C．超媒体（Hypermedia）技术

D．超文本标注语言 HTML

9. 因特网用户的电子邮件地址格式必须是（　　）。

A. 用户名@单位网络名　　B. 单位网络名@用户名

C. 邮件服务器域名@用户名　　D. 用户名@邮件服务器域名

10. 超文本是一个集成化的菜单系统，通过选择关键字可以跳转到其他的文本信息，它的最大特点是（　　）。

A. 有序性　　B. 无序性

C. 连续性　　D. 以上都不对

二、简答题

1. 应用层协议主要实现的功能是什么？

2. Internet 域名结构是什么样的？举例说明域名解析的过程。

3. 简述 Intranet 的特点。

4. FTP 是否为其传送的文件计算校验和？

5. 如果用于数据传送的 TCP 连接中断而控制连接没有中断，FTP 将会发生什么情况？

6. 电子邮件是如何组成？说明它的工作原理。

7. 什么是浏览器？其基本工作原理是什么？

实　训

DNS 的安装与配置

1. 实训目的

（1）理解 DNS 的工作原理。

（2）掌握 DNS 服务器的安装、配置方法。

2. 实训环境

（1）一台运行 Windows 2000 Server 的计算机，并将它配置成为域控制器。

（2）两台运行 Windows 2000 Server 的计算机。

（3）网线、交换机等。

3. 实训内容

（1）按下图建立实验环境。

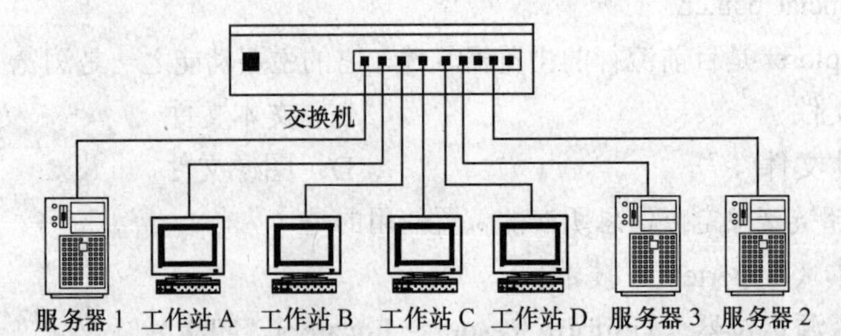

（2）在运行 Windows 2000 Server 的计算机上安装 DNS 服务器。

（3）查看和修改 DNS 服务器属性。

（4）配置 DNS 客户机。

（5）创建和管理区域。

- 创建正向搜索区域。
- 创建反向搜索区域。
- 配置区域属性。
- 创建资源记录。

（6）使用 nslookup 验证 DNS 服务器，删除 DNS 服务器。

4. 实训小结

描述本次实训的过程，总结本次实训的经验体会。

第8章 局域网技术

引例：局域网是怎样工作的呢？

局域网技术是当前计算机网络研究与应用的热点之一。局域网是分组广播式网络，在广播通信网络中，所有的工作站都连接到共享介质上，任何站发出的数据包，其他站点都能接收。共享信道分配技术是局域网的核心技术，而这一技术又与网络的拓扑结构和传输介质有关。本章从介质访问方法等方面介绍几种常见的局域网的工作原理。

8.1 局域网概述

8.1.1 局域网的定义与发展过程

局域网（Local Area Network，LAN）是指在某一区域范围内，将各种计算机、通信设备、外部设备和数据库等互相连接起来的计算机通信网。“某一区域”指的是同一办公室、同一建筑物、同一公司和同一学校等，一般是方圆几千米以内。局域网可以实现文件管理、应用软件共享、打印机共享、扫描仪共享等功能。局域网可以由办公室内的两台计算机组成，也可以由一个公司内的上千台计算机组成。

计算机局域网是计算机网络的一个重要分支，它的发展分为5个阶段。

（1）20世纪60年代末至70年代初。此阶段是萌芽阶段，主要特点是增加单机系统的计算能力和资源共享，其典型代表是美国贝尔实验室1969年研制成功的NEWHALL环型局域网以及1972年开发的PIERCE环型局域网等。美国夏威夷大学20世纪70年代完成的ALOHA网，是一种采用无线电信道的随机访问式网络，它奠定了总线型局域网的基础。

（2）20世纪70年代中期。此阶段是局域网络发展的一个重要阶段。其特点是局域网络作为一种新的网络体系结构，开始由实验室进入科研部门和产业公司的研制部门。其典型代表是美国的Xerox公司研制的以太网（Ethernet），它是基于ALOHA网的原理发展而来的第一个竞争型总线型局域网。在此期间，还有英国剑桥大学的环型网（Cambridge-Ring）。这一阶段人们还对局域网的理论方法和实现技术做了大量深入的研究，这对促进局域网的进一步发展具有重要作用。

（3）20 世纪 80 年代。此阶段是局域网走向大发展的时期，其特点是局域网开始得到大规模发展，形成了一些局域网产品的工业标准和局域网的 IEEE 802 标准。该阶段，10Mbit/s 标准以太网技术得到了快速的发展。

（4）20 世纪 90 年代，局域网技术发展突飞猛进，新技术、新产品不断涌现。特别是交换技术的出现，更使局域网技术进入了一个崭新的阶段。该阶段，100Mbit/s 快速以太网技术得到快速发展和普遍应用。

（5）21 世纪，光纤技术得到快速发展并应用到了局域网的组建中，使得局域网的速度从百兆跨越到了千兆甚至万兆。与此同时，无线技术应用到局域网中，使得局域网的构建更具灵活性。目前，以太网技术以及无线局域网技术是局域网组建的主要技术。

8.1.2　局域网的特点

局域网主要有如下特点。

（1）地理范围有限。局域网一般分布在一座办公大楼或集中的建筑群内，为一个部门所有，所辖范围一般只有几千米。

（2）通信速率高。局域网一般采用基带传输，传输速率为 1～1000Mbit/s。能支持计算机间高速通信。

（3）可采用多种通信介质。例如，双绞线、同轴电缆或光纤等，可根据不同的需求进行选用。

（4）可靠性较高。多采用分布式控制和广播式通信，误码率通常为 10^{-8}～10^{-11}。结点的增删比较容易。

一般说来，决定局域网特性的主要技术有如下 3 个方面。

（1）局域网的拓扑结构。

（2）用以共享媒体的介质访问控制方法。

（3）用以传输数据的介质。

局域网本身的特点决定局域网具有以下优点。

（1）能够方便地共享网内资源，包括主机、外部设备、软件和数据。

（2）便于系统扩展。

（3）提高了系统的可靠性、可用性和可维护性。

（4）各设备位置可以灵活地调整和改变。

（5）有较快的响应速度（数据传输率较高）。

8.2　局域网的组成

一个局域网（LAN）通常由两个部分组成：局域网硬件和局域网软件。其中局域网硬件主要有服务器、工作站、网络适配器（网卡）、数据转发设备等。局域网软件主要是网络操作系统、通信协议、网络应用软件等。

8.2.1　局域网硬件

1．服务器

服务器是整个网络系统的核心，它为网络用户提供服务并管理整个网络。从硬件角度讲，服

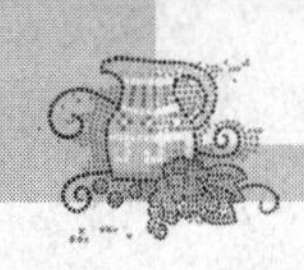

务器就是一台功能相对强大、配置高、速度快、可靠性高的计算机，安装了不同的服务器软件就成了不同类型的服务器。当今的局域网络架设基本上是按照 Internet 规则。因此，其构成要素也基本上就是 Internet 的构成要素。常见的服务器类型有以下几种。

（1）Web 服务器。Web 服务器也称为 WWW（World Wide Web）服务器，主要功能是提供网上信息浏览服务。通过 Web 服务器，人们使用简单的方法，就可以很迅速方便地取得丰富的信息资料。由于用户在通过 Web 浏览器访问信息资源的过程中，无须再关心一些技术性的细节，而且界面友好，因而，Web 服务器得到广泛应用。近年来，Web 服务器和数据库服务器协同工作，在 Web 服务器上利用一定的技术访问数据库服务器，获得数据后再以 Web 页面的形式反馈给客户端，从而实现更加复杂的功能。例如，企业管理信息系统、网络教学系统、办公自动化、生产的过程控制等。

（2）FTP 服务器。FTP 服务器是在网上提供存储空间的计算机，它们依照 FTP 协议提供服务。用户通过一个支持 FTP 协议的客户端程序，连接到在服务器上的 FTP 服务器程序。用户通过客户端程序向服务器程序发出命令请求文件资源，服务器程序响应用户所发出的命令，将用户要求的文件资源传输给用户。

（3）DHCP 服务器。DHCP（Dynamic Host Configuration Protocol，动态主机配置协议）服务器集中管理局域网中的 IP 地址并自动配置与 IP 地址相关的参数（如子网掩码、默认网关和 DNS 服务器地址等）。当 DHCP 客户端启动时，它会自动与 DHCP 服务器建立联系，并要求 DHCP 服务器提供 IP 地址；DHCP 服务器收到客户端请求后，根据管理员的设置，把一个 IP 地址及其相关的网络属性分配给客户端。因此，采用 DHCP 服务后，免去了给每一台客户端设置网络属性的麻烦。

（4）数据库服务器。数据库服务器由运行在局域网中的一台或多台计算机和数据库管理系统软件共同构成。数据库服务器把数据管理及处理工作从客户机分离出来，使网络上各计算机的资源能各尽其用。数据库服务器提供统一的数据库备份、恢复、启动和停止等管理工具。数据库服务器响应客户端请求，为客户应用提供服务，这些服务包括查询、更新、事务管理、索引、高速缓存、查询优化、安全、多用户存取控制等。

另外，服务器还有多种类型，如邮件服务器、DNS 服务器等，在前面章节中已有介绍。

2. 工作站

工作站又称为客户机。当一台计算机连接到局域网上时，这台计算机就成为局域网的一个工作站。工作站与服务器不同，服务器是为网络上许多网络用户提供服务以共享它的资源，而工作站仅对操作该工作站的用户提供服务。工作站是用户和网络的接口设备，用户可以通过它与网络交换信息，共享网络资源。工作站通过网卡、通信介质以及通信设备连接到网络服务器。工作站只是一个接入网络的设备，它的接入和离开对网络不会产生多大影响，也不像服务器那样一旦失效，可能会造成网络的部分功能无法使用，使正在使用这一功能的网络都会受到影响。现在的工作站一般用 PC 来承担。

3. 网络适配器

网络适配器（Network Interface Card，NIC）俗称网卡，是构成计算机局域网络系统中最基本、最重要和必不可少的连接设备，计算机主要通过网卡接入局域网络。网卡除了起到物理接口的作用外，还有控制数据传送的功能。网卡一方面负责接收网络上传过来的数据包，解包后，将数据通过主板上的总线传输给本地计算机；另一方面它将本地计算机上的数据打包后送入网络。网卡

一般插在每台工作站和服务器主机板的扩展总线槽里。另外，由于计算机内部的数据是并行数据，而一般在网上传输的是串行比特流信息，故网卡还有串—并转换功能。为防止出现数据在传输中丢失的情况，在网卡上还需要有数据缓冲器。在网卡的 ROM 上固化有控制通信软件，用来实现上述功能。

4．数据转发设备

局域网中的数据转发设备有交换机、路由器、集线器等。在局域网早期，集线器是主要的数据转发设备。随着计算机技术的发展，目前最常用的局域网数据转发设备是交换机，交换机具有为通信两点间提供“独享通路”的特性。有时为了扩展局域网的范围，还会引入路由器等网络设备。

8.2.2　局域网软件

1．网络操作系统

网络操作系统是网络上各计算机能方便而有效地共享网络资源，为网络用户提供所需的各种服务的软件和有关规程的集合。网络操作系统与通常的操作系统有所不同，它除了应具有通常操作系统应具有的处理机管理、存储器管理、设备管理和文件管理外，还应具有以下几大功能。

（1）提供高效、可靠的网络通信能力。

（2）提供多种网络服务功能。例如，远程作业录入并进行处理的服务功能；文件转输服务功能；电子邮件服务功能；远程打印服务功能等。

（3）网络用户管理功能。为用户设置账号、密码，设置用户的网络资源访问权限等。

目前，局域网中主要有以下几类网络操作系统：Windows Server （不同版本，如 2003、2008 等）、UNIX、Linux、Netware 等。

2．通信协议

局域网常用的 3 种通信协议分别是 TCP/IP 协议、NetBEUI 协议和 IPX/SPX 协议。TCP/IP 协议毫无疑问是这三大协议中最重要的一个，作为互联网的基础协议，没有它就根本不可能连接互联网。NetBEUI 协议是一种短小精悍、通信效率高的广播型协议，安装后不需要进行设置，特别适合于在“网上邻居”传送数据。IPX/SPX 协议是 Novell 公司开发的专用于 NetWare 网络中的协议，目前随着 NetWare 网络逐渐退出市场，IPX/SPX 协议也不常被采用了。

3．网络应用软件

软件开发者根据网络用户的需要，开发出来各种应用软件统称网络应用软件。例如，常见的在局域网环境中使用的 Office 办公套件、局域网聊天工具、银台收款软件等。

8.3　传统以太网

8.3.1　以太网概述

1．IEEE 802 参考模型

20 世纪 80 年代是局域网迅速发展的时期，各种标准的局域网产品层出不穷。为了使得不同厂家生产的局域网产品能够互连互通，IEEE 于 1980 年 2 月成立了一个局域网标准化委员会，专

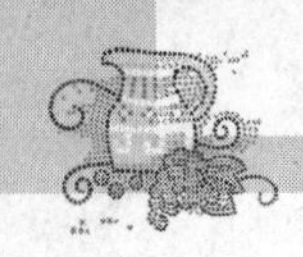

门从事局域网标准的制定，由此而形成的一系列标准统称为IEEE 802标准。IEEE 802标准已被ANSI接受为美国国家标准，并于1984年3月被ISO采纳作为局域网的国际标准系列。

局域网所涉及的内容主要是有关一组数据如何通过网络进行传输，不存在路由选择问题，因此它不需要网络层，而只有最低的两个层次——物理层和数据链路层。其中数据链路层又分为介质访问（接入）控制MAC（Medium Access Control）子层和逻辑链路控制LLC（Logical Link Control）子层。网络的服务访问点SAP在LLC层与高层的交界处。LAN参考模型与OSI参考模型的比较示意图如图8-1所示。

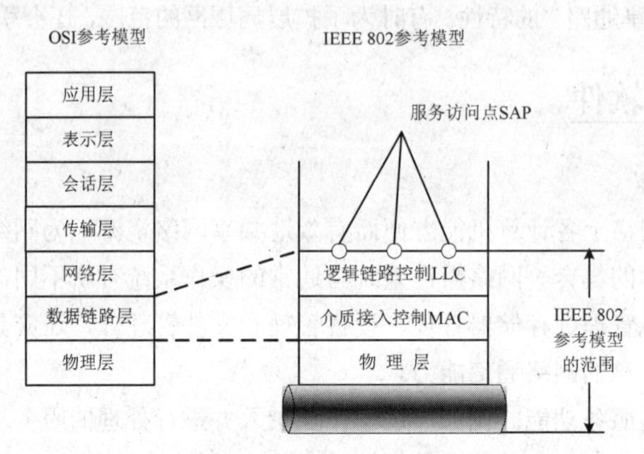

图8-1　IEEE 802参考模型与ISO/OSI参考模型比较

与接入到传输介质有关的内容都放在MAC子层，基于令牌总线网的IEEE 802.4、基于令牌环的IEEE 802.5和基于以太网的IEEE 802.3均为MAC子层标准。LLC子层则与传输介质无关，不管采用何种传输介质和MAC子层，对LLC子层来说都是透明的。LLC子层为不同高层协议提供相应接口，并且进行流量和差错控制，LLC子层的标准为IEEE 802.2。

2．以太网概述

1972年底，罗伯特·梅特卡夫（Robert Metcalfe）和施乐公司帕洛阿尔托研究中心（Xerox PARC）的同事们研制出了世界上第一套实验型的以太网系统。1973年，梅特卡夫以历史上表示传播电磁波的以太（Ether）来命名这个网络为“以太网”。

最初的以太网是一种实验型的同轴电缆网。该网络的成功引起了关注。1980年，DEC、Intel和Xerox三家公司联合研发了10Mb/s以太网1.0规范，即DIX Ethernet 1.0规范。最初的IEEE 802.3即基于该规范，并且与该规范非常相似。802.3工作组于1983年通过了草案，并于1985年出版了官方标准ANSI/IEEE Std 802.3-1985。从此以后，随着技术的发展，该标准进行了大量的补充与更新，以支持更多的传输介质和更高的传输速率。1982年，DIX发布了以太网2.0规范，即DIX Ethernet 2.0规范。

虽然DIX以太网规范与IEEE 802.3标准差异很小，但它们并不是一回事。以太网所提供的服务主要对应于OSI参考模型的第一层和第二层，即物理层和逻辑链路层；而IEEE 802.3则主要是对物理层和逻辑链路层的介质访问部分进行了规定，IEEE 802.3没有定义任何逻辑链路控制协议。另外，两者定义的帧格式也有一些不同，如图8-2所示。

当IEEE标准化以太网时，委员会对DIX帧格式做了两个改动。第一个改动是将前导域降低到7个字节，并且将空出来的一个字节用作帧起始分解符，这样做的目的是为了与802.4和802.5兼容。第二个改动是将类型域变成了长度域。

字节	8	6	6	2	1~1500	0~46	4
（a）	先导域	目标地址	源地址	类型	数据	填充域	校验和

	7	1	6	6	2	1~1500	0~46	4
（b）	先导域	帧起始	目标地址	源地址	长度	数据	填充域	校验和

图 8-2　帧格式（a）DIX 以太网（b）IEEE 802.3

进入 20 世纪 90 年代后，激烈竞争的局域网市场逐渐明朗。以太网在局域网市场已取得垄断地位，并且几乎成为了局域网的代名词。由于因特网发展很快，现在，IEEE 802 委员会制定的逻辑链路控制子层（即 IEEE 802.2 标准）的作用基本消失。很多厂商生产的网卡就仅有 MAC 协议而没有 LLC 协议。

3．组网规格

传统以太网的传输速率是 10Mbit/s，主要有 4 种组网规格。

（1）10Base5 网络。10Base5 网络采用总线拓扑结构和基带传输，采用直径 10mm、阻抗 50Ω 的同轴电缆，速率为 10Mbit/s，网络段长度为 100m 的 5 倍，这种网络被称为标准以太网。10Base5 网络并不是将结点直接连接到网络公用电缆上，而是使用短电缆从结点连接到公用电缆。这些短电缆称为附加装置接口（AUI）电缆或收发电缆。收发电缆通过一个线路分接头（AUI 或 DIX）与网络公用电缆相连接。当符合 10Base5 的网络标准时，该分接头称为介质附加装置或收发器。图 8-3 所示为 10Base5 网络示意图。

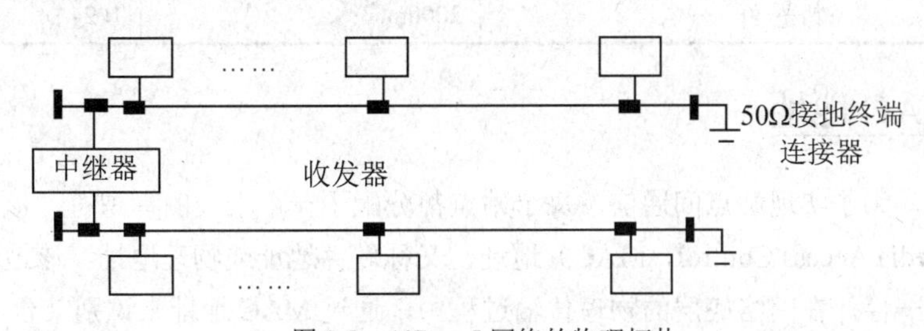

图 8-3　10Base5 网络的物理拓扑

（2）10Base2 网络。10Base2 又称细缆以太网，采用总线拓扑。在这种网络中，各个站通过总线连成网络。总线使用 RG-58A/U 同轴电缆，这是一种较细的电缆，所以又称它为细缆网络和廉价网络。之所以称它为 10Base2，是由于采用基带传输，速率为 10Mbit/s，一个网段的传输距离约为 100m 的 2 倍（实际距离为 185m）。图 8-4 所示为 10Base2 网络的示意图。

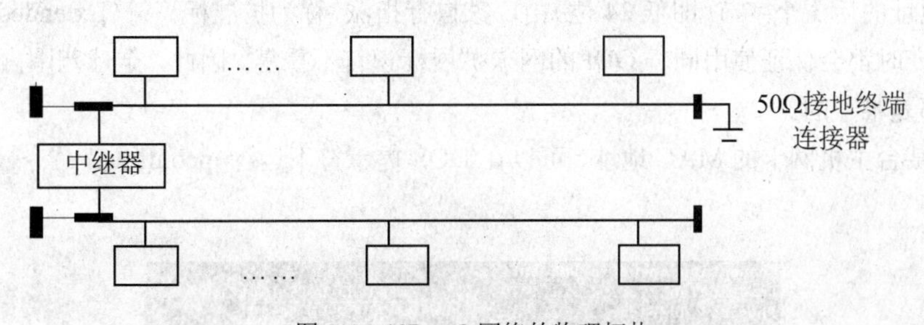

图 8-4　10Base2 网络的物理拓扑

（3）10Base-T 网络。10Base-T 网络不采用总线拓扑，而是采用星型拓扑。10Base-T 网络也采用基带传输，速率为 10Mbit/s，T 表示使用双绞线作为传输介质，一个网段的最大传输距离为 100m。

图 8-5 所示为 10Base-T 网络的示意图。

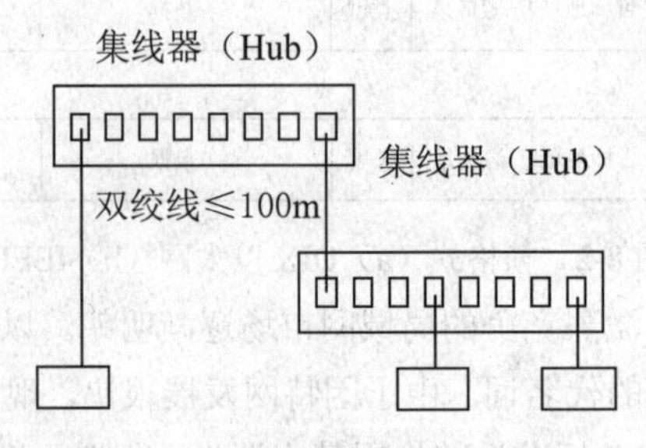

图 8-5　10Base-T 网络的物理拓扑

（4）10Base-F 网络。10Base-F 网络使用光纤作为传输介质，具有很好的抗干扰性，速率为 10Mbit/s。一个网段的最大传输距离是 2000m。

表 8-1 所示为关于 IEEE 802.3 以太网的 4 种组网规格总结。

表 8–1　10Base5、10Base2、10Base–T 和 10Base–F 规格总结

名称	传输介质	最大段长度	每段结点数
10Base5	粗同轴电缆	500m	100
10Base2	细同轴电缆	185m	30
10Base-T	双绞线	100m	1024
10Base-F	光 纤	2000m	1024

8.3.2　MAC 地址

在以太网上，为了实现站点间通信，每个站点都分配了一个唯一的标识符，该标识符称为介质存取控制（Media Access Control，MAC）地址，又称硬件地址或物理地址。该地址烧录在网卡里，具有全球唯一性。在网络底层的物理传输过程中，通过 MAC 地址来识别某台主机。

IEEE 802 标准规定 MAC 地址采用 48 位二进制（6 字节）来表示，其中，前 3 个字节（即高 24 位）称为组织唯一标识符（Organizationally Unique Identifier，OUI），用于代表不同的网卡生产厂家。任何生产网卡的厂商都要向 OUI 的管理机构——IEEE 注册机构（Registratio Authority，RA）申请购买 OUI。例如，Intel 公司使用的一个 OUI 为 00-13-20。应当注意，24 位的 OUI 并不一定和厂家一一对应，因为一个公司可能有几个 OUI，也可能有几个小公司合起来购买一个 OUI。

MAC 地址的后 3 个字节（即低 24 位）由厂家自行指派，称为扩展标识符（Extended Identifier）。每个厂家生产时都会保证使用同一 OUI 的网卡扩展标识符不重复。因此，全球范围内每个网卡的 MAC 地址都是唯一的。

要查看某台主机网卡的 MAC 地址，可以在 DOS 提示符下运行 ipconfig/all 命令，查看结果如图 8-6 所示。

```
Connection-specific DNS Suffix  . :
Description . . . . . . . . . . . : Intel(R) WiFi Link 1000 BGN
Physical Address. . . . . . . . . : 00-26-C7-50-8C-18
Dhcp Enabled. . . . . . . . . . . : Yes
Autoconfiguration Enabled . . . . : Yes
IP Address. . . . . . . . . . . . : 192.168.1.2
Subnet Mask . . . . . . . . . . . : 255.255.255.0
Default Gateway . . . . . . . . . : 192.168.1.1
```

图 8-6　查看主机网卡的 MAC 地址

在图 8-6 中，该主机网卡的 MAC 地址是 00-26-C7-50-8C-18。

发送方通过数据帧的目的 MAC 地址字段指定不同的接收方。根据 MAC 地址标明接收方站点数量的不同，MAC 地址可分为单播 MAC 地址、多播 MAC 地址、广播 MAC 地址。

（1）单播 MAC 地址，用来代表一个站点。网卡内固化的 MAC 地址就是这类地址，单播 MAC 地址既可以用于帧首部的源地址字段又可以用于目的地址字段。发送方希望数据帧被一台计算机接收时，就将帧首部的目的地址字段置为目的计算机网卡的 MAC 地址（单播地址）。当一台计算机的网卡收到目的地址是单播 MAC 地址的帧后，网卡会对比该 MAC 地址与本机 MAC 地址是否相匹配，如果相等就接收，如果不等就丢弃，不再进行其他处理。

（2）多播 MAC 地址，用来代表网内一组站点。这种 MAC 地址只能在目的地址字段使用。IEEE 规定 MAC 地址第一个字节的最低位为 I/G 位。I/G 表示 Individual/Group。当 I/G 位为 0 时，MAC 地址是一个单播地址；当 I/G 位为 1 时，MAC 地址是一个多播地址。多播地址由网管配置，由组播进程和组播管理协议建立转发规则。配置了多播地址的网卡其由生产厂商烧制在网卡上的全球唯一地址不会改变，只不过是又具有了一个组地址。图 8-7 所示为一个组播 MAC 地址实例，前 3 个字节 01-00-5e 是 IANA 指定用于多播地址的标识符，后 3 个字节用于组标识符，一般与组播 IP 地址协同使用。”

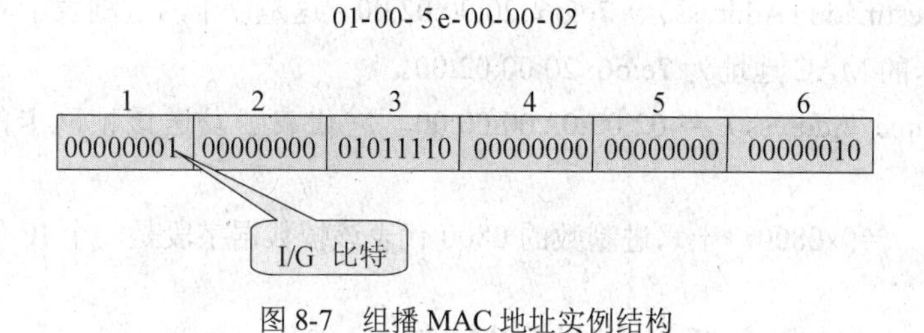

图 8-7　组播 MAC 地址实例结构

（3）广播 MAC 地址，用来代表本局域网内的全部站点。和多播地址一样，广播 MAC 地址只能在目的地址字段使用，不能分配给网卡。当发送方向本地局域网内所有站点发送数据帧时，需要将帧首部的目的地址字段置为广播地址。每个网卡都要接收并处理目的地址为广播地址的帧。广播 MAC 地址的 48 位均为 1，即广播 MAC 地址为 FF-FF-FF-FF-FF-FF。

8.3.3　帧结构

目前最常用的 MAC 帧是以太网 V2 标准，图 8-8 所示为该标准的帧格式。

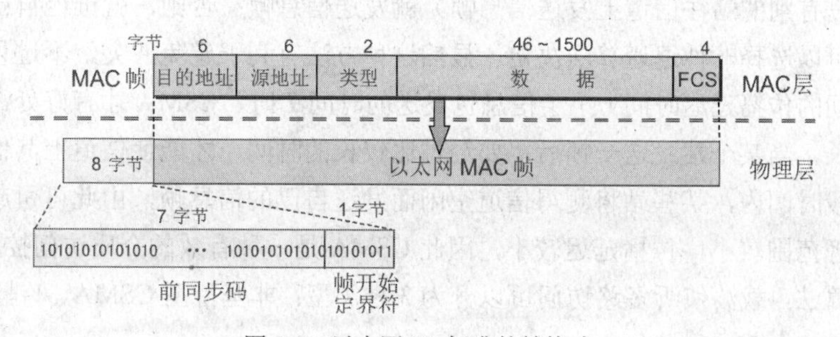

图 8-8　以太网 V2 标准的帧格式

以太网 V2 格式的帧由五个字段组成。前两个字段分别为 6 字节长的目的地址和源地址字段。第三个字段是 2 字节的类型字段，类型字段用来标志上一层使用的是什么协议，以便把收到的 MAC 帧的数据上交给上一层的这个协议。例如，十六进制数 0x0800 代表 IP 协议数据，0x809B 代表 AppleTalk 协议数据，0x8138 代表 Novell 类型协议数据等。第四个字节是数据字段，其长度在 46 到 1500 之间。最后一个字段是 4 字节的帧校验序列 FCS，通过 CRC 校验码对全帧的传输错误进行检测。

为了完成以太网的成帧，使接收方能区分出每一个帧，在发送帧时在帧前插入 8 字节分隔字符。其中的第一个字段共 7 个字节，是前同步码，用来迅速实现 MAC 帧的比特同步。第二个字段是帧开始定界符，表示后面的信息就是 MAC 帧。图 8-9 所示为一个以太网帧的实例。

```
⊞ Frame 1 (73 bytes on wire, 73 bytes captured)
⊟ Ethernet II, Src: 02:00:02:00:00:00 (02:00:02:00:00:00), Dst: 7e:b6:20:00:02:00 (7e:b6:20:00:02:00)
  ⊞ Destination: 7e:b6:20:00:02:00 (7e:b6:20:00:02:00)
  ⊞ Source: 02:00:02:00:00:00 (02:00:02:00:00:00)
    Type: IP (0x0800)
⊞ Internet Protocol, Src: 27.189.135.89 (27.189.135.89), Dst: 222.222.202.202 (222.222.202.202)
⊞ User Datagram Protocol, Src Port: 49822 (49822), Dst Port: domain (53)
⊞ Domain Name System (query)
```

图 8-9　一个以太网帧实例

帧首部各字段的取值和含义如下。

目的地址（Destination Address）= 7e:b6: 20:00:02:00。这是以十六进制表示的 MAC 地址，它代表了接收方网卡的 MAC 地址为 7e:b6: 20:00:02:00。

源地址（Source Address）= 02:00:02:00:00:00。它代表了发送该帧网卡的 MAC 地址为 02:00:02:00:00:00。

帧类型（Type）=0x0800。十六进制数的 0800 代表该帧数据字段是一个 IP 的分组。

8.3.4　CSMA/CD 介质访问控制协议

1．载波侦听多路访问协议 CSMA

在共享介质的网络中，各计算机结点都通过共享介质发送自己的帧，其他结点都可从介质上接收这个帧。仅有一个结点发送时，才能发送成功，当有两个或两个以上结点同时发送，共享介质上的信息是多个结点发送信息的混合，目标结点无法辨认，则发送失败。信息在共享介质上混合称为冲突。如果各结点随机发送，冲突必然会发生。

载波侦听多路访问（Carrier Sense and Multiple Access，CSMA）又称为“先听后说”，是减少冲突的主要技术。具体方法是，网络中各站在发送信息帧之前，先监听信道，看信道是忙还是闲，如信道闲（即没有别的站往信道上发送信息帧）就发送信息帧；否则，就推迟自己的发送行动。推迟的时间，可以选择一种退避算法决定。显然这种方法有利于避免冲突。不过只有网络内任何源—目的站之间的传播延迟时间 r 小于信息包发送的时间 T 时，CSMA 才有好处。这是因为，如果传播时间过长，当某个站发送一帧后，要经过比较长的时间，才能使信道上其他站都知道该站在发送。在这段时间内，某些站将测得信道空闲而发送自己的信息帧，由此可引起冲突。在局域网中，由于地理范围较小，传播延迟较小，因此 CSMA 是一种有效的介质访问控制方法。

根据退避算法，载波侦听多路访问可以分为 3 种类型：非坚持型 CSMA、1-坚持型 CSMA 和 P 坚持型 CSMA。

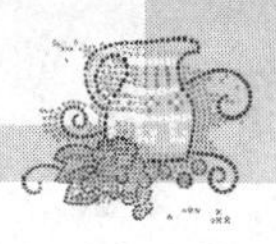

（1）非坚持型 CSMA。非坚持型 CSMA 就是测得信道空闲立即发送自己的信息帧，若测得信道忙，则推迟其发送行动，延迟一个随机时间后，再重新监听信道。显然这种方法的出发点是想尽量减少冲突的发生。但是有可能出现当信道由忙变闲时，被推迟发送的站正处在随机延迟时间内，不能启动其发送过程，造成信道空闲，降低了信道的利用率。

（2）1-坚持型 CSMA。1-坚持型 CSMA 的原理是：该站要发送信息帧前先监听信道，若信道空闲，立即发送信息帧。若信道忙（有别的站已经在发送信息帧），则该站继续监听信道，待信道变为空闲，立即发送自己的信息帧。这里 1 指的是测得信道空闲，立即发送信息帧，即发送信息帧的概率为 1，坚持是指测得信道忙后，仍继续监听，一直坚持到测得信道为空闲时立即发送自己的信息帧为止。这种方法的出发点是尽量不让信道空闲，以保持较高的信道利用效率。

（3）P-坚持型 CSMA。由上述可知，1-坚持型 CSMA 对提高信道利用率有利，但增加了冲突的机会，而非坚持型 CSMA 虽然能减少冲突机会，但会造成信道利用率的下降。P-坚持型 CSMA 综合了前两者的优势。它的原理如下：若测得信道空闲，则该站以 P 的概率发送信息帧，以(1−P)的概率推迟其发送过程，推迟时间为 r。在新的时间点上，若信道空闲，再以概率 P 发送或以(1−P)概率推迟发送，一直重复下去，直至发送成功或者冲突产生。若冲突，则等待一段随机时间再重复以上步骤。在新的时间点上，若信道忙，则按某种给定的延迟重发算法把发送过程往后延迟一段时间。若最初测得信道为忙，则等待至下一个时间段开始，再重新监听信道。

2．载波侦听多路访问/冲突检测协议 CSMA/CD

CSMA 提高了信道利用率，但这种介质访问控制方法存在一个问题，即一个站测得信道空闲后，发送了自己的信息帧。但这时还可能发生冲突，一旦冲突发生，由于没有冲突检测措施，两个站均不知道已经产生了冲突，因此两个站都要把信息帧发送完毕，等待应答信息到来与否才知道是否发生了冲突，这样造成了信道的浪费。但是，如果在站点传输的时候继续监听，这种浪费是可以减少的，这就是 CSMA/CD 算法对 CSMA 的改进之处，因此 CSMA/CD 又称为边说边听。CSMA/CD 的规则如图 8-10 所示。

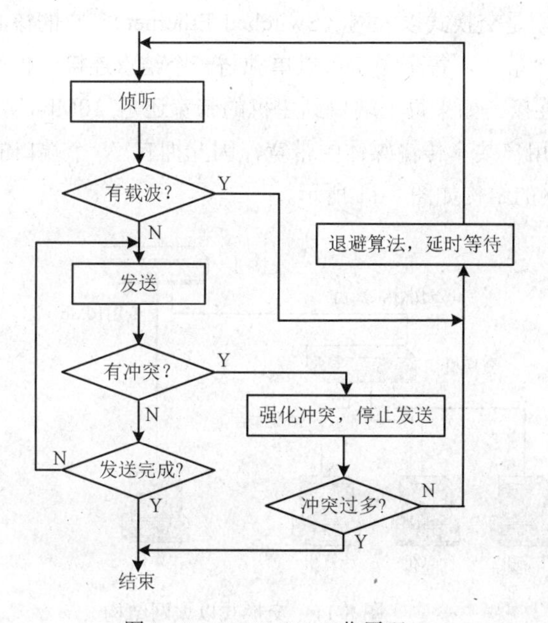

图 8-10　CSMA/CD 工作原理

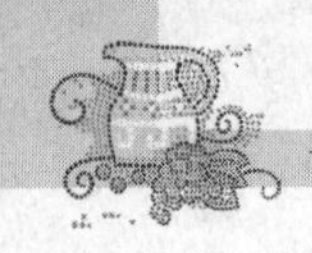

（1）若信道空闲，则发送信息帧，否则转第（2）步。

（2）若信道忙，等待一个随机时间后再次监听直到信道空闲，然后立即传输。

（3）若在传输过程中监听到冲突，则发出一个短小的人为干扰信号，让所有的站点都知道发生了冲突并停止传输。

（4）发完人为干扰信号后等待一个随机时间，再次尝试传输（从第（1）步开始重复）。

采用CSMA/CD技术后，被浪费的带宽减少为检测冲突所花费的时间，问题在于这段时间要持续多长。考虑相距尽可能远的两个站的这种最坏情况。对于基带系统，此时用于检测一个冲突的时间为从信道的一端到另一端的传播延迟的两倍。对于宽带总线来讲，延迟还会更长，最坏的情况发生在与头端离得最远的两个相邻站点间，包括 IEEE 802.3 局域网在内的绝大多数CSMA/CD 系统有一条非常重要的原则：帧必须足够长，以使冲突能在帧传输完毕前被检测到。如果帧太短，没有办法及时进行冲突检测，CSMA/CD 和 CSMA 协议就没有什么区别了。

8.4 交换式局域网

8.4.1 交换式局域网概述

在传统的共享介质局域网中，所有结点共享一条公共通信传输介质，不可避免地会有冲突发生。随着局域网规模的扩大，网中结点数的不断增加，每个结点能平均分配到的带宽越来越少。例如，对于采用集线器的10Mbit/s共享式局域网，若共有*N*个用户，则每个用户占有的平均带宽只有总带宽（10Mbit/s）的1/*N*。因此，当网络通信负荷加重时，冲突与重发现象将大量发生，网络效率也会急剧下降。为了克服网络规模与网络性能之间的矛盾，人们提出将共享介质方式改为交换方式。

典型的交换式局域网是交换式以太网（Switched Ethernet），它的核心部件是以太网交换机。以太网交换机可以有多个端口，每个端口可以单独与一个结点连接，也可以与一个共享介质式的以太网集线器（Hub）连接。如果每个端口到主机的带宽还是 10Mbit/s，但由于一个用户在通信时是独占而不是和其他用户共享传输媒体的带宽，因此拥有 *N* 个端口的交换机的总容量为 *N*×10Mbit/s。交换式以太网的结构如图8-11 所示。

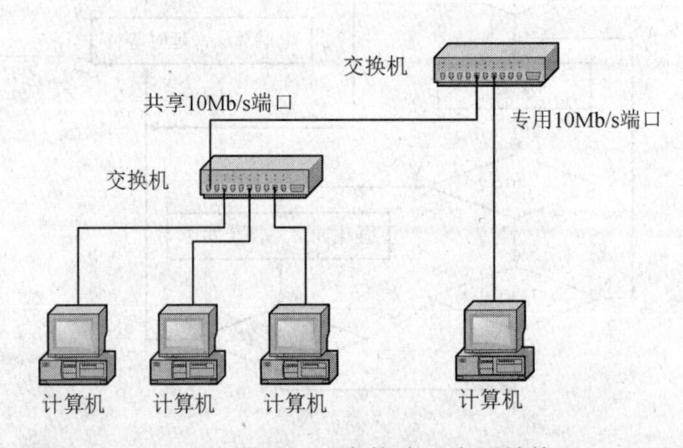

图8-11　交换式以太网结构

8.4.2　局域网交换机工作原理

局域网交换机属于数据链路层设备，它是依据第二层的 MAC 地址传送数据帧。在交换机中维护一个“MAC 地址—端口”对应表。交换机根据数据帧的源 MAC 地址建立对应关系表，通过读取数据帧的目的 MAC 地址，确定将数据帧转发至哪个端口。交换机具体工作流程如下。

（1）当交换机初次加电时，其 MAC 地址表是空的。

（2）当交换机从某个接口收到一个数据帧，它先读取帧首部中的源 MAC 地址，这样它就知道源 MAC 地址的计算机连接在哪个端口上。然后交换机将读取的源 MAC 地址和其对应的端口关系添加到 MAC 地址表中。

（3）交换机再去读取帧首部的目的 MAC 地址字段，并在地址表中查找对应的端口。

（4）如果表中有与目的 MAC 地址对应的端口，则数据包直接转发到该端口上。

（5）如果表中找不到与其对应的端口，则把数据包广播到除进入端口外的所有端口上。当目的计算机对源计算机回应时，交换机就可以学习到该目的 MAC 地址与哪个端口对应。

下面举例说明交换机的工作过程，如图 8-12 所示。假设交换机刚刚启动，此时 MAC 地址表是空的。

（1）主机 A 向主机 B 发送一个帧。主机 A 的 MAC 地址是 00-00-8C-01-00-0A，主机 B 的 MAC 地址是 00-00-8C-01-00-0B。

（2）交换机在 E0/0 接口上收到帧，并将源地址放入 MAC 地址表中。

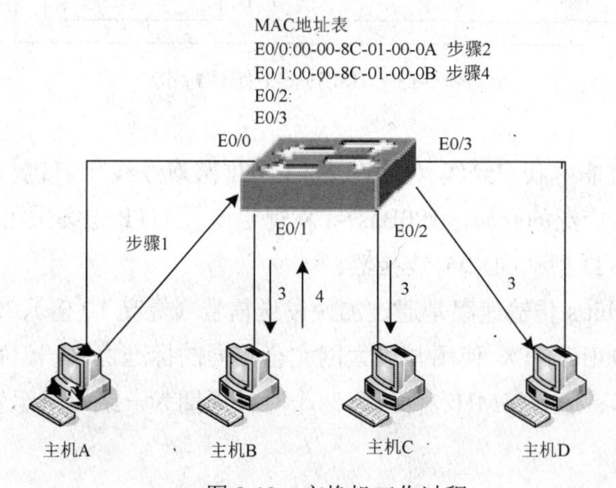

图 8-12　交换机工作过程

（3）由于目的地址不在 MAC 地址表中，帧就被转发到所有接口上。

（4）主机 B 收到帧并回应了主机 A。交换机在接口 E0/1 上收到此帧，并将源硬件地址放入 MAC 地址表中。

（5）主机 A 和主机 B 现在可以实现点到点的连接了，而且只有这两台设备会收到帧。主机 C 和主机 D 将不会看到帧，在 MAC 地址表中也不会找到它们的 MAC 地址，因为它们还没有向交换机发送帧。

如果主机 A 和主机 B 在特定的时间内没有再次跟交换机通信，交换机将刷新其 MAC 地址表表项，以尽可能地维持当前的信息。

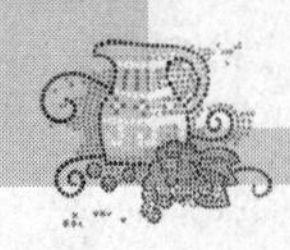

8.5 快速以太网与吉比特以太网技术

8.5.1 快速以太网

IEEE 802.3 委员会于 1992 年提出制定快速以太网标准。在委员会内部有两种不同的建议，建议之一是在原以太网基础上，应用 IEEE 802.3 标准中描述的 CSMA/CD 共享介质访问方法，只是将速率提高 10 倍。另一个建议是不使用现有的 CSMA/CD，而重新制定一套新的标准。经过多次争论之后，802.3 委员会决定采纳第一个建议，即在 IEEE 802.3 基础上，把传输速率从 10Mbit/s 提高到 100Mbit/s，并于 1995 年 6 月，正式把它定为快速以太网标准 IEEE 802.3u。IEEE 802.3u 定义了一整套快速以太网规范和介质标准，如图 8-13 所示，包括 100Base-TX、100Base-T4 和 100Base-FX。其中，100Base-TX 和 100Base-T4 统称为 100Base-T，又把使用相同信号规范和编码方案的 100Base-TX 和 100Base-FX 统称为 l00Base-X。而那些支持第二个建议的人们不会甘心失败，他们组成了自己的委员会，制定了一套能支持实时通信的快速局域网标准 100VG-AnyLAN，IEEE 802 委员会把它纳入 IEEE 802 标准系列，成为又一个快速以太网标准 IEEE 802.12。不幸的是，它们最终还是失败了。

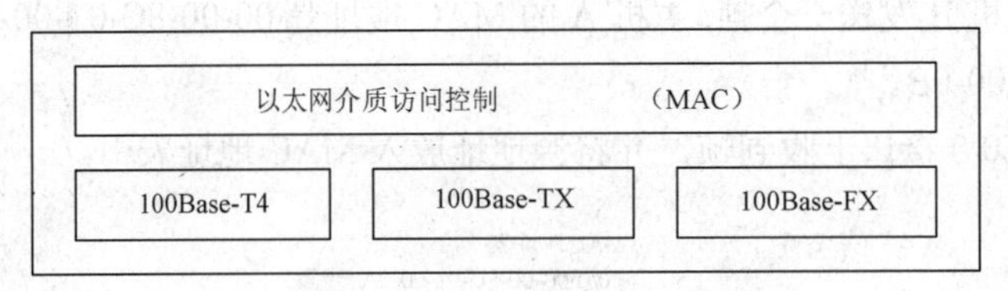

图 8-13　100Base-T 媒体标准

1．100Base-TX

100Base-TX 使用 5 类非屏蔽双绞线（UTP）或 1 类屏蔽双绞线（STP）作为传输介质，其中 5 类 UTP 是目前使用最为广泛的介质。100Base-TX 规定 5 类 UTP 电缆采用 RJ-45 连接头，而 1 类 STP 电缆采用采用 9 芯 D 型（DB-9）连接器。

100Base-TX 的 100Mbit/s 传输速率是通过加快发送信号（提高 10 倍）、使用高质双绞线以及缩短电缆长度实现的。100Base-TX 使用与以太网完全相同的标准协议，但物理层却采用 4B/5B 编码方案。它的处理速率高达 125MHz，而每 5 个时钟周期为一组，每组发送 4bit，从而保证 100Mbit/s 的传输速率。

2．100Base-T4

100Base-T4 是 3 类非屏蔽双绞线方案，该方案需使用 4 对 3 类非屏蔽双绞线介质。它能够在 3 类线上提供 100Mbit/s 的传输速率。双绞线段的最大长度为 100m。目前，这种技术没有得到广泛的应用。

100Base-T4 采用的信号速度为 25MHz，比标准以太网（20MHz）高 25%。为了达到 100M 带宽，100Base-T4 使用 4 对双绞线。一对双绞线总是发送，一对总是接收，其他两对可根据当前的传输方向进行切换。100Base-T4 实现快速传输的技术方案与 100Base-TX 不同，它将 100Mbit/s 的数据流分为 3 个 33Mbit/s 流，分别在 3 对双绞线上传输。第 4 对双绞线作为保留信道，可用于检测碰撞信号，在第 4 对线上没有数据发送。100Base-T4 采用的是 8B/6T 编码方案，即 8bit 被映

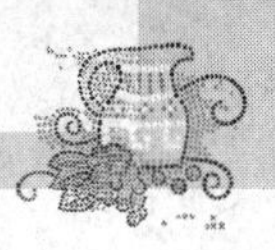

射为 6 个三进制位，它发送的是三元信号。100Base-T4 每秒钟有 25MHz 的时钟周期，每个时钟周期可发送 4bit，从而获得 100Mbit/s 的传输速率。100Base-T4 的硬件系统和组网规则与 100Base-TX 相同，但不支持全双工的传输方式。

3．100Base-FX

100Base-FX 是光纤介质快速以太网，它通常使用光纤芯径为 62.5μm，外径为 125μm，波长为 1310nm 的多模光缆。100Base-FX 用两束光纤传输数据，一束用于发送，另一束用于接收，它也是一个全双工系统，每个方向上都是 100Mbit/s 的速率。而且，站和集线器之间的距离可以达到 2km。在 100Base-FX 标准中，可以使用 3 种光纤介质连接器，常用的标准连接器有 SC、ST 和常在 FDDI 中使用的 MIC。

100Base-FX 无论是数据链路层还是物理层都采用与 100Base-TX 相同的标准协议，它的信号编码也使用 4B/5B 编码方案。100Base-FX 常用于主干网连接或噪声干扰严重的场合。在主干网应用中，由于其共享带宽所带来的问题，故很快被交换式 100Base-FX 代替。

表 8-2 所示为关于快速以太网组网规格总结。

表 8–2　快速以太网组网规格总结

名称	传输介质	最大段长度	特点
100Base-TX	双绞线	100m	100Mbit/s 全双工；5 类 UDP
100Base-T4	双绞线	100m	100Mbit/s 半双工；3 类 UDP
100Base-FX	光纤	2000m	100Mbit/s 全双工；长距离

8.5.2 吉比特以太网

1．吉比特以太网

吉比特以太网是 IEEE 802.3 标准的扩展，在保持与以太网和快速以太网设备兼容的同时，提供 1000Mbit/s 的数据带宽。吉比特以太网的关键是利用交换式全双工操作部件构建主干网络，连接超级服务器和工作站。吉比特以太网可工作于多种介质。目前，由于已在光缆传输介质上实现了 1000Mbit/s 的传输速率，所以有人习惯上称为 1000Base-F，吉比特以太网还支持半双工/转发的局域网和铜芯电缆。

吉比特以太网可有多种网络拓扑结构。它基于以太网结构，保留了 IEEE 802.3 以太网标准帧格式以及 IEEE 802.3 的网络管理功能，且网络管理原理保持不变，现存的软件（如 LAN 协议）都可运行。现在，大多数网络是基于以太网的，使用吉比特以太网来升级或迁移原有网络是比较明智的选择，它可以实现桌面到主干网的无缝连接。

IEEE 802.3 工作组建立了 802.3 吉比特以太网小组，其任务是开发适应不同需求的吉比特以太网标准。该标准支持全双工和半双工 1000Mbit/s，相应的操作采用 IEEE 802.3 以太网的帧格式和 CSMA/CD 介质访问控制方法。吉比特以太网还要与 10Base-T 和 100Base-T 向后兼容。此外，IEEE 标准将支持最大距离为 500m 的多模光纤、最大距离为 3000m 的单模光纤和最大距离为 25m 的同轴电缆。吉比特以太网将填补 802.3 以太网/快速以太网标准的不足。吉比特以太网系统如图 8-14 所示。

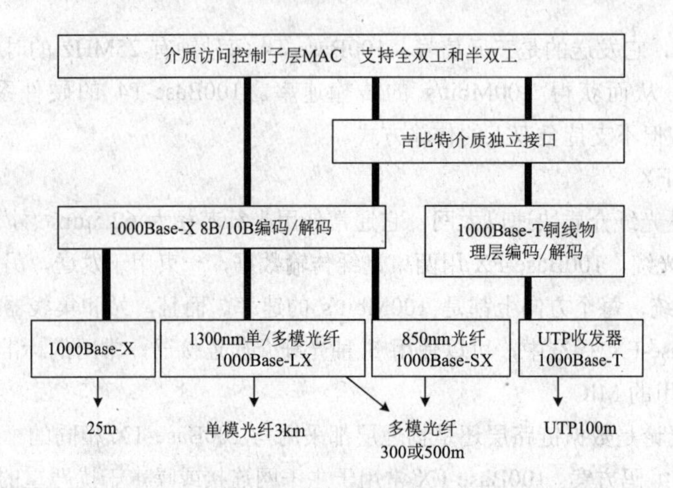

图 8-14　吉比特以太网结构

2. 吉比特以太网技术特点

吉比特以太网具有如下一些特点。

- 传输速率高。
- 有较高的网络带宽，能提供 1Gbit/s 的独享带宽（交换式吉比特以太网）。
- 仍然采用以太网标准，仅仅是速度快。
- 仍然采用 CSMA/CD 介质访问控制方法，仅在载波时间和时间槽等方面有些改进。
- 与以太网完全兼容，现有网络应用均能在吉比特以太网上运行。
- 技术简单，不必专门培训技术人员就能管理好网络。
- 依靠 RSVP、IEEE 802.1P、IEEE 802.1Q 技术标准提供 VLAN 服务，提供质量保证，支持多媒体信息传输。
- 有很好的网络扩充能力，易升级，易扩展。
- 对于传输数据（DATA）业务信息有极佳的性能。

IEEE 802.3 委员会制定了支持多种传输介质的吉比特以太网标准，具体情况如表 8-3 所示。

表 8–3　吉比特以太网组网规格总结

名称	传输介质类型	最大段长度
1000Base-SX（IEEE 802.3z）	62.5μm 多模光纤 50μm 多模光纤	275m 500m
1000Base-LX（IEEE 802.3z）	62.5μm 多模光纤 50μm 多模光纤 10μm 单模光纤	550m 550m 5000m
1000Base-CX（IEEE 802.3z）	2 对 STP	25m
1000Base-T（IEEE 802.3ab）	4 对 5 类 UTP	100m

8.5.3　10 吉比特以太网

随着 Internet 业务和其他数据业务的高速发展，对带宽的增长需求影响到网络的各个部分，

包括骨干网、城域网和接入网。

为了充分利用骨干网带宽，人们目前采用了密集波分复用（DWDM）技术，但接入网的低带宽使得网络中的瓶颈问题逐渐突出。网络服务提供商面临带宽不足的严重问题。为了满足这种需求，需要一种新的技术提供更新的业务。目前，应用最广泛的以太网技术可以实现这样的需求，能够简单、经济地构建各种速率的网络。现阶段最实际的做法是继承以太网技术，同时 IEEE 802.3 本身具有可升级性，可将 MAC 层的速率提高到 10Gbit/s，10 吉比特以太网正是在这样的背景下产生发展起来的。

自 1999 年 3 月 IEEE 802.3ae 工作组成立以来，经过三年多的努力，于 2002 年 6 月 12 日 802.3 以太网标准组织批准了 10 吉比特以太网标准的最后草案。

10 吉比特以太网并非将吉比特以太网的速率简单地提高了10 倍，其中有很多复杂的技术问题要解决。10 吉比特以太网主要具有以下特点。

- 10 吉比特以太网的帧格式与 10Mbit/s、100Mbit/s 和 1000Mbit/s 的帧格式完全相同。
- 10 吉比特以太网仍然保留了 802.3 标准对以太网最小帧和最大帧长度的规定。这就使得用户在将已有的以太网升级时，仍便于与较低速率的以太网进行通信。
- 由于数据传输速率高达 10Gbit/s，因此 10 吉比特以太网的传输介质不再使用铜质的双绞线，而只使用光纤。它使用长距离的光收发器与单模光纤接口，以便于能够在广域网和城域网的范围内工作。也可以使用较便宜的多模光纤，但传输距离限制在 65～300m。
- 10 吉比特以太网只工作在全双工方式，因此不存在争用问题。由于不使用 CSMA/CD 协议，这就使得 10 吉比特以太网的传输距离不再受冲突检测的限制。
- 标准中采用了局域网和广域网两种物理层模型，从而使以太网技术能方便地引入广域网中，进而使 LAN、MAN 和 WAN 网络可采用同一种以太网网络核心技术。这样，也方便对各网络的统一管理和维护，并避免了繁琐的协议转换，实现了 LAN、MAN 和 WAN 网络的无缝连接。

8.6 无线局域网

8.6.1 无线局域网概述

1. 概述

尽管以太网已经非常普及，它仍然会面临竞争。无线局域网正在日渐普及，越来越多的办公楼、机场和其他的公共场合配备了无线局域网。无线局域网是在有线网的基础上发展起来的，它使网上的计算机具有可移动性，能快速、方便地解决有线方式不易实现的网络信道的连通问题。

无线局域网（Wireless LAN，WLAN）起源于 20 世纪 80 年代，是利用无线通信技术在一定的局部范围内建立的网络，是计算机网络与无线通信技术相结合的产物。它以无线多址信道作为传输媒介，提供传统有线局域网的功能，能够使用户真正实现随时、随地、随意的网络接入。1997 年 6 月，第一个 WLAN 标准 IEEE 802.11 正式颁布实施，为 WLAN 的物理层和 MAC 层提供了统一的标准。

2．无线局域网的特点

（1）可移动性。无线局域网使用户工作站和网络数据源不必局限在一定的物理连接上，可以满足用户在移动中保持网络连接的需要。

（2）降低成本。无线局域网用无线信道作为传输媒介，彻底避免了由于线缆故障造成的网络瘫痪问题，同时节省了线缆成本和布线以及重新布线开支。尤其在物理布线困难的地方选用无线网络会极大地降低组网成本。

3．管理机构和标准

在国际上，参与制定 WLAN 标准的组织主要有 3 个：ITU-R，IEEE 和 Wi-Fi 联盟。

（1）ITU-R（国际电信联盟无线电通信部门管理）：RF（radiofrequency）频段的分配。

（2）IEEE（电气及电子工程师学会）：规定如何调制射频来传送信息。

（3）Wi-Fi 联盟：确保供应商生产的设备可互操作。

8.6.2 无线局域网的工作原理

典型情况下，采用 802.11 规范的无线网络在传送信号时，其工作原理与基本的以太网集线器很像：它们都采用半双工通信的形式，而且发送和接收时使用同样的频率。WLAN 使用的射频频率（RF），就是通过无线辐射到空中的无线电波。

1．相关术语

无线 AP（Access Point）：即无线接入点，是无线网络的核心。无线 AP 是移动计算机用户进入有线网络的接入点，其工作原理类似于以太网集线器。

蜂窝：无线 AP 所覆盖的有限区域。

无线信道：即无线的“频段”，是以无线信号作为传输媒介的数据信号传送通道。

2．IEEE 802.11 协议栈

包括以太网在内的所有 IEEE 802 标准，它们所使用的协议在结构上有一个共性。图 8-15 所示为 IEEE 802.11 协议栈的一部分视图。其中物理层对应 OSI 的物理层，在所有 IEEE 802 协议中，数据链路层被分成了两层：介质访问控制 MAC 子层和逻辑链路控制 LLC 子层。MAC 子层决定了下一个该由谁传输数据。MAC 子层上面是 LLC 子层，它的任务是隐藏 IEEE 802 各个标准之间的差异，使得它们对于网络层而言都是一致的。

							上面各层
	逻辑链路控制子层						数据链路层
MAC 子层							
	802.11 红外线	802.11 FHSS	802.11 DSSS	802.11a OFDM	802.11b HR-DSSS	802.11g OFDM	物理层

图 8-15　IEEE 802.11 协议栈部分视图

3．IEEE 802.11 数据帧格式

IEEE 802.11 数据帧格式如图 8-16 所示。

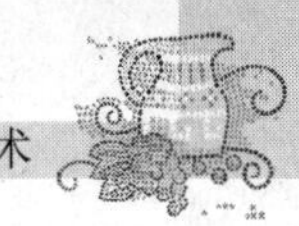

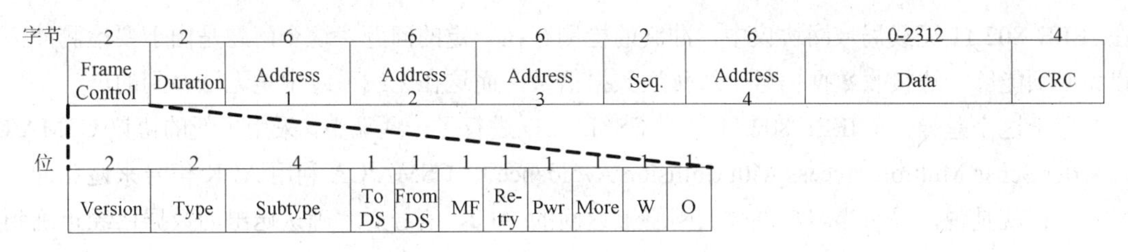

图 8-16　IEEE 802.11 数据帧格式

各字段的意义如下。

（1）帧控制（Frame Control）域：该域有 11 个子域。

协议版本（Protocol Version）——表示 IEEE 802.11 标准版本。

类型（Type）——表示帧类型，如数据帧、控制帧或者管理帧。

帧子类型（Subtype）——表示该帧是认证帧、解除认证帧、连接请求帧或者连接响应帧等。

To DS 和 From DS——当帧发送到或者来自跨单元的分布式系统（Distribution System，DS）（比如以太网）时，该值设置为 1。

MF —— More Fragment，置 1 表示后面还有更多分段属于相同的帧。

Retry —— 表示该分段是先前传输分段的重发帧。

电源管理（Power Management）——由基站使用，基站利用这个域使接收方进入睡眠状态，或者从睡眠状态中唤醒过来。

More——表示发送方还有更多的帧要发送给接收方。

W——表示该帧的帧体已经用 WEP（Wired Equivalent Privacy）算法加密过了。

O——表示告诉接收方，凡是该位已被置 1 的帧序列，必须严格按照顺序来处理。

（2）持续时间（Duration）域：表示该帧和它的确认帧将会占用信道多长时间。

（3）地址域：Address 1 是目标地址（主机或 AP），Address 2 是源地址（主机或 AP），Address 3 是互联设备的地址（router），Address 4 只有在自组织网络中才使用。主机与 AP 之间使用的是 IEEE802.11 帧，而 AP 与路由器之间使用的是 Ethernet 帧，AP 负责帧的转换。当 AP 收到主机发给路由器的 802.11 帧后，AP 构造 Ethernet 帧，将主机地址作为源地址，路由器的地址作为目标地址发给路由器，路由器并不知道 AP 的存在。当路由器发给主机的 Ethernet 帧到达 AP 后，AP 构造一个 802.11 帧，将主机地址放入 Address 1，将自己的地址放入 Address2，将路由器的地址放入 Address3 发给主机。

（4）序列号（Sequence）域：表示分段可以被编号，该域由两部分组成：12 位标识该帧，4 位标识该分片。

（5）数据（Data）域：发送或接收的信息。

（6）校验域：包括 32 位的循环冗余校验（CRC）。

4．IEEE 802.11 MAC 子层协议

无线局域网标准 IEEE 802.11 的 MAC 子层和 IEEE 802.3 协议的 MAC 子层非常相似，都是在一个共享媒介之上支持多个用户共享资源，由发送者在发送数据前先进行网络的可用性检测。在 IEEE 802.3 协议中，是由一种称为 CSMA/CD（Carrier Sense Multiple Access with Collision Detection）的协议来完成调节，这个协议解决了在 Ethernet 上的各个工作站如何在线缆上进行传输的问题，利用它检测和避免当两个或两个以上的网络设备需要进行数据传送时网络上的冲突。

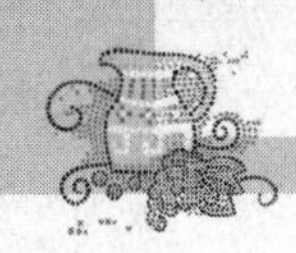

在 IEEE 802.11 无线局域网协议中，冲突的检测存在一定的问题，这个问题是由于要检测冲突，设备必须能够一边接收数据信号一边传送数据信号，而这在无线系统中是无法办到的。

鉴于这个差异，在 IEEE 802.11 中对 CSMA/CD 进行了一些调整，采用了新的协议 CSMA/CA（Carrier Sense Multiple Access with Collision Avoidance）。CSMA/CA 利用 ACK 信号来避免冲突的发生，也就是说，只有当客户端收到网络上返回的 ACK 信号后才确认送出的数据已经正确到达目的地址。

CSMA/CA 协议的工作流程如图 8-17 所示。

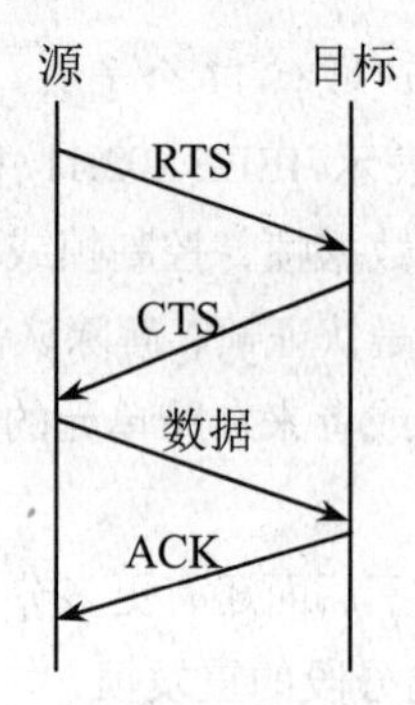

图 8-17　CSMA/CA 协议工作流程

（1）送出数据前，监听介质状态，等没有人使用介质，维持一段时间后，再等待一段随机的时间后依然没有人使用，才送出数据。由于每个设备采用的随机时间不同，所以可以减少冲突的机会。

（2）送出数据前，先送一段小小的请求传送报文（Request to Send，RTS）给目标端，等待目标端回应（Clear to Send，CTS）报文后，才开始传送。利用 RTS-CTS 握手（handshake）程序，确保接下来传送资料时，不会被碰撞。同时由于 RTS-CTS 封包都很小，让传送的无效开销变小。

5．无线局域网组网模式

无线局域网组网模式分为两种，分别是基本服务集（Basic Service Set，BSS）模式和扩展服务集（Extended Service Set，ESS）模式。在 BSS 中，移动客户端使用单个访问点（Access Point，AP）实现与其他设备或有线网络资源的连通。独立（Ad Hoc）模式和基础设施模式是两种 BSS 模式。ESS 是由分布式系统连接的两个或以上 BSS 的集合。

独立模式（又称为 Ad Hoc 模式）是一种对等模式，移动客户端无须 AP 就可以直接连通，并且可以在两个或以上的移动客户端之间共享文件。这种模式又称为独立基本服务集（Independent Basic Service Set，IBSS）。

基础设施模式为大型网络环境增加了很大的多样性和可控性。基础设施模式包含 AP，它们提供站点之间的通信。

图 8-18 所示为两种 BSS 模式。

（a）IBSS（Ad Hoc）模式

（b）基础设施模式

图 8-18　BSS 模式——独立和基础设施

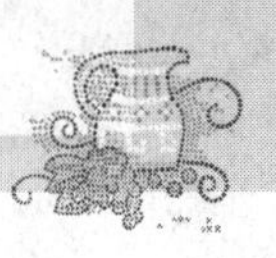

在 BSS 基础设施模式中，AP 连接到以太网主干中，并且与蜂窝区域内的无线设备进行通信。AP 是蜂窝内的控制者，并且控制进出网络的流量。远端设备之间不能直接通信，它们必须通过 AP 来进行通信。

BSS 的一个概念就是基本服务区（Basic Service Area，BSA），BSA 是指单个 AP 所覆盖的地理范围，又称为微蜂窝。

为了扩展 BSA，或者只是为了加入无线设备或扩展现有有线网络系统的范围，就需要增加 AP。

如果单个蜂窝不能充分覆盖，就需要增加一定数量的蜂窝来扩展覆盖范围，这又称为扩展服务区域（Extended Service Area，ESA）。为了使得远端用户在不失去 RF 连接的情况下实现漫游，ESA 蜂窝应该保持 10%～15%的重叠。为了获得最佳性能，边界蜂窝应该设置到不同的非重叠信道。其示意图如图 8-19 所示。

在需要扩展覆盖范围，但是直接访问主干又不现实或不可实现的情况下，就需要使用无线中继器。无线中继器是一个不连接到有线网络主干的 AP。主干的 AP 和无线中继器之间需要保持 50%的重叠。因为数据传输速率的不同，收发时间将降低。中继器必须与根（连接到以太网的 AP）使用相同的信道。其示意图如图 8-20 所示。

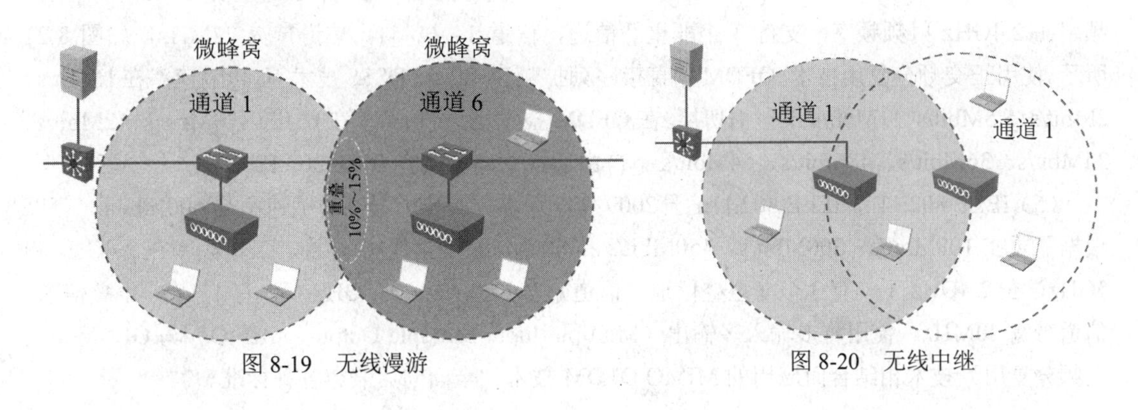

图 8-19　无线漫游　　　图 8-20　无线中继

8.6.3　无线局域网的协议标准

1．IEEE 802.11 标准系列

（1）IEEE 802.11。IEEE 802.11 于 1997 年获得批准，是最早出现的、标准化的 WLAN，速度为 1Mbit/s 和 2Mbit/s。IEEE 802.11a 使用的是开放的 2.4GB 频段，不需要申请就可使用。采用直接序列展频（扩频）技术（Direct Sequence Spread Spectrum，DSSS）或跳频展频（扩频）技术（Frequency Hopping Spread Spectrum，FHSS）。

（2）IEEE 802.11b。IEEE 802.11b 于 1999 年 9 月获得批准。最高传输速率可达 11Mbit/s，比两年前批准的 IEEE 802.11 标准快 5 倍，扩大了无线局域网的应用领域。另外，也可根据实际情况采用 5.5Mbit/s、2Mbit/s 和 1Mbit/s 速度，与普通的 10Base-T 规格有线局域网几乎是处于同一水平。作为公司内部的设施，可以基本满足使用要求。IEEE 802.11b 使用的是开放的 2.4GHz 频段，支持 3 个非重叠信道，信道 1、6、11，信道带宽 22MHz，如图 8-21 所示。采用直接序列展频（扩频）技术 DSSS。既可作为对有线网络的补充，也可独立组网，从而使网络用户摆脱网线的束缚，

实现真正意义上的移动应用。

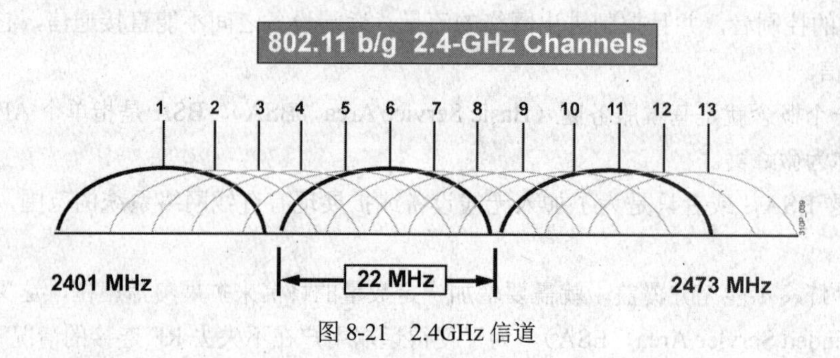

图 8-21 2.4GHz 信道

（3）IEEE 802.11a。IEEE 802.11a 于 1999 年获得批准。最高传输速率是 54Mbit/s，可以根据需要在 48Mbit/s、36Mbit/s、24Mbit/s、18Mbit/s、12Mbit/s、9Mbit/s 或者 6Mbit/s 之间自由切换。使用正交频分复用技术（Orthogonal Frequency Division Multiplexing，OFDM），工作频率为 5GHz，支持 12 个非重叠信道，该频段在中国受管制，因此无线产品不支持该标准。它不能与 IEEE 802.11b 进行互操作。

（4）IEEE 802.11g。IEEE 802.11g 于 2003 年 7 月获得批准。最高传输速率是 54Mbit/s，工作频率在 2.4GHz 射频频率，支持 3 个非重叠信道，信道 1、6、11，信道带宽 22MHz，如图 8-21 所示。使用正交频分复用技术 OFDM 和直接序列扩频 DSSS。在 DSSS 技术下，传输速率在 1Mbit/s、2Mbit/s、5.5Mbit/s、11Mbit/s 下自由切换。在 OFDM 技术下，传输速率在 6Mbit/s、9Mbit/s、12Mbit/s、24Mbit/s、36Mbit/s、48Mbit/s、54Mbit/s 下自由切换。向后兼容 IEEE 802.11b。

（5）IEEE 802.11n。IEEE 802.11n 于 2009 年 9 月获得批准。最高传输速率是 600Mbit/s，可以根据需要在 108Mbit/s、300Mbit/s、450Mbit/s 和 600Mbit/s 之间自由切换。工作频率在 2.4GHz 和 5GHz，在 2.4GHz 下，有 3 个非重叠信道，信道带宽 20MHz；在 5GHz 下，有 11 个非重叠信道，信道带宽 40MHz。使用将多输入多输出（Multiple Input Multiple Output，MIMO）与 OFDM（正交频分复用）技术相结合而应用的 MIMO OFDM 技术。全面向后兼容各种标准。

2. IEEE 802.15 标准系列

IEEE 802.15 是由 IEEE 制定的一种蓝牙无线通信规范标准，应用于无线个人区域网（WPAN）。IEEE 802.15 具有短程、低能量、低成本、小型网络等，适用于个人操作空间。

（1）802.15.1。802.15.1 本质上只是蓝牙低层协议的一个正式标准化版本，大多数标准制定工作仍由蓝牙特别兴趣组（SIG）在做，其成果将由 IEEE 批准。原始的 802.15.1 标准基于蓝牙 1.1，新的版本 802.15.1a 将对应于蓝牙 1.2，它包括某些 QoS 增强功能，完全后向兼容。

（2）802.15.2。802.15.2 是对蓝牙和 802.15.1 的一些改变，其目的是减轻与 802.11b 和 802.11g 网络的干扰。这些网络都使用 2.4GHz 频段，如果想同时使用蓝牙和 Wi-Fi 的话，就需要使用 802.15.2 或其他专有方案。

（3）802.15.3。802.15.3 也称 WiMedia，旨在实现高速率。最初它瞄准的是消费类器件，如电视机和数码照相机等。其原始版本规定的速率高达 55Mbit/s，使用基于 802.11 但不兼容的物理层。后来多数厂商倾向于使用 802.15.3a，它使用超宽带（UWB）的多频段 OFDM 联盟（MBOA）的物理层，速率高达 480Mbit/s。

（4）802.15.4。802.15.4 也称 ZigBee，属于低速率短距离的无线个人域网。它的设计目标是低

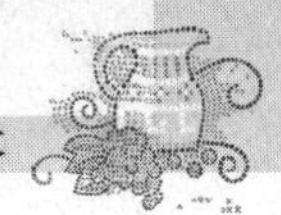

功耗（长电池寿命）、低成本和低速率。速率可以低至 9.6kbit/s，不支持语音。

8.7 其他组网技术

8.7.1 光纤分布式数据接口

光纤分布式数据接口（Fiber Distributed Data Interface，FDDI）是一个高性能的光纤令牌环 LAN，它的数据速率为 100Mbit/s，跨越的距离可达 200km，最多可连接 1000 个站点。FDDI 可以以任何 802 LAN 同样的方式使用，由于它具有高带宽，因而常常还可以作为网络的主干与铜线 LAN 相连。FDDI-II 是 FDDI 的改进型，除处理普通数据外，还能处理 ISDN 通信或同步电路交换的 PCM 声音数据。

由于网络只运行在 100Mbit/s 的速率下，而使用单模光纤需要额外的开销，所以，FDDI 使用了多模光纤。另外，FDDI 使用了 LED，而不是激光器件，不仅是因其成本低，也是因为 FDDI 有时可能会直接连到工作站上。具有好奇心的用户或许偶尔会拔下光纤连接的连接头，直接去查看光纤在 100Mbit/s 下传送的信息。使用激光时就会有危险，好奇的用户可能会因此在视网膜上留下斑点。LED 的能量很弱，不会伤害眼睛，但却足以以 100Mbit/s 的速率准确地传输数据，FDDI 设计规格要求传送 2.5×10^{10} 比特出错不超过 1 比特。实际中，许多系统的误码率比这还低。

FDDI 电缆由两个光纤环组成，一个顺时针发送，另一个逆时针发送，如图 8-22（a）所示。如果其中之一断路，另一个可替代。若两者同时在一点断路，例如，起火或电缆管道故障，两个环可以连成单一的环，如图 8-22（b）所示，长度为原来的两倍。每个站点含有中继线路，可在站点故障时把两个环连接起来或对某站旁路。

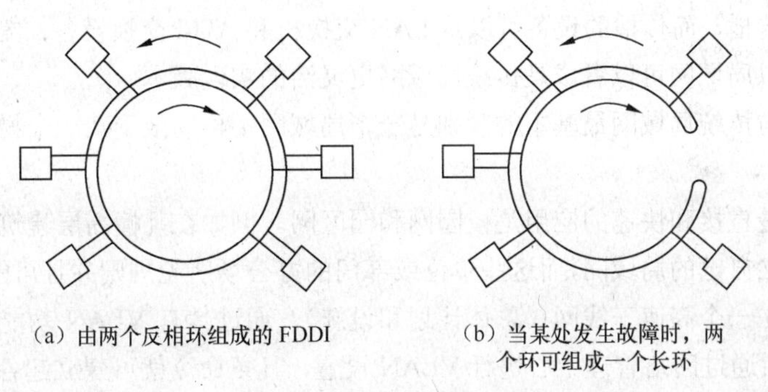

（a）由两个反相环组成的 FDDI　　（b）当某处发生故障时，两个环可组成一个长环

图 8-22　FDDI 的两个光纤环

FDDI 定义了 A、B 两类站点。A 类站点连接到两个环上，B 类便宜一些，只连到一个环上。根据容错的需求，可以全部选用 A 类或 B 类站点，也可各选一部分。

FDDI 的物理层没有使用曼彻斯特编码，因为 100Mbit/s 的曼彻斯特编码需要 200MB，这被认为是过于昂贵。它使用的是称为 4/5（4 out of 5）的编码方案，每组 4 个 MAC 符号（0、1 和其他非数据信号，如帧头）在介质上被编成 5 位组。32 种组合中的 16 种用于数据，3 种用作分隔符，2 种用于控制，3 种作为硬件信号，余下的 8 种未用（为将来的协议版本保留）。

此方案的优点是节约带宽，缺点是失去了曼彻斯特编码的自定时特性。为了弥补这一损失，使用了一个长的先导符来使接收者与发送者时钟同步，并且要求所有的时钟稳定率至少为0.005%。有了这种稳定性，可传送长达4500B的一帧内容，同时不必担心接收者的时钟漂移得太远以致不能与数据流同步。

FDDI的基本协议几乎完全以IEEE 802.5（Token Ring）协议为模板。为了传送数据，站点必须首先捕获一个令牌。然后它发送一帧，并且当这一帧从环上传回来时，将它取走。FDDI与IEEE 802.5的区别之一是在IEEE 802.5中，除非帧沿着环移动并转回来，否则站点不会产生新的令牌。而在FDDI中，在可拥有1000个站点和200km的光纤网上，用于等待帧环历整个环的时间不能忽略，因此FDDI中允许站点在传输完一帧时放置一个新的令牌到环上。在大型环网上，很可能同时存在多个帧。

FDDI的MAC协议使用了3个计时器。令牌持有计时器（Token Holding Timer）决定了站点在获得令牌后能够连续发送的时间，它用来防止某个站点永远地霸占令牌环。令牌环绕计时器（Token Rotation Timer）在每次看到令牌时就重新启动。如果该计时器到时，就说明在很长的一段时间内还未见到令牌，很可能它已丢失，于是令牌恢复过程就被启动。最后一个是有效传输计时器（Valid Transmission Timer），它用来计时并从某些瞬时的环网错误中恢复正常。

FDDI还有一种与IEEE 802.4（Token Bus）相似的优先级算法。它可以决定在给定的令牌上哪一优先级可以发送。若令牌提前了，则所有优先级均可以发送，若令牌迟到，则只有优先级最高者才能发送。

8.7.2 VLAN

1996年3月，IEEE推出了VLAN标准IEEE 802.1q。

从实质上说，VLAN与传统的局域网工作方式没有什么区别，在一个虚拟局域网内部，所有的消息通过交换传播，而传播的设备可以是LAN交换机和ATM交换设备；虚拟局域网外部通过路由器连接。虚拟局域网可以看成是传统局域网更灵活的实现版本。

虚拟局域网与传统局域网最基本的区别是一个局域网不再局限于某一个物理网络、某一个局部区域了。

虚拟局域网最直接和快速的应用是校园网和园区网。例如在几幢高层建筑的办公楼里，若干个部门都希望建立自己的局域网，而这些单位或部门的办公场所无规则并且可能经常移动或变化，在这种状态下建立一个高速干线网（总体计划和设施），通过具有VLAN功能的交换机连接所有上网的用户，然后通过网络管理中心进行VLAN设置，几条命令就可建立起各单位的局域网（逻辑网）。

1. VLAN的定义及特点

VLAN实际是与地理位置无关的局域网的一个广播域。由一个工作站发送的广播信息帧只能发送到具有相同虚拟网号的其他站点。其他VLAN的成员收不到这些广播帧。网络管理员可以把相关的客户和服务器分别构成不同的虚网号，同一虚网内客户和服务器可以方便地频繁通信，不同的虚网之间用路由器连接，滤除虚网之间不必要的广播信息。这样，优化了网络的带宽，减少了网络交通量，同时，也确保了网络信息的安全。

采用虚拟局域网可以将逻辑基础设施与物理基础设施分开。这样，网络管理员便能方便而动态地建立和重构虚拟网络，网络更灵活，更易于管理。图8-23所示为一个VLAN的例子。在整

个网络结构中，划分了 3 个 VLAN：VLAN1、VLAN2、VLAN3。每个 VLAN 对应一个广播域，在该广播域上的广播信息能到达同一 VLAN 的其他站点。

VLAN 的优点有以下几方面。

（1）控制网络上的广播风暴。网络管理员必须要控制网络上的广播风暴，其中一种最有效的方法是采用网络分段技术，避免影响其他网络部分的网络性能。VLAN 可以将某个交换端口或用户赋予某一个特定的VLAN组，该VLAN组可以在一个交换网中或跨接多个交换机，在一个VLAN中的广播不会送到 VLAN 之外，同样，相邻的端口不会收到其他 VLAN 产生的广播。这样，可以减少广播流量，释放带宽给用户应用，减少广播风暴的产生。

（2）增加网络的安全性。VLAN 提供了安全性防火墙，限制了个别用户的访问，控制组的大小及位置等。交换端口可以基于应用类型和访问特权来进行分组，被限制的应用程序和资源一般置于安全性 VLAN 中。

（3）集中化的管理控制。通过集中化的 VLAN 管理程序，网络管理员可以确定 VLAN 组，分配特定用户和交换端口给这些 VLAN 组，设置安全性等级，限制广播域的大小，通过冗余链路负载分担网络流量，跨越交换机配置 VLAN 通信，监控交通流量和 VLAN 使用的网络带宽。

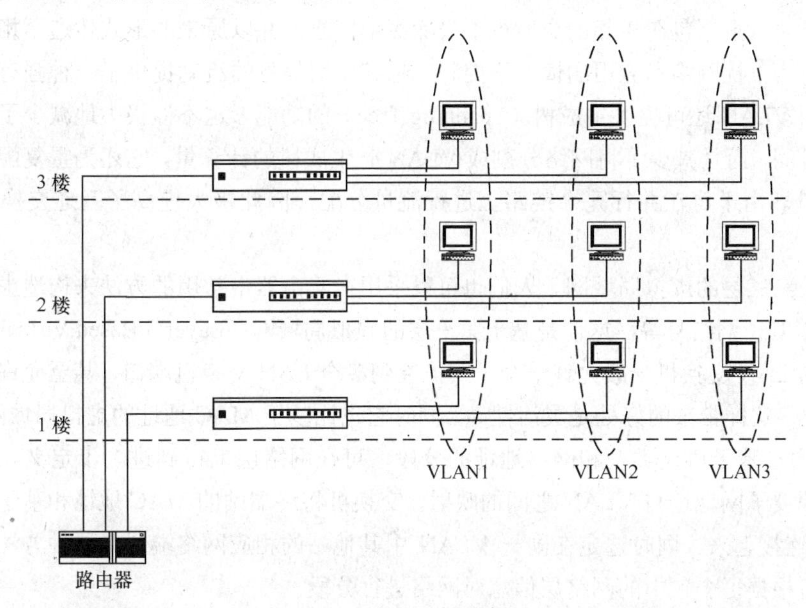

图 8-23　VLAN 示例

这些能力有效地提高了网络管理程序的可控性、灵活性和监视功能，减少了管理的费用，增加了集中管理的功能。

2．虚拟局域网的类型

构造虚拟局域网的方法很多，网络设计者可以根据自己具体的网络结构选择合适的构造方法，当然，在功能上这些虚拟局域网也有些差别。

（1）基于端口的虚拟局域网。基于端口的虚拟局域网（Port-Based Virtual LANs）是实现虚拟局域网的一种简单方法。在这种模型里，一个虚拟局域网实际上是一些交换端口的集合。交换机可以是一个或多个。基于端口的虚拟局域网构造简单，但是它不能在一个端口上支持多个虚拟局域网，需要连接多个虚拟局域网的服务器必须安装多个网络接口卡。

基于端口的虚拟局域网无法解决设备的移动、增加、变更问题。如果一个设备移到另一个交换机端口上，该虚拟局域网就要重新设置。如果设备移动到属于其他虚拟局域网的环境里，那么它可能无法与原来的虚拟局域网连接。

（2）基于 MAC 地址的虚拟局域网。使用工作站点的 MAC 层地址可以将一个设备配属于一个虚拟局域网。这样的虚拟局域网实际上是一群 MAC 地址的集合。这种通过 MAC 地址配置的虚拟局域网允许一个连接区域内有多个虚拟局域网存在，并且当设备在网络中移动时，虚拟局域网能够自动识别，因为MAC 地址是全球唯一的。它的局限在于需要网络管理员操作一大群的MAC 地址，初始化工作繁重。

工作于第二层的 VLAN 分段采用一种包标识处理（包标志）。数据包在经过整个交换网络时都携带这一标识，从而使得唯一标识的数据包从每一个交换端口到 VLAN 组的处理具有很小的时延。这种方法不需要对终端站应用进行任何修改，可以直接进行配置和管理，并可对现有 LAN 介质类型和 ATM 骨干网进行扩展。当交换机接收到来自任何相连终端站设备的数据包后，在每个包头部都会加上一个唯一的包标识符。该头部信息指定了每个包的 VLAN 属性（即属于哪一个 VLAN）。然后，根据 VLAN 标识符与 MAC 地址将数据包传送给相应的交换机和路由器。在到达最终目的站点时，数据包在相邻的交换机中去除头部信息，并以原来的形式传递至相连的设备。这种方法为在不干扰网络和应用的情况下控制广播和应用信息的流动提供了一种强有力的机制。

第二层的 VLAN 还可提供生成树（Spanning Tree）的功能。这不但极大地减少了链路失效时所需的恢复时间，而且减少了将网络分割成 VLAN 时生成树的计算量，它还为重复配置的路径并行地分配流量。由于可在并行冗余链路上进行流量分配，因此极大提高了互连交换机间的带宽选择。

（3）基于第三层的虚拟局域网。人们也可以采用在路由器中常用的方法来构造虚拟局域网：采用 IP 子网、IPX 网络号等，这便是基于第三层的虚拟局域网（Layer 3 Based Virtual LANs）。使用这种方法的 LAN 交换机一般允许一个子网扩展到多个 LAN 交换机端口，甚至允许一个端口对应于多个子网。这样带来的好处是灵活性高，同时它也比基于 MAC 地址的虚拟局域网易于管理。

VLAN 通过基于协议类型和网络地址的分段，可在网络层上得到进一步定义。这种类型的 VLAN 分段需要子网地址与 VLAN 之间的映射，交换机将终端站的 MAC 地址和基于子网地址的对应 VLAN 连接起来。同时选定在同一 VLAN 中其他站的相应网络端口。这种方法的优点在于网络管理员可根据每个包中的网络层信息对网络进行分段。

另一种第三层 VLAN 采用过滤表方式。这种 VLAN 分段方法要求对每个数据包都进行过滤，用户定义的偏移值给出了 VLAN 信息在包中的位置。采用包过滤方法，由于对每个数据包均要进行过滤，将影响交换机交换时间以及整个网络的性能。同时，维护地址表也要增加管理的负担。

（4）基于策略的虚拟局域网。基于策略的虚拟局域网（Policy-Based Virtual LANs）是一种最灵活的虚拟局域网构造方式。人们可以根据网络管理的不同策略来给设备命名，而一个虚拟局域网内部，其所有设备的网络管理策略都是一致的。由于各设备所属的虚拟局域网网络管理策略不同，当这些设备移动时，人们很容易识别出它们。

基于策略的虚拟局域网构造方式可以采用各种设备命名方法，例如以 MAC 地址、第三层地址、以太网协议类型域等区分设备。当然一个虚拟局域网可以根据自己的网络特点选择合适的方法。

习题八

一、选择题

1. 传输介质是网络中收发双方之间的物理通路。下列传输介质中，具有很高的数据传输速率、信号传输衰减最小、抗干扰能力最强的是（　　）。

A．电话线　　B．同轴电缆

C．双绞线　　D．光缆

2．对局域网来说，网络控制的核心是（　　）。

A．工作站　　B．网卡

C．网络服务器　　D．网络互连设备

3．下面（　　）不是 LAN 的主要特性。

A．运行在一个宽广的地域范围内　　B．提供多用户高带宽介质访问

C．提供本地服务的全部时间连接　　D．连接物理上接近的设备

4．在电缆中屏蔽的好处是（　　）。

Ⅰ．减少信号衰减

Ⅱ．减少电磁干扰辐射和对外界干扰的灵敏度

Ⅲ．减少物理损坏

Ⅳ．减少电缆的阻抗

A．仅Ⅰ　　B．仅Ⅱ

C．Ⅰ和Ⅱ　　D．Ⅱ和Ⅳ

5．光纤分布式数据接口 FDDI 标准和令牌环媒体访问控制标准（　　）十分接近。

A．X.25　　B．X.21

C．IEEE 802.3　　D．IEEE 802.5

6．通常数据链路层交换的协议数据单元被称作（　　）。

A．帧　　B．报文

C．比特　　D．报文分组

7．具有冲突检测载波监听多路访问（CSMA/CD）技术，一般用于（　　）拓扑结构。

A．网状网络　　B．总线型网络

C．环型网络　　D．星型网络

8．交换式局域网增加带宽的方法是在交换机端口结点之间建立（　　）。

A．并发连接　　B．点—点连接

C．物理连接　　D．数据连接

9．从介质访问控制方法的角度，局域网可分为两类，即共享局域网与（　　）。

A．交换局域网　　B．高速局域网

C．ATM 网　　D．虚拟局域网

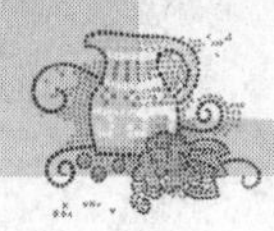

10．100Mbit/s 快速以太网与 10Mbit/s 以太网工作原理的相同之处主要在（　　）。

A．介质访问控制方法　　B．物理层协议

C．网络层　　D．发送时钟周期

11．交换机作为 VLAN 的核心，提供了（　　）智能功能。

A．将用户、端口或逻辑地址组成 VLAN

B．确定对帧的过滤和转发

C．与其他交换机和路由器进行通信

D．以上全部

12．（　　）不是增加 VLAN 带来的好处。

A．交换机不需要再配置　　B．广播可以得到控制

C．机密数据可以得到保护　　D．物理的界限限制了用户群的移动

13．以下关于 MAC 地址叙述正确的是（　　）。

A．MAC 地址是一种便于修改的逻辑地址

B．MAC 地址固化在 ROM 中，通常情况下无法改动

C．通常只有主机才需要 MAC 地址，路由器等网络设备不需要

D．MAC 地址长度为 32 位，通常表示为点分十进制形式

14．在部署 802.11b/g 无线网络时，已部署 AP1 的信道为 6，AP2 和 AP3 在部署时，为避免 3 个 AP 相互干扰，AP2 和 AP3 可分别选择（　　）信道。

A．1、10　　B．2、10

C．1、11　　D．2、11

15．关于无线 AP，说法正确的是（　　）。

A．数据过滤　　B．数据转发

C．数据处理　　D．数据中继

二、填空题

1．WLAN 为了避免信号冲突，MAC 层采用__________协议。

2．蓝牙无线通信规范标准是__________。

三、简答题

1．叙述 IEEE 802LAN&MAN/RM 的层次结构及各层的功能，与 ISO-OSI/RM 比较，该模型有什么特点？

2．局域网中常用的媒体访问控制方法有哪几种？各自有何特点？

3．设某基带总线局域网其总线长度为 1000m，速率为 10Mbit/s，传播速度是 200m/μs，站点等距间隔，若某站发送一个长为 1000 位的帧给另一个站，试计算从发送开始到接收结束的平均时间。若两个站严格地在同一时刻开始发送，它们的帧将会彼此干扰，若每个发送站在发送期间监听总线，问需要多长时间可发现该干扰？

4．FDDI 有哪些主要特性？

5．采用 VLAN 技术有哪些优点和缺点？

6．以太网帧必须至少 64 比特长，以确保传输在电缆远端处冲突的情况下仍能进行传输，快速以太网同样有 64 比特最小帧，但能快 10 倍，问为什么？

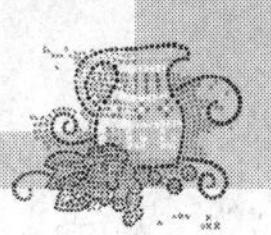

实　训

1．实训目的

（1）熟悉 10Base-T 星型拓扑以太网的网卡、线缆、端接器、集线器等网络硬件设备。

（2）熟悉 Windows XP 中的网络组件及各参数的设置。

（3）理解对等网络的特点。

2．实训环境

软硬件需求：PC 6 台（含网卡）、双绞线、RJ-45 头、交换机（集线器）。

3．实训内容

（1）双绞线的制作。

下面以 EIA/TIAT568B 双绞线为例，介绍其制作步骤。

① 剪取适当长度的双绞线，长度应比实际需要稍长一些。

② 将双绞线剥去外皮约 20mm。

③ 将 4 个线对的 8 条芯线一一拆开，按下列顺序排列整齐：1-白橙、2-橙、3-白绿、4-蓝、5-白蓝、6-绿、7-白棕、8-棕。

④ 将 8 条芯线尽量伸直、压平、并拢，然后用压线钳剪齐，留下约 14mm 的长度。

⑤ 将并拢的 8 条芯线插入 RJ45 接头中，注意“白橙”线要对着 RJ-45 的第 1 脚。

⑥ 将 RJ-45 接头放入压线钳中的压接槽，一面用力将压线钳往接头前端顶住，一面用力将压线钳夹紧，使 RJ-45 接头夹紧在双绞线上。

⑦ 按相同的方法和线序，制作双绞线的另一端 RJ-45 接头。

⑧ 利用专门的电缆测试工具检查 RJ-45 接头是否正确导通。

按上述方法制作的双绞线两端 RJ-45 接头中的线序完全一致，称为直通线。直通线通常只适用于计算机到集线设备的连接。当使用双绞线直接连接两台计算机或连接两台集线设备时，RJ-45 接头另一端的线序应作相应的调整，即第 1、2 线和第 3、6 线对调，称为交叉线，即一端线序依照 EIA/TIAT568B 标准，而另一端线序依照 EIA/TIAT568A 标准。

（2）组建对等网。

① 设备准备。PC 6 台、PCI 网卡 6 块、双绞线（UTP）6 根、RJ-45 头 12 个、DES-1024 交换机 1 台。

② 数据的准备。

计　算　机	计 算 机 名	IP 地址	子 网 掩 码
计算机 1	Winxp-1	192.168.3.1	255.255.255.0
计算机 2	Winxp-2	192.168.3.2	255.255.255.0
计算机 3	Winxp-3	192.168.3.3	255.255.255.0
计算机 4	Winxp-4	192.168.3.4	255.255.255.0
计算机 5	Winxp-5	192.168.3.5	255.255.255.0
计算机 6	Winxp-6	192.168.3.6	255.255.255.0

③ 安装网络组件。安装网卡；安装网卡驱动程序；安装并配置网络协议；配置 TCP/IP；标识计算机。

（3）网络中共享资源的设置。

① 文件夹和 CD-ROM 的共享设置和使用。

② 打印机的共享设置和使用。

（4）网络测试。

4．实训小结

描述本次实训的过程，总结本次实训的经验体会。

第9章 接入网技术

引例：计算机是怎样连接到因特网的？

几乎所有的计算机或局域网都需要接入因特网。接入因特网的方式很多，如通过电话线的ADSL接入和拨号接入、通过有线电视网的HFC接入等。而局域网一般通过路由器或防火墙接入因特网，其接入除可用上面所提及的方法外，还有专线接入等。

本章首先简要介绍接入网的总体概念，然后介绍计算机接入所用的主要协议以及各种宽带接入方法和代理服务器的设置等。

9.1 接入网的概念及协议

9.1.1 接入网的概念

接入网是连接用户终端设备和某种业务网网络结点之间的网络设施。接入网的概念来自电话业务网。现代接入网的特点表现为综合业务的接入，特别是多媒体业务和IP业务的综合接入。一般来讲，接入网是业务结点接口和用户网络接口之间的一系列传送实体所组成，以及为传送信息业务提供所需承载能力的实施系统。接入网完成用户终端/网络与业务结点的连接。本书所讨论的接入网只限于IP接入网。

根据IP接入网的特殊性，ITU-T对IP接入网定义如下：IP接入网是在IP用户和IP业务提供者之间提供所需的对IP业务的接入能力的网络实体的实现。IP接入网需要提供IP接入传送功能、IP接入功能和IP接入网系统管理功能。接入传送功能是与IP业务无关的，IP接入功能是指ISP的动态选择、网络地址翻译、授权认证记账等。

9.1.2 接入网协议

计算机宽带接入的方式很多，如通过拨号接入、通过局域网接入、通过ADSL接入、通过无线接入、通过HFC接入等。不同的接入方式使用的网络协议是不同的，下面简单介绍常用的

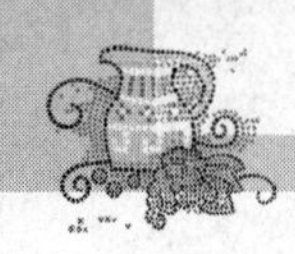

几个接入网协议。

1．SLIP/PPP

SLIP（Serial Line Internet Protocol）为串行线 IP，PPP（Point to Point Protocol）为点到点协议。SLIP 是一个比较简单的因特网网络协议，用于在拨号电话线等串行链路上运行 TCP/IP。大多数 SLIP 连接均有静态的 IP 地址。PPP 可以认为是 SLIP 的换代协议，它扩展了 SLIP 的服务，除了接受 TCP/IP 外，还可以接受 Novell 协议和 Apple Talk 协议，是目前电话拨号上网中应用最广泛的协议。SLIP 已经过时，而 PPP 则成为了标准。

PPP 是一种链路层协议，它是为在同等单元之间传输数据包这样的简单链路设计的。这种链路提供全双工操作，并按照顺序传输数据包。PPP 的设计目的主要是用来通过拨号或专线方式建立点对点连接发送数据，使其成为各种主机与网络设备之间简单连接的一种共同的解决方案。

PPP 的底层是高级数据链路控制协议（High-Level Data Link Control Protocol，HDLC）。HDLC 定义了单帧 PPP 的边界，并提供了一个 16 位的校验和。与更为原始的 SLIP 封装模式相反，PPP 帧通过在基本的 HDLC 帧内增添一个协议字段，使其能够保存来自其他协议（IP 除外）的帧，比如 Novell 的 IPX 协议和 Apple Talk 协议。链接控制协议（LCP）负责创建、维护或终止一次物理连接，用于协商数据链接选项，比如“最大接收单元”（MRU）等。最大接收单元表示链接方同意接收的数据报的最大字节数。

在配置 PPP 链接时，一个重要步骤是客户机验证。尽管它不是强制实施的，但对拨号线路来说，却是必不可少的。通常，被呼叫方（即服务器）要求客户机证明它知道密钥，并借此对客户机的身份进行验证。如果呼叫方不能提供正确的密钥，连接过程就会中止。利用 PPP 时，验证可以是双向的：也就是说，呼叫方也可以要求服务器验明它自己的身份。这两个验证过程彼此并不相干。不同类型的身份验证，采用的协议是不同的，如口令验证协议（PAP）和挑战握手验证协议（CHAP）。

对可路由的网络协议（比如 IP 和 Apple Talk）来说，可以利用相应的网络控制协议来对它们进行动态配置。例如，在打算通过链路发送 IP 数据报时，两端的 PPP 必须先对彼此使用的 IP 地址进行协商。这时所用的控制协议就是 IPCP，即“Internet 协议控制协议”。除了通过链路发送标准的 IP 数据报外，PPP 还支持 IP 数据报的 Van Jacobson 报头压缩。这种压缩技术将 TCP 包的报头缩小到 3 个字节。另外，它还用于 CSLIP，即人们常说的 VJ 报头压缩。是否使用这种压缩方法，同样要在建立链路时，通过 IPCP 进行协商。

2．PPPoE

PPPoE 是在以太网上建立 PPP 连接，由于以太网技术十分成熟且使用广泛，而 PPP 在传统的拨号上网应用中显示出良好的可扩展性和优质的管理控制机制，二者结合而成的 PPPoE 得到了宽带接入运营商的认可并广为采用。

PPPoE 建立过程可以分为 Discovery 阶段和 Session 阶段。Discovery 阶段是一个无状态的阶段，该阶段主要是选择接入服务器，确定所要建立的 PPP 会话标识符 Session ID，同时获得对方点到点的连接信息；PPP 会话阶段执行标准的 PPP 会话过程。

一个典型的 Discovery 阶段包括以下 4 个步骤。

（1）主机首先主动发送广播包 PADI 寻找接入服务器，PADI 报文必须包含一个由用户侧请求的正确服务名标记，当然还可能携带一些其他的标记，而一个完整的 PADI 报文（包括 PPPoE 头）不能超过 1484 个字节，以便能留下足够的空间给中继代理增加一个中继的会话 ID 标记。

（2）接入服务器收到包后，回应各用户主机发送的 PADI 报文。如果可以提供主机要求的服务，接入服务器就会回应 PADO 报文。当然如果用户主机所申请的服务接入服务器不支持的话，则接入服务器就不会回应 PADO 报文。

（3）主机在回应 PADO 的接入服务器中选择一个合适的，并发送 PADR 报文告知接入服务器，在 PADR 中必须声明向接入服务器请求的服务种类。

（4）接入服务器收到 PADR 报文后开始为用户分配一个唯一的会话标识符 Session ID，启动 PPP 状态机以准备开始 PPP 会话，并发送一个会话确认报文 PADS。

主机收到 PADS 后，双方进入 PPP 会话阶段。在会话阶段，PPPoE 的以太网类域设置为 0x8864，CODE 为 0x00，Session ID 必须是 Discovery 阶段所分配的值。

PADT 报文是会话中止报文，它可以由会话双方的任意一方发起，但必须是会话建立之后才有效。

PPPoE 不仅有以太网的快速简便的特点，同时还有 PPP 的强大功能，任何能被 PPP 封装的协议都可以通过 PPPoE 传输。此外，它还有如下特点。

（1）PPPoE 很容易检查到用户下线，可通过一个 PPP 会话的建立和释放对用户进行基于时长或流量的统计，计费方式灵活方便。

（2）PPPoE 可以提供动态 IP 地址分配方式，用户无须任何配置，维护简单，无须添加设备就可解决 IP 地址短缺问题，同时根据分配的 IP 地址，可以很好地定位用户在本网内的活动。

（3）目前微机操作系统（如 Windows XP，Windows 7 等）均提供 PPPoE 客户端拨号工具，用户输入用户名和密码就可以连接 ISP 的网络。最大程度地延续了用户的习惯，从运营商的角度来看，PPPoE 对现存的网络结构进行的变更也很小。

9.2 xDSL 接入

9.2.1 xDSL 技术

DSL（Digital Subscriber Line，数字用户环路）技术是基于普通电话线的宽带接入技术，它在同一铜线上分别传送数据和话音信号，数据信号并不通过电话交换机设备，减轻了电话交换机的负载；并且不需要拨号，一直在线，属于专线上网方式，这意味着使用 xDSL 上网不占用电话通信频段，故不需要缴付另外的电话费。

由于历史原因，传统的电话用户铜线接入网构成了整个通信的重要部分，它分布面广，所占比重大，其投资占传输线总投资的一半以上。而 xDSL 就是一种充分利用铜线的有效宽带接入技术。

xDSL 中的“x”代表了各种数字用户环路技术，包括 ADSL、RADSL、HDSL、VDSL 等。不同的 DSL 技术可满足不同的用户需求。

根据用户线的上行速率与下行速率是否相同，可以把 DSL 技术分为对称和非对称两种。

1．ADSL 技术

ADSL（Asymmetric Digital Subscriber Line，非对称数字用户线环路）被欧美等发达国家誉为“现代信息高速公路上的快车”，国内称之为“网络快车”。因它具有下行速率高、频带宽、性能优等特点而深受广大用户的喜爱，成为继 Modem 和 ISDN 之后的一种更快捷、更高效的接入方式。

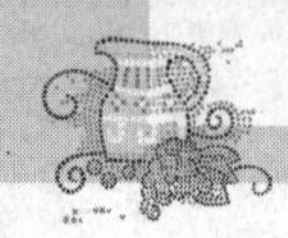

ADSL是一种非对称的DSL技术。ADSL上行速率低，下行速率高，特别适合传输多媒体信息业务，如视频点播（VOD）、多媒体信息检索和其他交互式业务。ADSL 在一对铜线上支持上行速率512kbit/s～1Mbit/s，下行速率1～8Mbit/s，有效传输距离在3～5km范围以内。

现在比较成熟的ADSL标准有两种——G.DMT和G.Lite。G.DMT是全速率的ADSL标准，支持8Mbit/s/1.5Mbit/s的高速下行/上行速率，但是，G.DMT要求用户端安装POTS分离器；G.Lite标准速率较低，下行/上行速率为1.5Mbit/s/512kbit/s，但省去了复杂的POTS分离器，成本较低且便于安装。就适用领域而言，G.DMT 比较适用于小型或家庭办公室（Small Office or Home Office，SOHO），而G.Lite则更适用于普通家庭用户。

ADSL是目前众多DSL技术中较为成熟的一种，其带宽较大、连接简单、投资较小，因此发展很快，但从技术角度看，ADSL对宽带业务来说只能作为一种过渡性方法。

2．HDSL技术

HDSL（High bit rate Digital Subscriber Line，高比特率数字用户环路）是一种对称的DSL技术，可利用双绞线中的两对或3对双绞线来提供全双工的1.544Mbit/s（T1）或2.048Mbit/s（E1）数字连接能力，传输距离可达3～5km。

3．RADSL技术

RADSL（Rate Adaptive Digital Subscriber Line，速率自适应非对称数字用户环路）是自适应速率的ADSL技术，可以根据双绞线质量和传输距离动态地提交640kbit/s～22Mbit/s的下行速率，以及272kbit/s～1.088Mbit/s的上行速率。

4．VDSL技术

VDSL（Very high rate Digital Subscriber Line，甚高速数字用户环路）技术是鉴于现有ADSL技术在提供图像业务方面的带宽十分有限以及经济上成本偏高的弱点而开发的。VDSL 是 xDSL技术中最快的一种，在一对铜质双绞电话线上，下行速率可达 13～52Mbit/s，上行速率为 1.5～2.3Mbit/s，因此，有的地方把它称为“网络特快”。但VDSL的传输距离较短，一般只在几百米以内。

总的说来，xDSL技术允许多种格式的数据、语音和视频信号通过铜线从局端传给远端用户，可以支持高速Internet/Intranet访问、在线业务、视频点播、电视信号传送、交互式娱乐等，适用于企事业单位、小公司、家庭、消费市场和校园等。其主要优点是能在现有90%的铜线资源上传输高速业务，解决光纤不能完全取代铜线“最后几公里”的问题。

但DSL技术也有其不足之处。它们的覆盖面有限（只能在短距离内提供高速数据传输），并且一般高速传输数据是非对称的，仅仅能单向高速传输数据（通常是网络的下行方向）。因此，这些技术只适合一部分应用。

9.2.2 ADSL接入

ADSL接入有3种方式：电话线动态IP地址的接入；电话线固定IP地址的接入；专线光纤固定IP地址的接入。

1．ADSL接入准备

（1）首先到当地电信部门申请安装ADSL。

（2）根据用户计算机的配置购买合适的ADSL Modem（因ADSL Modem有RJ-45接口的，也有USB接口的，还有PCI板卡接口式的）。

（3）检查滤波分离器和外线之间有没有接入其他的电话设备，任何分机、传真机、防盗器等

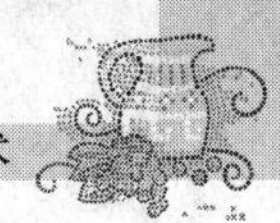

设备的接入将造成ADSL的严重故障，甚至ADSL完全不能使用。分机等设备只能连接在分离器分离出的话音端口后面。

（4）检查将加载ADSL信号的电话线进入房屋以后的各个连接点是否稳固可靠，有氧化的接点要认真处理并重新连接稳固，因为ADSL数据量大、技术要求高，线路的电气性能很重要，否则严重影响ADSL的正常使用。

（5）外置ADSL Modem还需要检查安装的位置是否散热良好。

（6）准备两根两端做好RJ-11插头的电话线和一根两端做好RJ-45插头的交叉5类及以上双绞网线（使用RJ-45接口Modem的单机用户）或直通5类及以上双绞网线（局域网用户）。

（7）准备好PPPoE虚拟拨号软件。虚拟拨号软件很多，可根据自己的喜好选择一种。

2. ADSL的硬件安装

ADSL的硬件安装非常简单，先将入户的电话线连接到滤波分离器的LINE口，然后将一条RJ-11线分别连到滤波分离器的DSL口和ADSL Modem的LINE口，用另一条RJ-11线连到滤波分离器的Phone口与电话机上。如果是USB ADSL Modem，最后一步就是用USB连线连接ADSL Modem与计算机的USB口。如果是以太网ADSL Modem，最后一步就是用做好的网线连接ADSL Modem与计算机的网卡。连接图如图9-1和图9-2所示。

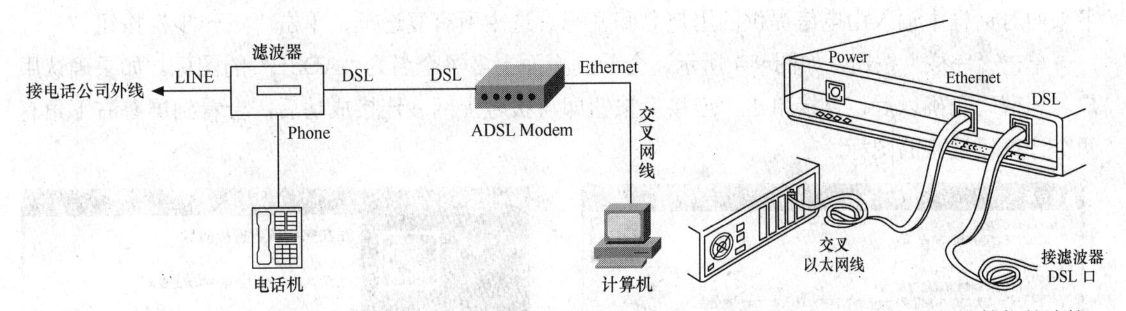

图9-1 ADSL Modem的线路连接示意图　　图9-2 ADSL Modem与计算机的连接

局域网用户的ADSL安装与单机用户的安装没有很大的区别，只需再加多一个集线器或交换机，用直通网线将集线器或交换机与ADSL Modem连起来就可以了，USB终端用户将设备盒内的USB线插入计算机的USB口即可。

3. ADSL的软件安装

专线接入方式是由ISP提供静态IP地址、网关、DNS等入网参数，不管ADSL Modem是网卡接口、USB接口还是PCI接口，设置方法完全相同。直接在网卡的TCP/IP属性上设定好IP地址和DNS服务器等信息就完成了设置，就可以永远在线了。

下面简要介绍最为普遍的电话线动态IP的ADSL接入的软件安装。

在Windows XP以前的操作系统中安装ADSL接入需要虚拟拨号软件。虚拟拨号软件很多，这里，以EnterNet 500为例介绍其安装和配置过程。

（1）安装虚拟拨号软件EnterNet 500。打开EnterNet 500的目录，双击应用程序setup，一路单击“下一步”按钮，系统会自动完成安装。

安装完成后会在桌面上出现一个的EnterNet 500的图标。

（2）PPPoE软件的设置。双击桌面上的EnterNet 500，在出现的窗口中双击Create New Profile图标。在出现的Connection Name对话框中输入连接的标识名称（如“ADSL”），单击“下一步”

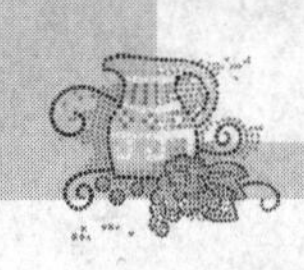

按钮。在出现的 User Name and Password 对话框中输入由电信公司提供的用户名和口令。在下一步中打开下拉列表，选择用户计算机中连接 ADSL 的网卡或者 USB Modem。在 Connection Protocol 中选择 PPPoE 单击“下一步”按钮。在 Locate Services 中再单击“下一步”按钮，如出现一个向上箭头的图标，就表明连接文件建立成功。在 Finish Connection 对话框中，单击“完成”按钮，在 Profiles-EnterNet 500 窗口中就建立了一个“ADSL”图标，双击该图标便可以上网了。

4．Windows XP 下设置 PPPoE 拨号连接

Windows XP 集成了 PPPoE 支持，ADSL 用户不需要安装任何其他 PPPoE 拨号软件，直接使用 Windows XP 的连接向导就可以建立自己的 ADSL 虚拟拨号连接。

安装好网卡驱动程序以后，选择“开始”→“程序”→“附件”→“通讯”→“新建连接向导”命令，出现“欢迎使用新建连接向导”画面，直接单击“下一步”按钮。在新出现的对话框中，选择“连接到 Internet（C）”，单击“下一步”按钮，再选择“手动设置我的连接”，然后单击“下一步”按钮。在出现的如图 9-3 所示的界面中选择“用要求用户名和密码的宽带连接来连接”，再单击“下一步”按钮。

出现提示输入“ISP 名称”，这里只是一个连接的名称，可以随便输入，如“ADSL”，然后单击“下一步”按钮，在接下来的对话框中，选择“任何人使用”，单击“下一步”按钮。随后在接下来的对话框中输入由电信提供的用户名和密码。选中所有复选框，单击“下一步”按钮。

单击“完成”按钮，如图 9-4 所示，会看到桌面上多了个名为“ADSL”的图标。如果确认用户名和密码正确以后，直接单击“连接”按钮即可拨号上网。连接成功后，会看到屏幕右下角有两个计算机连接的图标。

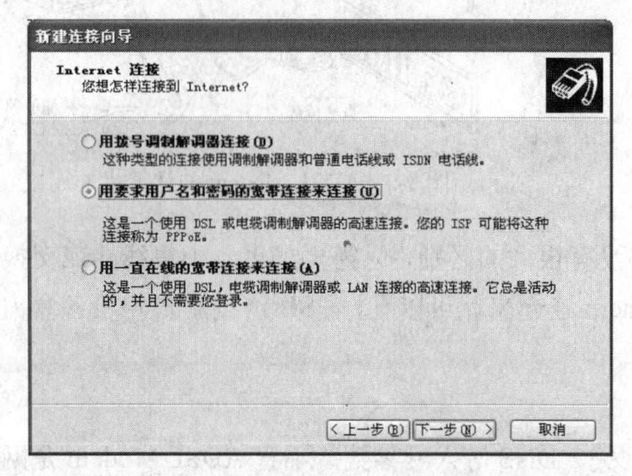

图 9-3　新建连接向导的第 4 步

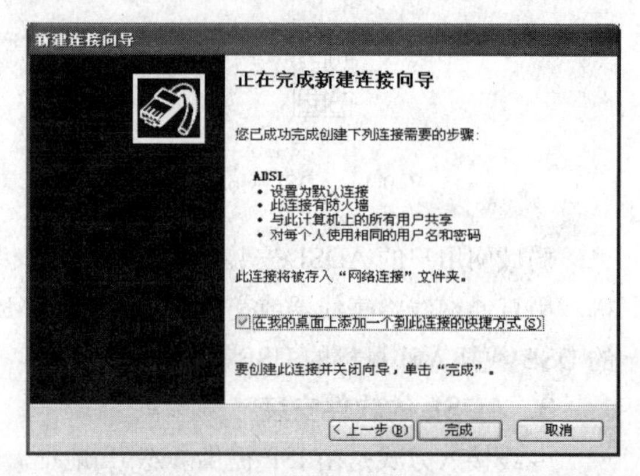

图 9-4　新建连接向导的最后一步

9.3 HFC 接入

9.3.1　HFC 接入简介

1．HFC 的特点与频带划分

HFC（Hybrid Fiber Coaxial）即混合光纤同轴电缆网。该网络是以 CATV 网络为基础发展起来的，它是一个双向的共享媒体系统，包括前端和光纤结点之间的光纤干线，以及从光纤结点到

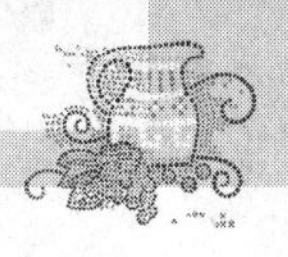

用户驻地的同轴分配网络。视频信号以模拟方式在光纤上传输。光纤结点将光纤干线和同轴分配线互相连接。光纤结点通过同轴电缆下引线可以为 300～500 个用户服务。这些被连接在一起的用户共享同一根线缆，并共享它的可用容量和带宽。与传统的树形和分支形电缆网络相比，HFC 大大减少了前端和用户之间的放大器数目，因此改善了信号质量，提高了可靠性。采用这种 HFC 拓扑结构还有其他几个优点：光纤干线上不再需要放大器；光纤的噪声干扰较小，同时其信号衰减也很小；当确实出现放大器故障时，只影响很少的用户，故障定位比较容易。

目前，传统有线电视网大多是 300MHz、450MHz 或 550MHz 系统。HFC 采用 860MHz 的同轴网络，它既要支持广播信息的传输，又要支持双向信息的传输。根据 GY/T106—1999 的最新规定，HFC 的频带划分如图 9-5 所示。

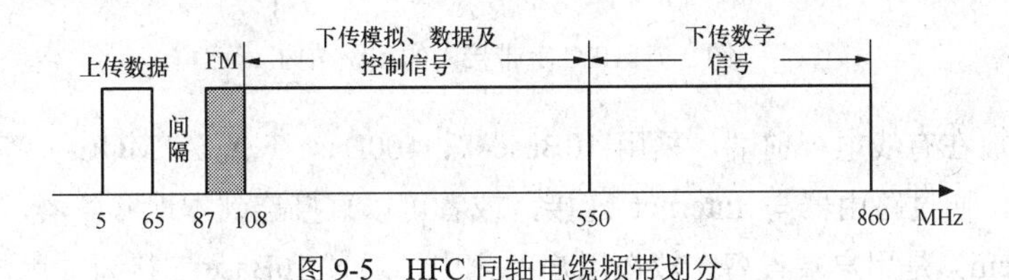

图 9-5　HFC 同轴电缆频带划分

其中：

5～65MHz：用于上行传送模拟、数据及控制信号。

87～108MHz：用于 FM 广播。

108～550MHz：用于下行传送模拟、数据及控制信号。

550～860MHz：用于数字信号下行（如 VOD、HDTV 等）。

2．HFC 宽带接入网络的业务功能

HFC 宽带接入网络的业务功能主要有如下几方面。

（1）传统业务，如模拟广播电视、调频广播等。

（2）高速数据业务，如基于 IP 技术的高速 Internet 接入。

（3）IP 语音/IP 视频（Voice over IP/Video over IP）业务。

（4）其他增值业务，如远程教学、远程医疗、虚拟专网（VPN）、视频点播（VOD）、电视会议、远程办公、数字电视、提供小区内综合信息资源的共享通道、周界报警信息的传递、闭路电视监控系统图像的传输、访客对讲系统联网信息的传输、防盗报警信息的传输、公共设备信息的传输、车辆管理信息的传递等。

3．HFC 接入的系统结构

HFC 网络系统结构如图 9-6 所示。

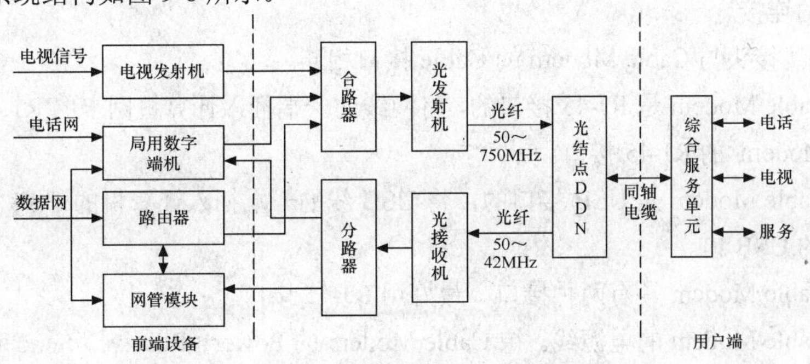

图 9-6　HFC 网络系统结构示意图

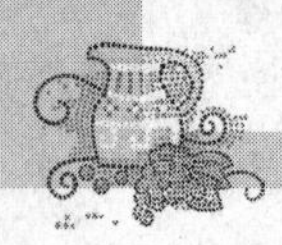

一个完整的 HFC 宽带接入系统包括 CMTS（Cable Modem Termination System）、Cable Network、CM（Cable Modem）以及网络管理和安全系统，如图 9-7 所示。

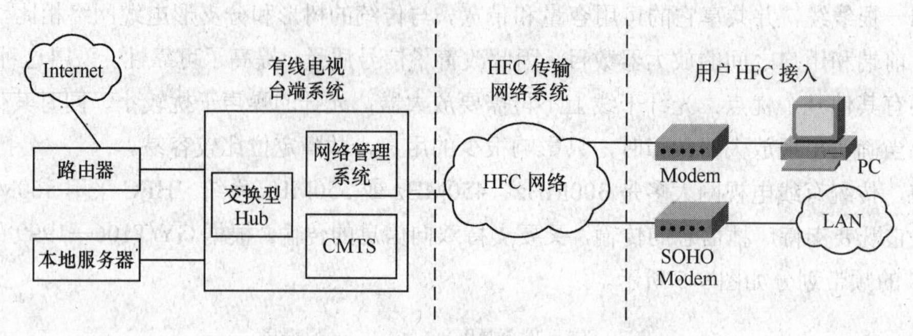

图 9-7　HFC 宽带接入的系统结构

CMTS 通常放在有线电视前端，采用 10Base-T、100Base-T 或 ATMOC-3 等接口通过交换机与外界设备相连，通过路由器与 Internet 连接，或者可以直接连到本地服务器，享受本地业务。CM（Cable Modem）是用户端设备，放在用户的家中，通过 10Base-T 接口与用户的计算机相连。一般 CM 有 3 种类型：单用户的外置式、内置式和 SOHO 型，SOHO 型 Modem 可用于采用 HFC 网络进行计算机网络互连，形成 SOHO。

4．HFC 接入的特点

（1）不占用电话线，在进行上网时不影响正常的电话业务。

（2）无须拨号，永久连接。通过 Cable Modem 连接的用户，就像使用局域网一样，始终在网上，想停就停，想上就上。

（3）因同一网段是共享带宽的，在同时上网的人多时，速度明显变慢。

9.3.2　HFC 接入

1．接入准备

想通过 HFC 接入 Internet 必须做好以下准备工作。

（1）附近必须有 HFC 网络（也就是经过改造的有线电视双向传输网络）。

（2）申请开户，携带相关证件到有线电视各营业受理厅办理开户申请。

（3）制作一根两端是 RJ-45 头的交叉网线。

2．Cable Modem 安装

（1）电缆的连接。

① 将射频线接头与 Cable Modem 的 Cable 接口相连。

② 如果 Cable Modem 是 RJ-45 接口的，将网线的一端插入计算机网卡的 RJ-45 接口，将另一端插入 Cable Modem 的 RJ-45 接口。

③ 如果 Cable Modem 是 USB 接口的，将 USB 线的一端插入计算机的 USB 口，另一端插入 Cable Modem 的 USB 口。

④ 如果 Cable Modem 具有两种接口，最好用 RJ-45 接口。

⑤ 连好 Cable Modem 的电源线。待 Cable Modem 的 Power、Receive、Send 和 Online 灯显示正常后，就可以进行软件设置了。

（2）软件安装。

① 如果是用 USB 连接计算机的，要先安装 USB 驱动程序。

用 Cable Modem 随机配备的 USB 连线将 Cable Modem 和计算机连接后，打开计算机，打开光驱，插入随机配备的光盘。

计算机屏幕界面将提示“找到 USB 新硬件”，单击“下一步”按钮，选中“搜索适于我的设备的驱动程序”，再单击“下一步”按钮，选中“CD-ROM 驱动器”，一直单击“下一步”按钮直到单击“完成”按钮，USB 驱动程序即完成安装。

如果安装过程出错，打开光盘中的“卸载 USB 驱动程序”一项，单击 Remove driver 按钮，然后单击 Exit 按钮或关闭窗口，即完成 USB 驱动程序的卸载。然后按照正确的步骤重新进行 USB 驱动程序的安装，直至安装成功。

② 如果是用 RJ-45 接头连接计算机网卡的，要先安装网卡的驱动程序，在此不多述。

③ TCP/IP 配置。

9.4 高速以太网接入

有线电视网在管理体制、政策限制以及网络结构上的不足是限制其快速发展的障碍；电话网在带宽上的缺陷也使其生命力有限。比较起来，以太网可以提供更高的传输速率（几十吉比特至几千吉比特，即每秒数百亿位至数万亿位），而又成十倍地降低了数据传输成本，是目前最具潜力的新一代网络技术。与 ADSL 及 Cable Modem 相比较，以太网是更适合于中国国情的网络传输技术。近几年，以太网接入崛起，成为与 xDSL 和 HFC 争夺宽带接入市场的第三种技术。以太网的接入主要以社区接入为主。

9.4.1 以太网接入基础

1．以太网接入方案

社区交换机通过光纤连接到宽带城域网，担负着社区网络中心设备的重任。小区的网络中心和各建筑物之间的传输介质，可根据距离选择光纤或者电缆，以太网可以达到 100Mbit/s 或 1000Mbit/s 的传输速度。但需要注意的是，如果是电缆，传输速度可能达不到 1000Mbit/s。

智能小区内部的布线，可以选择光纤到楼或者是光纤到楼道的方式。在光纤到楼的情况下，每个楼宇有一个交换机与社区网络中心的主干交换机连接，向下通过电缆与用户交换机相连，由用户交换机向住户提供以太网端口；在光纤到楼道的情况下则是每个楼道（单元、楼梯）有一个交换机通过光纤连接到社区网络中心的主干交换机，并直接为住户提供以太网接口（1 个楼道的用户通常在 20 个以下）。

2．拓扑选择

（1）星型骨干＋星形用户接入。这种拓扑结构的优点是易于寻找网络故障，缺点是骨干设备端口多、系统总体传输电路长、系统总体投资大、网络可靠性差。

（2）环型骨干＋星形用户接入。这种拓扑结构的优点是易于寻找网络故障、骨干设备所需端口较少、系统总体传输电路较短、系统总体投资较小、网络可靠性高，并且能实现负荷分担和备份网络性能高；缺点是当环上结点数增多时，会造成部分用户到出口的时延加大，所以一般建议

环上结点数不超过 8 个。

在实际网络设计中，骨干网络可由一个或多个环组成，以保证骨干网络的可靠性，骨干网以下的布线可采用星形结构。

3．局侧设备和用户侧设备

以太网接入的设备有两种：局侧设备和用户侧设备。局侧设备一般位于小区内，用户侧设备一般位于居民楼内；或者局侧设备位于大楼内，而用户侧设备位于楼层内。局侧设备提供与 IP 骨干网的接口，用户侧设备提供与用户终端计算机相接的 10/100Base-T 接口。局侧设备具有汇聚用户侧设备网管信息的功能。在基于以太网技术的宽带接入网中，用户侧设备可以只有链路层功能，工作在 MUX（复用器）方式下，各用户之间在物理层和链路层相互隔离，从而保证用户数据的安全性；用户侧设备也可以具有网络层功能，支持 QoS 功能。

9.4.2 以太网接入需要注意的问题

1．安全问题

接入网需要保障用户数据（单播地址的帧）的安全性，隔离携带用户个人信息的广播消息（如 ARP、DHCP 消息等)，防止关键设备受到攻击。对每个用户而言，当然不希望他的信息被别人接收到，因此要从物理上隔离用户数据（单播地址的帧），保证用户的单播地址的帧只有该用户可以接收到。另外，由于用户终端是以普通的以太网卡与接入网连接的，在通信中会发送一些包含广播地址的帧，而这些广播帧会携带用户的个人信息（如用户的 MAC 地址等)，如果不隔离这些广播消息而让其他用户接收到，容易发生 MAC/IP 地址仿冒，影响设备的正常运行，中断合法用户之间的通信过程。在接入网这样一个公用网络的环境中，保证其中设备的安全性是十分重要的，需要采取一定的措施防止非法进入其管理系统造成设备无法正常工作，防止某些恶意的消息影响用户的正常通信。

为了保证用户数据的安全性，除了要采用交换式以太网，而不能选用共享总线式以太网之外，还可以采用 VLAN 技术。VLAN 技术是由 IEEE 802.3q 和 IEEE 802.1q 定义的，可以把以太网交换机（LAN Switch）的每一个端口配置成独立的 VLAN，享有独立的 VID（VLAN ID），利用支持 VLAN 的 LAN Switch 进行信息的隔离，用户的 IP 地址被绑定在端口的 VLAN 号上，以保证正确路由选择。

在 VLAN 方式中，利用 VLAN 可以隔离 ARP、DHCP 等携带用户信息的广播消息，从而使用户数据的安全性得到提高。但在这种方案中，缺少对用户进行管理的手段，即无法对用户进行认证、授权。为了辨别用户的合法性，可以将用户的 IP 地址与该用户所连接的端口 VID 进行绑定，这样设备可以通过核实 IP 地址与 VID 来判断用户是否合法。但是，这种解决方案带来的问题是用户 IP 地址与所在端口捆绑在一起，只能进行静态 IP 地址的配置；另一方面，因为每个用户处在逻辑上独立的网内，所以对每一个用户至少要占用一个子网的 4 个 IP 地址：子网地址、网关地址、子网广播地址和用户主机地址，这样就降低了 IP 地址利用率。

2．用户身份认证和计费管理

在以太网环境中，用户信息的管理（实时管理）非常重要，需对用户进行身份认证和相应的计费。除了使用代理服务器验证、PPPoE 验证外，一般可以采用静态地址（IP 或 MAC 地址）捆绑的方式，但静态地址数量会限制用户可用的网络设备的数量，并且更换网卡后需要管理部门确

认后才能开通。在现有的技术下，通过检测用户端口流量来进行计费比较困难（需要分离内部数据和外部数据），所以按照流量计费一般采用代理验证的方式，或者采用包月制进行计费。

3．业务管理

接入网需要支持组播业务，需要为保证 QoS 提供一定手段。由于组播业务是未来 Internet 上的重要业务，因此接入网应能够以组播方式支持这项业务，而不是以点到点方式来传送组播业务。另外，接入网需要提供一定的带宽控制能力，例如保证用户最低接入速率、限制用户最高接入速率等，从而支持对业务的 QoS 保证。

以太网的固有技术不提供端到端的包延时、包丢失率的控制能力，难以支持实时业务的 QoS。但现在随着以太网的带宽越来越大，通过在以太网中使用组播功能、优先级控制等方法，基本可以满足延时、QoS 等方面的要求。

4．网络的可管理性

网络规模的扩大给有效管理网络增加了难度。如何针对现实网络急需解决的问题设计开发有效的网络管理工具，成为各个网管部门关注的重点。不同的国际组织对网管体系结构的认识不同，发展思路也不同，OSI 提出了 CMIS/CMIP，而 IETF 则倡导 SNMP。在实际应用中，基于 SNMP 的网络管理系统得到了广泛的认可和支持。

为了能够对网络进行有效的管理，提供故障定位、流量分析等方面的手段，需要设备支持 SNMP。通过 SNMP，可以对链路状况、链路上的数据流量、设备的 CPU 和 MEM 利用率等进行实时监测；通过对设备发送的 Trap 信息的实时接收与分析，可以及时发现故障以提出相应的解决方案。

5．二层交换和三层交换

随着社区网内业务流量的增多和 VOD 广播业务以及其他新业务的开展，不只是需要采用支持 VLAN 功能的以太网交换机（二层交换机），还需要更高档次的能够支持 QoS 功能的交换机，即 IP 路由交换机（三层以太网交换机）。

与传统的用于计算机局域网的以太网技术相比，基于以太网技术的宽带接入网技术具有较强的信息安全性，接近于电信级的网络可靠性，并且在一定条件下能保证用户的接入带宽，为用户提供稳定可靠的宽带接入服务。从建设成本而言，以太网接入与 ADSL 和双向 HFC 改造相比成本相差无几，而构建以太网接入模式为以后的业务发展提供了更多的资源。基于以太网技术的宽带接入网将在以后的宽带 IP 接入中发挥重要作用，光宽带 IP 城域网与以太网直接接入配合，将成为最有前途的宽带 IP 接入网。

9.5 宽带无线接入

近年来，随着电信市场的开放和通信与信息产业技术的快速发展，各种高速率的宽带接入不断涌现，而宽带无线接入系统凭借其建设速度快、维护简单、用户较密时运营成本低、投资成本回收快等特点，受到了电信运营商的青睐。

9.5.1 宽带无线接入技术

目前主要有以下几种热门的宽带无线接入技术。

1．2.5GHz/5.7GHz 的 MMDS

MMDS（Microwave Multipoint Distribution Systems）采用 VOFDM（Vector Orthogonal Frequency Division Multiplexing，矢量正交频分复用）技术实现无线通信，在的城市里建筑物密集的情况下，利用“多径”，实现单载波 6MHz 带宽下传输速率可达 22Mbit/s。

2．工作在高频段的微波 SDHIP 环系统

过去在点对点的微波接力传输电路中使用较多的是微波 SDH 设备。现在随着技术的进步，一些公司推出了微波 SDH 双向环网，它具有自愈功能，与光纤环的自愈特性类似，集成了 ADM，采用系列化的 Modem，有多种接口（G.703、STM-1、E3/T3、E1、以太网 10/100Base-T）。同时，小型化结构设备的工程安装较以往的微波设备更方便，并且在频率紧张的情况下，这种设备可工作在 13GHz、15GHz、18GHz、23GHz 等频率，在城域网的建设中可避开对 3.5GHz/26GHz 无线接入频率的冲突。

3．本地多点分配业务（LMDS）

它工作在 20～40GHz 频段上，传输容量可与光纤比拟，同时又兼有无线通信的经济和易于实施等优点。LMDS 基于 MPEG 技术，从微波视频分布系统（MVDS）发展而来。LMDS 的特点是：带宽可与光纤相比拟，实现无线“光纤”到楼，可用频段至少为 1GHz，与其他接入技术相比，LMDS 是最后一公里光纤的替代技术；传输速率可达 155Mbit/s；LMDS 可支持所有主要的话音和数据传输标准；LMDS 工作在毫米波段，被许可的频率是 24GHz、28GHz、31GHz、38GHz，其中 28GHz 获得的许可较多，该频段具有较宽松的频谱范围，最有潜力提供多种业务。

9.5.2 宽带无线接入技术的发展

目前，宽带无线接入技术的发展极为迅速：各种微波、无线通信领域的先进手段和方法不断引入，各种宽带固定无线接入技术迅速涌现，包括 3.5GHz 频段中宽带无线接入系统、26GHz 频段 LMDS 系统和无线局域网 WLAN 等。宽带固定无线接入技术的发展趋势是：一方面充分利用过去未被开发、或者应用不是很广泛的频率资源，实现尽量高的接入速率；另一方面融合微波和有线通信领域成功应用的先进技术如高阶 QAM 调制、ATM、OFDM、CDMA、IP 等，以实现更大的频谱利用率、更丰富的业务接入能力和更灵活的带宽分配方法。

9.5.3 我国宽带无线接入标准化进程

为了规范 3.5GHz 频段和 26GHz 频段的无线接入系统，信息产业部已颁布了《接入网技术要求——3.5GHz 固定无线接入》技术规范，并且《接入网技术要求——本地多点分配系统 LMDS》技术规范也已完成。在制定 3.5GHz 和 26GHz 频段两个接入系统的技术标准时，我国积极采用国际标准，密切结合我国国情，做到技术合理、使用方便、切实可行。

标准主要对 3.5GHz 和 26GHz 频段固定无线接入系统的系统参考模型、工作频段和波道配置、接口要求、系统性能、无线收发设备要求、性能要求、网管等进行规范。系统的局端接口、用户端接口应根据目前网络的情况灵活提供各种接口，如 ATM、V5、以太网、ISDN、E1 等。目前情况下，暂时不对空中接口的协议作规定。对系统的无线收发设备的要求包括邻道/同道干扰、发射功率和发射频谱、接收机动态范围和接收机门限电平、天线要求等。此外标准还对同步要求、性

能要求和网络管理要求做出相应的规定。

9.6 代理服务器技术

代理服务器（Proxy Server）在因特网访问中起着非常重要的作用。在一个小型局域网中，由它沟通局域网与因特网。特别是在校园网中，不少高校限制访问国外网站时，通常都是用代理服务器达到访问国外网站的目的。此外它还包括安全性、缓存、内容过滤、访问控制管理等功能。代理服务器有很多种，大体来说有 http、ftp 和 socks 代理 3 种，也可分透明代理和不透明代理。其中透明代理一般是网关，是硬件。所以这里讨论不透明代理。

9.6.1 真假 IP 地址及应用

目前，IPv4 的地址资源非常匮乏， IP 地址段的申请已经受到限制。为此，许多单位都采用在局域网内用私有 IP 地址，只用一台代理服务器用公有的 IP 地址，局域网内的信息通过代理服务器发送到因特网，同时因特网的信息也通过代理服务器发送到局域网中的各台计算机中。

9.6.2 代理服务器的工作原理

普通的 Internet 访问是一个典型的客户机与服务器结构：用户利用计算机上的客户端程序（如浏览器）发出请求，远端 WWW 服务器程序响应请求并提供相应的数据。而 Proxy Server 处于客户机与远端 WWW 服务器之间：对于远端 WWW 服务器来说，Proxy Server 是客户机，Proxy Server 提出请求，远端 WWW 服务器响应；对于客户机来说，Proxy 是服务器，它接受客户机的请求，并将远端 WWW 服务器上传来的数据转给客户机。它的作用很像现实生活中的代理服务商。因此，Proxy Server 的中文名称就是代理服务器。

Proxy Server 的工作原理是：当客户机设置好 Proxy Server 后，它使用浏览器访问所有 WWW 站点的请求都不会直接发给目的主机，而是先发给代理服务器，代理服务器接受了客户的请求以后，由代理服务器向目的主机发出请求，并接收目的主机的数据，存于代理服务器的硬盘中，然后再由代理服务器将客户要求的数据转发给客户。

使用代理服务器和 Internet 连接的网络示意图如图 9-8 所示。

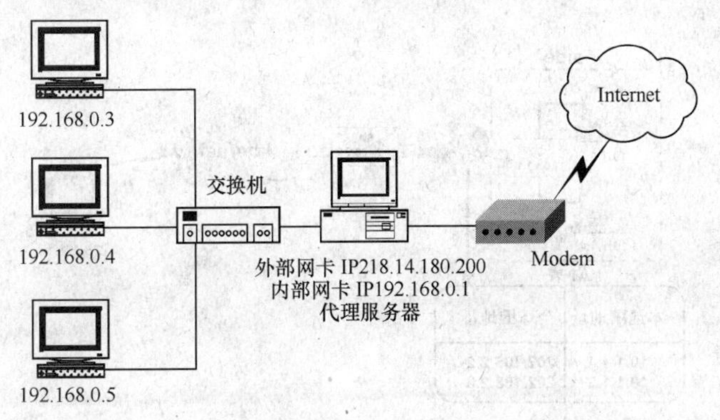

图 9-8　使用代理服务器和 Internet 连接的网络示意图

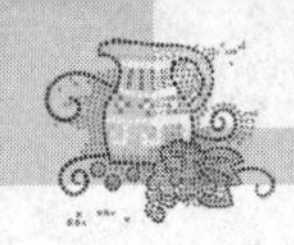

代理服务器的作用有以下 4 个。

（1）提高访问速度。因为客户要求的数据存于代理服务器的硬盘中，因此下次这个客户或其他客户再要求相同目的站点的数据时，就会直接从代理服务器的硬盘中读取，代理服务器起到了缓存的作用，对热门站点有很多客户访问时，代理服务器的优势更为明显。

（2）Proxy Server 可以起到防火墙的作用。因为所有使用代理服务器的用户都必须通过代理服务器访问远程站点，因此在代理服务器上就可以设置相应的限制，以过滤或屏蔽掉某些信息。这是局域网网管限制局域网用户访问范围的最常用的办法，也是局域网用户为什么不能浏览某些网站的原因。拨号用户如果使用代理服务器，同样必须服从代理服务器的访问限制。

（3）通过代理服务器访问一些不能直接访问的网站。因特网上有许多开放的代理服务器，如果客户的访问权限受到限制，而这些代理服务器的访问权限是不受限制的，刚好代理服务器在客户的访问范围之内，那么客户就可以通过代理服务器访问目标网站。国内的高校多使用教育科研网 CERNET，通常需要交费才能浏览国外的网站，但通过搜寻和设置免费代理服务器，就能实现到国外网站访问了，这就是高校内代理服务器热的原因所在。

（4）安全性得到提高。无论是上聊天室还是浏览网站，目的网站只能知道信息来自于代理服务器，而真实 IP 就无法测知，安全性得以提高。

9.6.3 NAT 技术

代理服务器采用网络地址转换（Network Address Translation，NAT）技术，使得内部采用私有地址，外部采用公有地址通信成为可能。借助于 NAT 技术，使用私有（保留）地址的“内部”网络主机与 Internet 上的某台主机进行通信时，在通过边界（代理服务器）时，将内网主机的私有地址转换成外部全球唯一的 IP 地址。一个局域网只需使用少量公有 IP 地址（甚至是 1 个）即可实现私有地址网络内所有计算机与 Internet 的通信需求。

图 9-9 和图 9-10 所示为 NAT 路由器的工作原理。在图 9-9 中，内网 10.0.0.0 中的所有主机使用的都是本地 IP 地址。NAT 运行在代理服务器上（也称边界路由器），边界路由器 RTA 至少要有一个全球 IP 地址，才能和 Internet 相连。在 RTA 上维护着一张本地 IP 地址和全球 IP 地址对应关系的 NAT 表。当内网主机 A（10.1.1.1）要与 Internet 上的某台主机 B（128.1.1.1）通信时，主机 A 将分组发送给它的网关 RTA，RTA 发现分组要路由到外部的 Internet。NAT 进程查找目前 RTA 所拥有的且尚未使用的公有 IP 地址（202.168.2.2），建立起与内部 IP 地址 10.1.1.1 的对应关系并写入 NAT 表。之后将 IP 数据报的源地址转换为新的源地址 202.168.2.2 转发出去。

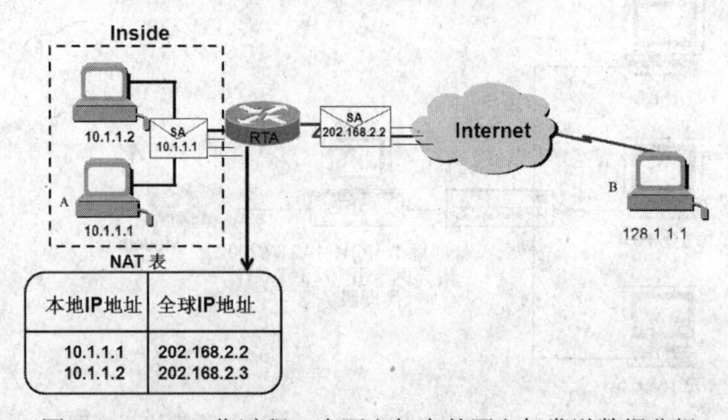

图 9-9　NAT 工作过程：内网主机向外网主机发送数据分组

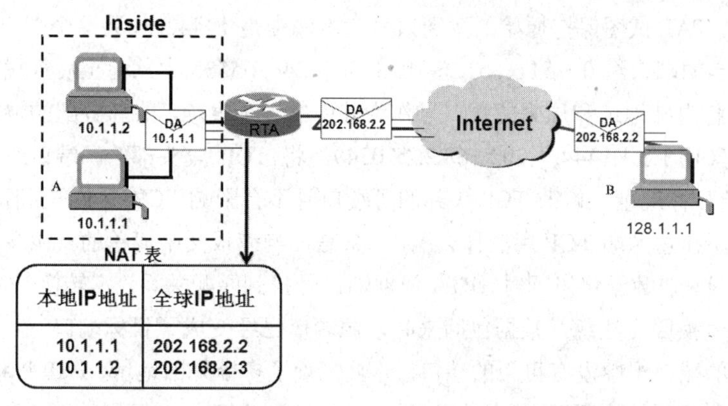

图 9-10　NAT 工作过程：应答

当主机 B 收到这个 IP 数据报时，以为主机 A 的 IP 地址是 202.168.2.2。当 B 给 A 发送应答时，IP 数据报的目的 IP 地址是 202.168.2.2。B 并不知道 A 的实际 IP 地址 10.1.1.1。当 RTA 收到主机 B 发送来的 IP 数据报时，还要进行一次 IP 地址转换。通过 NAT 地址转换表，就可以把 IP 数据报上的目的 IP 地址 202.168.2.2，转换为主机 A 的实际 IP 地址 10.1.1.1，并发送给内网主机 A，如图 9-10 所示。

由此可见，当 NAT 路由器具有 *n* 个全球 IP 地址时，内网最多可以有 *n* 个主机同时接入到 Internet。当有更多的内网主机需要接入 Internet 时，就需要等待 NAT 表中的转换条目超时或手动清除 NAT 表，重新建立内网地址与外网地址的对应关系。

目前，广泛采用的是一种多对一的 NAT 转换技术。通过借助于传输层的端口号的概念，实现众多拥有本地 IP 地址的内网主机共用一个 NAT 路由器上的全球 IP 地址，同时与 Internet 上的主机进行连接。这种 NAT 转换称为端口地址转换（Port address Translation，PAT）。

使用 PAT，数以百计的私有地址节点可以使用一个全球地址访问因特网。NAT 路由器通过对转换表中的 TCP 和 UDP 源端口号进行映射来区分不同的会话。

图 9-11 所示为 PAT 的工作过程。内部主机 A(10.1.1.1)发送数据分组给远端主机 B(128.1.1.1)，使用的源端口号是 1444，在到达边界路由器 RTA 后，NAT 进程会使用之前配置的全球 IP 地址来进行转换。由于对于内部网络的所有主机都使用这一个 IP 地址，因此，为了区分不同的会话过程，不同会话对应的全球 IP 地址的端口号是不同的。因为端口号是 16 位编码，所以使用 PAT 时所有被转换为同一个外部地址的内部地址总数在理论上可以有 65 536 个。

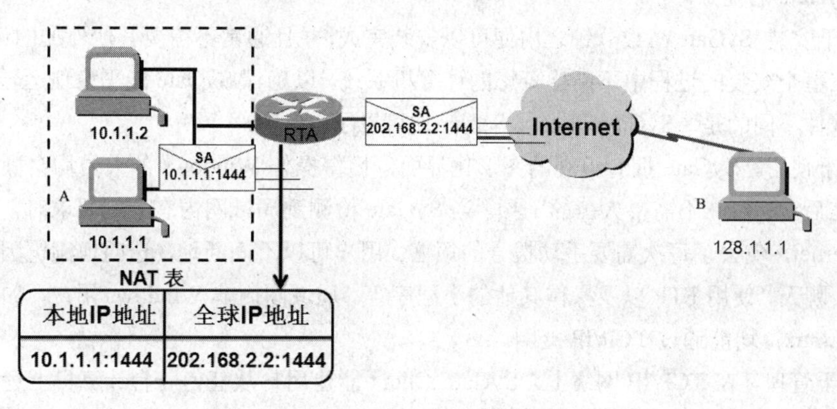

图 9-11　PAT 工作过程

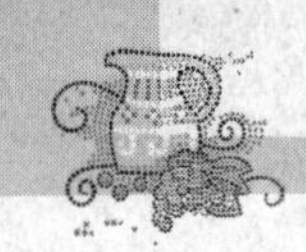

一般情况下，PAT 试图保持原始的源端口号，本例中是 1444。如果这个端口号已经被分配，PAT 将试图在适当的端口组 0～511、512～1023 和 1024～65535 中从前至后查找第一个可用端口（如 1024），然后将内部地址和原来的端口号作为其中的一个表项，将新分配的端口和公有地址作为另外一个表项（10.1.1.1:1444, 202.168.2.2:1024）。将 TCP 段头部的源端口改为新分配的端口号（1024），发给目标地址。修改 TCP 头部的源端口号不会影响 TCP 报文在目标主机上的作用，因为目标主机并不在意源端 TCP 用的什么端口。只是在响应报文中简单的将源端口拷贝到应答报文的目标端口字段。在数据包发回时，PTA 依据端口号找到匹配关系，在转换 IP 地址的同时也将 TCP 头部的端口号换回。注意，数据包回来时，源端口已经变成了目标端口。

如果在适当的端口组中没有可用的端口，并且配置了多个外部地址，PAT 将移至下一个 IP 地址，并试图再次分配原始的源端口。这一过程一直持续到 PAT 用完可用的端口和外部 IP 地址。

9.6.4 代理服务器设置实例

代理服务器的软件很多，Windows 操作系统下的有 Wingate、SyGate、CCProxy、WinRoute Pro 等，UNIX 和 Linux 操作系统下的有 Squid 等。下面简要介绍 SyGate 及其安装过程。

（1）SyGate 的组成。SyGate 包含一个运行于服务器上的核心运行程序（SyGate Server），以及一个可供选择的客户端软件（SyGate Client）。

SyGate Server 要安装在一台可以直接连接 Internet（包括通过普通电话拨号、ISDN、ADSL 和 Cable Modem 上网）的计算机上。SyGate Server 能管理所有该局域网内的工作站，使之通过本服务器连接到 Internet。这些工作对用户来说是透明的。

SyGate Client 是一个可供选择的安装组件，它可以任意安装在局域网中的任何一台计算机上。SyGate Server 有 SyGate 引擎，通过它能管理 Internet 的连接；这项工作 SyGate Client 却办不到。安装 SyGate Client 是为了实现一些特殊的功能，比如检查 Internet 的连接情况等。假设将 SyGate Client 安装在管理员或者高层领导用的计算机上，他们就可以通过自已所使用的计算机远程管理 SyGate 服务器，而不必担心因为远离 SyGate 服务器存在管理上的麻烦。

SyGate 对硬件设备的要求比较低。它还支持普通调制解调器、ISDN、XDSL、线缆调制解调器等，适用的范围非常广泛。SyGate 要求服务器运行于 Windows 95/98/2000/NT 4.0/XP（Service Pack 3 或以上），客户机则支持 DOS、Windows 3.x/95/98/2000/NT/XP、UNIX、MAC、Linux 等。

（2）SyGate 的优点。

- 易于安装。SyGate 在数分钟之内便可以安装完成，并且通常不需要其他外加的设置。SyGate 诊断程序在整个安装的过程中不断检查您的计算机系统，以确保 SyGate 能平稳地运转。和其他代理服务器软件不同的是，SyGate 仅安装 Server 便可以了。

- 易于使用。SyGate 拥有直观的图形化界面，懂得操作 Windows 的人员均会操作。SyGate 启动后便在后台运行，不需要人工的干预。当 SyGate 检测到局域网内有上网要求时，它能自动地连接到 Internet，免去了每次需要手动拨号的烦恼。用户可以不间断地、透明地浏览因特网、收发电子邮件、聊天、使用 FTP 以及操作其他的小程序等。局域网内非 Windows 用户，如 Macintosh、Solaris 和 Linux，均能通过 TCP/IP 上网。

- 易于管理。在 TCP/IP 网络上，SyGate Client 能让用户从任何一台计算机上远程监察和管理 SyGate Server。SyGate 诊断程序在任何时候都能帮助用户确定系统设置以及解决网络连接的问

题。SyGate 设有使用日志文件以及系统设置文件，在需要的时候可轻易地查寻与检测。尽管这些功能并非是必须的，SyGate 还是能以其高度的可配适性，满足任何小型网络中的多种需要。

- 访问控制。SyGate 能设置防止访问一些不受欢迎的站点，也能设限使之只能访问某些受欢迎的站点。这项用密码保护的功能可以让父母们选择适宜的网上信息供孩子浏览。

- 安全防护。SyGate 利用其“端口锁定技术”防止来自 Internet 的非法入侵。这样，虽然网络连接到了 Internet，但它还是很隐蔽的。

（3）SyGate 安装步骤。

① 准备工作。

- 如果是由 Cable 或 xDSL 上网，SyGate 服务器上一般需要两张网卡。一张用于连接调制调解器上网，另一张用于连接局域网。

- SyGate Server 和 Client 通过 TCP/IP 进行通信，在安装 SyGate 软件之前，必须检查计算机是否已经使用了 TCP/IP。只有网卡设定 TCP/IP，同时 TCP/IP 堆栈存在的情况下，安装才能成功。

- 确认这台机器已经上网。

② 安装。找到 SyGate 安装程序，双击安装程序图标，当解压完成后，欢迎窗口出现。单击“下一步”按钮，出现软件使用协议，仔细阅读后单击“是”按钮。如果需要更改 SyGate 的安装路径，单击“浏览”按钮。在“选择文件夹”对话框中输入要更改的安装路径，然后单击 OK 按钮。如果所要找的文件夹不存在，则新建立一个文件夹。单击“下一步”按钮，程序组对话框出现，如果有需要的话，可以改变程序组名称。单击“下一步”按钮，安装程序开始安装，然后提示执行 Server 安装或 Client 安装，选择 Server，单击 OK 按钮。安装程序开始执行 SyGate 诊断程序，该程序将测试以下系统配置。

- 系统设置。
- 网卡。
- TCP/IP 和设置。

如果这 3 项中的任何一项无法通过测试，安装程序都将出现一个信息框，描述可能存在的问题，并提出解决方案。单击 OK 按钮，单击“退出”按钮退出系统。先纠正这些错误，然后再次运行 SyGate 诊断程序，在继续执行之前，先连接到因特网。

单击“继续”按钮（如果选择 Skip，可跳过以下测试。然而，在运行 SyGate 管理程序之前，还是需要先成功地运行诊断程序）。和 TCP/IP 的测试一样，SyGate 诊断程序要检查 ISP 的连接。如果配置正确，安装程序会显示测试过程是成功的。单击 OK 按钮，然后单击 Finish 按钮。在安装的第一时间里，“软件注册”对话框出现，完成下面的一项。

- 如果已经购买了 SyGate 许可证，其中包含了序列号和注册码，在“软件注册”对话框内输入你的姓名、公司的名称、E-mail 地址（可以不输）、序列号以及注册码，然后单击 OK 按钮。

- 如果没有购买 SyGate 许可证，则单击 I Am a Trial User 按钮。

安装程序提示重新启动计算机。

在计算机系统启动之后，运行 SyGate 管理程序，将看到计算机上出现在 SyGate 网络邻居表中。

SyGate Client 的安装步骤与上面基本一致，只是在选择 Server 安装或 Client 安装时选择 Client 安装。

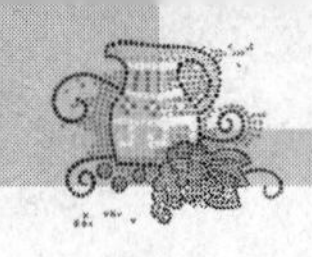

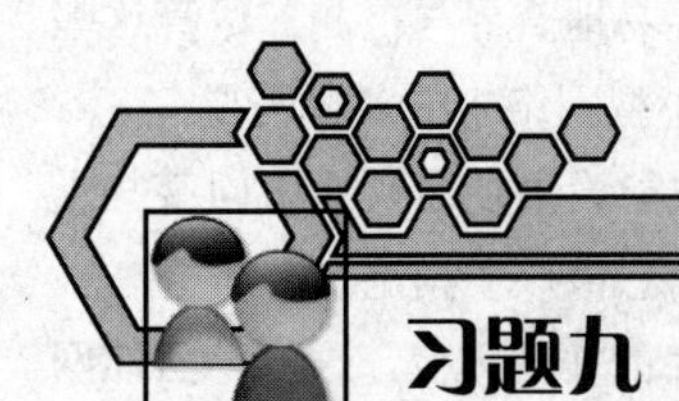

习题九

一、填空题

1．常用的宽带接入技术有________、________、________、________。

2．ADSL 的中文意思是________，VDSL 的中文意思是________。

3．计算机连入因特网所用的协议除 TCP/IP 外，常用的协议还有________、________。

4．Cable Modem 是一种利用________来提供数据传输的宽带接入技术。

二、简答题

1．简单叙述接入网的概念。

2．计算机网络代理服务器的作用是什么？

3．HFC 的频带是怎样划分的？

4．什么是 ADSL？简述 ADSL 的主要技术特点。

5．什么是 xDSL 技术？它包含哪些技术？其主要区别体现在哪些方面？

6．什么是 Cable Modem？简述 Cable Modem 的主要技术特点。

7．以太宽带接入的拓扑结构有哪两种？各有什么特点？

8．简单叙述几种主要的宽带无线接入技术。

9．以太网接入需要注意哪些问题？

实　训

一、练习 ADSL Modem 的安装

1．实训目的

（1）熟悉 ADSL Modem 的状态指示灯所表示的意思。

（2）熟悉 ADSL Modem 的硬件的安装。

（3）熟悉 ADSL Modem 的驱动程序的安装。

2．实训准备

要具备电话入户线；准备一块 10Mbit/s 或 10/100Mbit/s 自适应网卡；一个 ADSL Modem 和话音分离器；另外还有两根两端做好 RJ-11 插头的电话线和一根两端做好 RJ-45 插头的 5 类双绞线；已申请了一个动态 IP 和一个专用 IP 的 ADSL 上网账号各一个；还要有安装了 Windows 的计算机。

3．实训内容

（1）安装好网卡（硬件安装及驱动安装）。

（2）按照 ADSL Modem 的使用说明，安装连接好 ADSL Modem。

（3）按照虚拟拨号方式安装 Windows XP 操作系统下的“网络连接”。

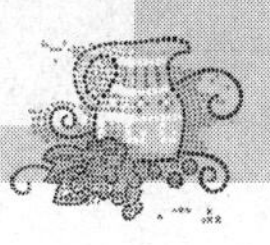

（4）按照专用 IP 方式安装 Windows 操作系统中的“网络连接”。

4．实训报告

实训报告的内容包括：ADSL Modem 硬件连接的每一过程和软件安装的每一个步骤的详细描述；实训过程中出错情况以及解决办法的描述或本次实训的经验体会。

二、练习 SyGate 代理服务器软件的安装

1．实训目的

（1）熟悉 SyGate 代理服务器软件的安装过程。

（2）熟悉 SyGate 代理服务器软件的使用方法。

2．实训准备

SyGate 代理服务器软件；还要有安装了 Windows XP 操作系统的计算机；一个具有两台以上计算机的小型局域网络，其中一台已能连接因特网。

3．实训内容

（1）在能连接因特网的计算机上安装 SyGate 代理服务器软件的服务器端软件。

（2）在其他的任何一台计算机上安装 SyGate 代理服务器软件的客户端软件。

4．实训报告

实训报告要包括：SyGate 代理服务器软件安装的每一个步骤的详细描述；实训过程中出错情况以及解决办法的描述或本次实训的经验体会。

第10章 网络管理

引例：无论计算机网络建设得多么完善，缺乏管理的系统最终会丧失功能。

网络管理是通过一定的技术手段，对网络运行、管理与维护等进行的一系列活动。随着网络规模的不断扩大，复杂性不断增加，为确保向用户提供满意的服务，迫切需要一个高效的网络管理系统对整个网络进行自动化的管理工作。网络管理是计算机网络发展中的关键技术，对网络的正常运行起着极其重要的作用。

本章主要讲述网络管理功能、网络管理协议、网络管理系统与相关技术和网络管理与维护。

10.1 网络管理概论

随着现代社会对信息资源需求的递增，计算机网络得到了迅猛的发展。今天，无论是局域网还是广域网都变得越来越庞大，越来越复杂。如何有效地管理这些庞大而复杂的网络，使之更有效、更可靠和更安全，这成了目前迫切需要解决的问题。

更为严重的是，人们面对的再也不是过去那种由单一厂商提供的设备组成的网络了，网络中的设备可能来自许多家厂商，即使某个公司的整个网络都是由一个厂商提供的，但为了与其他公司的网络互联，最终还是要去管理一个复杂的多厂商网络。并且我们也不再只满足于对网络设备的故障检测和恢复，现代网络管理的概念要包含更为广泛的内容。

10.1.1 网络管理的标准化

随着现代科技的发展，在网络建设过程中，旧网络设备和新设备、不同生产厂商的设备、不同网络的设备之间为了进行互连互通，都需要网络管理提供各种各样、全面的接口。由此产生的网络管理的复杂性则要求网络管理者提供一致性、综合性的网络管理手段，从而实现开放式互连的操作。

国际标准化组织（ISO）对网络管理的标准化工作开始于 1979 年，国际电报电话咨询委员会（CCITT）也参与了此项工作。目前，已产生了许多网络管理的国际标准，国际标准只规定系

统的功能及相互之间的接口，而不限制系统内部的实现方法。

10.1.2　网络管理系统的构成

目前，关于网络管理的定义很多，但是往往不够完善。究其原因，首先，不同的人对网络管理的理解不尽相同。例如，信息管理员认为网络管理主要用于信息的合理组织和管理，并以最少的花费完成用户最多的需求；而终端用户认为网络管理要能保证网络应用的正确运行。其次，网络管理本身的含义也随着网络技术的发展而变化。最初，网络管理只是对网络设备的运行情况进行监视和调整，而目前先进的网络管理不但包含了对网络的性能、差错和配置等的管理，也包括了对整个网络系统的管理，如网络规划、用户的增减等。因此，综合各种用户对网络管理的理解和当前网络管理的内在含义，可以将网络管理系统定义为：通过某种方式对网络进行管理、协调和组织网络资源使其得到更加有效的利用；维护网络的正常运行，在网络出现故障时能及时报告并进行有效处理；帮助网络管理员完成网络的规划和通信活动的组织。完成这些任务的软硬件集合称为网络管理系统。

网络管理系统一般由管理程序、被管系统、管理信息库及管理信息传输协议组成，如图 10-1（a）所示。管理程序不仅提供了管理员与被管设备间的界面，还通过管理进程来完成各项管理任务；被管系统由被管对象和管理代理组成，被管对象指网络上的软硬件设施，如工作站、交换机、路由器、网络操作系统等；管理代理通过代理进程来完成管理程序下达的管理任务，如系统配置和数据查询等；在管理程序中和被管系统中都含有管理信息库（MIB），它们用于存储管理中用到的信息和数据；网络管理协议是为传输管理信息而定义的一种网络传输协议，当前较流行的是简单网络管理协议（Simple Network Management Protocol，SNMP）和公共管理信息协议（Common Management Information Protocol，CMIP）。

图 10-1（a）所示为一个管理系统的逻辑模型，这里需注意，不要从图中理解网络管理是一种一对一的行为。一般说来，网络管理系统要包含若干个被管对象，网络管理工作站通过网络管理协议和管理信息库完成对被管对象的管理工作，如图 10-1（b）所示。

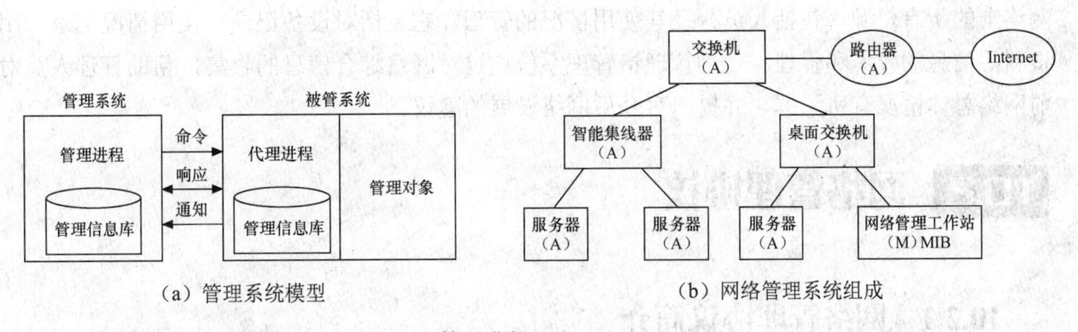

（a）管理系统模型　　（b）网络管理系统组成

（A）：被管对象的代理进程　　（M）：管理进程

图 10-1　网络管理系统

任一网络管理系统中至少应该有一个网络管理工作站。驻留在网络管理工作站上的网络管理进程负责网络管理的全部监视和控制工作。管理进程通过与被管代理的交互来完成管理工作。实质上网络管理的全部工作就是对 MIB 中的被管对象及属性值变量的读取或设置。

10.1.3 网络管理的功能

ISO 在 ISO/IEC 7498-4 文档中定义了网络管理的 5 大功能：故障管理、计费管理、配置管理、性能管理和安全管理。

1. 故障管理

ISO 对故障管理的定义是：检测网络故障、分离并修正 OSI 网络环境中的不正常操作。它的实际含义是首先确定，然后修正网络故障。有两种方法可以完成故障管理：响应法和前摄法。响应法是等待故障发生然后排除；前摄法是检测运行参数是否超过临界值，如超过临界值则确定原因并使其恢复正常。

2. 计费管理

记录网络资源的使用，目的是控制和监测网络操作的费用和代价。也可利用计费管理来确定网络资源的使用是否因用户增加而达到极限，从而决定是否增加网络资源或进行重新分配。

3. 配置管理

它包括收集系统信息、通知系统的变化以及更改系统配置。它管理的内容可能只是简单地修改交换机连线，也可能要完成一个局域网的配置并设计其服务器和通信线路的安装。因此，完成配置管理的一个重要方面是用一个数据库来跟踪网络上的所有变化。

4. 性能管理

通过收集历史信息和统计数据来估算当前网络的运行情况。它的目的是要保证用户任何时间的需求都能得到满足。要完成性能管理，首先要根据网络需求选择合适的软硬件，然后测试出这些设备的最大潜能，并在运行过程中进行监测。性能管理与故障管理相互依存，密不可分。

5. 安全管理

安全管理负责病毒检测、远端和本地用户的身份鉴别以及在通信线路上安装数据加密系统。

ISO 定义的 5 大网络管理功能尽管已非常翔实，但当前有许多网络管理专家仍认为 ISO 的定义尚不完善，有两个重要的管理功能应独立提出来，即资产管理和规划管理。资产管理指的是对网络上的所有资源（包括人员）及其使用情况的管理。它包括对设备记录、使用情况记录、用户资料等信息的收集和管理。规划管理指管理系统通过对网络综合信息的收集，帮助管理人员对当前网络总体情况有所了解，并提出对今后网络发展的建议。

10.2 网络管理协议

10.2.1 网络管理协议简介

网管协议为网络的管理者和被管理者之间进行通信提供统一的语法和规则。以往的网络管理系统往往是厂商在自己的网络系统中开发的专用系统，很难对其他厂商的网络系统、通信设备软件等进行管理，这种状况很不适应网络异构互连的发展趋势。20 世纪 80 年代初期，Internet 的出现和发展使人们进一步意识到了这一点。研究开发者们迅速展开了对网络管理的研究，并提出了多种网络管理方案。下面分别进行介绍。

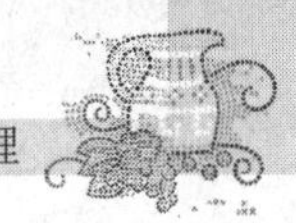

1．SNMP

SNMP 是目前普遍采用的、尤其是 Internet 委员会（IAB）委托 IETF 制定的基于 TCP/IP 的网络管理协议，一出台便因为它的简单和易于实现而立刻受到各生产厂家的欢迎和认同。其前身是 1987 年发布的简单网关监控协议（SGMP）。SGMP 给出了监控网关（OSI 第三层路由器）的直接手段，SNMP 则是在其基础上发展而来的。最初，SNMP 是作为一种可提供最小网络管理功能的临时方法开发的，它具有以下两个优点。

（1）与 SNMP 相关的管理信息结构（SMI）以及管理信息库（MIB）非常简单，从而能够迅速、简便地实现。

（2）SNMP 是建立在 SGMP 基础上的，而对于 SGMP，人们积累了大量的操作经验。SNMP 经历了两次版本升级，现在的版本是 SNMPv3。在前两个版本中，SNMP 的功能都得到了极大的增强，而在新的版本中，SNMP 在安全性方面有了很大的改善，SNMP 缺乏安全性的弱点正逐渐得到克服。

正是因为其突出的优点，受到了许多厂商的欢迎。HP 的 Openiew、SUN 的 SUN Netmanager 等都是基于 SNMP 的产品，国内也出现了许多基于 SNMP 的网络管理产品。

2．CMIS/CMIP

公共管理信息服务/公共管理信息协议（CMIS/CMIP）是由 OSI 提供的网络管理协议族。CMIS 定义了每个网络组成部分提供的网络管理服务，这些服务在本质上是很普通的，CMIP 则是实现 CMIS 服务的协议。

OSI 网络协议旨在为所有设备在 ISO 参考模型的每一层提供一个公共网络结构，而 CMIS/CMIP 正是这样一个用于所有网络设备的完整网络管理协议族。

出于通用性的考虑，CMIS/CMIP 的功能与结构跟 SNMP 很不相同。SNMP 是按照简单和易于实现的原则设计的，而 CMIS/CMIP 则能够提供支持一个完整网络管理方案所需的功能。

CMIS/CMIP 的整体结构是建立在使用 ISO 网络参考模型的基础上的，网络管理应用进程使用 ISO 网络参考模型中的应用层。也在这层上，公共管理信息服务单元（CMISE）提供了应用程序使用 CMIP 的接口。同时该层还包括了两个 OSI 应用协议：联系控制服务元素（ACSE）和远程操作服务元素（ROSE），其中 ACSE 在应用程序之间建立和关闭联系，而 ROSE 则处理应用之间的请求/响应交互。另外，值得注意的是，OSI 没有在应用层之下特别为网络管理定义协议。

3．CMOT

公共管理信息服务与协议（CMOT）是在 TCP/IP 协议族上实现 CMIS 服务，这是一种过渡性的解决方案，直到 OSI 网络管理协议被广泛采用。

CMIS 使用的应用协议并没有根据 CMOT 而修改，CMOT 仍然依赖于 CMISE、ACSE 和 ROSE 协议，这和 CMIS/CMIP 是一样的。但是，CMOT 并没有直接使用参考模型中的表示层来实现，而是要求在表示层中使用另外一个协议——轻量表示协议（LPP），该协议提供了目前最普通的两种传输层协议——TCP 和 UDP 的接口。

CMOT 的一个致命弱点在于它是一个过渡性的方案，而且没有人会把注意力集中在一个短期方案上。相反，许多重要厂商都加入了 SNMP 潮流并在其中投入了大量资源。事实上，虽然存在 CMOT 的协议，但该协议已经很长时间没有得到任何发展了。

4．LMMP

局域网个人管理协议（LMMP）试图为 LAN 环境提供一个网络管理方案。LMMP 以前被称

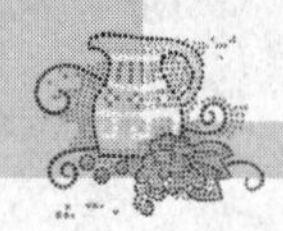

为 IEEE 802 逻辑链路控制上的公共管理信息服务与协议（CMOL）。由于该协议直接位于 IEEE 802 逻辑链路层（LLC）上，它可以不依赖于任何特定的网络层协议进行网络传输。

由于不要求任何网络层协议，LMMP 比 CMIS/CMIP 或 CMOT 都易于实现。然而没有网络层提供路由信息，LMMP 信息不能跨越路由器，从而限制了它只能在局域网中发展。但是，跨越局域网传输局限的 LMMP 信息转换代理可能会克服这一问题。

10.2.2 简单网络管理协议

简单网络管理协议（SNMP）是最早提出的网络管理协议之一，它一推出就得到了广泛的应用和支持，特别是很快得到了数百家厂商的支持，其中包括 IBM、HP 和 SUN 等大公司和厂商。目前 SNMP 已成为网络管理领域中事实上的工业标准，并被广泛支持和应用，大多数网络管理系统和平台都是基于 SNMP 的。

SNMP 的目标是管理 Internet 上众多厂家生产的软硬件平台，因此 SNMP 受 Internet 标准网络管理框架的影响也很大。现在 SNMP 已经发展到第三个版本的协议，其功能较以前已经大大地加强和改进了。

SNMP 的体系结构是围绕着以下 4 个概念和目标进行设计的：保持管理代理（Agent）的软件成本尽可能低；最大限度地保持远程管理的功能，以便充分利用 Internet 的网络资源；体系结构必须有扩充的余地；保持 SNMP 的独立性，不依赖于具体的计算机、网关和网络传输协议。在最近的改进中，又加入了保证 SNMP 体系本身安全性的目标。

SNMPv1 中提供了 4 类管理操作：Get 操作用来提取特定的网络管理信息；Get-Next 操作通过遍历活动来提供强大的管理信息提取能力；Set 操作用来对管理信息进行控制（修改、设置）；Trap 操作用来报告重要的事件。

1. 管理信息结构与管理信息库（SMI/MIB）

在管理系统中用被管对象来代表被管资源。在 OSI 的框架中，对象是用面向对象的方法定义的，具有属性，产生事件，并执行动作，对象具有继承和包含的特性；而在互联网管理框架中的被管对象只是一组简单的标量，包括名称、文法和编码。由于被管对象实质上是一些简单类型的数据项，而不是复杂的对象，因此，代理进程不需要具有处理复杂数据的能力，并且操作的命令也可大大简化。例如，用 Set 操作就可替代 CMIP 的 Create、Delete、Set-Modify 的操作，从而降低了代理进程对处理能力和内存的要求。

SMI 与 MIB 是关于管理信息标准的定义，它们规定了被管理网络对象的定义格式、MIB 库中都包含哪些对象、怎样访问这些对象等。

管理信息库（MIB）指明了网络元素所维持的变量（即能够被管理进程查询和设置的信息）。SMI 协议规定了定义和标识 MIB 变量的一组原则。它规定所有的 MIB 变量必须用 ASN.1（即抽象语法表示法，它是一种描述数据结构的通用方法，由 ISO 推出）来定义。每个 MIB 变量都有一个名称用来标识。在 SMI 中，这个名称以对象标识符（Object Identifier）来表示。对象标识符相互关联，共同构成一个树形分层结构，也称为对象命名树（Object Naming Tree）。对象命名树的顶级对象有 3 个，分别是 ISO、CCITT 及这两个组织的联合体，如图 10-2 所示。

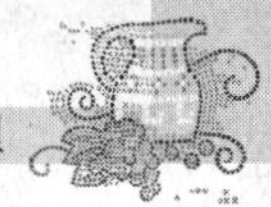

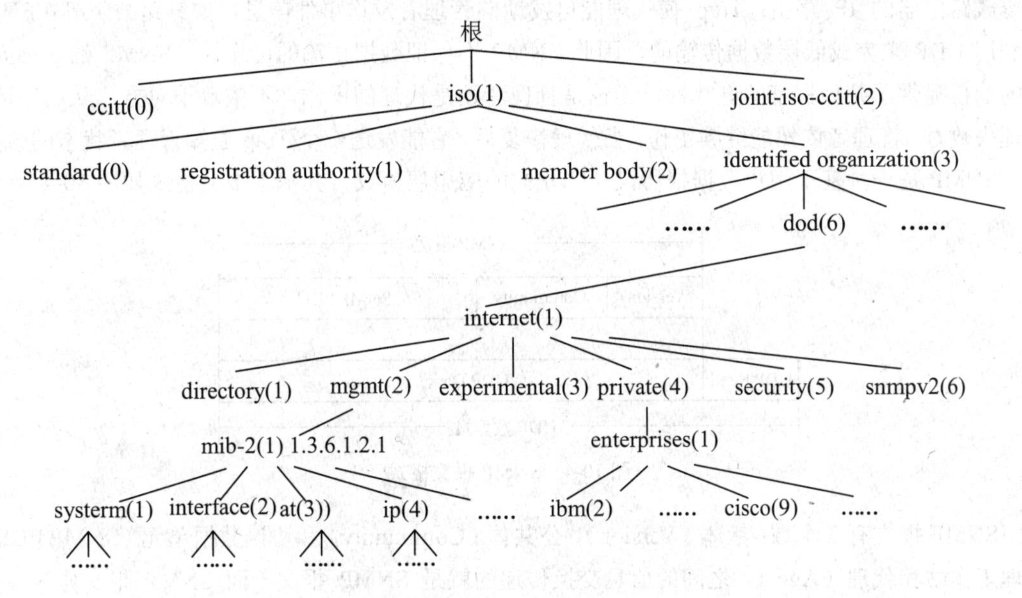

图 10-2　管理信息库的对象命名树

一个对象的标识符是由从根出发到对象所在结点的途中所经过的一个数字标号序列组成。Internet 的对象标识符就是{1.3.6.1}，而 IBM 公司的对象标识符为{1.3.6.1.4.1.2}。对象标识符的命名有专门的机构负责。世界上任何公司、学校等只要用电子邮件发往 iana-mib@isi.edu 进行申请即可获得一个结点名。这样，各厂家就可定义自己的被管对象名，使它能用 SNMP 进行管理。MIB 给出了网络中所有可能的被管对象的集合的数据结构，它与具体的网络管理协议无关。

2．简单网络管理协议（SNMP）

SNMP 也是基于管理者代理模型的（见图 10-3）。SNMP 之所以简单，是因为代理进程只要求最少的软件，大部分处理能力和数据存储都在管理系统一端，而作为补充，这些功能的一部分子集放在被管系统，从而使网络上的被管设备不因加载了 SNMP 而降低它们的性能。

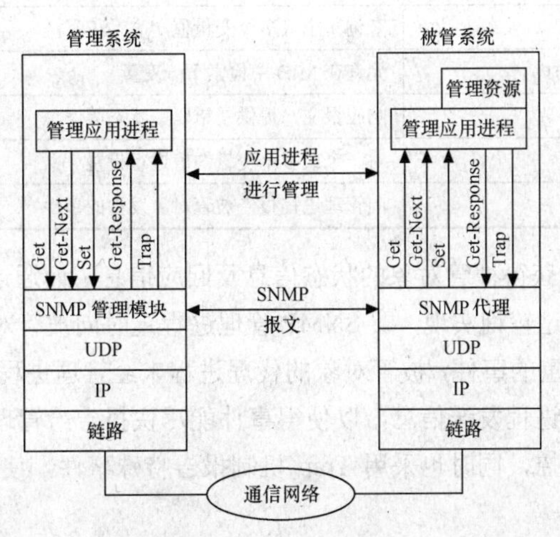

图 10-3　SNMP 管理模型

为达到简单的目的，SNMP 只包含有限的几个管理命令和响应：Get 使管理者能获得一个或多个被管对象的值，如服务器的基本信息；Set 可以让管理者去插入、修改和删除被管对象的值，如修改路由器的IP路由；Trap使代理能自发地向管理者发送事件信息，如链路故障等。SNMP是利用UDP来完成低层数据传输的，因此SNMP不保证数据传输的可靠性。SNMP的这种无连接的通信提供了某种程度的健壮性，无论是管理者还是代理的操作都不依赖于对方，从而当远程代理失败时，管理者依然能继续工作，当代理恢复后，它能发送一个Trap通知管理者状态的改变。

SNMP是一种基于用户数据报协议（UDP）的应用层协议，其基本报文格式如图10-4所示。

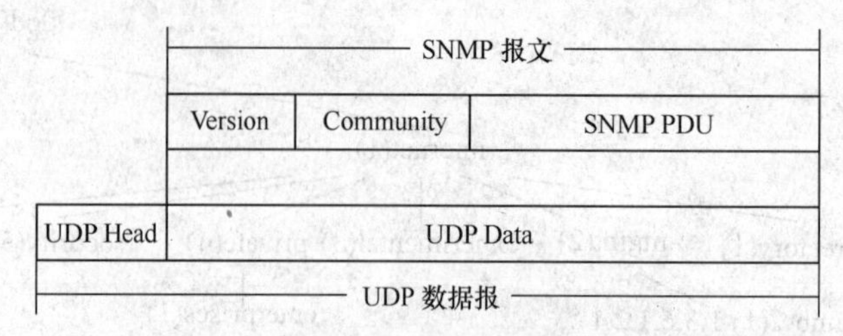

图10-4　SNMP报文格式

SNMP报文有3个域：版本（Version）、公共体（Community）和协议数据单元（SNMP PDU）。管理工作站和代理（Agent）之间的信息交换传递的就是SNMP报文。而SNMP报文作为UDP的数据部分被封装在UDP数据报中，通过UDP端口161（162）传送。各域的内容如下。

（1）版本域：表示SNMP协议的版本。

（2）公共体：是为增加系统的安全性而引入的，它的作用相当于口令。代理进程可以要求管理进程在其发来的报文中填写这一项，以验证管理进程是否有权访问它上面的MIB信息。常用的默认公共体名为“public”。但其缺点是没有加密功能，由于是明码传送的，所以很容易被监听者窃取。SNMPv2中改进了这一点。

（3）协议数据单元：存放实际传送的报文，报文有5种，分别对应下面介绍的5种操作。

表10-1所示为SNMP的报文类型。

表10–1　SNMP报文类型

编　号	报文名称	作　用	端口号
0	Get-Request	查询一个或多个变量值	161
1	Get-Next-Request	允许在MIB中检索下一变量	161
2	Get-Response	响应报文，提供差错码、状态等信息	161
3	Set-Request	对一个或多个变量的值进行设置	161
4	Trap	向管理进程报告被管对象发生的事件	162

SNMP通过Get操作获得被管对象的状态信息及回应信息；而通过Set操作来控制与管理被管对象。以上的功能均通过轮询实现，即SNMP管理进程定时向被管对象的代理进程发送查询状态的信息。而针对一些严重的事件，被管对象的代理进程未经管理进程的轮询，通过Trap（陷阱）向网络管理工作站的管理进程发送信息，以使得事件能尽快报告给管理工作站。总之，使用轮询以维持网络资源的实时监控，同时也采用Trap机制报告特殊事件，使得SNMP成为一种有效的网络管理协议。

3. Trap定向轮询（Trap-Directed Polling）

如果管理站负责管理大量的代理，并且每个代理有大量的被管对象，则很难想象管理站能经常轮询所有这些代理和所有的对象数据，因此SNMP采用一种叫Trap定向轮询的技术。

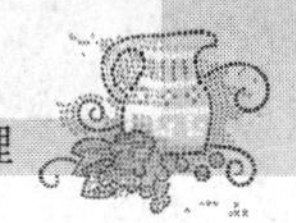

建议的轮询策略是：在初始时间，可能在一个不短的时间间隔内（如一天），管理站能够轮询所有的代理及关键的信息（如接口特征），以及一些基线性能统计（如平均发送分组数等）。一旦这种基线统计建立完成，管理站就停止轮询，而每个代理负责在特殊事件发生时通知管理站，如被管设备重启动、链路故障、分组负载超过门限等，这些被通知的事件就叫做 Trap。一旦管理站收到 Trap，它可能直接轮询此代理，也可能轮询邻近的代理去诊断问题，收集进一步的信息。

Trap 定向轮询技术降低了网络的负载和代理进程的处理时间。实质上，它减少了大量不需要的数据在管理站与代理之间的传输。

4．委托代理（Proxy Agent）

使用 SNMP 要求所有代理及管理站要支持 UDP 和 IP，这就限制了去管理那些不支持 TCP/IP 协议站的设备，如一些网桥、调制解调器等。

为了管理这些 SNMP 所不能访问到的设备，产生了委托代理（Proxy Agent）技术。这种技术就是让一个 SNMP 代理作为一个或多个其他设备的委托方。这种委托的协议配置如图 10-5 所示。管理站发送关于某设备的请求给它的委托代理，委托代理把这些请求转换成该设备的管理协议，反之亦然。

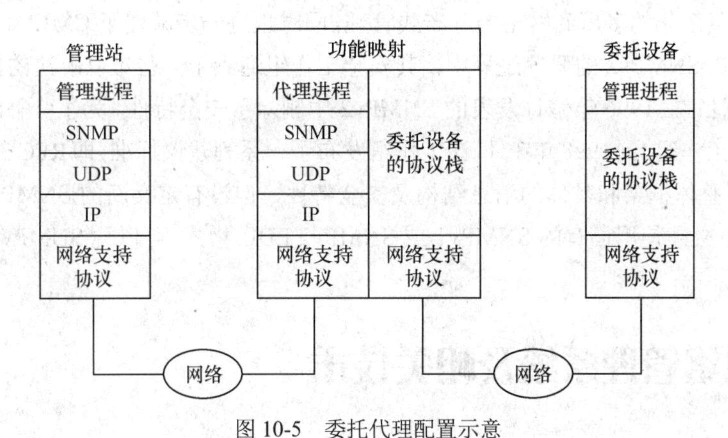

图 10-5　委托代理配置示意

5．远程监视（RMON）

随着 SNMP 的广泛应用，SNMP 的性能经过了多次发展与完善，其中最重要的要算把远程监视的功能加入到 SNMP 中，RMON 使得网络管理者有能力去监视整个子网络，而不只是网络上的单独设备。

由于网络在逻辑上和地理上的分布变得越来越广阔，集中管理也就变得越来越困难。为解决这个问题，在网络上设置远程管理设备充当网络管理系统的“耳朵和眼睛”，向管理者提供统计信息，远程监视管理信息库（RMON MIB）[RFCl271]描述了这些功能。

现在有很多公司如 HP、Novell 设备中（如网桥、路由器等）的 SNMP 代理都支持 RMON MIB。很多协议分析器也支持 RMON MIB，用来实现分布式的管理。

6．SNMPv2

SNMP 的简单性也给它带来了一些致命的缺陷，并且随着现代网络的扩大和复杂化，这些缺陷变得越来越明显。既然 SNMP 如此受欢迎，而 OSI 解决方案（CMOT）的发展比预料的要慢，则开发 SNMPv2 来进一步加强和扩充 SNMP 是必要而迫切的了。

在传统的集中式网络管理系统中，网络中有一个主机作为网络管理站，而其他的设备则装载

代理进程和 MIB 让管理站监视和控制，但随着网络的不断扩大，这种集中式管理方式会导致管理站及其周围的链路负载太大而无法有效地工作，从而要求一种分布式的，分等级的管理方式，在这种管理系统中要有若干中间管理站，它们既是上级管理者的被管代理，又是下级被管代理的管理者。SNMPv2 对 SNMP 的一个重要的扩充就是定义了管理者到管理者管理信息库（Manager to Manager MIB）[RFC 1451]来支持这种分布式管理方式。

SNMPv2 对 SNMP 的另一个重要的扩充和加强就是引入了安全性，它能够提供 3 种安全性服务：保密（Privacy）、身份证实（Authentication）和访问控制（Access Control），而原来的 SNMP 几乎没有安全性功能。

除此之外，SNMPv2 还能适用于更多的网络传输系统：OSI，AppleTalk 的数据报传递协议（DDP），Novell 的互联网分组交换（IPX）等，这些在传输映射（Transport Mappings）[RFCl449]中作了明确的形式化描述。

另外，SNMPv2 还对 SNMP 的数据类型和操作命令作了一些扩充，如加入了 GetBulk PDU，使管理者和代理之间可交换成批数据；SNMPv2-Trap PDU 代替了 SNMP 的 Trap 等。

与 SNMP 相比，SNMPv2 吸取了很多 CMIP 的思想，加强了安全性和对等功能，更能适用于当前不断扩大和复杂化的多厂商网络的分布式管理，同时也进一步减慢了 CMIP 广泛应用的进程。

遗憾的是，在 SNMPv2 的研究过程中，其安全工作组遇到了一些难以解决的问题。为了减少 SNMPv2 的复杂性，在 1996 年修订发表的 SNMPv2 中删除了安全特性。为了弥补这一缺憾，IETF 成立了 SNMPv3 工作组。到 1998 年 3 月，该工作组发布了一系列建议标准，即 RFC 3411~RFC 3415，形成了 SNMPv3 整体框架和具体的消息结构及安全特性，但没有定义新的 SNMP PDU 格式。因此，在新的结构中必须使用已有的 SNMPv1 或 SNMPv2 PDU 格式。可以说 SNMPv3 等于 SNMPv2 加上安全和管理。

10.3 网络管理系统及相关技术

由于网络管理已经有了一系列的标准，以及 OSI 定义的网络管理 5 大功能，使得具有配置管理、性能管理、故障管理、安全管理和计费管理 5 大功能的管理系统成为可能。同时，也正是得益于这样的网络管理系统，人们才能对网络进行充分、完备和有序的管理。但是由于涉及众多的网络管理协议和 5 个方面所要求的功能以及不同网络的实际情况，使得网络管理系统在技术上具有很强的挑战性。现在市场上号称是网络管理系统的软件不少，但真正具有网络管理 5 大功能的网络管理系统却不多。

10.3.1 HP OpenView

HP 的 OpenView 有争议地成为了第一个真正兼容的、跨平台的网络管理系统，因此也得到了广泛的市场应用。OpenView 被认为是一个企业级的网络管理系统，但它跟大多数别的网络管理系统一样，不能提供 NetWare、SNA、DECNET、X.25、无线通信交换机以及其他非 SNMP 设备的管理功能。另一方面，HP 努力使 OpenView 由最初的提供给第三方应用厂商的开发系统，转变为一个跨平台的最终用户产品。它的最大特点是被第三方应用开发厂商所广泛接受。比如 IBM 就把 OpenView 增强功能扩展成为自己的 NetView 产品系列，从而与 OpenView 展开竞争。特别在

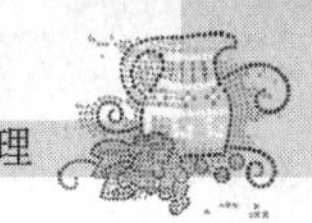

最近几年，OpenView 已经成为网络管理市场的领导者，与其他网络管理系统相比，OpenView 拥有更多的第三方应用开发厂商。在近期，OpenView 看上去更像一个工业标准的网络管理系统。

1．网络监管特性

OpenView 不能处理因为某一网络对象故障而导致的其他对象的故障。具体来说，就是它不具备理解所有网络对象在网络中相互关系的能力。因此一旦这些网络对象中的一个发生故障，导致其他正常的网络对象停止响应网络管理系统，它会把这些正常网络对象当做故障对象对待。同时，OpenView 也不能把服务的故障与设备的故障区分开来，比如是服务器上的进程出了问题还是该服务器出了问题，它不能区分。这些是 OpenView 的最大弱点。

另外，在 OpenView 中，性能的轮询与状态的轮询是截然分开的，这样导致一个网络对象响应性能轮询失败但不触发一个报警，仅仅当该对象不响应状态的轮询才进行故障报警。这将导致故障响应时间的延长，当然两种轮询的分开将带来灵活性上的好处，第三方的开发商可以对不同轮询的事件分别处理。

OpenView 还使用了商业化的关系数据库，这使得利用 OpenView 采集来的数据开发扩展应用变得相对容易。但第三方应用开发厂商需要自己找地方存放自己的数据，这又限制了这些数据的共享。

2．管理特性

OpenView 的 MIB 变量浏览器相对而言是最完善的，而且正常情况下使用该 MIB 变量浏览器只会产生很少的流量开销。但 OpenView 仍然需要更多、更简洁的故障工具以对付各种各样的故障与问题。

3．可用性

OpenView 的用户界面显得干净以及相对的灵活，但在功能引导上显得笨拙。同时 OpenView 还在简单、易用的 Motif 的图形用户界面上提供状态信息和网络拓扑结构图形，虽然这些信息和图形在大多数网络管理系统中都提供。但一个问题是 OpenView 的所有操作都在 X-Windows 界面上进行，缺乏一些其他的手段，比如 WWW 界面和字符界面，同时它还缺乏开发基于其他界面应用的 API。

4．总结

OpenView 是一个昂贵的，但相对够用的网络管理系统，它提供了基本层次上的功能需求。它的最大优势在于它被第三方开发厂商所广泛接受。但得到了 NetView 许可证的 IBM 已经加强并扩展了 OpenView 的功能，以此形成了 IBM 自己的 NetView/6000 产品系列，该产品可以在很大程度上视为 OpenView 的一种替代选择。

10.3.2　日志文件的使用

日志文件（Log Files）是包含关于系统消息的文件，这些消息来自内核、服务和在系统上运行的应用程序等。不同的日志文件记载不同的信息，有的是默认的系统日志文件，有的仅用于安全消息。日志文件一般是不断变大的，新的消息总是加在日志文件的末尾。下面以 Windows 来介绍日志文件的基本概念。

Windows 2000 的系统日志文件包括应用程序日志、安全日志、系统日志、DNS 服务日志、FTP 连接日志和 HTTPD 日志等。在默认情况下日志文件大小为 512KB，日志文件的默认保存位

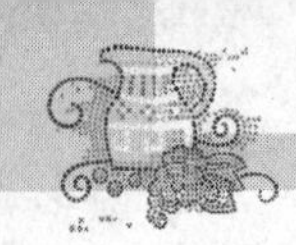

置如下。

- 安全日志文件：%systemroot%\system32\config\SecEvent.EVT，它可以记录诸如有效和无效的登录尝试等安全事件，以及与资源使用有关的事件。例如，创建、打开或删除文件。管理员可以指定在安全日志中记录的事件。
- 系统日志文件：%systemroot%\system32\config\SysEvent.EVT，它包含由 Windows 2000 系统组件记录的事件。例如，在系统日志中记录启动期间要加载的驱动程序或其他系统组件的故障。
- 应用程序日志文件：%systemroot%\system32\config\AppEvent.EVT，它包含由应用程序或一般程序记录的事件。

FTP 连接日志和 HTTPD 事务日志%systemroot%\system32\LogFiles\，下面还有子文件夹，分别对应该 FTP 和 Web 服务的日志，其对应的后缀名为.Log。

把系统默认为.EVT 扩展名的日志文件统称为事件日志。

在 Windows 2000 中是由事件查看器来管理和查看日志文件的。在事件查看器中，通过使用事件日志，可以收集有关硬件、软件、系统问题方面的信息，并监视 Windows 2000 安全事件。

事件查看器显示以下事件类型。

- 错误：重要的问题，如数据丢失或功能丧失。例如，如果在启动期间服务加载失败，则会记录错误。
- 警告：不是非常重要但将来可能出现问题的事件。例如，如果磁盘空间较小，则会记录一个警告。
- 信息：描述应用程序、驱动程序或服务的成功操作的事件。例如，成功地加载网络驱动程序时会记录一个信息事件。
- 成功审核：审核安全访问尝试成功。例如，将用户成功登录到系统上的尝试作为“成功审核”事件记录下来。
- 失败审核：审核安全访问尝试失败。例如，如果用户试图访问网络驱动器失败，该尝试就会作为“失败审核”事件进行记录。

启动 Windows 2000 时，事件日志服务会自动启动。所有用户都可以查看应用程序日志和系统日志，但是只有管理员才能访问安全日志。

默认情况下会关闭安全日志。可以使用“组策略”启用安全日志记录。管理员也可以在注册表中设置审核策略，使系统在安全日志装满时停止运行。

10.3.3 端口扫描

所谓端口（Port）通常是 TCP/IP 协议簇中传输层向用户提供服务的接口，它和 OSI/RM 模型中定义的服务访问点（Service Access Point，SAP）的概念是类似的，都是为了在同一层上能够同时向它的上一层提供多个服务。例如，在 TCP/IP 上 SMTP 的端口就是 25，POP3 的端口是 110。对目标计算机进行端口扫描，能得到许多有用的信息。进行扫描的方法很多，可以是手动进行扫描，也可以用端口扫描软件进行。

1．扫描器

扫描器是一种自动检测远程或本地主机安全性缺陷的程序。通过使用扫描器可以不留痕迹地发现远程服务器的各种 TCP 端口的分配情况、提供的服务和运行的软件版本。

扫描器的工作原理是通过选用远程 TCP/IP 不同的端口的服务，并记录目标主机给予的回答。通过这种方法，可以收集到目标主机上各种有用的信息，比如是否能用匿名登录；是否有可写的 FTP 目录；是否能用 TELNET 等。

扫描器并不是一个直接的攻击网络漏洞的程序，它仅仅能帮助管理员发现目标机的某些内在的弱点。一个好的扫描器能对它得到的数据进行分析，帮助管理员查找目标主机的漏洞。

扫描器应该具有 3 项基本功能。

- 查找一个主机或网络。
- 查找正在主机上运行的服务及其相关属性。
- 测试已经找到的服务，发现潜在的漏洞。

2．常用的端口扫描技术

（1）TCP connect()扫描。这是最基本的 TCP 扫描。操作系统提供的 connect()系统调用的功能是与每一个目标主机的端口进行连接。如果目标端口处于侦听状态，那么 connect()就能连接成功；否则，这个端口就是不能使用，也就是说这个端口没有提供服务。这种方法的最大的优点是不需要任何权限，系统中的任何用户都有权利使用这个调用。另一个好处就是速度快。如果对每个目标端口以线性的方式，使用单独的 connect()调用，那么将会花费相当长的时间，而通过同时打开多个套接字，就加快扫描的速度。这种方法的缺点是很容易被察觉，并且被过滤掉。

（2）TCP SYN 扫描。这种方法通常被认为是“半开放”扫描，这是因为扫描程序不必打开一个完全的 TCP 连接。扫描程序发送一个 SYN 数据包，好像准备打开一个实际的连接一样并等待反应，如果返回的信息是 SYN |ACK，则表示端口处于侦听状态。如果返回 RST，则表示端口没有处于侦听状态。如果返回的是 SYN |ACK，则扫描程序必须再发送一个 RST 来关闭这个连接过程，这也就是所谓的“半开放”扫描。这种扫描方法的优点在于一般不会在目标计算机上留下记录。但这种方法的一个缺点是必须要有 root 权限才能建立自己的 SYN 数据包。

（3）TCP FIN 扫描。由于有的系统安装了防火墙和包过滤器对一些指定的端口进行监视，所以利用扫描 TCP SYN 的方法能被检测到。如果采用 TCP FIN 数据包扫描，则不会被防火墙和包过滤器所检测到。这种扫描方法是利用关闭的端口会用 RST 来回复 FIN 数据包的思想，而打开的端口会忽略对 FIN 数据包的回复。这种方法和系统的实现有一定的关系，因为有的系统不管端口是否打开，都会回复 RST，有的则不会回复。如果是前者，则这种扫描方法就不适用了。

（4）IP 段扫描。这种方法不能算是新方法，只是其他技术的变化。它并不是直接发送 TCP 探测数据包，而是将数据包分成两个较小的 IP 分片，于是就可以将一个 TCP 头分成好几个数据包，从而使得过滤器很难探测到扫描。

（5）TCP 反向 ident 扫描。ident 协议[RFCl413]能够看到通过 TCP 连接的任何进程拥有者的用户名，哪怕这个连接不是由这个进程创建的，也是如此。例如连接到 HTTP 端口，然后用 ident 来发现服务器是否正在以 root 权限运行。这种方法只能在与目标端口建立了一个完整的 TCP 连接后才能看到。

（6）FTP 返回攻击。FTP 的一个特点就是它支持代理（Proxy）FTP 连接。这样入侵者可以从自己的计算机 source.com 和目标主机 target.com 的 FTP server-PI（协议解析器）建立连接，然后请求这个 server-PI 激活一个有效的 server-DTP（数据传输进程）来给 Internet 上任何地方发送文件。这个协议的缺点是能用来发送不能跟踪的邮件和新闻，使得服务器耗尽磁盘空间，从而企图越过防火墙。

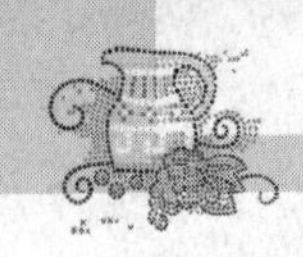

（7）UDP ICMP 端口不能到达扫描。这种方法与上面几种方法的不同之处在于使用的是 UDP。由于 UDP 很简单，所以扫描变得相对比较困难。原因在于打开的端口对扫描探测并不发送一个确认，关闭的端口也并不需要发送一个错误数据包。但是许多主机在向一个未打开的 UDP 端口发送一个数据包时，会得到一个返回的 ICMP_PORT_UNREACH 错误，从而发现该端口是关闭的。由于 UDP 和 ICMP 错误都不能保证到达，因此这种扫描器还必须实现 UDP 和 ICMP 错误丢失时的重新传输。这种扫描方法很慢，因为 RFC 对 ICMP 产生错误消息的速率作了规定。同样，这种扫描方法需要具有 root 权限。

端口扫描是一把双刃剑，它既可以帮助网络管理员检查网络漏洞，又可以成为黑客攻击网络的工具。为此首先要了解端口扫描的技术与工具，同时要积极防范非法的端口扫描行为。

防范恶意端口扫描的通常可以采用以下两个方法。

（1）关闭闲置和有潜在危险的端口。这种方法是将所有用户需要用到的正常计算机端口外的其他端口都关闭掉。因为就黑客而言，所有的端口都可能成为攻击的目标。换句话说“计算机的所有对外通信的端口都存在潜在的危险”，而一些系统必要的通信端口，如访问网页需要的 HTTP（80 端口）；QQ（4000 端口）等不能被关闭。

在 Windows NT 核心系统（Windows 2000/XP/2003）中要关闭掉一些闲置端口是比较方便的，可以采用“定向关闭指定服务的端口”和“只开放允许端口的方式”。计算机的一些网络服务会有系统分配默认的端口，将一些闲置的服务关闭掉，其对应的端口也会被关闭了。方法是：选择“控制面板”→“管理工具”→“服务”命令，关闭掉计算机的一些没有使用的服务（如 FTP 服务、DNS 服务、IIS Admin 服务等），它们对应的端口也被停用了。至于“只开放允许端口的方式”，可以利用系统的“TCP/IP 筛选”功能实现，设置的时候，“只允许”系统的一些基本网络通信需要的端口即可。

（2）依靠防火墙来检查各端口，有端口扫描的症状时，立即屏蔽该端口。防火墙的工作原理是：首先检查每个到达计算机的数据包，在这个包被计算机上运行的任何软件看到之前，防火墙有完全的否决权，可以禁止计算机接收 Internet 上的任何东西。当第一个请求建立连接的包被计算机回应后，一个“TCP/IP 端口”被打开；端口扫描时，对方计算机不断和本地计算机建立连接，并逐渐打开各个服务所对应的“TCP/IP 端口”及闲置端口，防火墙经过自带的拦截规则判断，就能够知道对方是否正进行端口扫描，并拦截掉对方发送过来的所有扫描需要的数据包。

现在市面上几乎所有网络防火墙都能够抵御端口扫描，在默认安装后，应该检查一些防火墙所拦截的端口扫描规则是否被选中，否则它会放行端口扫描，而只是在日志中留下信息而已。

10.3.4 DoS 攻击的防御

安全管理是计算机网络管理的一项十分重要的内容，它包含许多方面的内容，如上一小节讲到的抵御端口扫描等。这里再介绍一种恶意攻击与防范策略，这就是 DoS。

1. 什么是 DoS 攻击

DoS（Denial of Service，拒绝服务）攻击的目的是让目标机器停止提供服务或资源访问。它的基本思想有两个方面。

- 迫使服务器的缓冲区满，不接收新的请求。
- 使用 IP 欺骗，迫使服务器把合法用户的连接复位，影响合法用户的连接。

DoS 攻击与 TCP 建立连接有关。由于 TCP 采用 3 次握手来建立连接，这个过程可以简单地分为 3 步，在没有连接时，接收方（服务器）处于 Listen 状态，等待其他机器发送连接请求。

第一步：客户端发送一个带 SYN 位的请求，向服务器表示请求连接，然后等待服务器的响应。

第二步：服务器接收到请求后，查看是否正在 Listen 的是指定的端口，如果不是，就发送 RST＝1 应答，从而拒绝建立连接；如果接收连接，那么服务器发送确认，向客户端表示服务器连接已经准备好了，等待客户端的确认。

第三步：客户端接收到应答消息后，分析得到的信息，并准备发送确认。如果客户端发送确认建立连接的消息给服务器，就表明连接已经建立起来了，然后就可以发送数据了。

由于服务器不会在每次接收到 SYN 请求就立刻同客户端建立连接，而是为连接请求分配内存空间，建立会话，并放到一个等待队列中。如果这个等待的队列已经满了，那么，服务器就不能为新的连接分配任何空间了，而是直接丢弃新的请求。如果遇到了这种情况，服务器就拒绝服务了。

另外一个方面，如果服务器接收到一个 RST 位信息，那么就认为有一个错误的数据段，然后会根据客户端 IP，把这样的连接在缓冲区队列中清除掉，从而达到了 DoS 攻击。

2．常见的 DoS 攻击

常见的 DoS 有以下几种。

（1）SYN Flood：利用服务器的连接缓冲区（Backlog Queue）和特殊程序设置 TCP 的 Header，向服务器端不断地发送只有 SYN 标志的 TCP 连接请求。当服务器接收的时候，都认为是没有建立起来的连接请求，于是为这些请求建立会话，排到缓冲区队列中。如果 SYN 请求超过了服务器能容纳的限度，缓冲区队列满，那么服务器就不再接收新的请求了，其他合法用户的连接也都被拒绝。

（2）IP 欺骗 DoS 攻击：这种攻击利用 RST 位来实现。假设现在有一个合法用户（IP 地址为 1.1.1.1）已经同服务器建立了正常的连接，攻击者构造攻击的 TCP 数据，伪装自己的 IP 为 1.1.1.1，并向服务器发送一个带有 RST 位的 TCP 数据段。服务器接收到这样的数据后，认为从 1.1.1.1 发送的连接有错误，就会清空缓冲区中建立好的连接。这时，如果合法用户 1.1.1.1 再发送合法数据，由于服务器就已经没有这样的连接了，所以该用户就必须重新开始建立连接。在攻击时，可以伪造大量的 IP 地址，向目标发送 RST 数据，使服务器不对合法用户服务。

（3）Smurf 攻击：该攻击向一个子网的广播地址发一个带有特定请求（如 ICMP 回应请求）的包，并且将源地址伪装成想要攻击的主机地址。子网上所有主机都回应广播包请求，向被攻击主机发包，使该主机受到攻击。

（4）Land-Based 攻击：攻击者将一个包的源地址和目的地址都设置为目标主机的地址，然后将该包通过 IP 欺骗的方式发送给被攻击主机，这种包可以造成被攻击主机因试图与自己建立连接而陷入死循环，从而很大程度上降低了系统性能。

（5）Ping of Death：根据 TCP/IP 的规范，一个包的长度最大为 65 535 字节。但是一个包被分成的多个片段的叠加却能做到使包的长度大于 65 535 字节。当一个主机收到了长度大于 65 535 字节的包时，会造成主机的关机。

（6）TearDrop 攻击：IP 数据包在网络传递时，数据包可以分成更小的片段。攻击者可以通过发送两段（或者更多）数据包来实现 TearDrop 攻击。第一个包的偏移量为 0，长度为 N，第二个包的偏移量小于 N。为了合并这些数据段，TCP/IP 堆栈会分配超乎寻常的巨大资源，从而造成系

统资源的缺乏甚至机器的重新启动。

（7）PingSweep：使用 ICMP Echo 轮询多个主机。

（8）PingFlood：在短时间内向目的主机发送大量 ping 包，造成网络堵塞或主机资源耗尽。

3．DoS 攻击的预防

对 DoS 攻击的预防一般都是被动的，很难做到确保不发生攻击。很多企业网站和个人网站都不止一次地遭遇过 DoS 攻击，由此也积累了一些“亡羊补牢”的经验。下面列出几个预防、应对 DoS 攻击的方法，供读者参考。

（1）保留并定期查看各种日志以助分析各种情况。日志看起来很枯燥，而且绝大多数时候没什么作用；可一旦意外发生，它就能为用户提供很重要的信息参考，每天下班前看一眼日志，留意一下是否有异常发生，是否应该采取措施。

（2）预先建立标准操作规程和应急操作规程。前者简称 SOPs，后者是 EOPs，预先建立好规程并且处变不惊是一个合格网络管理员的基本素养。一个好的操作规程可以有效地降低被攻击的可能性，也会简化被攻击后的处理过程。

（3）要有居安思危的思想准备。遭遇攻击往往没有先兆，有备无患当然是十分必要的，网络管理员最要不得的就是麻痹大意。

（4）网络管理员必须熟悉所有的配置细节。如果半路接手工作，一定要向前任咨询、核对清楚所有的工作细节。

（5）在本地和外网分别进行安全性测试。“自测”不仅是演习，多给自己出一些安全性测试的难题能起到知己知彼的效用。

（6）提防错误配置造成的隐患。错误配置通常发生在硬件搭配、服务器系统或者应用程序中，有时候问题还很隐蔽。通过反复检查来确保路由器、交换机等网络连接设备和服务器系统都进行了正确的配置，这样才会减小各种错误和入侵、攻击发生的可能性。

（7）把握好网络架构的繁简程度和系统开销、安全风险之间的平衡。适当地添加一些有效的安全设备来降低黑客攻击的风险，如安装防火墙等。

10.3.5　备份策略和数据恢复

随着网络的普及与应用，网络数据安全性越来越重要，网络系统的数据备份策略和数据恢复方案将是实现这种安全性的重要方法。

1．数据备份策略和数据恢复的目的

数据备份策略和数据恢复的目的在于最大限度地降低系统风险，保护网络最重要的资源——数据，在系统发生灾难后，能提供一种简捷、有效的手段来恢复整个网络。

数据备份策略和数据恢复与普通数据备份的不同在于它不仅备份系统中的数据，还备份网络中安装的应用程序、数据库系统、用户设置、系统参数等信息，以便迅速恢复整个网络。

数据备份策略和数据恢复不等于简单的文件复制，因为系统的重要信息无法用复制的方法备份下来，而且管理也是备份的重要组成部分，没有管理功能的备份，不能算是真正意义的备份。

目前硬件备份方案有磁盘镜像、磁盘阵列、双机容错等，硬件备份属于系统备份的一个层次，它是一种硬件冗余措施，可以防止部分物理故障；但它不能保证数据的完整性、一致性和正确性。

2．数据备份策略和数据恢复的基本功能

（1）文件备份和恢复。数据备份策略和数据恢复方案是能够在一台计算机上实现整个网络的文件备份。

（2）数据库备份和恢复。数据库备份和恢复是对数据库进行 DUMP 一级的备份，是数据备份策略和数据恢复是否先进的标志之一。

（3）系统灾难的恢复。灾难恢复同普通数据恢复的最大区别在于，在整个系统都失效时，用灾难恢复措施能够迅速恢复系统，而普通数据恢复则不行。换句话说，数据恢复只能处理狭义的数据失效，而灾难恢复则可以处理广义的数据失效。

（4）备份任务管理。数据备份策略和数据恢复对系统管理员来说是一项艰巨、繁重的任务。由于备份受到相当多的约束限制，因此数据备份策略和数据恢复的任务管理可以大大减轻管理员的工作压力。

3．数据备份的策略

数据备份的策略（Backup Strategy）描述了备份以什么方式、使用什么备份介质进行，是网络备份方案的具体实施细则。在制定完毕后，应严格按照制度进行日常备份，否则将无法达到备份方案的目标。

数据备份的策略主要有以下几点。

- 完全备份：备份系统中的所有数据。
- 增量备份：只备份上次备份以后有变化的数据。
- 差分备份：只备份上次完全备份以后有变化的数据。

数据备份的常用介质是采用海量存储器——磁带，最常用的策略是磁带轮换策略，它的方法是用 21 盘制的父—子轮换策略，4 盘做每日的差分备份，5 盘做每周一次的全备份，12 盘做每日一次的完全备份。

理想的数据备份策略和数据恢复方案在设计时应尽量使数据备份策略和数据恢复系统远离主系统，避免在同一灾难中同时损毁，造成灾难无法及时恢复。如果受条件所限，数据备份策略和数据恢复服务器无法远离主系统，那么一定要做到异地存放备份介质。

4．常用的数据备份策略和数据恢复软件介绍

到目前为止，使用最广泛的是 CA（Computer Associates）公司的 ARCserve。

ARCserve 是一个跨平台的数据备份策略和数据恢复软件，在数据保护、灾难恢复、病毒防护方面均提供全面的支持。CA 公司的软件产品涵盖大型网络管理、数据库系统和工具软件等诸多方面。全球最大的 500 家企业中有 95%使用了 CA 公司的产品。ARCserve 已能够实现 NetWare、Windows NT、UNIX、OS/2 等多种平台的跨平台数据备份策略和数据恢复。

ARCserve 除了能够满足前面提到的对备份软件的各种要求之外，还有以下几个非常优秀的特性。

（1）全面保护 NetWare 和 Windows NT 操作系统。

（2）支持打开文件备份。

（3）支持对各种数据库，如 Betrieve、Sybase、Oracle 等的备份。

（4）支持从服务器到工作站的全面数据备份策略和数据恢复。

（5）可以实现无人值守的自动备份。

（6）备份前扫描病毒，可以实现无毒备份。

（7）支持灾难恢复。

10.3.6 双工系统和 RAID

双工系统和 RAID 技术是容错技术的主要思想。

1．容错技术的概念

所谓容错技术是通过在系统中设置冗余部件来提高系统可靠性的一种技术。它往往也被称为系统容错技术（System Fault Tolerance，SFT），可分为 3 个级别，SFT-Ⅰ是低级磁盘容错技术，主要用于防止磁盘表面发生缺陷所引起的数据丢失；SFT-Ⅱ是中级磁盘容错技术，主要用于防止磁盘驱动器和磁盘控制器故障所引起的系统不正常工作；SFT-Ⅲ是高级系统容错技术。

第一级容错技术（SFT-Ⅰ）是最早出现的、也是最基本的一种磁盘容错技术。它包含双份目录、双份文件分配表及写后读校验等措施。

第二级容错技术（SFT-Ⅱ）是中级磁盘容错技术，主要有磁盘镜像（Disk Mirroring）和磁盘双工（Disk Duplexing）技术两种。

（1）磁盘镜像（Disk Mirroring）。SFT-Ⅰ只能用于防止由磁盘表面部分故障造成的数据丢失。但如果磁盘驱动器发生故障，则 SFT-Ⅰ级容错便无能为力，仍可能造成数据丢失。为了避免在这种情况下的数据丢失，便增设了磁盘镜像功能。为实现该功能，需在同一磁盘控制器下再增设一个完全相同的磁盘驱动器。

采用磁盘镜像工作方式，在每次向文件服务器的主磁盘写入数据后，都要采用写后读校验方式，将数据再同样地写到备份磁盘上，使两个磁盘上有着完全相同的位像图。当其中一个磁盘驱动器发生故障时，系统立即进行切换，保证文件服务器仍能正常工作，而不会造成数据的丢失，这就是第二级容错技术（SFT-Ⅱ）。磁盘镜像虽然实现了容错功能，但并未能使服务器的硬盘 I/O 速度得到提高，而磁盘的利用率仅为 50%。

（2）磁盘双工（Disk Duplexing）。磁盘镜像功能虽能有效地解决在一台磁盘机故障时的数据保护问题，但如果控制这两台磁盘驱动器的磁盘控制器或主机到磁盘控制器之间的通道发生了故障，则此时将使这两台磁盘机同时失效，于是，磁盘镜像功能便再也起不到数据保护作用。因此，在第二级容错技术中，又增加了磁盘双工功能，以在磁盘控制器发生故障时，起到数据保护作用。所谓磁盘双工是指将两台磁盘驱动器分别接到两个磁盘控制器上，使这两台磁盘机镜像成对。

在磁盘双工时，文件服务器同时将数据写到两个处于不同控制器下的磁盘上，使两者有着完全相同的位像图。如果某个通道或控制器发生故障时，另一通道上的磁盘仍能正常工作，这样便不会造成数据的丢失。在磁盘双工时，由于每一个磁盘都有着自己的独立通道，故可同时（并行）地将数据写入磁盘。在读数据时，可采取分离搜索（Split Seek）技术，从响应快的通道上取得数据，因而加快了对数据的读取速度。

2．廉价磁盘冗余阵列

廉价磁盘冗余阵列（Redundant Arrays of Inexpensive Disk，RAID）是在 1987 年由美国加利福尼亚大学伯克莱分校提出的，现在已开始广泛地应用于大、中型计算机系统和计算机网络中。它是利用一台磁盘阵列控制器来统一管理和控制一组（几台到几十台）磁盘驱动器，组成一个高度可靠的、快速的大容量磁盘系统。

RAID 在刚被推出时是分成 6 级，即 RAID 0～RAID 5 级，后来又增加了 RAID 6 级和 RAID 7 级。

（1）RAID 0 级。提供了并行交叉存取。它虽能有效地提高了磁盘 I/O 速度，但并无冗余校验功能，致使磁盘系统的可靠性不好。只要阵列中有一个磁盘损坏，便会造成不可弥补的数据丢失，故较少使用。

所谓并行交叉存取技术是为了提高对磁盘的访问速度，把在大、中型机中已应用的交叉存取（Interleave）技术应用到磁盘存储系统中。在该系统中，有多台磁盘驱动器，系统将每一盘块中的数据分为若干个盘块数据，再把每一个子盘块的数据分别存储到各个不同磁盘中的相同位置。在以后，当要将一个盘块中的数据传送到内存时，采取并行传输方式，将各个盘块中的子盘块数据同时向内存中传输，从而使传输时间大大减少。

（2）RAID 1 级。具有磁盘镜像功能，可利用并行读、写特性，将数据分块并同时写入主盘和镜像盘，故比传统的镜像盘速度快，但它的磁盘容量的利用率只有 50%。磁盘镜像的原理如图 10-6 所示。

（3）RAID 3 级。具有并行传输功能的磁盘阵列。它利用一台奇偶校验盘来完成容错功能，比起磁盘镜像，它减少了所需要的冗余磁盘数。例如，当阵列中只有 7 个盘时，可用 6 个盘作数据盘，一个作校验盘，磁盘的利用率为 6/7。图 10-7 所示是 RAID 3 级的原理图，可以看出数据是沿着一个条带存储在不同的磁盘上，而不是先存满第一个磁盘，然后再往第二个磁盘上存。

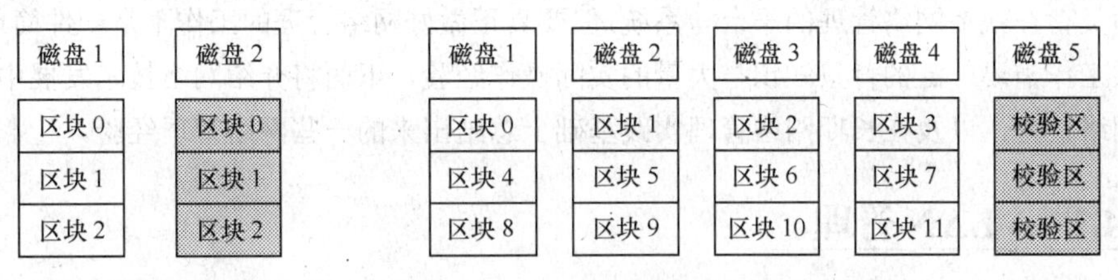

图 10-6　RAID 1 级　　　　图 10-7　RAID 3 级

（4）RAID 5 级。一种具有独立传送功能的磁盘阵列，每个驱动器都有各自独立的数据通路，独立地进行读、写，且无专门的校验盘。用来进行纠错的校验信息，是以螺旋（Spiral）方式散布在所有数据盘上的。RAID 5 级常用于 I/O 较频繁的事务处理。图 10-8 所示为 RAID 5 级的原理图。

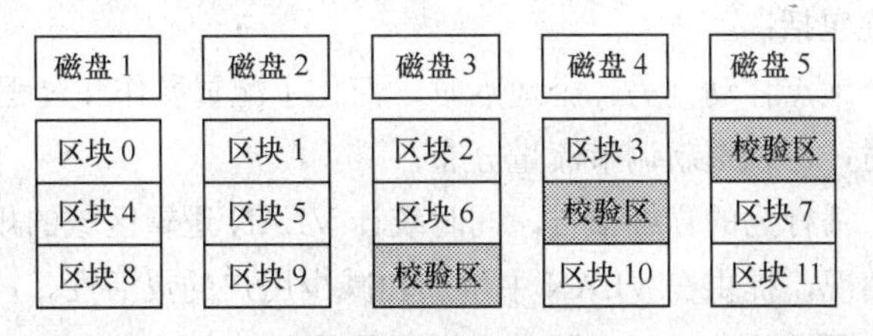

图 10-8　RAID 5 级

（5）RAID 6 级和 RAID 7 级。RAID 6 级和 RAID 7 级是强化了的 RAID。在 RAID 6 级的阵列中设置了一个专用的、可快速访问的异步校验盘。该盘具有独立的数据访问通路，具有比 RAID 3 和 RAID 5 更好的性能，但其性能改进得有限，价格却很昂贵。RAID 7 级是对 RAID 6 级的改进，在该阵列中的所有磁盘，都具有较高的传输速度，有着优异的性能，是目前最高档次的磁盘阵列，其价格也较高。

（6）RAID 2 级和 RAID 4 级。从概念上讲，RAID 2 同 RAID 3 类似，两者都是将数据条块化分布于不同的硬盘上，条块单位为位或字节。然而 RAID 2 使用称为“加重平均纠错码”的编码技术来提供错误检查及恢复。这种编码技术需要多个磁盘存放检查及恢复信息，使得 RAID 2 技术实施更复杂，因此，在商业环境中很少使用。

同 RAID 2、RAID 3 一样，RAID 4、RAID 5 也同样将数据条块化并分布于不同的磁盘上，但条块单位为块或记录。RAID 4 使用一块磁盘作为奇偶校验盘，每次写操作都需要访问奇偶盘，成为写操作的瓶颈，在商业应用中很少使用。

RAID 的优点如下。

（1）可靠性高。RAID 最大的特点可能就是它的高可靠性。除了 RAID 0 级外，其余各级都采用了容错技术。

（2）磁盘 I/O 速度高。由于磁盘阵列可采取并行交叉存取方式，故可将磁盘 I/O 速度提高 *N*−1 倍，*N* 为磁盘数目。

（3）性能/价格比高。利用 RAID 技术来实现大容量高速存储器时，其体积与具有相同容量和速度的大型磁盘系统相比，只是后者的 1/3；价格也是后者的 1/3，且可靠性更高。

10.4 网络管理和维护

网络管理和维护是一项非常复杂的任务，虽然现在关于网络管理，一方面制定了国际标准，另一方面又存在众多网络管理的平台与系统，但要真正做好网络管理的工作不是一件简单的事情。做好这项工作需要广泛的背景知识与大量的实际操作经验，下面将介绍网络技术发展中的一些新形式的网络管理，以及在长期网络管理实践基础上总结出来的一些网络管理经验。

10.4.1 VLAN 管理

VLAN（虚拟局域网）就是一个计算机网络，其中的计算机好像是被同一网线连接在一起的，而实际上它们可能分处局域网的不同区域。VLAN 更多的是通过软件而非硬件来实现，因此这使得它具有很高的灵活性。VLAN 的一个主要特性就是提供了更多的管理控制，减少了相对日常管理开销，提供了更大的配置灵活性。

VLAN 的这些特性包括：

（1）当用户从一个地点移动到另一个地点时，简化了配置操作和过程修改；

（2）当网络阻塞时，可以重新调节流量分布；

（3）提供流量与广播行为的详细报告，同时统计 VLAN 逻辑区域的规模与组成；

（4）能根据实际情况，提供在 VLAN 中增加和减少用户的灵活性。

上面的这些操作必须透明地执行，同时需要不用具备对实际网络连接情况的了解，或者不用知道如何重新配置协议。虽然用户可以直接地通过设置或重置 VLAN 的端口来配置 VLAN，但缺乏智能网络管理工具的帮助。因而，保证 VLAN 在若干部门之间正常通信是很困难的。

Cisco 公司提供了一组 VLAN 的管理工具：VLAN View 和 Traffic View，下面通过这两个工具来介绍 VLAN 管理所应具有的功能。这些工具都基于 SNMP，完全支持 SNMP 的 Get 和 Set 操作，而且可以无缝地集成到常用的网络管理平台，如 OpenView、NetView 和 SunNet Manager 等。这些工具还用可视化的图形用户界面来简化 VLAN 的设计、配置和管理，同时还可管理从小型局域网到具有多层交换的复杂大型网络。

1．VLAN View

VLAN View 具有图形用户界面，它的核心应用是通过图形界面上的拖放操作模式来为 VLAN

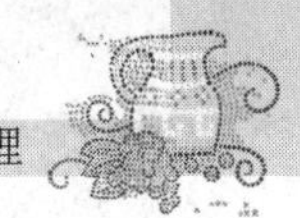

创建的逻辑组分配端口。在这种功能中，以图形方式自动画出每个交换机在网络中的拓扑位置，并提供交换机每个端口的状态显示，然后允许用户拖放一个或多个端口给一个 VLAN。这种图形界面下的拖放操作方式减少了配置时间，同时使得操作简单易用。

VLAN View 不仅减少了给 VLAN 配置端口的时间，而且还提供了在主干网不同交换机间配置 VLAN 的功能。该功能在相连的路由器与交换机之间传递一系列的配置选项以优化 VLAN 的流量。首先，提供一种简单操作模式。该模式可以启动交换机之间的主干线路，而这些交换机都配置有 VLAN 或处于连接 VLAN 的链路之上。其次，网络管理员可以通过在冗余线路上分配 VLAN，或在特定区域内分离 VLAN，以方便地调整与优化它们。最后，网络管理员可以方便地通过主干网查看 VLAN 的配置情况，以及每个 VLAN 的详细连接信息，包括交换机、线路的连接配置以及端口的分配情况。

VLAN View 还具备一些扩展功能，包括通过发现终端主机的 MAC/IP 地址给 VLAN 动态分配交换机的端口，给端口添加安全功能以识别非授权用户，以及基于应用层和网络层协议对第三层 VLAN 进行动态分组。

2. Traffic View

Traffic View 是一个基于 RMON 的流量监听与分析应用，该应用可以提供给端口和每个局域网段的流量信息。同时，该应用不仅可以为每个局域网的故障诊断与排除提供帮助，而且流量趋势分析可以发现主要的网络变化。这些趋势信息在网络规划阶段、网络实施阶段以及计划审批阶段都非常有用，同时利用这些趋势信息还能很快发现网络发生的故障。另一方面，Traffic View 的管理代理具有通用性，这些管理代理不仅可以给 Traffic View 提供数据，还可以给任何具有 RMON 的应用提供数据。这为网络管理功能的集成提供了保障。

10.4.2　WAN 接入管理

在网络管理的解决方案中，大家都知道一个大型网络（一般是 WAN）是通过分层进行管理的。比如在一个全国性的网络中心之下有许多地区性的网络中心。通常，全国性的网络中心主要任务是保证这个 WAN 的主干网正常运转，而地区性网络中心则主要负责各个网络用户的接入管理。

对于每个想入网的用户而言，首先要考虑是怎样连接上这个网络。一般用户需要找到主管自己这片地区的地区性网络中心，然后提出申请，最后该地区性网络中心再进行用户的接入操作。这些操作一般包括以下几方面。

（1）联网用户必须租用一条网络线路，连接用户与地区性网络中心。该线路可以是已经存在的，属于某个商业网络公司或电信公司，也可以是单独为该用户铺设的一条线路。线路既可能是使用光纤的 DDN 专线，也可能是使用电话线的 DDR 线路。联网用户租用了网络线路，就要向线路的经营者交纳租金，而线路的经营者可能不是提供接入服务的地区性网络中心。

（2）联网用户需要向地区网络中心申请一段属于自己的 IP 地址，然后在全国网络中心注册域名。

（3）对于接入的联网用户，一般都要向地区性网络中心一次性交纳一笔接入费用，然后地区网络中心再对该用户进行网络接入的相关配置。

（4）在联网用户端也需要进行相应的配置，然后开通该用户的网络连接，最后联网用户需要

根据其使用网络资源的流量交纳网络费用。

在上面的操作中可以看到，地区网络中心对新联网用户的接入需要进行相应的配置，这些配置操作一般包括以下几方面。

（1）在接入路由器上，选择一个空闲端口，在该端口上进行相应的配置，然后再根据接入的拓扑关系，配置该端口的路由信息。

（2）在接入路由器上，根据用户的 IP 地址范围建立一个 Access-List 组，一旦用户要求或其他情况（如用户没有按规定交纳费用等）发生时，可以立即断掉该用户的网络连接。

（3）把该路由器端口和连接联网用户的线路加入网络管理监视对象集，以保障提供给用户可靠、稳定的网络接入服务。

10.4.3　网络故障诊断和排除

网络中可能出现的故障多种多样，往往解决一个复杂的网络故障需要广泛的网络知识与丰富的工作经验。这也是为什么一个成熟的网络管理机构制定有一整套完备的故障管理日志记录机制的原因，同时也是人们率先把专家系统和人工智能技术引进到网络故障管理中来的原因。另一方面，由于网络故障的多样性和复杂性，网络故障分类方法也不尽相同。通常可以根据网络故障的性质把故障分为物理故障与逻辑故障，也可以根据网络故障的对象把故障分为线路故障、路由器故障和主机故障。

1．根据网络故障不同性质划分

（1）物理故障。物理故障是指设备或线路损坏、插头松动、线路受到严重电磁干扰等情况。例如，网络中某条线路突然中断，这时网络管理人员从监控界面上发现该线路流量突然掉下来或系统弹出报警界面，这时首先用 ping 检查线路在网络管理中心这端的端口是否连通，如果不连通，则检查端口插头是否松动（如果松动则插紧，再用 ping 检查），如果连通则故障解决。这时需把故障的特征及其解决步骤详细记录下来。也有可能是线路远离网络管理中心的那端插头松动，则需要通知对方进行解决。另一种常见的物理故障就是网络插头误接。这种情况经常是没有搞清网络插头规范或没有弄清网络拓扑规划的情况下导致的。网络插头都有一些规范，只有搞清网线中每根线的颜色和意义，才能做出符合规范的插头，否则就会导致网络连接出错。另一种情况，如两个路由器直接连接，这时应该让一台路由器的出口连接另一路由器的入口，而这台路由器的入口连接另一路由器的出口才行，这时制作的网线就应该满足这一特性，否则也会导致网络故障。不过像这种网络连接故障显得很隐蔽，要诊断这种故障没有什么特别好的工具，只有依靠经验丰富的网络管理人员了。

（2）逻辑故障。逻辑故障中的一种常见情况就是配置错误，就是指因为网络设备的配置原因而导致的网络异常或故障。配置错误可能是路由器端口参数设定有误，或路由器路由配置错误以至于路由循环或找不到远端地址，或者是网络掩码设置错误等。例如，同样是网络中某条线路故障，发现该线路没有流量，但又可以 Ping 通线路两端的端口，这时很可能就是路由配置错误导致循环了。诊断该故障可以用 traceroute 工具，可以发现在 traceroute 的结果中某一段之后，两个 IP 地址循环出现。这时，一般就是线路远端把端口路由又指向了线路的近端，导致 IP 包在该线路上来回反复传递。这时需要更改远端路由器端口配置，把路由设置为正确配置，就能恢复线路了。当然处理该故障的所有动作都要记录在日志中。逻辑故障中另一类故障就是一些重要进程或端口关闭，以及系统的负载过高。例如，路由器的 SNMP 进程意外关闭或死掉，这时网络管理系统将

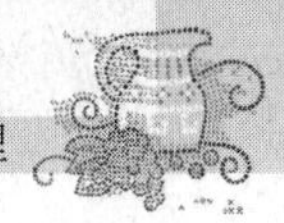

不能从路由器中采集到任何数据，因此网络管理系统失去了对该路由器的控制。还有，也是线路中断，没有流量，这时用 ping 发现线路近端的端口 ping 不通，这时检查发现该端口处于 down 的状态，就是说该端口已经给关闭了，因此导致故障。这时只需重新启动该端口，就可以恢复线路的连通了。另一种常见情况是路由器的负载过高，表现为路由器 CPU 温度太高、CPU 利用率太高，以及内存余量太小等，虽然这种故障不能直接影响网络的连通，但却影响到网络提供服务的质量，而且也容易导致硬件设备的损害。

2．根据网络故障的对象划分

（1）线路故障。线路故障最常见的情况就是线路不通，诊断这种故障可用 ping 检查线路远端的路由器端口是否还能响应，或检测该线路上的流量是否还存在。一旦发现远端路由器端口不通，或该线路没有流量，则该线路可能出现了故障。这时有几种处理方法。首先是 ping 线路两端路由器端口，检查两端的端口是否关闭了。如果其中一端端口没有响应，则可能是路由器端口故障。如果是近端端口关闭，则可检查端口插头是否松动，路由器端口是否处于 down 的状态；如果是远端端口关闭，则要通知线路对方进行检查。进行这些故障处理之后，线路往往就通畅了。如果线路仍然不通，可能要通知线路的提供商检查线路本身的情况，看是否线路被切断等；另一种可能就是路由器配置出错，可用上面讲的解决逻辑故障的办法解决。

（2）路由器故障。事实上，线路故障中很多情况都涉及路由器，因此也可以把一些线路故障归结为路由器故障。但线路涉及两端的路由器，因此在考虑线路故障时要涉及多个路由器。有些路由器故障仅仅涉及它本身，这些故障比较典型的就是路由器 CPU 温度过高、CPU 利用率过高和路由器内存余量太小。其中最危险的是路由器 CPU 温度过高，因为这可能导致路由器烧毁。而路由器 CPU 利用率过高和路由器内存余量太小都将直接影响到网络服务的质量，如路由器上丢包率就会随内存余量的下降而上升。检测这种类型的故障，需要利用 MIB 变量浏览器这种工具，从路由器 MIB 变量中读出有关的数据，通常情况下，网络管理系统有专门的管理进程不断地检测路由器的关键数据，并及时给出报警。而解决这种故障，只有对路由器进行升级、扩内存等，或者重新规划网络的拓扑结构。另一种路由器故障就是自身的配置错误。比如配置的协议类型不对，配置的端口不对等。这种故障比较少见，但没有什么特别的发现方法，排除故障就与网络管理人员的经验有关了。

（3）主机故障。主机故障常见的现象就是主机的配置不当。例如，主机配置的 IP 地址与其他主机冲突，或 IP 地址根本就不在子网范围内，这将导致该主机不能连通。还有一些服务器的设置故障，如 E-mail 服务器设置不当导致不能收发 E-mail，或者域名服务器设置不当将导致不能解析域名。主机故障的另一种可能是主机安全故障，如主机没有控制其上的 finger、rpc、rlogin 等多余服务，而恶意攻击者可以通过这些多余进程的正常服务或 bug 攻击该主机，甚至得到该主机的超级用户权限等。另外，还有一些主机的其他故障，如不当共享本机硬盘等，将导致恶意攻击者非法利用该主机的资源。发现主机故障是一件困难的事情，特别是别人恶意的攻击。一般可以通过监视主机的流量、或扫描主机端口和服务来防止可能的漏洞。当发现主机受到攻击之后，应立即分析可能的漏洞，并加以预防，同时通知网络管理人员注意。

10.4.4　网络管理工具

目前网络管理的工具很多，但很多网络管理工具都集成到网络管理系统中，单独的网络管理

工具不多。但仍然存在一些简单、实用的网络管理工具，这些工具包括连通性测试程序（ping）、路由跟踪程序（traceroute）和MIB变量浏览器。

1．连通性测试程序

连通性测试程序就是ping，这是一种常见的网络工具。用这种工具可以测试端到端的连通性，即检查源端到目的端网络是否通畅。ping的原理很简单，就是从源端向目的端发出一定数量的网络包，然后从目的端返回这些包的响应，如果在一定的时间内收到响应，则程序返回从包发出到收到的时间间隔，这样根据时间间隔就可以统计网络的延迟。如果网络包的响应在一定时间间隔内没有收到，则程序认为包丢失，返回请求超时的结果。这样如果让ping一次发一定数量的包，然后检查收到相应的包的数量，则可统计出端到端网络的丢包率，而丢包率是检验网络质量的重要参数。

在广域网中，线路一般是网络的重要对象，因此监测线路的通断，统计线路的延迟与丢包率是发现网络故障、检查网络质量的重要手段。而网络中线路两端一般是路由器的两个端口，所以通常的监测手段就是登录到线路一端的路由器端口上ping线路另一端路由器的端口地址，从而掌握该线路的通断情况和网络延迟等参数。同时，由于登录是可以远程进行的，所以即使网络管理者在北京，如果他有足够的权限，甚至能监测广州到上海线路的情况。

ping工具有一个局限性，它一般一次只能检测一端到另一端的连通性，而不能一次检测一端到多端的连通性。因此，ping有一种衍生工具就是fping，fping与ping基本类似，唯一的差别就是fping一次可以ping多个IP地址，比如C类的整个网段地址等。网络管理员经常发现有人依次扫描本网的大量IP地址，其实就是fping做到的。

2．路由跟踪程序

路由跟踪程序就是traceroute。由于ping工具存在一些固有的缺陷，比如从网络的一台主机ping另一台主机，可以知道端到端之间的通断和延迟，但这个端到端之间可能有多条网络线路组成，中间经过多个路由器。用ping检查端到端的连通情况，如果不通，则无法知道是网络中哪一条线路不通，即使端到端通畅也无法了解线路中哪条线路延迟大，哪条线路质量不好，因此这就需要traceroute工具了。traceroute在某种方面与ping类似，它也是向目的端发出一些网络包，返回这些包的响应结果，如果有响应也返回响应的延迟。但traceroute与ping的最大区别在于traceroute是把端到端的线路按线路所经过的路由器分成多段，然后以每段返回响应与延迟。如果端到端不通，则用该工具可以检查到哪个路由器之前都能正常响应，到哪个路由器就不能响应了，这样就很容易知道如果线路出现故障，则故障源可能出在哪里。另一方面，如果在线路中某个路由器的路由配置不当，导致路由循环。用traceroute工具可以方便地发现问题，即traceroute一端到另一端时，发现到某一路由器之后，出现的下一个路由器正是上一个路由器，结果出现循环，两个路由器返回的结果中间来回交替出现，这时往往是那个路由器的路由配置指向了前一个路由器导致路由循环了。

3．MIB变量浏览器

MIB变量浏览器是另一种重要的网络管理工具。在SNMP中，MIB变量包含了路由器的几乎所有重要参数，对路由器进行管理很大程度上是利用MIB变量来实现的。例如，路由器的路由表、路由器的端口流量数据、路由器中的计费数据、路由器CPU的温度、负载以及路由器的内存余量等，所有这些数据都是从路由器的MIB变量中采集到的。虽然对MIB变量的定时采集与分析大部分都是由驻留程序进行的，但一种图形界面下的MIB变量浏览器也是需要的。一般MIB变量

浏览器都按照 MIB 变量的树形命名结构进行设计，这样就可以自顶向下，根据所要浏览的 MIB 变量的类别逐步找到该变量，而无须记住该变量复杂的名字。网络管理人员可以利用 MIB 变量浏览器取出路由器当前的配置信息、性能参数以及统计数据等，对网络情况进行监控。

习题十

简答题

1．网络管理的意义是什么？依据 ISO 的定义，网络管理包含哪些功能？

2．什么是 SNMP？SNMP 的 5 种报文是什么？各实现什么功能？

3．日志文件在网络管理过程中起到什么作用？通过日志文件，网络管理员一般可以了解到哪些信息？

4．在网络管理过程中，端口扫描的作用是什么？如何防范恶意的端口扫描？

5．DoS 攻击一般会给网络造成哪些影响？应该采取哪些措施予以防范？

6．网络数据备份的意义是什么？主要有哪些策略？

7．网络故障一般分哪几类？针对各类故障讨论其处置方法。

实　训

1．实训目的

（1）掌握 Windows 2000 提供的网络管理工具。

（2）熟练配置本地安全策略。

（3）了解 Internet 服务管理。

（4）掌握网络故障的排除方法。

2．实训环境

每组配备计算机 3 台，其中一台运行 Windows 2000 Server，其余运行 Windows XP；网线 3 条，交换机可多组共用；系统包括网线在内均由指导教师人为设有连通性或配置故障。

3．实训内容

（1）查看管理工具。

（2）配置本地安全策略。

（3）查看 Internet 服务管理。

（4）分析、测试和排除故障。

4．实训小结

描述本次实训的过程，总结本次实训的经验体会。

说明：有条件的学校可以购置一些网络管理软件，让学生了解管理工具的使用。

第11章 网络安全

引例：现在的互联网络安全吗？

一系列的病毒、木马、入侵等事件常常给计算机网络乃至人们生活和经济社会造成损失。面对计算机网络上的挑战，保护单位或个人的机密信息不泄露，抵御攻击，维护网络安全已成为信息化过程健康发展所必须考虑的重要事情之一。网络安全问题也日益成为全球共同关注的大事。

11.1 网络安全的重要性

11.1.1 网络安全基本概念

网络安全就是确保网络上的信息和资源不被非授权用户使用。为保证网络安全，就必须对信息处理和数据存储进行物理安全保护。网络信息安全强调的是：数据信息的完整性、可用性、保密性以及不可否认性。完整性是指保护信息不被非授权用户修改和破坏；可用性是指避免拒绝授权访问或拒绝服务；保密性是指保护信息不泄露给非授权用户；不可否认性是指参与通信的双方在信息交流后不能否认曾经进行过信息交流以及不能否认对信息曾做过的处理。

11.1.2 网络安全的主要威胁

一般认为，目前网络存在的安全威胁主要表现在以下的几个方面。

（1）破坏数据的完整性。以非法手段窃取对数据的使用权，删除、修改、插入或重发某些重要信息，以取得有益于攻击者的响应；恶意添加、修改数据，干扰数据的正常传送；用拒绝服务（DoS）攻击不断对网络服务系统进行干扰，改变作业流程，执行无关程序使系统响应减慢，影响正常用户的使用，甚至使合法用户不能进入计算机网络或得不到相应的服务。

（2）非授权访问。非授权访问是指攻击者违反安全策略，利用系统安全的缺陷非法占有系统

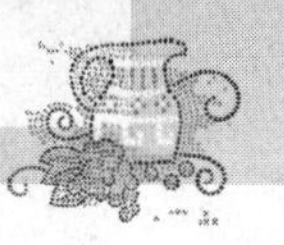

资源或访问本应受保护的信息。其主要形式有以下几种：假冒、身份攻击、非法用户进入网络系统进行非法操作或合法用户以未授权的方式进行操作等。

（3）信息泄露或丢失。指敏感数据在有意或无意中被泄露出去或丢失，通常包括信息在传输过程中泄露或丢失、信息在存储介质中泄露或丢失、通过隐蔽隧道被窃听等。

（4）利用网络传播病毒。通过网络传播计算机病毒，其破坏性远远大于单机系统，而且一般用户难以防范。

11.1.3　网络威胁的主要类型

计算机网络所面临的威胁因素主要可分为人为因素和非人为因素。

（1）非人为因素主要是指自然灾害所造成的不安全因素，如火灾、地震、水灾、战争等原因造成网络的中断、数据破坏和丢失等。解决的方法是加强系统中的硬件建设，优化系统中硬件设计，并定期进行有效的数据备份。

（2）人为因素是攻击者或攻击程序利用系统资源中的脆弱环节进行人为入侵而产生的。人为威胁因素主要有 4 种形式，如图 11-1 所示。

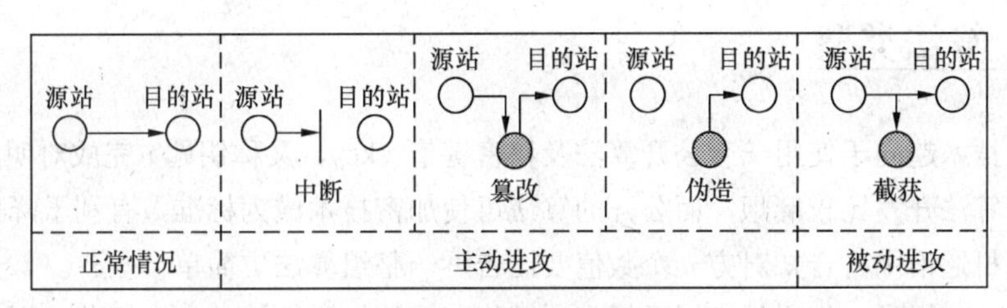

图 11-1　网络安全攻击的形式

① 截获：攻击者通过窃听、非法复制等手段从网络上获得对系统资源的访问。

② 中断：攻击者有意毁坏系统资源，切断通信线路，造成文件系统不可用。

③ 篡改：攻击者故意篡改网络上传送的报文。

④ 伪造：攻击者伪造信息在网络上传送，如在网上散布一些虚假信息。

以上 4 种威胁还可分为被动攻击和主动攻击，如截获信息的攻击称为被动攻击，更改信息和拒绝用户使用资源的攻击称为主动攻击。被动攻击的主要目的是窃听和监视信息的传输和存储，一般并不改变数据，通常很难被检测出来，所以对被动攻击通常采用预防为主的手段。对主动攻击通常可以采取有效的检测和恢复手段进行保护。为了对付攻击，必须建立相应的安全机制。

11.2　数据加密

加密指改变数据的表现形式。加密的目的是只让特定的人能解读密文，对一般人而言，即使获得了密文，也不解其义。

加密旨在对第三者保密，如果信息由源点直达目的地，在传递过程中不会被任何人接触到，则无须加密。Internet 是一个开放的系统，穿梭于其中的数据可能被任何人随意拦截，因此，将数据加密后再传送是进行秘密通信的最有效的方法。

11.2.1　加密与解密

图 11-2 所示为加密、解密的过程。其中，“This is a book”称为明文（Plain Text 或 Clear Text）；“!@#$～%^～&～*()-”称为密文（Cipher Text）。将明文转换成密文的过程称为加密（Encryption），相反的过程则称为解密（Decryption）。

This is a book ——加密——> !@#$~%^~&~*()-

!@#$~%^~&~*()- ——解密——> This is a book

图 11-2　加密、解密示意图

加密算法很多，如将表示明文中每个字母的字节按位取反，就是一种算法。当然，算法太过简单，则保密性就差，容易被破解。

加密、解密算法普遍依赖于数学，越先进的算法所牵涉的数学知识越复杂。

11.2.2　算法类型

当代加密技术趋向于使用一套公开算法及秘密键值（key，又称钥匙）完成对明文的加密。理由在于：加密算法开发比较麻烦，而公开的算法可使加密技术成为标准，有利于降低重复开发成本，且在计算机通信中，告知对方一个数值要比告诉一整组算法更简单一些。

公开算法的前提是，如果没有用于解密的键值，即使知道算法的所有细节也不能破解密文。由于需要使用键值解密，故最直接的破解方法就是遍历所有可能的键值。键值的长度决定了破解密文的难易程度，显然键值越长，越复杂，破解就越困难。

例如，8 位的键值只有 256 种位图，最多只需要尝试 256 次即可解读用其加密的密文，但 32 位的键值则大约有 42 亿种位图，一个人穷其毕生精力，可能也尝试不完。

可以把键值想象为钥匙，钥匙越长，齿形越复杂，与其对应的锁就越保险。

目前加密数据涉及的算法有秘密钥匙（Secret Key）和公用钥匙（Public Key）加密算法，上述算法再加上 Hash 函数，构成了现代加密技术的基础。

1．秘密钥匙加密

秘密钥匙加密法又称为对称式加密法或传统加密法。其特点是加密明文和解读密文时使用的是同一把钥匙，如图 11-3 所示。采用秘密钥匙技术完成通信的前提是发方和收方需要持有相同的钥匙。加密后的密文在网络上传送时，不用为泄密担心。

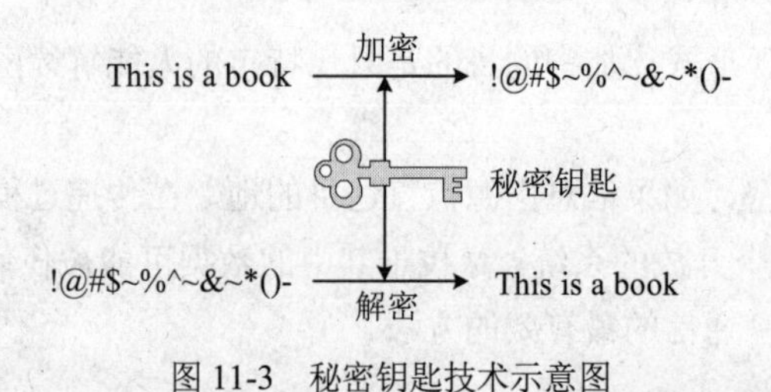

图 11-3　秘密钥匙技术示意图

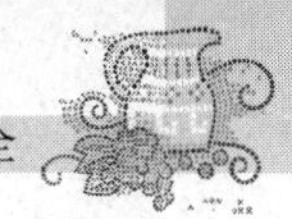

但是，由于至少有两个人持有钥匙，所以任何一方都不能完全确定对方手中的钥匙是否已经透露给第三者，这是利用秘密钥匙进行通信的缺点。

对称密钥加密技术的典型算法是 DES（Data Encryption Standard，数据加密标准）、3DES（三重 DES）、AES（Advanced Encryption Standard，高级加密标准）和 IDEA（International Data Encryption，国际数据加密算法）。

2．公用钥匙加密

公用钥匙加密法又称非对称式（Asymmetric）加密，是近代密码学新兴的一个领域。

公用钥匙加密法的特色是完成一次加密、解密操作时，需要使用一对钥匙。假定这两个钥匙分别为 A 和 B，则用 A 加密明文后形成的密文，必须用 B 方可解回明文；反之，用 B 加密后形成的密文必须用 A 解密。

通常，将其中的一个钥匙称为私有钥匙（Private Key），由个人妥善收藏，不外泄于人，与之成对的另一把钥匙称为公用钥匙，公用钥匙可以像电话号码一样被公之于众。

假如 X 需要传送数据给 A，X 可将数据用 A 的公用钥匙加密后再传给 A，A 收到后再用私有钥匙解密，如图 11-4 所示。由于 A 的公用钥匙是众所周知的，所以任何人都可以用它加密需要发给 A 的数据，加密后的数据只有 A 才能解读，因为只有 A 持有可以解密的私有钥匙。

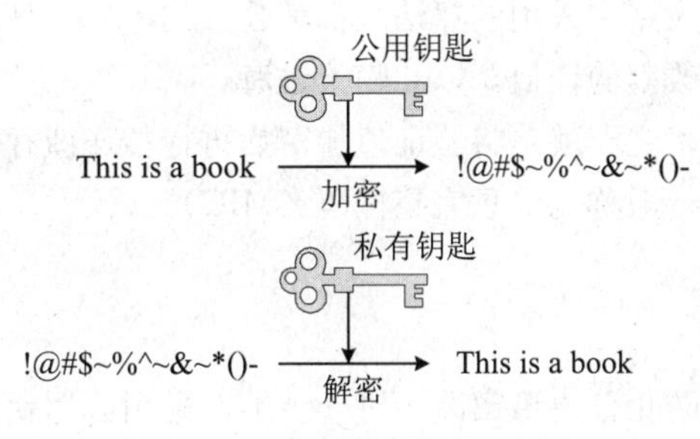

图 11-4　公用钥匙技术示意图

利用公用钥匙加密虽然可避免钥匙共享而带来的问题，但使用时，需要的计算量较大。公开密钥密码加密的典型算法是 RSA。

11.2.3　Hash 函数

Hash 函数又名信息摘要（Message Digest）函数，可将一任意长度的信息浓缩为较短的固定长度的数据。其特点如下。

- 浓缩结果与源信息密切相关，源信息每一微小变化，都会使浓缩结果发生巨变。
- Hash 函数所生成的映射关系是多对一关系，因此无法由浓缩结果推算出源信息。
- 运算效率较高。

可见，Hash 函数实际上是摘取给定信息的精要，将信息迅速浓缩为一组固定长度的数据，这组数据可反映源信息的特征，可代表源信息，因此又可称为信息指纹（Message Fingerprint）。

对 Hash 函数的算法要求是：为不同信息生成的指纹相同的概率极低。这个概率一般取决于指纹的长度，指纹越长，则可映射的范围越大，重复概率越低。

传统的 Hash 技巧很多，如校验和（Checksum），它将所有信息比特相加，然后取和的最低位比特作为摘要值，如果源数据发生变化，则摘要值将发生变化。该技巧虽然简单，但可信度不高。

因为假如源数据中有两个比特均发生了变化，校验和仍然会维持原值不变。

Hash 函数一般用于为信息产生验证值，此外它也被用于用户密码存储。为避免密码被盗用，许多操作系统（如 Windows NT、UNIX）都只存储用户密码的 Hash 值，当用户登录时，则计算其输入密码的 Hash 值，并与系统储存的值进行比对，如果结果相同，就允许用户登录。

Hash 函数另一著名的应用是与公用钥匙加密法联合使用，以产生数字签名。

11.2.4 数据完整性验证

完整性（Integrity）验证用于确认数据经长途劳顿、长期保存后是否仍然保持原样，不曾改变。

验证数据完整性的一般方法是用 Hash 函数对原数据进行处理，产生一组长度固定（例如 32 位）的摘要值。需要验证时，便重新计算摘要值，再与原验证值进行比对，以判别数据是否发生了变化。

完整性验证可见于许多软、硬件应用中，例如传统的磁盘用校验和或循环冗余校验（CRC）等技巧产生分区数据的验证值，在低层网络协议中也可见到类似技术的应用，以检测所传送的数据是否受到了噪声的干扰。

传统的完整性验证方式虽然可检测物理信号的衰退或被噪声改变的情况，但无法抵御人为的窜改。因为这类在软、硬件应用中采用的算法大都是公开的，所以任何人只要知道算法，便可以在窜改原数据的同时一并更改其验证值，以此瞒天过海。

防止这种情形发生的技术之一就是将验证值加密后再行传送或存储。例如，使用秘密钥匙算法，这种经过加密的验证值一般称为信息完整性码（MIC）。

11.2.5 数字签名

利用钥匙加密验证值可防止信息遭窜改。进一步地，采用公用钥匙算法中的私有钥匙加密验证值，则除了可防止信息遭窜改外，该加密值也同时是数字签名。

假设甲要向乙发送一封电子邮件，那么甲可在撰写完邮件后计算出邮件的验证值，然后将验证值用自己的私有钥匙加密，产生数字签名，并将该签名与邮件一并发出。乙收到这封邮件后，首先用甲的公用钥匙解密验证值密文，再计算所得邮件的验证值，然后将两个验证值加以比对，如果一致，说明邮件是甲发送的，且没有被窜改过。由于仅有持有甲的私有钥匙的人方可生成正确的验证值密文，所以甲不能否认信是他发出的，上述过程如图 11-5 所示。

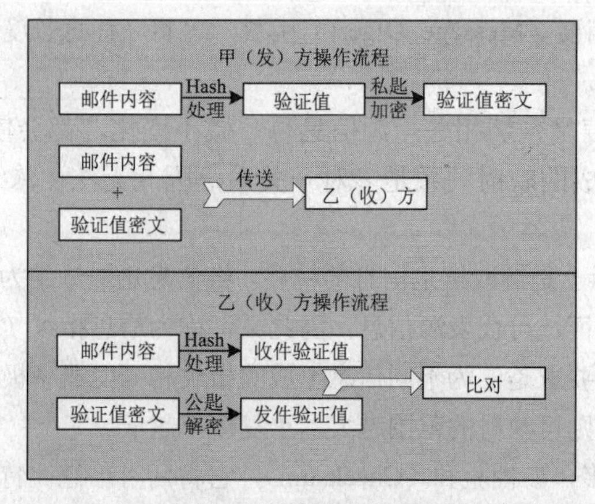

图 11-5 数字签名的生成和确认流程示意图

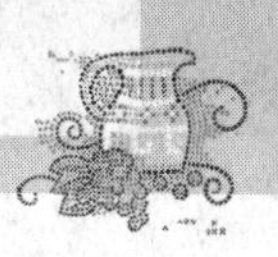

因此，数字签名的功能有三：可证明信件的来源；可判定信件内容是否被窜改；发信者无法否认曾经发过信。

数字签名是在网络上实现交易的关键技术，因为它可取代传统的签名并且较为先进。

顺便指出，若需发送加密信件，则发方可将邮件内容与验证值密文一道用收方的公用钥匙加密，密件达到收方后，收方先用自己的私有钥匙解开密件，然后再确认数字签名。

11.2.6　加密技术的新发展

1．密码专用芯片集成

密码技术是网络信息安全的核心技术，目前已经渗透到大部分安全产品之中，正向芯片化方向发展。在芯片设计制造方面，目前微电子水平已经发展到 0.1μm 工艺以下，芯片设计的水平很高。我国在密码专用芯片领域的研究起步落后于国外，近年来我国集成电路产业技术的创新和自我开发能力得到了提高，微电子工业得到了发展，从而推动了密码专用芯片的发展。加快密码专用芯片的研制将会推动我国信息安全系统的完善。

2．量子加密技术的研究

量子技术在密码学上的应用分为两类：一是利用量子计算机对传统密码体制的分析；二是利用单光子的测不准原理在光纤一级实现密钥管理和信息加密，即量子密码学。量子计算机是一种传统意义上的超大规模并行计算系统，利用量子计算机可以在几秒钟内分解 RSA129 的公钥。根据 Internet 的发展，全光网络将是今后网络连接的发展方向，利用量子技术可以实现传统的密码体制，在光纤一级完成密钥交换和信息加密是建立在“海森堡测不准原理”及“单量子不可复制定理”上的。如果攻击者企图接收并检测信息发送方的信息（偏振），则将造成量子状态的改变，这种改变对攻击者而言是不可恢复的，而对收发方则可很容易地检测出信息是否受到攻击。目前量子加密技术仍然处于研究阶段，实验中的量子密码的最大传输距离没有超过 100km。其量子密钥分配在光纤上的有效距离还达不到远距离光纤通信的要求。

11.2.7　数字证书

数字证书简称证书，也称为电子证书，是 PKI（公开密钥体系）的核心元素，由认证机构服务者签发，它是数字签名的技术基础保障；符合 X.509 标准，是网上实体身份的证明，证明某一实体的身份以及其公钥的合法性及该实体与公钥二者之间的匹配关系。证书是公钥的载体，证书上的公钥唯一与实体身份相绑定，采用数字证书来分发公钥。现行的 PKI 机制一般为双证书机制，即一个实体应具有两个证书，两个密钥对，一个是加密证书，一个是签名证书，加密证书原则上是不能用于签名的。

1．数字证书内容

数字证书是一种数字结构，具有一定的公共格式，由具有权威性、可信任性和公正性的第三方机构签发，是权威性电子文档。

证书的主要内容按 X.509 标准规定其逻辑表达式为

$$CA《A》=CA\{V, SN, AI, CA, UCA, A, UA, Ap, Ta\}$$

其中：CA《A》——认证机构 CA 为用户 A 颁发的证书；

CA{,,,}——认证机构CA对花括弧内证书内容进行的数字签名；

V——证书版本号；

SN——证书序列号；

AI——用于对证书进行签名的算法标识；

CA——签发证书的认证机构的名字；

UCA——签发证书的CA的唯一标识符；

A——用户A的名字；

UA——用户A的唯一标识；

Ap——用户A的公钥；

Ta——证书的有效期。

从V到Ta是证书在标准域中的主要内容，表11-1所示为一般数字证书的例子。

证书的这些内容主要用于身份认证、签名的验证和有效期的检查。

表11–1 一般的数字证书例子

证书格式版本	V	3
证书序列号	SN	54656561
CA签名算法标识	AI	Sha1 RSA
签发CA名称	CA	O=cfca， C=CN
CA对证书的签名	UCA	ca78 · b2c1 · 1bc8
证书持有者名称	UA	Cn=*****，O=cfca，C=Cn
证书公钥	AP	A078 · cf13 · 2bc2
证书有效期	Ta	2005-1-1**2006-1-1
证书扩展域		Keyuseage=digital

2. 数字证书颁发过程

数字证书是由认证中心（CA）颁发的。证书是认证中心与用户建立信任关系的基础。在用户使用数字证书之前必须首先下载和安装。认证中心是一家能向用户签发数字证书以确认用户身份的管理机构。为了防止数字凭证的伪造，认证中心的公共密钥必须是可靠的，认证中心必须公布其公共密钥或由更高级别的认证中心提供一个电子凭证来证明其公共密钥的有效性，后一种方法导致了多级别认证中心的出现。

数字证书颁发过程如下：用户产生了自己的密钥对，并将公共密钥及部分个人身份信息传送给一家认证中心。认证中心在核实身份后，将执行一些必要的步骤，以确信请求确实由用户发送而来，然后，认证中心将发给用户一个数字证书，该证书内附了用户和他的密钥等信息，将用户的网上身份与证书绑定，同时还附有对认证中心公共密钥加以确认的数字证书，如图11-6所示。当用户想证明其公开密钥的合法性时，就可以提供这一数字证书。

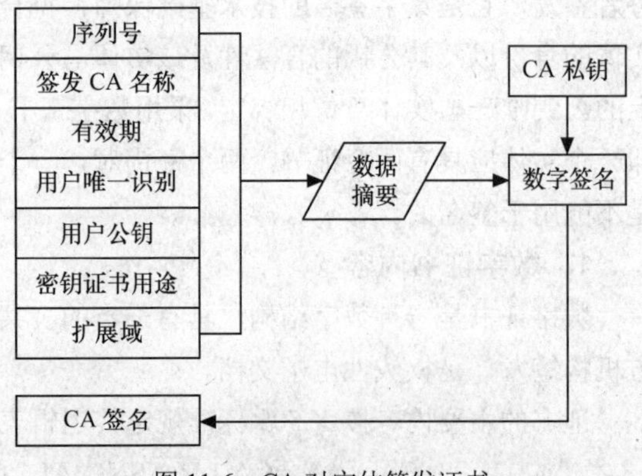

图11-6 CA对实体签发证书

认证中心 CA 颁发的上述证书与对应的私钥存放在一个保密文件里，最好的办法是存放在 IC 卡和 USB Key 介质中，可以保证私钥不出卡，证书不能被复制、安全性高、携带方便、便于管理。这就是《电子签名法》中所说的“电子签名生成数据，属于电子签名人所有并由电子签名人控制……。”的具体作法。如使用现在的个人网上银行时，开户银行发给用户一个 USB 存储器，用户先进行安装和到该行网站上下载相应的数字证书到存储器上。当需要进行网上交易时，插上 USB 卡，并按提示输入账号和密码，就可以放心地进行网上购物、网上理财、网上证券等操作。因为用户必须同时拥有已安装证书的存储器，记住自己的个人网上银行的账号和密码才能完成网上交易，其他无法冒名伪造。

3．数字认证原理

数字证书采用公钥体制，即利用一对互相匹配的密钥进行加密、解密。每个用户自己设定一把特定的仅为本人所知的私有密钥，用它进行解密和签名；同时设定一把公共密钥并由本人公开，为一组用户所共享，用于加密和验证签名。当发送一份保密文件时，发送方使用接收方的公钥对数据加密，而接收方则使用自己的私钥解密，这样信息就可以安全无误地到达目的地了。通过数字的手段保证加密过程是一个不可逆过程，即只有用私有密钥才能解密。

另外，用户可以通过数字签名实现数据的完整性和有效性，只需采用私有密钥对数据进行加密处理，由于私有密钥仅为用户个人拥有，从而能够保证签名文件的唯一性，即保证数据由签名者自己签名发送，签名者不能否认或难以否认；数据自签发到接收这段过程中未曾作过任何修改，签发的文件是真实的。

11.3 访问控制

访问控制（Access Control）是网络安全防范和保护的主要策略，它的主要任务是保证网络资源不被越权使用，即决定了谁能够访问系统，能访问系统的何种资源以及如何使用这些资源。访问控制的手段包括用户识别代码、口令、登录控制、资源授权（如用户配置文件、资源配置文件和控制列表）、授权核查、日志和审计等。各种安全策略必须相互配合才能真正起到保护作用。下面分别叙述几种常见的访问控制策略。

1．入网访问控制

入网访问控制为网络访问提供了第一层访问控制。它控制哪些用户能够登录到服务器并获取网络资源，以及用户入网时间和入网地点。

用户的入网访问控制可分为 3 个步骤：用户名的识别与验证；用户口令的识别与验证；用户账号的默认限制检查。只有通过各道关卡，该用户才能顺利入网。

对用户名和口令进行验证是防止非法访问的首道防线。用户登录时，首先输入用户名和口令，服务器将验证所输入的用户名是否合法。如果验证合法，才继续验证输入的口令，否则，用户将被拒之网络之外。用户口令是用户入网的关键所在。为保证口令的安全性，口令不能显示在显示屏上，口令长度应不少于 6 个字符，口令字符最好是数字、字母和其他字符的混合，用户口令必须经过加密，加密的方法很多，其中最常见的方法有：基于单向函数的口令加密，基于测试模式的口令加密，基于公钥加密方案的口令加密，基于平方剩余的口令加密，基于多项式共享的口令加密，基于数字签名方案的口令加密等。用户还可采用一次性用户口令，也可用便携式验证器（如智能卡）来验证用户的身份。

2．网络的权限控制

网络的权限控制是针对网络非法操作所提出的一种安全保护措施。用户和用户组被赋予一定的权限。网络控制用户和用户组可以访问哪些目录、子目录、文件和其他资源。可以指定用户对这些文件、目录、设备能够执行哪些操作。可以根据访问权限将用户分为以下几类：特殊用户（即系统管理员）；一般用户，系统管理员根据他们的实际需要为他们分配操作权限；审计用户，负责网络的安全控制与资源使用情况的审计。用户对网络资源的访问权限可以用一个访问控制表来描述。

3．目录级安全控制

网络应允许控制用户对目录、文件、设备的访问。用户在目录一级指定的权限对所有文件和子目录有效，用户还可进一步指定对目录下的子目录和文件的权限。对目录和文件的访问权限一般有8种：系统管理员权限（Supervisor）、读权限（Read）、写权限（Write）、创建权限（Create）、删除权限（Erase）、修改权限（Modify）、文件查找权限（File Scan）、存取控制权限（Access Control）。用户对文件或目标的有效权限取决于以下两个因素：用户的受托者指派和用户所在组的受托者指派，继承权限屏蔽取消的用户权限。一个网络系统管理员应当为用户指定适当的访问权限，这些访问权限控制着用户对服务器的访问。8种访问权限的有效组合可以让用户有效地完成工作，同时又能有效地控制用户对服务器资源的访问，从而加强了网络和服务器的安全性。

11.4 防火墙技术

11.4.1 防火墙概述

1．防火墙的概念

防火墙（Firewall）类似建筑物中的防火墙，是一个或一组网络设备（计算机或路由器等），它的作用是保护内部网络不受外部网络的攻击，以及防止内部网络用户向外泄密，如图11-7所示。

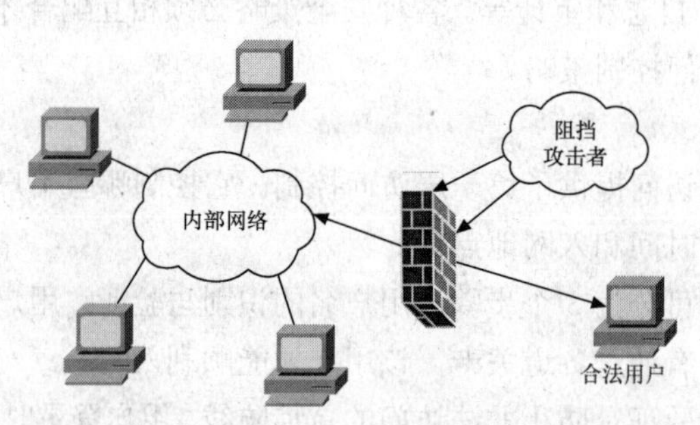

图11-7 防火墙示意图

2．防火墙的功能特性

从广义上说，防火墙是一个用于Intranet与Internet之间的隔离系统或系统组（包括软件和硬件），它在两个网络之间实施相应的访问控制策略，它在网络系统中具有如下的功能特性。

（1）控制进出网络的信息流向和信息包。

（2）提供使用和流量的日志和审记。

（3）隐藏内部IP以及网络结构细节。

（4）提供虚拟专用网功能。

3．防火墙遵循的准则

防火墙可以采取如下两种之一理念来定义防火墙应遵循的准则。

（1）未经说明许可的就是拒绝。防火墙阻塞所有流经的信息，每一个服务请求或应用的实现都基于逐项审查的基础上。这是一个值得推荐的方法，它将创建一个非常安全的环境。当然，该理念的不足在于过于强调安全而减弱了可用性，限制了用户可以申请的服务的数量。

（2）未说明拒绝的均为许可的。约定防火墙总是传递所有的信息，此方式认定每一个潜在的危害总是可以基于逐项审查而被杜绝。当然，该理念的不足在于它将可用性置于比安全更为重要的地位，增加了保证私有网安全性的难度。

11.4.2　防火墙的分类

1．按软、硬件形式分类

从软、硬件形式上分为软件防火墙和硬件防火墙以及芯片级防火墙。

（1）防火墙运行于特定的计算机上，它需要客户预先安装好的计算机操作系统的支持，一般来说这台计算机就是整个网络的网关。软件防火墙就像其他的软件产品一样，需要先在计算机上安装并做好配置才可以使用。

（2）目前市场上大多数防火墙都是基于专用的硬件平台的硬件防火墙，它们都基于 PC 架构。传统硬件防火墙一般至少应具备 3 个端口，分别接内网、外网和 DMZ 区（非军事化区），现在一些新的硬件防火墙往往扩展了端口，常见四端口防火墙一般将第四个端口作为配置口、管理端口。很多防火墙还可以进一步扩展端口数目。

（3）芯片级防火墙基于专门的硬件平台，没有操作系统。专有的 ASIC 芯片促使它们比其他种类的防火墙速度更快，处理能力更强，性能更高。这类防火墙由于是专用 OS（操作系统），因此防火墙本身的漏洞比较少，不过价格相对比较高昂。

2．按防火墙技术分类

按防火墙技术分为包过滤型和应用代理型两大类。

前者以以色列的 Checkpoint 防火墙和 Cisco 公司的 PIX 防火墙为代表，后者以美国 NAI 公司的 Gauntlet 防火墙为代表。

（1）包过滤（Packet Filtering）通常是用包过滤路由器生成的。这种路由器可以在信息包通过路由器的接口时用来过滤信息包。它是在网间的路由器中按网络安全策略设置一张访问表或黑名单，即借助数据包中的 IP 地址确定什么类型的信息允许通过防火墙，什么类型的信息不允许通过。包过滤型防火墙工作在 OSI 网络参考模型的网络层和传输层，它根据数据包头源 IP 地址，目的 IP 地址、端口号和协议类型等标志确定是否允许通过。只有满足过滤条件的数据包才被转发到相应的目的地，其余数据包则被从数据流中丢弃，如图 11-8 所示。

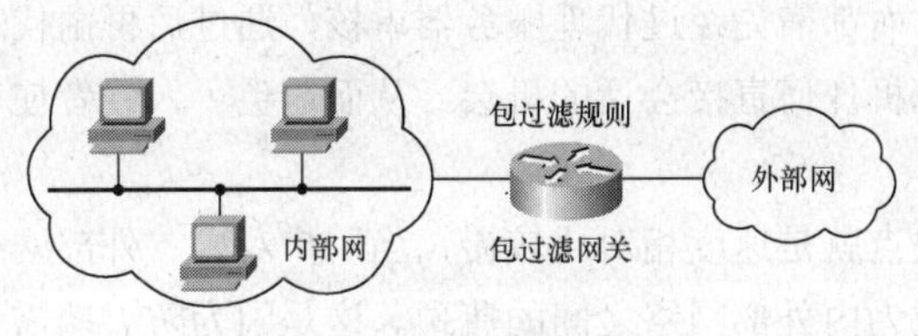

图 11-8　包过滤技术示意图

包过滤型防火墙的职责就是根据访问表（或黑名单）对进出路由器的数据包进行检查和过滤，凡符合要求的放行，不符合的拒之门外。这种防火墙简单易行，但不能完全有效地防范非法攻击。包过滤方式是一种通用、廉价和有效的安全手段。因为它不是针对各个具体的网络服务采取特殊的处理方式，所以适用于所有网络服务。大多数路由器都提供数据包过滤功能，所以这类防火墙多数是由路由器集成的，价格低廉；但已能很大程度上满足了绝大多数企业安全要求。目前，80%的防火墙都采用这种技术。

包过滤型也有弱点：包过滤型规则定义起来比较复杂，通常没有测试工具来检验定义规则的正确性，有些路由器不具备记录能力，因此，如果路由器的规则让有威胁的坏的数据包通过，则这些数据包在强行闯入前是无法被检测出来的。

为了克服与包过滤路由器相关联的不足，防火墙需要使用软件来转发和过滤 Telnet 和 FTP 等服务和连接。这样的一种应用叫做代理服务，而运行代理服务软件的防火墙叫做应用代理型防火墙。

（2）应用代理型防火墙（Application Proxy）是工作在 OSI 的最高层，即应用层。代理服务技术是防火墙技术中使用得较多的技术，也是一种安全性能较高的技术。其特点是完全"阻隔"了网络通信流，通过对每种应用服务编制专门的代理程序，实现监视和控制应用层通信流的作用。代理服务程序运行在一台主机上构成代理服务器，其主要功能之一是就是防火作用。

对于不同的应用，代理服务器上要专门开发不同的应用代理程序。应用代理程序由应用代理服务器和应用代理客户机两部分组成。应用代理程序将所有跨越防火墙的网络通信链路分为两段，防火墙内外计算机系统间的应用层连接由代理服务器来完成。代理服务器的服务器部分接收内部用户的请求，客户机部分转发请求到远程服务器上，并接收来自远程服务器的回答，再转发给内部用户。同时，在数据转发的过程中，代理服务器可针对特定的应用协议，对整个传输过程进行控制，其工作原理如图 11-9 所示。

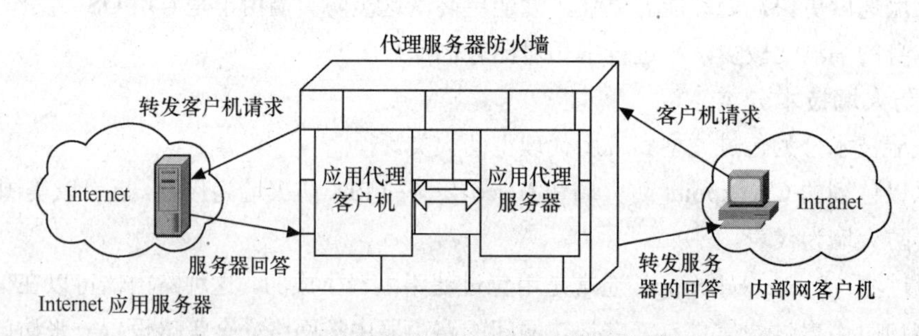

图 11-9　应用代理型防火墙服务器工作原理

代理类型防火墙的最突出的优点就是安全。由于它工作于最高层，所以它可以对网络中任何一层数据通信进行筛选保护，而不是像包过滤那样，只是对网络层的数据进行过滤。另外，代理型防火墙采取一种代理机制，它可以为每一种应用服务建立一个专门的代理，所以内、外部网络之间的通信不是直接的，而都需先经过代理服务器审核，通过后再由代理服务器代为连接，根本没有给内、外部网络计算机任何直接会话的机会，从而避免了入侵者使用数据驱动类型的攻击方式入侵内部网。

代理防火墙的最大缺点就是速度相对比较慢，当用户对内、外部网络网关的吞吐量要求比较高时，代理防火墙就会成为内外部网络之间的瓶颈。这是因为防火墙需要为不同的网络服务建立

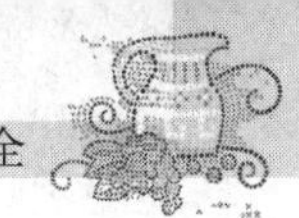

专门的代理服务，在自己的代理程序为内、外部网络用户建立连接时需要时间，所以给系统性能带来了一些负面影响，但通常不会很明显。

3．按防火墙结构分类

按防火墙结构分为单一主机防火墙、路由器集成式防火墙和分布式防火墙 3 种。

（1）单一主机防火墙是最为传统的防火墙，与一台计算机结构差不多，它独立于其他网络设备，位于网络边界。它与一般计算机最主要的区别就是一般防火墙都集成了两个以上的以太网卡，因为它需要连接一个以上的内、外部网络。

（2）随着防火墙技术的发展及应用需求的提高，原来作为单一主机的防火墙现在已发生了许多变化。最明显的变化就是现在许多中、高档的路由器中已集成了防火墙功能，做到多功能的融合。

（3）还有的防火墙已不再是一个独立的硬件实体，而是由多个软、硬件组成的系统，这种防火墙俗称“分布式防火墙”。分布式防火墙再也不是只是位于网络边界，而是渗透于网络的每一台主机，对整个内部网络的主机实施保护。

在网络服务器中，通常会安装一个用于防火墙系统管理软件，在服务器及各主机上安装有集成网卡功能的 PCI 防火墙卡 ，这样一块防火墙卡同时兼有网卡和防火墙的双重功能。这样一个防火墙系统就可以彻底保护内部网络。

4．按防火墙应用部署位置分类

按防火墙的应用部署位置分为边界防火墙、个人防火墙和混合防火墙 3 大类。

（1）边界防火墙是最传统的那种，它们于内、外部网络的边界，所起的作用的对内、外部网络实施隔离，保护边界内部网络。这类防火墙一般都是硬件类型的，价格较贵，性能较好。

（2）个人防火墙安装于单台主机中，防护的也只是单台主机。这类防火墙应用于广大的个人用户，通常为软件防火墙，价格最便宜，性能也最差。

（3）混合式防火墙可以说就是“分布式防火墙”或者“嵌入式防火墙”，它是一整套防火墙系统，由若干个软、硬件组件组成，分布于内、外部网络边界和内部各主机之间，既对内、外部网络之间通信进行过滤，又对网络内部各主机间的通信进行过滤。它属于最新的防火墙技术之一，性能最好，价格也最贵。

5．按防火墙性能分类

按防火墙性能分为 100Mbit/s 级防火墙和吉比特级防火墙两类。

因为防火墙通常位于网络边界，所以不可能只是 10Mbit/s 级的。这主要是指防火墙的通道带宽，或者说是吞吐率。当然通道带宽越宽，性能越高，这样的防火墙因包过滤或应用代理所产生的延时也越小，对整个网络通信性能的影响也就越小。

11.4.3　防火墙配置

防火墙配置可以包括防火墙的硬件配置和防火墙的软件配置。在硬件方面主要在网络设计时要合理规划防火墙，在防火墙的调试之前一般要准备好一台控制工作站（可以是普通的计算机，安装有加密传输的浏览器）和一些网络连接线。防火墙的软件配置主要包括系统设置和安全规则设置。

1．一般防火墙的系统设置

（1）网络设置：如设置网络接口的 IP 地址等。

（2）路由设置：主要是为系统设置路由规则。

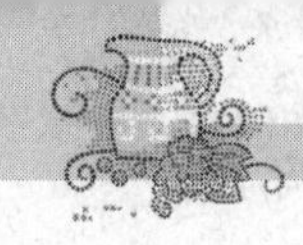

（3）系统设置：NAT（网络地址映射）设置、密码设置、工作模式设置等。

2．定义防火墙安全规则

防火墙安全规则是一系列的比较条件和一个对数据包的动作，就是根据数据包的每一个部分来与设置的条件比较。当符合条件时，就可以确定对该包放行或者阻挡。通过合理的设置规则就可以把有害的数据包挡在防火墙之外。不同的商家生产的防火墙，其设置规则稍有不同，一般有系统默认的设置规则，用户也可以自行设置。例如，在“天网”防火墙设置一个防范木马冰河的规则，具体方法是：先把规则名称和说明填好，以标明这条规则的作用；在数据包方向就设置成“发送”，木马都是从内到外的，对方的IP地址就设置成“任何地址”，这样不论是谁都没办法用冰河来来攻击你的网络了。冰河使用的协议是UDP，端口号是7626，所以就选择UDP，本机端口为7626。当有攻击满足上述条件时，攻击就被拦截，同时记录在日志里，并且会发出警告声。

11.4.4　防火墙产品介绍

现在市场上流行的防火墙产品有许多，有软件和硬件的，有些软件防火墙产品还是免费的，可以直接从互联网上下载。

1．软件防火墙产品介绍

（1）天网防火墙个人版。

软件语言：简体中文。

运行环境：Windows 9x/NT/2000/XP。

软件介绍：天网防火墙（SkyNet-FireWall）个人版（简称为天网防火墙）是一款由天网安全实验室制作的给个人计算机使用的网络安全程序。它根据系统管理者设定的安全规则（Security Rules）把守网络，提供强大的访问控制、应用选通、信息过滤等功能。它可以抵挡网络入侵和攻击，防止信息泄露，并可与天网安全实验室的网站（www.sky.net.cn）相配合，根据可疑的攻击信息，来找到攻击者。天网防火墙把网络分为本地网和互联网，可以针对来自不同网络的信息，来设置不同的安全方案，它适合于任何拨号上网的用户。

（2）江民黑客防火墙。

软件语言：简体中文。

运行环境：Windows 2003/XP/2000/NT/ME/9x。

软件大小：8087KB。

软件介绍：江民黑客防火墙常用的功能都可以方便地进行设置，有效阻挡黑客攻击、木马程序等网络危险，保护上网账号、QQ密码、游戏分值等重要信息不被盗窃。

（3）瑞星防火墙。

软件语言：简体中文。

运行环境：Windows XP/2000/2003。

软件大小：3.89MB。

软件介绍：瑞星个人防火墙能为PC提供全面的保护，有效地监控任何网络连接。通过过滤不安全的服务，防火墙可以极大地提高单机在网络环境中的安全，使系统能抵御非法的入侵，防止PC和数据遭到破坏。

（4）SyGate Personal Firewall。

软件语言：多国语言。

运行环境：Windows 9x/NT/2000/ME/XP。

软件大小：8 439KB。

软件介绍：SyGate Personal Firewall PRO 可以让计算机系统免遭来自 Internet 上的非法访问。可以自由调节安全级别，从全无到最高（几乎不允许任何形式的 Internet 访问），最高级的安全级别仅仅允许某些特定的 Internet 数据传输，如下载文件，次高级则稍微放宽些，可以进行一般的数据通信（如 Internet 游戏），再下一级适用于 Web Server。可以让这个程序与 Windows 一起运行，在指定的时间范围内阻止一切 Internet 访问。

2．市场上流行的硬件防火墙

（1）Cisco Secure PIX 515-E Firewall。Cisco Secure PIX 515-E Firewall 是 Cisco 防火墙家族中的专用防火墙设施。Cisco Secure PIX 515-E 防火墙系通过端到端安全服务的有机组合，提供了很高的安全性，适合那些仅需要与自己企业网进行双向通信的远程站点，或由企业网在自己的企业防火墙上提供所有的 Web 服务的情况。Cisco Secure PIX 515-E 与普通的 CPU 密集型专用代理服务器不同，Cisco Secure PIX 515-E 防火墙采用非 UNIX、安全、实时的内置系统。Cisco Secure PIX 515-E 还可根据需要有选择性地允许地址是否进行转化。Cisco 保证 NAT 将同所有其他的 PIX 防火墙特性（如多媒体应用支持）共同工作。Cisco Secure PIX 515-E Firewall 比适合中小型企业的网络安全需求。

（2）NetScreen 208 Firewall。NetScreen 科技公司推出的 NetScreen 防火墙产品是一种新型的网络安全硬件产品。NetScreen 采用内置的 ASIC 技术，其安全设备具有低延时、高效的 IPSec 加密和防火墙功能，可以无缝地部署到任何网络。设备安装和操控也是非常容易，可以通过多种管理界面包括内置的 WebUI 界面、命令行界面或 NetScreen 中央管理方案进行管理。NetScreen 将所有功能集成于单一硬件产品中，它不仅易于安装和管理，而且能够提供更高的可靠性和安全性。由于 NetScreen 设备没有其他品牌产品对硬盘驱动器所存在的稳定性问题，所以它是对在线时间要求极高的用户的最佳方案。采用 NetScreen 设备，只需要对防火墙、VPN 和流量管理功能进行配置和管理，减少了配置另外的硬件和复杂性操作系统的需要。这种做法缩短了安装和管理的时间，并在防范安全漏洞的工作上，省略设置的步骤。NetScreen-100 Firewall 比适合中型企业的网络安全需求。

（3）蓝盾防火墙。蓝盾防火墙（Bluedon Firewall）是国家安全部认可的计算机信息系统安全产品，是国家政府机关和安全部门的首选国产防火墙产品。例如，高端产品有蓝盾吉比特 400、蓝盾吉比特 500、教育吉比特 400、教育吉比特 500 等。智能高速吉比特接口都内置一高速网络处理器，保证接口的吞吐能力，采用独特的快速通道技术，快速规则匹配技术等，保证系统的总体性能。

11.5 入侵检测技术

11.5.1　入侵检测系统介绍

1．什么是入侵检测系统

入侵检测系统（Intrusion Detection System，IDS）和汽车上安装的防盗警报系统的功能和作

用类似，人们所说的入侵检测系统实际上是为了防范黑客对计算机网络和计算机系统的攻击行为而产生的。

2．入侵检测系统的作用

入侵检测是防火墙的合理补充，它通过收集、分析计算机系统、计算机网络介质上的各种有用信息帮助系统管理员发现攻击并进行响应。可以说入侵检测是防火墙之后的第二道安全闸门，在不影响网络性能的情况下能对网络进行监测，从而提供对内部攻击、外部攻击和误操作的实时保护。

11.5.2 入侵检测系统的种类

1．基于主机的 IDS

基于主机的入侵检测产品（HIDS）通常是安装在被重点检测的主机之上，主要是对该主机的网络实时连接以及系统审计日志进行智能分析和判断。如果其中主体活动十分可疑（特征或违反统计规律），入侵检测系统就会采取相应的措施。

优点：主机入侵检测系统对分析“可能的攻击行为”非常有用。举例来说，有时候它除了指出入侵者试图执行一些“危险的命令”之外，还能分辨出入侵者干了什么事，他们运行了什么程序、打开了哪些文件、执行了哪些系统调用。主机入侵检测系统与网络入侵检测系统相比通常能够提供更详尽的相关信息。

缺点：主机入侵检测系统安装在需要保护的设备上。举例来说，当一个数据库服务器要保护时，就要在服务器本身上安装入侵检测系统，这会降低应用系统的效率。此外，它也会带来一些额外的安全问题，安装了主机入侵检测系统后，将本不允许安全管理员访问的服务器变成他可以访问的了。

2．基于网络的 IDS

基于网络的入侵检测系统的检测端（Sensor）一般被布置在网络的核心交换机，或者部门交换的交换机的镜像端口。在网络管理员的机器上，安装上入侵检测系统的控制台，通过接收、分析 Sensor 传来的日志来做报警处理。

优点：网络入侵检测系统能够检测那些来自网络的攻击，它能够检测到超过授权的非法访问。一个网络入侵检测系统不需要改变服务器等主机的配置。由于它不会在业务系统的主机中安装额外的软件，从而不会影响这些机器的 CPU、I/O 与磁盘等资源的使用，不会影响业务系统的性能。

缺点：网络入侵检测系统只检查它直接连接网段的通信，不能检测在不同网段的网络包。在使用交换以太网的环境中就会出现监测范围的局限。而安装多台网络入侵检测系统的传感器会使部署整个系统的成本大大增加。

3．基于分布式的 IDS

分布式 IDS 综合了 HIDS 和 NIDS 的优点，既通过基于网络的 Sensor 收集网络上流动的数据包，又通过在重要的服务器端安装代理程序收集系统日志等系统信息，来寻找具有攻击特性的数据包，对恶意攻击倾向进行报警，是目前较为先进、应用前景较好的一种综合 IDS 技术。

11.5.3 常见的入侵检测系统

目前，比较成熟、流行的入侵检测系统有数 10 种之多。每一种都有自己不同于其他产品的特

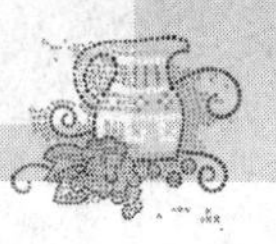

性。常见的一些入侵检测系统包括：CA 公司的 eTRUST IDS、Cisco 公司的专用 IDS 硬件设备或基于交换机的 IDS 模块、Network Associates 公司的 CyberCop、ISS 公司的 RealSecure、开放源代码的 Snort 等。

1．CA eTrust IDS

CA eTrust IDS 基于软件部署。它采用多层体系结构，具有丰富的报警手段。同时，因为有基于 Windows 环境的产品，所以比较容易部署、维护。

2．Cisco IDS

Cisco IDS 基于硬件部署。它有专用的 IDS 硬件设备，也有 IDS 模块。例如，可以直接将 IDS 模块插到中心交换机的扩展插槽上来直接收集背板数据包。因此，其数据包的捕获速度极快，是高速网络中 IDS 的首选。

3．Snort

Snort 是开放源代码的网络入侵检测系统，它被定位于轻量级的网络数据包过滤、分析程序。然而，其推荐的三层体系结构使其也能够完全胜任中型、甚至大型网络的应用。它的主要特点包括：免费使用、升级更新快。但是，其最大的缺点在于安装、维护困难。

11.6 病毒及其防护

计算机病毒（Computer Viruses，CV）是一种寄生在应用程序或操作系统中可执行、能自我复制，破坏计算机功能、程序和数据、影响计算机使用的计算机程序。

1．计算机病毒的特点

（1）隐蔽性。计算机病毒是一种具有很高编程技巧、短小精悍的可执行程序，是没有文件名的秘密程序，通常“贴附”在正常程序之中或隐藏在磁盘上较为隐蔽的地方。

（2）非授权可执行性。与其他正常程序相同，病毒只有运行之后才会发挥其功能。而当系统中的某些条件与病毒的触发条件相吻合，计算机病毒就会窃取到系统控制权而运行自己。

（3）潜伏性。病毒传染一台计算机后并非立即破坏，而是在用户不易觉察的情况下潜伏下来，使之能够长期隐藏在合法文件和系统中。病毒潜伏性越好，潜伏期越长，病毒传染能力也越广。

（4）传染性。传染性使计算机病毒最重要的特征，计算机病毒在系统中会自动寻找适合被它传染的其他程序或磁介质，然后自我复制，迅速蔓延，还可以通过磁盘交换或者网络等途径传染其他计算机系统。

（5）可触发性。当系统中的某些条件与病毒的触发条件相吻合，病毒就会被“激活”。

（6）破坏性。计算机病毒设计者的最终目的就是为了攻击破坏，而且这种攻击是病毒主动实施的，如占用 CPU 时间和内存开销，导致系统“死机”、删除文件或破坏系统功能等。

由于在网络环境下，计算机病毒有不可估量的破坏力和威胁性，因此计算机病毒的防范是网络安全建设中的重要一环。通常系统在感染计算机病毒后，会出现一些异常现象。

2．计算机感染病毒后的异常现象

（1）屏幕上突然出现特定画面或一些莫名其妙的信息，如“Your PC is now stoned”、“I want a cookie”，或屏幕下雨、骷髅黑屏等。

（2）原来运行良好的程序，突然出现了异常现象或荒谬的结果；一些可执行文件无法运行或突然丢失。

（3）计算机运行速度明显降低。

（4）计算机经常莫名其妙地“死机”、突然不能正常启动。

（5）系统无故进行磁盘读写或格式化操作。

（6）文件长度奇怪地增加、减少，或产生特殊文件。

（7）磁盘上突然出现坏的扇区或磁盘信息严重丢失。

（8）磁盘空间仍有空闲，但不能存储文件，或提示内存不够。

（9）打印机、扫描仪等外部设备突然出现异常现象。

（10）计算机运行时突然有蜂鸣声、尖叫声、报警声或重复演奏某种音乐等。

网络防病毒技术包括预防病毒、检测病毒和杀除病毒。在硬件上主要是安装计算机防病毒卡、给网络设计有效的病毒防火墙系统。在抗病毒软技术上主要是安装通用工具软件和专用杀毒工具软件，并经常从软件供应商下载、安装安全补丁程序和升级杀毒软件。

3．日常使用中的防护措施

（1）安装网络服务器时，应保证安装环境和网络操作系统本身没有感染计算机病毒；应将文件系统划分成多个文件卷系统，至少划分成操作系统卷、共享的应用程序卷和各个网络用户可以独占的用户数据卷。为各个卷分配不同的用户权限。将一般用户设为只设读权限。保证除系统管理员外，其他网络用户不可能将计算机病毒感染到系统中，使网络用户总有一个安全的联网工作环境。在网络服务器上必须安装真正有效的防杀计算机病毒软件，据ICSA的统计，现在每天有超过20种新病毒出现，所以正版杀毒软件所提供的病毒库是动态变化的，这就要求用户及时升级杀毒软件，及时更新病毒库，以便更好地确保计算机的安全。

（2）系统管理员认真履行管理职责，应严格管理口令，定期检查敏感文件，定期备份重要数据，发现异常情况及时处理等。

（3）不要轻易打开来历不明的邮件，尤其是邮件的附件；不要随便登录不明网站，对外来数据和程序一定要进行病毒方面的检查。

（4）使用光盘、软盘、USB磁盘、移动硬盘进行数据交换前，先对其进行病毒检查。

（5）留意计算机病毒发布信息，如网上著名的防病毒网站上的病毒信息、国家计算机病毒应急处理中心病毒监测周报等，如发现网络和系统异常，及时采取有效的杀毒措施。

11.7 系统安全措施

网络安全问题已成为信息时代人类共同面临的挑战，要维护计算机网络的系统安全，应要做好以下的措施。

1．评估网络操作系统的安全性

由于多数的计算机病毒是针对Windows操作系统的，所以尽量用UNIX作为网络服务器的操作系统平台。在网络服务器中，最好使用具有集中功能的网络版防病毒软件，要及时安装安全补丁程序；网络管理员也可以使用系统漏洞扫描软件来主动检查安全漏洞，并及时做好数据备份。

2．防止网络病毒的侵袭

在所有的计算机安全威胁中，计算机病毒是最为严重的，它发生的频率高、损害大、潜伏性强、覆盖面广。目前，全球已发现5万多种病毒，并且还在以每天20余种的速度增长。因此必须部署安全高效的防病毒系统。

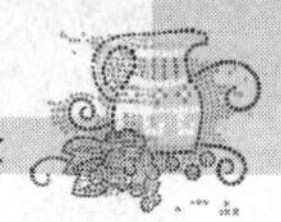

（1）系统防毒。

- 制定系统的防病毒策略。系统必须明确规定保护的级别和所需采取的对策。
- 部署多层防御战略。包括网关防病毒、服务器及群件防病毒、个人计算机防病毒及所有防病毒产品的统一管理等。
- 定期更新防病毒定义文件和引擎。
- 定期备份文件。
- 预订可发布新病毒威胁警告的电子邮件警告服务。
- 为全体员工提供全面的防病毒知识培训。

（2）做好服务器端和用户端的病毒防治。在用户端要安装有效的防病毒软件，及时升级病毒库和进行定时的查毒和杀毒；不轻易下载病毒警告和来历不明的文件和电子邮件等；在服务器端的防范工作如上第（1）点所述。

3．保证数据传输的安全性

在网络的关键部位安装防火墙，并配合文件加密与数字签名技术一起使用，以保证数据传输的安全性和完整性。

4．对付外来恶意攻击

建立深度防御，在攻击者和本网络的信息源之间建立多层屏障。划分网络安全域，为了实施网络访问控制，定义网络的安全界限。

5．监视网络上的入侵行为

利用入侵检测系统（IDS）防御拒绝服务（DOS）和其他攻击，熟悉黑客使用的工具，监视黑客的入侵行为，做到实时监视，及时处理。

6．网络系统管理员的安全操作

计算机网络系统就像一辆在高速公路上飞奔的汽车，网络系统管理员就是机务保障员。当汽车正常行驶时，特别是突然出现硬件故障或抛锚时，网络系统管理员就要发挥关键作用。网络系统管理员必须熟悉计算机病毒和网络黑客的袭击，了解这些攻击技术的原理和工作方式，以做到“知己知彼，百战百胜”。网络系统管理员要综合考虑设计安全的体系结构来支撑网络安全，选择好的网络安全产品，以提高网络系统管理员的工作效率和对网络的控制强度。

11.8 Windows 2000 的安全设计

11.8.1　Windows 2000 的安全机制

Windows 2000 提供了一组全面的、可配置的安全性服务，这些服务达到了美国国防部 C2 级要求。Windows 2000 还引进了一系列安全性方法，如活动目录、组织单元、用户、组、域、安全 ID、访问控制列表、访问令牌、用户权限、安全审核等。与 Windows NT 4.0 比较，为适应分布式安全性的需要，Windows 2000 对安全性模型进行了相当的扩展。Windows 2000 的安全机制如下。

1．安全登录机构

Windows 2000 登录是通过登录进程（Winlogon）、本地安全颁发机构（LSA）、一个或多个身份验证包和 SAM 数据库（定义用户和组以及它们的密码和属性的数据库）的相互作用完成的。

2．谨慎访问控制

保护对象是谨慎访问控制和安全审核的基本要素。Windows 2000 对象管理器是执行安全访问检查的关键关口。Windows 2000 上可以被保护的对象包括文件、设备、邮件、已命名的和未命名的管道、进程、线程、事件、互斥体、信号量、可等待定时器、访问令牌、窗口站、桌面、网络共享、服务、注册表键值和打印机。

3．安全审核

提供检测和记录与安全性有关的任何创建、访问或删除系统资源的事件或尝试的能力。Windows 2000 对象管理器可以生成审核事件作为访问检查的结果，而用户使用有效的 Win32 函数可直接生成这些审核事件。

4．内存保护

防止非法进程访问其他进程的专用虚拟内存。Windows 2000 保证当物理内存页面分配给某个用户进程时，这一页中绝对不含有其他进程的非法数据。

5．活动目录

Windows 2000 中最重要的新特性之一。活动目录存储了有关网络上所有资源的信息，它使开发者、管理员和用户可以很容易地找到和使用这些信息。

6．Kerberos 5 身份验证协议

它是一种成熟的作为网络身份验证默认协议的 Internet 安全性标准，为交互式操作身份验证和使用公共密钥证书的身份验证提供了基础。Kerberos 加强了 Windows 2000 的安全特性，它体现在更快的网络应用服务验证速度，允许多层次的客户/服务器代理验证和跨域验证建立可传递的信任关系。

7．基于安全套接层（Secure Sockets Layer 3.0，SSL）的安全通道

SSL 协议指定了一种在应用程序协议（如 HTTP、TELNET、FTP 等）和 TCP/IP 之间提供数据安全性分层的机制，它为 TCP/IP 连接提供数据加密、服务器认证、消息完整性以及可选的客户机认证。SSL 安全通道加强了 Windows 2000 的安全特性，可保证电子商务应用中信息的真实性、完整性和保密性。

8．Cryp to API 2.0

它提供了公共网络数据完整性和保密性的传送工业标准协议。

11.8.2　Windows 2000 的加密文件系统

为了保护资料的隐密性和安全，Windows 2000 中添加了一项被称作“加密文件系统”（EFS）的功能。EFS 允许 NTFS 卷上的加密文件的存储。所用的加密技术以公用密钥为基础，作为一个被集成的系统服务运行，由此使得该技术易于管理，不易受到攻击，对于用户是透明的。如果一个试图访问已加密 NTFS 文件的用户拥有此文件的私有密钥，那么该用户将能够打开这个文件，并作为一个正常的文档进行工作。系统将直接拒绝没有私有密钥的用户的访问。这种特性对于移动用户、通过宽带连接的家族用户、对敏感数据有更高安全要求的机构的益处是显而易见的。

1．EFS 的组成

由 EFS 服务、EFS 驱动、EFS 文件系统运行库（FSRTL）和 Win32 API 组成。EFS 服务作为一个标准系统服务运行，它是 Windows 2000 安全子系统的一部分。

2. EFS 的工作原理

用户可以使用 EFS 对单个文件或文件夹加密。如果加密文件夹，则所有写入文件夹的文件将自动被加密。具体的原理如下：加密时，EFS 系统生成一个由伪随机数组成的文件加密钥匙(FEK)，长度为 128 位；系统将利用这个密码 FEK 和“数据扩展标准 X”（DESX）算法创建加密后的文件并把它存储到硬盘上；并使用 RSA 算法加密 FEK 和用户的公钥，把它们存储在一个加密的文件中。在访问被加密的文件时，系统利用用户的私钥先解密出 FEK，然后利用 FEK 解密出被加密文件。在首次使用 EFS 时，如果用户还没有公钥和私钥对，系统会首先生成它们。如果用户登录了一个域，则公钥/私钥对依赖于一个域控制器（DC），否则它就依赖于本地机器。

3. 设置 EFS

（1）在使用 EFS 加密文件和文件夹时，应记住下列信息和建议。

- 只有 NTFS 卷上的文件和文件夹才能被加密。
- 不能加密压缩文件或文件夹。首先必须对文件和文件夹解压缩，然后才能加密。在已压缩的卷上，解压缩所要加密的文件夹。
- 只有对文件实施加密的用户才能打开它。
- 不能共享加密文件。EFS 不能用于发布私人数据。
- 如果将加密的文件复制或移动到非 NTFS 格式的卷上，该文件将会被解密。
- 使用剪切和粘贴将文件移动到已加密的文件夹。如果使用拖放式操作来移动文件，则不会将它们在新文件夹中自动加密。
- 无法加密系统文件。
- 加密的文件夹或文件不能防止被删除。任何拥有删除权限的人均可以删除加密的文件夹或文件。
- 对于编辑文档时某些程序创建的临时文件，只要这些文件在 NTFS 卷上而且放在已加密文件夹中，则它们也会被加密。为此建议加密硬盘上的 Temp 文件夹。加密 Temp 文件夹可以确保在编辑过程中的文档也处于保密状态。如果在 Outlook 中创建一个新文档或打开附件，该文件将在 Temp 文件夹中创建为加密文档。如果选择将加密的文档保存到 NTFS 卷的其他位置，则它在新位置仍被加密。
- 在进行远程加密的远程计算机上可以加密或解密文件及文件夹。

（2）具体设置 EFS 的步骤如下。

① 在“Windows 资源管理器”中，右击想要加密的文件或文件夹，再选择“属性”命令。

② 单击“常规”选项卡上的“高级”按钮。

③ 选中“加密内容以便保护数据”复选框。

系统将把已选择的文件或文件夹加密后重新写回到硬盘上，没有正确的密钥也就无法访问它，在加密的文件夹中新创建的文件将自动地以加密的方式写到硬盘上。如果设置的是加密公钥，在读取文件时，解密过程是自动进行的，不会有任何的提示。使用 EFS 进行加密不但要比设置 NTFS 访问权限简单，而且还更有效。

11.8.3　Windows 2000 的安全级别设置

1. Windows 2000 的默认安全设置

Windows 2000 的默认安全设置可以概括为对 4 个默认组和 3 个特殊组的权限许可。

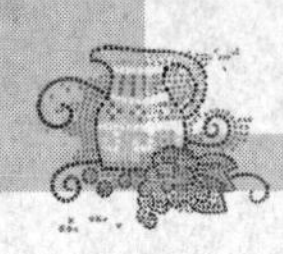

（1）4个默认组的权限许可。

① 管理员（Administrators）组：管理员组的成员可以执行操作系统支持的所有功能。默认的安全设置不能限制对任何注册表或文件系统对象的“管理”访问。管理员可以给予在默认情况下没有给予他们的任何权限。

② 超级用户（Power Users）组：Power Users组的成员拥有的权限比 Users 组的成员多，但比Administrators组的成员少。超级用户可以执行除了为管理员组保留的任务外的其他任何操作系统任务。超级用户的默认Windows 2000安全设置与Windows NT 4.0中Users的默认安全设置十分相似。Windows 2000中Power Users可以运行的任何程序都可以由Windows NT 4.0中的Users运行。

③ 用户（Users）组：Users组提供了一个最安全的程序运行环境。在全新安装（非升级安装）的系统的NTFS格式的卷上，默认的安全设置被设计为禁止该组的成员危及操作系统的完整性及安装程序。用户不能修改系统注册表设置，操作系统文件或程序文件。用户可以关闭工作站，但不能关闭服务器。Users 可以创建本地组，但只能修改自己创建的本地组。他们可以运行由管理员安装和配置的 Windows 2000 认可的程序，并对他们自己的所有数据文件和自己的那一部分注册表（HKEY_CURRENT_USER）有完全的控制权。用户无法安装其他用户运行的程序，这样可防止特洛伊木马程序。他们也不能访问其他用户的私人数据或桌面设置。

④ 备份操作员（Backup Operators）组：Backup Operators组的成员可以备份和还原计算机上的文件，而不管保护这些文件的权限如何。他们还可以登录到计算机和关闭计算机，但不能更改安全性设置。

（2）3个特殊组的权限许可。

① 交互（Interactive）：该组包含当前登录到计算机上的用户。

② 网络（Network）：该组包含通过网络远程访问系统的所有用户。

③ 终端服务器用户（Terminal Server User）：当终端服务器以应用程序服务模式被安装时，该组包含使用终端服务器登录到该系统的任何用户。用户可以在Windows NT 4.0中运行的程序也能在 Windows 2000 中由终端服务器用户运行。赋予该组的默认权限允许终端服务器用户运行大部分安全性不太严格的程序。

2．利用Windows 2000安全配置工具对用户进行安全设置

在Windows 2000中，可以通过Windows 2000安全配置工具对用户进行安全设置。

（1）本地安全策略。使用本地安全策略可以在本地计算机中设置安全要求，其主要用于单独计算机或用于将特定安全设置应用于域成员。在 Active Directory 托管网络中，本地安全策略设置具有最低优先级。

① 以管理员权限登录到计算机。

② 在Windows 2000 Professional操作系统的计算机中，默认情况下“管理工具”不会作为“开始”菜单中的选项进行显示。要在Windows 2000 Professional中查看“管理工具”菜单选项，应单击“开始”按钮，指向“设置”选项，然后选择“任务栏和开始菜单”命令。在“任务栏和开始菜单属性”对话框中，选择“高级”选项卡。在“开始菜单设置”对话框中选择“显示管理工具”，单击“确定”按钮完成设置。

③ 选择“开始”→“程序”→“管理工具”→“本地安全策略”命令，这样就可以进入“本地安全设置”控制台，如图11-10所示。在此可根据实际需要分别针对不同的用户设置不同级别

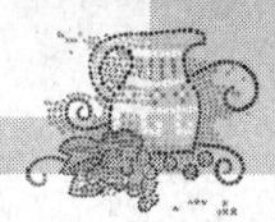

的权限和安全策略。

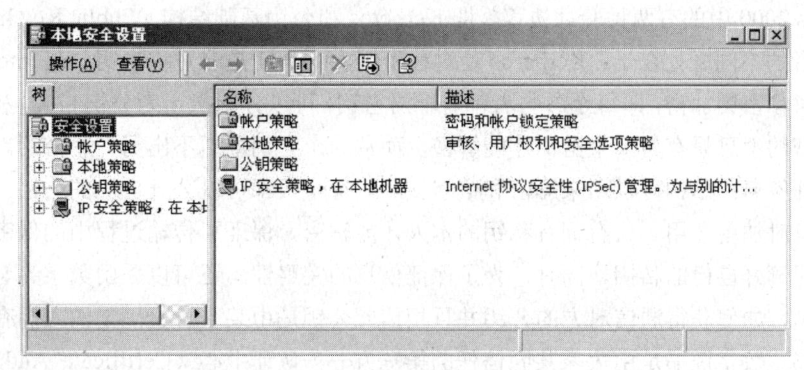

图 11-10　本地安全设置

（2）域安全策略。使用域安全策略可以设置和传播域中所有计算机的安全要求。域安全策略替代域中所有计算机的本地安全策略设置。打开域安全策略的方法如下。

① 选择“开始”→“程序”→“管理工具”→“Active Directory 用户”和“计算机管理单元”命令，如图 11-11 所示。Active Directory 是 Windows 2000 Server 包含的目录服务。它存储关于网络上对象的信息，并使这些信息可以用于用户和网络管理员。Active Directory 允许网络用户通过单个登录过程访问网络上任意位置的允许访问的资源。它给网络管理员提供了直观的网络层次结构视图和对所有网络对象的单点管理。

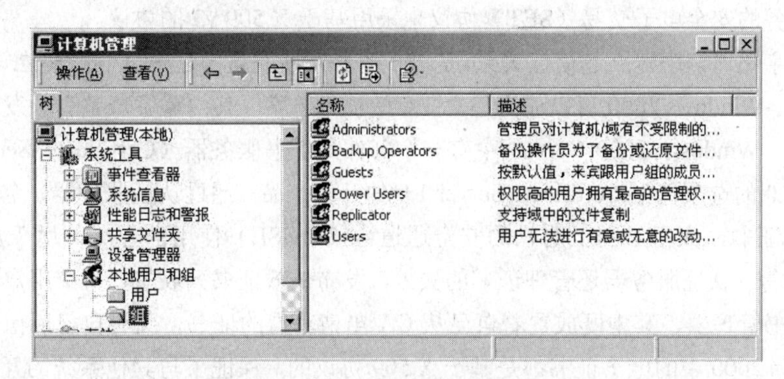

图 11-11　计算机管理单元设置

② 右击要查看的适当的组织单位或域，然后选择“属性”命令。

③ 选择“组策略”选项卡。

④ 单击“编辑”按钮，展开“Windows 设置”。

⑤ 在“安全设置”树中执行安全配置。

11.8.4　Windows 2000 公钥体系

公钥加密是电子商务、Intranets（企业内部网）、Extranets（企业外部网）和其他 Web 应用程序中的一项关键技术。公共密钥基础架构（PKI）技术是信息安全技术的核心，也是电子商务的关键和基础技术。Windows 2000 操作系统包括一个内置的 PKI，它完全是利用 Windows 2000 的安全验证体系而设计的。

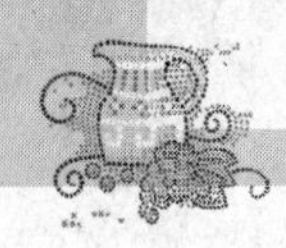

1．Windows 2000 中的两种验证协议

Windows 2000 中的有两种验证协议，即 Kerberos 和公钥基础结构（Public Key Infrastructure，PKI），这两者的不同之处在于：Kerberos 是对称密钥，而 PKI 是非对称密钥。在 Internet 环境中，需要使用非对称密钥加密，即每个参与者都有一对密钥，可以分别指定为公钥（PK）和私钥（SK），一个密钥加密的消息只有另一个密钥才能解密，而从一个密钥推断不出另一个密钥。公钥可以用来加密和验证签名；私钥可以用来解密和数字签名。每个人都可以公开自己的公钥，以供他人向自己传输信息时加密之用。只有拥有私钥的本人才能解密，保证了传输过程中的保密性。关键是需要每个人保管好自己的私钥。同时，为了保证信息的完整性，还可以采用数字签名的方法。接下来的问题是，如何获得通信对方的公钥并且相信此公钥是由某个身份确定的人拥有的，这就要用到数字证书。数字证书是由大家共同信任的第三方——认证中心（Certificate Authority，CA）颁发的，证书包含某人的身份信息、公钥和 CA 的数字签名。任何一个信任 CA 的通信一方，都可以通过验证对方数字证书上的 CA 数字签名来建立起和对方的信任，并且获得对方的公钥以备使用。

2．Windows 2000 的公钥基础结构

Windows 2000 的公钥体系（PKI）是基于 X.509 协议的，X.509 标准用于在大型计算机网络提供目录服务，X.509 提供了一种用于认证 X.509 服务的 PKI 结构，两者都属于 ISO 和 ITU 提出的 X 系列国际标准。目前，有许多公司发展了基于 X.509 的产品，如 Visa、MasterCard、Netscape，而且基于该标准的 Internet 和 Intranet 产品越来越多。X.509 是目前唯一的已经实施的 PKI 系统。目前，电子商务的安全电子交易（SET）协议也采用基于 X.509 v3 的协议。

如何在数字化通信中建立起信任关系，是电子商务发展的重中之重。因此，建立认证中心（CA）是关键的一步。Windows 2000 可以作为建立 CA 的技术方案，其内置了一整套颁发证书和管理证书的基础功能。Windows 2000 Server 中有一个部件是证书服务器（Certificate Server），是原来 Windows NT 4.0 的选项包中 Certificate Server 1.0 的升级产品。通过认证服务器，企业可以为用户颁发各种电子证书，如用于网上购物的安全通道协议（SSL）使用的证书，用于加密本地文件（EFS）的证书等。认证服务器还管理证书的失效，发布失效证书列表等。每个用户或计算机都有自己的一个证书管理器，其中既放置着自己从 CA 申请获得的证书，又有自己所信任的 CA 的根证书。Windows 2000 中的电子证书都是基于 X.509 协议的，保证了与其他系统的互操作性。国际标准组织 CCITT 建议以 X.509 作为 X.500 目录检索的一个组成部分，提供安全目录检索服务。

3．Windows 2000 的证书服务按证书颁发机构类型分类

（1）企业根 CA，是企业中最受信任的证书颁发机构，应该在网络上的其他证书颁发机构之前安装，需要 Active Directory（Windows 2000 Server 包含的目录服务）。

（2）企业从属 CA，是标准证书颁发机构可以给企业中的任何用户或机器颁发证书，必须从企业中的另一个证书颁发机构获取证书颁发机构证书，需要 Active Directory。

（3）独立根 CA，是证书颁发机构体系中最受信任的证书颁发机构，不需要 Active Directory。

（4）独立从属 CA，是标准证书颁发机构可以给任何用户或机器颁发证书；必须从另一个证书颁发机构获取证书颁发机构证书，不需要 Active Directory。

证书服务的一个单独组件是证书颁发机构的 Web 注册页。这些网页是在安装证书颁发机构时默认安装的，它允许证书请求者使用 Web 浏览器提出证书请求。此外，证书颁发机构网页可以安装在未安装证书颁发机构的 Windows 2000 服务器上，在这种情况下，网页用于向不希望直接访

问证书颁发机构的用户服务。如果选择为组织创建定制网页访问 CA，则 Windows 2000 提供的网页可作为示例。

随着人们对计算机网络依赖程度的日渐加深，特别是 Internet 应用的普及，计算机网络的开放性、国际化的特点日益明显，同时网络上的攻击、破坏、信息窃取等现象越来越加剧。面对计算机网络上的新挑战，必须制定严密的网络安全策略，采取完善的网络安全机制，保护国家、单位和个人的机密信息不泄露，抵御攻击，使用网络不受干扰，才能保证数据信息在网络上的高效和安全传输及安全存储。

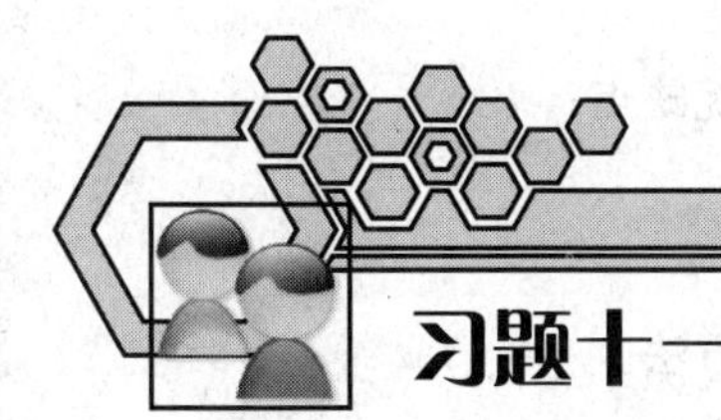

习题十一

一、选择题

1. 计算机网络所面临的威胁因素主要可分为人为因素和非人为因素，下列（　　）不是计算机网络所面临的人为因素的威胁。

A. 截获　　B. 中断　　C. 篡改　　D. 冒名

2. 对称密钥加密技术使用相同的密钥对数据进行加密和解密，发送者和接收者用相同的密钥。下列（　　）不是采用对称密钥加密技术。

A. DES 算法　　B. RSA 算法　　C. AES 算法　　D. IDEA 算法

3. Windows 2000 中所提供的各项安全服务中，下列（　　）不正确。

A. 安全配置工具、公钥证书服务器

B. Kerberos 身份认证、智能卡基础架构

C. 加密文件系统、IP 安全协议

D. 活动目录、导入导出工具

4. 下列有关防火墙技术的述说不正确的一项是（　　）。

A. 按防火墙的应用部署位置分为边界防火墙、个人防火墙和混合防火墙 3 大类

B. 代理防火墙的最大缺点就是速度相对比较慢，当用户对内外部网络网关的吞吐量要求比较高时，代理防火墙就会成为内外部网络之间的瓶颈

C. 包过滤型防火墙工作在 OSI 网络参考模型的传输层和应用层，它根据数据包头源 IP 地址，目的 IP 地址、端口号和协议类型等标志确定是否允许通过

D. 防火墙遵循的准则可概括为以下之一：未经说明许可的就是拒绝；未说明拒绝的均为许可的

5. 身份认证又叫身份识别，它是通信和数据系统正确识别通信用户或终端的个人身份的重要途径。以下（　　）不是身份认证的基本方法。

A. 智能卡认证

B. 指纹识别和虹膜识别的生物识别方式

C. 图章认证

D. 利用用户口令、密钥、身份等进行身份认证

二、填空题

1．从防火墙结构上分，防火墙主要有单一主机防火墙、__________和____________3 种。

2．目前网络存在的安全威胁主要表现在破坏数据的完整性，___________，___________，_______。

3．数字证书简称证书，是_________的核心元素，由_________签发，它是数字签名的技术基础保障。

三、简答题

1．为维护计算机网络的安全，可以采取哪些措施？

2．对称密钥体制和非对称密钥体制的特点是什么？各有什么优缺点？

3．简要述说包过滤型防火墙和代理防火墙各自的特点。

4．试述数字签名的工作原理。

5．试列出你所了解的计算机病毒，并提出有效的防毒和杀毒方法。

6．什么是入侵检测系统？主要有哪些分类？各自有哪些优缺点？

参考文献

[1] （美）Andrew S.Tanenbaum．计算机网络（第 4 版）．潘爱民译．北京：清华大学出版社，2005．

[2] （美）Andrew S.Tanenbaum．计算机网络（第 3 版）．熊桂喜，王小虎译．北京：清华大学出版社，2000．

[3] （美）W. Richard Stevens．TCP/IP 详解一卷 I：协议．范建华等译．北京：机械工业出版社，2000．

[4] Douglas E.Comer，David L.Stevens.用 TCP/IP 进行网际互连　第 1 卷：原理、协议和体系结构（第三版）．北京：电子科技出版社，1998．

[5] Douglas E.Comer，David L.Stevens.用 TCP/IP 进行网际互连　第 2 卷：设计、实现和内部构成（第三版）．北京：电子科技出版社，1998．

[6] Douglas E.Comer，David L.Stevens.用 TCP/IP 进行网际互连　第 3 卷：客户机-服务器编程和应用（第三版）．北京：电子科技出版社，1998．

[7] Michael Palmer，Robert Bruce Sinclair.局域网与广域网的设计与实现. 北京：机械工业出版社，2000．

[8] Christa Anderson，Mark Minasi.局域网从入门到精通. 北京：电子工业出版社，1999.

[9] Cisco Systems 公司. 思科网络技术学院教程（第一、二学期）(第二版）．北京：人民邮电出版社，2002.

[10] Cisco Systems 公司.思科网络技术学院教程（第三、四学期）(第二版）．北京：人民邮电出版社，2002.

[11] 雷震甲主编. 网络工程师教程. 北京：清华大学出版社，2004.

[12] 教育部考试中心. 全国计算机等级考试三级教程——网络技术. 北京：高等教育出版社，2003.

[13] e 通科技研究中心 王达主编. 网络硬件及配置标准教程. 北京：人民邮电出版社，2002.

[14] <美>Mark Minasi，Christa Anderson，Brian Smith，Doug Toombs.Windows 2000 Server 从入门到精通. 北京：电子工业出版社，2001.

[15] Time 创作室. 中文 Windows Server 2003 使用详解. 北京：人民邮电出版社，2003.

[16] 戴有炜编著. Windows Server 2003 网络专业指南. 北京：清华大学出版社，2004.

[17] （美）Timothy Parker，等著. TCP/IP 揭秘. 北京：电子工业出版社，1999.

[18] 朱艳琴. 计算机组网技术教程. 北京：北京希望电子出版社，2002.

[19] Merike kaeo 著．潇湘工作室译．网络安全性设计. 北京：人民邮电出版社，2000.

[20] 王群. 新版局域网一点通. 北京：人民邮电出版社，2004.

[21] 徐志伟，冯百明，等. 网格计算技术. 北京：电子工业出版社，2004.

[22] Behrouz A. Forouzan, Sophia Chung Fegan 著. 谢希仁，等译. TCP/IP 协议族(第三版). 北京：清华大学出版社，2006.

[23] K. Nichols, S. Blake 等. RFC 2474　Network Working Group, 1998.

[24] K. Ramakrishnan S. Floyd D. Black RFC 3168　Network Working Group, 2001.

[25] S. Deering. R. Hinden . RFC 2460　Internet Protocol Version 6 (IPv6) Specification, 1998.

[26] R. Hinden. S. Deering. RFC 4291　IP Version 6 Addressing Architecture, 2006.

[27] S. Kawamura. M. Kawashima. RFC 5952　A Recommendation for IPv6 Address Text

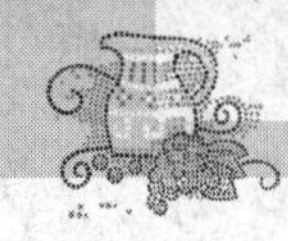

Representation, 2010.

[28] B. Haberman. D. Thaler. RFC 3306 Unicast-Prefix-based IPv6 Multicast Addresses, 2002.

[29] A. Conta. S. Deering. 等 RFC 4443 Internet Control Message Protocol (ICMPv6) for the Internet Protocol Version 6 (IPv6) Specification, 2006.

[30] （美）Joseph Davies. 理解 IPv6. 张晓彤等译, 北京：清华大学出版社，2004.

[31] 汤霖，粟志昂，等. 计算机网络基础. 北京：人民邮电出版社，2005.

[32] Casey Wilson, Peter Doak. 虚拟专用网的创建与实现. 北京：机械工业出版社，2000.

[33] 电脑报 2003 年合订本，2007 年 793 期.

[34] 朱根宜. 计算机网络与 Internet 应用基础教程. 北京：清华大学出版社，2006.

[35] 李冬. 计算机网络实训教程. 北京：清华大学出版社，2006.

[36] 季福坤. 数据通信与计算机网络（第二版）. 北京：中国水利水电出版社，2011.

[37] 季福坤. 数据通信与计算机网络技术（第二版）. 北京：中国水利水电出版社，2012.

[38] 张公忠. 现代网络技术教程. 北京：电子工业出版社，2004.

[39] 马时来. 计算机网络实用技术教程. 北京：清华大学出版社，2003.

[40]（美）Lammle,T.L 著. CCNA 学习指南（中文第六版）. 程代伟等译. 北京：电子工业出版社，2008.

[41]（美）Mark A. Dye 著. 思科网络技术学院教程. 思科系统公司译. 北京：人民邮电出版社，2009.

[42] 张曾科，阳宪惠. 计算机网络. 北京：清华大学出版社，2006.

[43] 乔正洪，葛武滇. 计算机网络技术与应用. 北京：清华大学出版社，2008 .

[44] James F. Kurose, Keith W. Ross. COMPUTER NETWORKING: A Top-Down Approach Featuring the Internet (Third Edition). Pearson Education, Inc., 2005.

[45] 王能. 计算机网络原理. 北京：电子工业出版社，2002.

[46] 彭澎. 计算机网络基础. 北京：机械工业出版社，2001.

[47] 张立云. 计算机网络基础教程. 北京：电子工业出版社，2000.

[48] 吴功宜. 计算机网络教程（第 2 版）. 北京：电子工业出版社，2001.

[49] 佟震亚等. 现代计算机网络教程. 北京：电子工业出版社，1998.

[50] 谢希仁. 计算机网络（第 3 版）. 大连：大连理工大学出版社，2000.

[51] 谢希仁. 计算机网络（第 5 版）. 北京：电子工业出版社，2008.

[52] 张基温. 现代计算机网络教程. 北京：人民邮电出版社，2001.

[53] 李增智，陈妍. 计算机网络原理. 西安：西安交通大学出版社，2000.

[54] 施威铭研究室. 网络概论. 北京：中国铁道出版社，2002.

[55] （美）Tamara Dean. 计算机网络实用教程. 陶华敏等译. 北京：机械工业出版社，2000.

[56] 李腊元. 计算机网络技术. 北京：国防工业出版社，2001.

[57] （美）Behrouz A. Forouzan, Sophia Chung Fegan. TCP/IP 协议族（第 3 版）. 谢希仁等译. 北京：清华大学出版社，2006.

[58] 张公忠. 现代网络技术教程. 北京：电子工业出版社，2004.

[59] 鲁士文. 计算机网络协议和实现技术. 北京：清华大学出版社，2000.

[60] （美）William Stallings. 无线通信与网络（第 2 版）. 何军 等译. 北京：清华大学出版社，2005.

[61] 杭州华三通信技术有限公司. H3C 网络学院路由交换第 1 卷（下册）. 杭州：杭州华三通信技术有限公司，2010.